深度学习高手笔记

卷2 经典应用

刘岩（@大师兄）著
颜伟鹏 包勇军 审校

人民邮电出版社
北京

图书在版编目（CIP）数据

深度学习高手笔记. 卷2, 经典应用 / 刘岩著. --北京 : 人民邮电出版社, 2024.6
ISBN 978-7-115-60895-6

Ⅰ. ①深… Ⅱ. ①刘… Ⅲ. ①机器学习－算法 Ⅳ. ①TP181

中国国家版本馆CIP数据核字(2023)第012660号

内 容 提 要

本书通过扎实、详细的内容，从理论知识、算法源码、实验结果等方面对深度学习中涉及的算法进行分析和介绍。本书共三篇，第一篇主要介绍深度学习在目标检测与分割方向的前沿算法，包括双阶段检测、单阶段检测、无锚点检测、特征融合、损失函数、语义分割这6个方向；第二篇主要介绍深度学习在场景文字检测与识别方向的重要突破，主要介绍场景文字检测、场景文字识别这两个阶段的算法；第三篇主要介绍深度学习的其他算法与应用，包括图像翻译、图神经网络、二维结构识别、人像抠图、图像预训练、多模态预训练这6个方向的算法。附录部分介绍双线性插值、匈牙利算法、Shift-and-Stitch、德劳内三角化、图像梯度、仿射变换矩阵等内容。

本书结构清晰，内容广度与深度齐备。通过阅读本书，读者可以了解前沿的深度学习算法，扩展自己的算法知识面。无论是从事深度学习科研的教师及学生，还是从事算法落地实践的工作人员，都能从本书中获益。

◆ 著　　刘　岩（@大师兄）
责任编辑　孙喆思
责任印制　王　郁　胡　南

◆ 人民邮电出版社出版发行　北京市丰台区成寿寺路11号
邮编 100164　电子邮件 315@ptpress.com.cn
网址 https://www.ptpress.com.cn
北京天宇星印刷厂印刷

◆ 开本：787×1092　1/16
印张：21.75　　　　　　　2024年6月第1版
字数：558 千字　　　　　　2025年7月北京第3次印刷

定价：129.80 元

读者服务热线：(010)81055410　印装质量热线：(010)81055316
反盗版热线：(010)81055315

谨将本书献给我的亲人和挚友

序 1

60年前，人工智能（artificial intelligence，AI）萌芽，深度学习的种子也是在那时被播种开来。传统的AI简单来说就是模仿人类来执行任务，并且基于收集的信息对自身进行改进的系统。AI近年来发展迅速、应用广泛。例如，聊天机器人可高速地处理客户的问题并给出理想的答案，推荐引擎可以根据客户的信息和历史行为推荐合适的商品等。在不少人看来，AI意味着高度发达的类人机器取代人类大部分工作，辅助人类提升人的能力以及生产、效率。例如，哈佛商业评论曾称，得益于文本生成类的AI，美国联合通讯社（简称美联社）将新闻报道量提升了13倍，这使得专业记者可以将精力集中在更具深度的文章。

为了充分发挥AI的价值，全球科技巨头纷纷拥抱深度学习，因为自动驾驶、智能医疗、人脸识别、机器翻译，以及震惊世界的AlphaGo，背后的核心技术都是深度学习。现如今，得益于大数据和计算机算力的不断发展，AI正成为企业创新的基石。例如，西奈山伊坎医学院构建的一个AI工具Deep Patient，通过分析患者的病史，能够在患者发病前预测将近80种疾病，极大提高了诊断效率。如果一个企业想要获得更高效率、发现新的机遇，那么AI便是一个发展要务。同时，对每个个体来说，能够掌握前沿的AI知识，将成为你在未来几年乃至几十年最核心的竞争力。

有幸阅读过《深度学习高手笔记 卷2：经典应用》（简称卷1），可以看出作者对深度学习有着广泛的涉猎以及独到的见解。本书是继卷1之后对深度学习进一步的探索和分析，对比卷1，本书的内容从广度、深度以及前沿性上都更进了一步。本书的多个应用，例如目标检测、OCR、生成模型、图模型等都是目前非常重要的科研和落地方向。如果你想了解AI正在哪些地方发光发热以及AI未来几年的发展方向，本书将是你的不二选择。

唐远炎
澳门大学计算机与信息科学系首席教授，香港浸会大学计算机科学系名誉教授，
IEEE Fellow、IAPR Fellow、AIAA Fellow

序 2

当前，随着通用人工智能（AGI）成果不断涌现，人工智能（AI）技术正在引领新一轮科技革命和产业变革浪潮，并将进一步助推我国现代化产业体系升级，加速经济社会进入智能时代。深度学习作为人工智能的底层核心技术，本书对其重点应用方向进行了探讨。

作为本书作者的导师，我很荣幸能为本书写序。这是一本非常出色的图书，它涵盖了目标检测、图像分割、光学字符识别（OCR）、图神经网络、图像生成等多个关键方向。本书作者以其丰富的工作经验和严谨的学术思维，将复杂的概念和技术转化为通俗易懂的内容。无论你是初学者还是专业人士，本书都会为你提供宝贵的知识和实用的指导。

相比《深度学习高手笔记 卷 1：基础算法》的基础知识，本书更加注重这些基础知识的实际应用。本书第一篇介绍了目标检测与分割方向的前沿算法，这些技术在人脸检测、自动驾驶、医学人工智能等场景有着广泛的应用，具有重要的价值；第二篇则着重介绍了 OCR 技术，它是深度学习最早发挥价值的场景之一，被广泛应用于车牌识别、自动编辑等实际场景；第三篇详细介绍了图神经网络、图像预训练、多模态等热门应用和科研方向，这些内容也是深度学习领域学术研究与工程应用的热点方向。

作为本书作者的导师，我要衷心地向作者表示祝贺，希望本书能够成为深度学习领域的重要参考资料之一，为读者的学习和研究提供宝贵的支持和指导。

文俊浩
重庆大学大数据与软件学院教授
中国计算机学会理事，CCF 重庆分部主席

前言

人工智能是一个跨学科、跨领域的研究方向。《深度学习高手笔记 卷1：基础算法》（简称卷1）介绍了深度学习的基础知识，其中涉及卷积神经网络、自然语言处理和模型优化这3个方向。在有了这些深度学习的基础知识之后，您不仅可以实现一些简单的图像识别、文本分类等应用，还可以将不同领域的算法结合起来，设计更复杂、更有价值的应用。

本书倾向于介绍深度学习中经典的、前沿的应用，它们往往是多个不同算法、模型和策略的结合体。通过阅读本书，您不仅能了解近10年来深度学习在各个领域的进展，更重要的是，您将学到如何应用不同方向、不同领域的算法，真正打通应用深度学习的"任督二脉"。

本书包括三篇，共12章。第一篇介绍深度学习中的目标检测与分割。目标检测与分割是两个密不可分的方向，它们都可以看作特征提取、输出头预测和模型结果后处理的流程。其中，目标检测方向有清晰的优化思路，而且有诸多的应用场景，是您接触深度学习必须掌握的一个应用方向。第二篇的核心是光学字符识别（optical character recognition，OCR），在实际应用中OCR一般包括场景文字检测和场景文字识别两个阶段。场景文字检测有两种思路：一种是继承自目标检测；另一种则是继承自图像分割。场景文字识别则是经典的图像和文本结合的应用，一般采用卷积神经网络（convolution neural network，CNN）作为特征的提取器，采用循环神经网络（recurrent neural network，RNN）作为文本的生成器。第三篇将介绍更多的深度学习应用方向，如图像翻译、图神经网络、二维结构识别、人像抠图等，可作为您深入了解这些方向的"敲门砖"。

卷1和本书均源自同一个专栏，它们之间难免会有知识点的重叠和交叉。由于本书的大部分内容都依赖于卷1，因此建议您同时阅读这两本书。尤其是如果您在深度学习方面的基础较为薄弱，则强烈建议您在阅读完卷1之后再来阅读本书。

我对本书的阅读建议有3个：

- 如果您在深度学习方面的基础较为薄弱，那么可以结合这两本书以及本书提供的知识拓扑图和章节先验知识，选择优先阅读知识拓扑图中无入度的章节，读懂该章节后您可以在知识拓扑图中划掉这个节点，然后逐步将知识拓扑图清空；
- 如果您在深度学习方面有一定的基础，对一些经典的算法比较熟悉，那么您可以按顺序阅读本书，并在遇到陌生的概念时再根据每一节提供的先验知识去阅读相关章节；
- 如果您只想了解某些特定的算法，则可以直接阅读对应章节，因为本书各章节的内容比较独立，而且会对重要的先验知识进行复盘，所以单独阅读特定章节也不会有任何障碍。

卷1和本书是我历时5年，在阅读了上千篇论文后独立编写的两本书，对我来说，这是一个开始而且远不是一个结束。首先，由于个人的精力和能力有限，书中涉及的知识点难免有所欠缺，甚至可能因为个人理解偏差导致编写错误，在此欢迎您前去知乎专栏对应的文章下或到异步社区本书页面的"提交勘误"处积极指正，我将在后续的版本中对本书进行修正和维护。其次，随着深度学习的发展，无疑会有更多的算法被提出，也会有其他经典的算法再次流行，我会在知乎专栏继续对这些算法进行总结和分析。

　　卷 1 和本书的付梓离不开我在求学、工作和生活中遇到的诸多"贵人"。首先，感谢我在求学时遇到的诸位导师，是他们带领我打开人工智能的大门。其次，感谢我在工作中遇到的诸位领导和同事，他们给予了我巨大的帮助和支持。最后，感谢我的亲人和朋友，没有他们的支持和鼓励，这两本书是不可能完成的。

大师兄

2023 年 5 月 25 日

资源与支持

资源获取

本书提供如下资源:
- 本书源代码;
- 本书思维导图;
- 异步社区 7 天 VIP 会员。

要获得以上资源,您可以扫描下方二维码,根据指引领取。

提交勘误

作者和编辑尽最大努力来确保书中内容的准确性,但难免会存在疏漏。欢迎您将发现的问题反馈给我们,帮助我们提升图书的质量。

当您发现错误时,请登录异步社区(https://www.epubit.com),按书名搜索,进入本书页面,点击"发表勘误",输入勘误信息,点击"提交勘误"按钮即可(见下图)。本书的作者和编辑会对您提交的勘误进行审核,确认并接受后,您将获赠异步社区的 100 积分。积分可用于在异步社区兑换优惠券、样书或奖品。

与我们联系

我们的联系邮箱是 contact@epubit.com.cn。

如果您对本书有任何疑问或建议，请您发邮件给我们，并请在邮件标题中注明本书书名，以便我们更高效地做出反馈。

如果您有兴趣出版图书、录制教学视频，或者参与图书翻译、技术审校等工作，可以发邮件给本书的责任编辑（sunzhesi@ptpress.com.cn）。

如果您所在的学校、培训机构或企业，想批量购买本书或异步社区出版的其他图书，也可以发邮件给我们。

如果您在网上发现有针对异步社区出品图书的各种形式的盗版行为，包括对图书全部或部分内容的非授权传播，请您将怀疑有侵权行为的链接发邮件给我们。您的这一举动是对作者权益的保护，也是我们持续为您提供有价值的内容的动力之源。

关于异步社区和异步图书

"异步社区"（www.epubit.com）是由人民邮电出版社创办的 IT 专业图书社区，于 2015 年 8 月上线运营，致力于优质内容的出版和分享，为读者提供高品质的学习内容，为作译者提供专业的出版服务，实现作者与读者在线交流互动，以及传统出版与数字出版的融合发展。

"异步图书"是异步社区策划出版的精品 IT 图书的品牌，依托于人民邮电出版社在计算机图书领域多年的发展与积淀。异步图书面向 IT 行业以及各行业使用相关技术的用户。

目录

第一篇 目标检测与分割

第1章 双阶段检测 ... 3

- 1.1 R-CNN ... 4
  - 1.1.1 R-CNN 检测流程 ... 5
  - 1.1.2 候选区域提取 ... 6
  - 1.1.3 预训练及微调 ... 7
  - 1.1.4 训练数据准备 ... 7
  - 1.1.5 NMS ... 8
  - 1.1.6 小结 ... 9
- 1.2 SPP-Net ... 9
  - 1.2.1 空间金字塔池化 ... 10
  - 1.2.2 SPP-Net 的推理流程 ... 11
  - 1.2.3 小结 ... 13
- 1.3 Fast R-CNN ... 13
  - 1.3.1 Fast R-CNN 算法介绍 ... 13
  - 1.3.2 数据准备 ... 14
  - 1.3.3 Fast R-CNN 网络结构 ... 15
  - 1.3.4 多任务损失函数 ... 16
  - 1.3.5 Fast R-CNN 的训练细节 ... 17
  - 1.3.6 Fast R-CNN 的推理流程 ... 18
  - 1.3.7 小结 ... 18
- 1.4 Faster R-CNN ... 18
  - 1.4.1 区域候选网络 ... 18
  - 1.4.2 Faster R-CNN 的训练 ... 22
  - 1.4.3 小结 ... 22
- 1.5 R-FCN ... 23
  - 1.5.1 提出动机 ... 23
  - 1.5.2 R-FCN 的网络 ... 24
  - 1.5.3 R-FCN 结果可视化 ... 26
  - 1.5.4 小结 ... 27
- 1.6 Mask R-CNN ... 27
  - 1.6.1 Mask R-CNN 的动机 ... 28
  - 1.6.2 Mask R-CNN 详解 ... 28
  - 1.6.3 小结 ... 31
- 1.7 Mask^x R-CNN ... 31
  - 1.7.1 权值迁移函数 $\mathcal{T}$ ... 32
  - 1.7.2 Mask^x R-CNN 的训练 ... 32
  - 1.7.3 小结 ... 33
- 1.8 DCNv1 和 DCNv2 ... 33
  - 1.8.1 DCNv1 ... 33
  - 1.8.2 DCNv2 ... 36
  - 1.8.3 小结 ... 39

第2章 单阶段检测 ... 40

- 2.1 YOLOv1 ... 41
  - 2.1.1 YOLOv1 的网络结构 ... 42
  - 2.1.2 损失函数 ... 44
  - 2.1.3 小结 ... 46
- 2.2 SSD 和 DSSD ... 47
  - 2.2.1 SSD ... 48
  - 2.2.2 DSSD ... 51

2.2.3	小结	53	3.3.3	小结 99
2.3	YOLOv2	54	3.4	CenterNet 99
2.3.1	YOLOv2：更快，更高	54	3.4.1	网络结构 100
2.3.2	YOLO9000：更强	59	3.4.2	数据准备 102
2.3.3	小结	61	3.4.3	损失函数 103
2.4	YOLOv3	61	3.4.4	推理过程 104
2.4.1	多标签任务	62	3.4.5	小结 104
2.4.2	骨干网络	62	3.5	FCOS 104
2.4.3	多尺度特征	63	3.5.1	算法背景 105
2.4.4	锚点聚类	63	3.5.2	FCOS 的网络结构 105
2.4.5	YOLOv3 一些失败的尝试	64	3.5.3	多尺度预测 107
2.4.6	小结	64	3.5.4	测试 107
2.5	YOLOv4	65	3.5.5	小结 107
2.5.1	背景介绍	65	3.6	DETR 107
2.5.2	数据	65	3.6.1	网络结构 108
2.5.3	模型	69	3.6.2	损失函数 109
2.5.4	后处理	78	3.6.3	小结 111
2.5.5	YOLOv4 改进介绍	79		
2.5.6	小结	82		

第 3 章 无锚点检测 83

第 4 章 特征融合 112

3.1	DenseBox	84
3.1.1	DenseBox 的网络结构	84
3.1.2	多任务模型	85
3.1.3	训练数据	86
3.1.4	结合关键点检测	87
3.1.5	测试	88
3.1.6	小结	88
3.2	CornerNet	89
3.2.1	背景	89
3.2.2	CornerNet 详解	90
3.2.3	小结	95
3.3	CornerNet-Lite	96
3.3.1	CornerNet-Saccade	96
3.3.2	CornerNet-Squeeze	99

4.1	FPN	113
4.1.1	CNN 中的常见骨干网络	113
4.1.2	FPN 的网络结构	114
4.1.3	FPN 的应用	116
4.1.4	小结	116
4.2	PANet	117
4.2.1	PANet	117
4.2.2	小结	120
4.3	NAS-FPN	121
4.3.1	NAS-FPN 算法详解	121
4.3.2	NAS-FPN Lite	125
4.3.3	小结	125
4.4	EfficientDet	125
4.4.1	BiFPN	126
4.4.2	EfficientDet 详解	127
4.4.3	小结	128

第 5 章 损失函数 129

5.1 Focal Loss 129
5.1.1 Focal Loss 介绍 130
5.1.2 RetinaNet 132
5.1.3 小结 132

5.2 IoU 损失 133
5.2.1 背景知识 133
5.2.2 IoU 损失 133
5.2.3 UnitBox 网络结构 135
5.2.4 小结 136

5.3 GIoU 损失 136
5.3.1 算法背景 136
5.3.2 GIoU 损失详解 137
5.3.3 小结 139

5.4 DIoU 损失和 CIoU 损失 140
5.4.1 背景 140
5.4.2 DIoU 损失 141
5.4.3 CIoU 损失 142
5.4.4 小结 142

5.5 Focal-EIoU 损失 143
5.5.1 EIoU 损失 143
5.5.2 Focal L1 损失 144
5.5.3 Focal-EIoU 损失 146
5.5.4 小结 146

第 6 章 语义分割 147

6.1 FCN 和 SegNet 148
6.1.1 背景知识 148
6.1.2 FCN 详解 149
6.1.3 SegNet 详解 150
6.1.4 分割指标 151
6.1.5 小结 152

6.2 U-Net 152
6.2.1 U-Net 详解 153
6.2.2 数据扩充 155
6.2.3 小结 155

6.3 V-Net 156
6.3.1 网络结构 156
6.3.2 Dice 损失 160
6.3.3 小结 161

6.4 DeepLab 系列 161
6.4.1 DeepLab v1 161
6.4.2 DeepLab v2 164
6.4.3 DeepLab v3 165
6.4.4 DeepLab v3+ 167
6.4.5 小结 170

第二篇 场景文字检测与识别

第 7 章 场景文字检测 173

7.1 DeepText 173
7.1.1 RPN 回顾 174
7.1.2 DeepText 详解 175
7.1.3 小结 175

7.2 CTPN 176
7.2.1 算法流程 176
7.2.2 数据准备 177
7.2.3 CTPN 的锚点机制 177
7.2.4 CTPN 中的 RNN 178
7.2.5 边界微调 178
7.2.6 CTPN 的损失函数 179
7.2.7 小结 179

7.3 RRPN 179
7.3.1 RRPN 详解 180
7.3.2 位置精校 183
7.3.3 小结 184

7.4 HED ... 185
7.4.1 HED 的骨干网络 ... 186
7.4.2 整体嵌套网络 ... 186
7.4.3 HED 的损失函数 ... 187
7.4.4 小结 ... 188
7.5 HMCP ... 188
7.5.1 HMCP 的标签值 ... 189
7.5.2 HMCP 的骨干网络 ... 190
7.5.3 训练 ... 190
7.5.4 检测 ... 191
7.5.5 小结 ... 193
7.6 EAST ... 193
7.6.1 网络结构 ... 193
7.6.2 EAST 的标签生成 ... 194
7.6.3 EAST 的损失函数 ... 196
7.6.4 局部感知 NMS ... 196
7.6.5 Advanced-EAST ... 197
7.6.6 小结 ... 198
7.7 PixelLink ... 198
7.7.1 骨干网络 ... 199
7.7.2 PixelLink 的标签 ... 199
7.7.3 PixelLink 的损失函数 ... 200
7.7.4 后处理 ... 201
7.7.5 小结 ... 201

第 8 章 场景文字识别 ... 202
8.1 STN ... 202
8.1.1 空间变形模块 ... 203
8.1.2 STN ... 205
8.1.3 STN 的应用场景 ... 205
8.1.4 小结 ... 207
8.2 RARE ... 207
8.2.1 基于 TPS 的 STN ... 208
8.2.2 序列识别网络 ... 210
8.2.3 训练 ... 212
8.2.4 基于字典的测试 ... 212
8.2.5 小结 ... 212
8.3 Bi-STET ... 212
8.3.1 残差网络 ... 213
8.3.2 编码层 ... 213
8.3.3 解码层 ... 214
8.3.4 小结 ... 214
8.4 CTC ... 214
8.4.1 算法详解 ... 215
8.4.2 小结 ... 219

第三篇 其他算法与应用

第 9 章 图像翻译 ... 223
9.1 GAN ... 223
9.1.1 逻辑基础 ... 224
9.1.2 GAN 的训练 ... 224
9.1.3 GAN 的损失函数 ... 225
9.1.4 理论证明 ... 226
9.1.5 小结 ... 230
9.2 Pix2Pix ... 230
9.2.1 背景知识 ... 231
9.2.2 Pix2Pix 解析 ... 232
9.2.3 小结 ... 234
9.3 Pix2PixHD ... 235
9.3.1 网络结构 ... 235
9.3.2 输入数据 ... 240
9.3.3 损失函数 ... 241
9.3.4 图像生成 ... 241
9.3.5 小结 ... 242
9.4 图像风格迁移 ... 242
9.4.1 算法概览 ... 243

- 9.4.2 内容表示 …… 244
- 9.4.3 风格表示 …… 245
- 9.4.4 风格迁移 …… 246
- 9.4.5 小结 …… 247

第 10 章 图神经网络 …… 248

- 10.1 GraphSAGE …… 249
  - 10.1.1 背景知识 …… 249
  - 10.1.2 算法详解 …… 249
  - 10.1.3 小结 …… 254
- 10.2 GAT …… 254
  - 10.2.1 GAT 详解 …… 254
  - 10.2.2 GAT 的推理 …… 257
  - 10.2.3 GAT 的属性 …… 257
  - 10.2.4 小结 …… 258
- 10.3 HAN …… 258
  - 10.3.1 基本概念 …… 258
  - 10.3.2 HAN 详解 …… 259
  - 10.3.3 小结 …… 261

第 11 章 二维结构识别 …… 262

- 11.1 Show and Tell …… 262
  - 11.1.1 网络结构 …… 263
  - 11.1.2 解码 …… 264
  - 11.1.3 小结 …… 264
- 11.2 Show Attend and Tell …… 264
  - 11.2.1 整体框架 …… 265
  - 11.2.2 小结 …… 268
- 11.3 数学公式识别 …… 268
  - 11.3.1 基础介绍 …… 269
  - 11.3.2 公式识别模型详解 …… 272
  - 11.3.3 小结 …… 277

第 12 章 人像抠图 …… 278

- 12.1 Background Matting …… 278
  - 12.1.1 输入 …… 279
  - 12.1.2 生成模型 …… 280
  - 12.1.3 判别模型 …… 280
  - 12.1.4 模型训练 …… 281
  - 12.1.5 模型推理 …… 282
  - 12.1.6 小结 …… 282
- 12.2 Background Matting v2 …… 283
  - 12.2.1 问题定义 …… 283
  - 12.2.2 网络结构 …… 284
  - 12.2.3 训练 …… 286
  - 12.2.4 小结 …… 286

第 13 章 图像预训练 …… 287

- 13.1 MAE …… 287
  - 13.1.1 算法动机 …… 287
  - 13.1.2 掩码机制 …… 288
  - 13.1.3 模型介绍 …… 289
  - 13.1.4 小结 …… 291
- 13.2 BEiT v1 …… 291
  - 13.2.1 背景介绍 …… 292
  - 13.2.2 BEiT v1 全览 …… 292
  - 13.2.3 BEiT v1 的模型结构 …… 293
  - 13.2.4 掩码图像模型 …… 294
  - 13.2.5 BEiT v1 的损失函数 …… 294
  - 13.2.6 小结 …… 295
- 13.3 BEiT v2 …… 295
  - 13.3.1 背景介绍 …… 295
  - 13.3.2 BEiT v2 概述 …… 296
  - 13.3.3 矢量量化 – 知识蒸馏 …… 296
  - 13.3.4 BEiT v2 预训练 …… 297
  - 13.3.5 小结 …… 298

第 14 章　多模态预训练 ……… 299

14.1　ViLBERT ……… 299
14.1.1　模型结构 ……… 300
14.1.2　预训练任务 ……… 301
14.1.3　模型微调 ……… 302
14.1.4　小结 ……… 303

14.2　CLIP ……… 304
14.2.1　数据收集 ……… 304
14.2.2　学习目标：对比学习（Contrastive Learning）预训练 ……… 304
14.2.3　图像编码器 ……… 305
14.2.4　文本编码器 ……… 306
14.2.5　CLIP 用于图像识别 ……… 306
14.2.6　模型效果 ……… 306
14.2.7　小结 ……… 307

14.3　DALL-E ……… 307
14.3.1　背景知识：变分自编码器 ……… 308
14.3.2　阶段一：离散变分自编码器 ……… 309
14.3.3　阶段二：先验分布学习 ……… 310
14.3.4　图像生成 ……… 312
14.3.5　混合精度训练 ……… 312
14.3.6　分布式运算 ……… 313
14.3.7　小结 ……… 313

14.4　VLMo ……… 314
14.4.1　算法动机 ……… 314
14.4.2　MoME Transformer ……… 314
14.4.3　VLMo 预训练 ……… 315
14.4.4　小结 ……… 318

14.5　BEiT v3 ……… 318
14.5.1　背景：大融合 ……… 319
14.5.2　BEiT v3 详解 ……… 320
14.5.3　小结 ……… 322

附录 A　双线性插值 ……… 323

附录 B　匈牙利算法 ……… 324

附录 C　Shift-and-Stitch ……… 325

附录 D　德劳内三角化 ……… 328

附录 E　图像梯度 ……… 329

附录 F　仿射变换矩阵 ……… 330

第一篇 目标检测与分割

"人不过是肉做的机器,而钢铁做的机器有一天也会思考。"

——Marvin Lee Minsky

目标检测是计算机视觉领域的一个重要方向，分为单阶段检测和双阶段检测。单阶段检测是一种直接从图像中提取目标位置和类别的目标检测方法，包括 YOLO 和 SSD 等。双阶段检测是一种将目标检测分为两个阶段的方法，包括 Faster R-CNN 和 Mask R-CNN 等，第一阶段是提取图像特征，第二阶段是在图像特征上进行目标检测。总的来说，在对速度要求较高的场景下，单阶段检测可能更合适；在对准确度要求较高的场景下，双阶段检测可能更适合。特征融合策略是目标检测的一个特别重要的研究方向，其对于解决分类和检测对特征深浅需求不同的问题、提升小目标的检测效果是非常有帮助的。特征融合是在特征金字塔网络（feature pyramid network，FPN）中提出的，FPN 采用的是一个自顶向下的融合策略，即将深层小分辨率的特征图不断上采样，然后和浅层的特征图组合到一起。路径聚合网络（path aggregation network，PANet）是加强版的 FPN，它通过在 FPN 的基础上增加一条自底向上的路径，进一步增强骨干网络的表征能力。基于神经架构搜索（neural architecture search，NAS）的特征金字塔网络（NAS-FPN）则使用强化学习技术对特征融合的策略进行搜索，得出一个异常复杂的融合结构，它不仅包含 PANet 的自顶向下和自底向上这两条路径，还包含一条捷径（shortcut）连接。EfficientDet 提出的双向特征金字塔网络（bidirectional feature pyramid network，BiFPN）是更为清晰的包含自顶向下、自底向上和捷径连接的特征融合网络，该网络还可以对网络的宽度、深度和图像分辨率之间的缩放关系进行搜索。

目标检测的另一个研究方向是损失函数。损失函数分为两条线路，一条是 L_n 类损失函数，另一条是交并比（intersection over union，IoU）损失函数。在 L_n 类损失函数中，最开始使用的是均方误差（mean square error，MSE）损失函数，而 Fast R-CNN 使用的 Smooth L1 损失函数使得训练过程中梯度爆炸的现象显著减少。Focal Loss 对正负样本的不均衡和难易样本的不均衡起到了显著的改善作用。IoU 损失函数是以更能反映实际检测效果的 IoU 为基础设计的一系列损失函数。首先，UnitBox 中提出的 IoU 损失直接使用了 IoU 作为损失函数，IoU 具有尺度不变性，可提升对小尺寸目标的检测效果。GIoU（generalized-IoU，广义交并比）损失解决了 IoU 损失在检测框和真值框没有重合区域的时候值均为 1 的问题。因为 GIoU 使用了闭包作为惩罚项，它存在通过增加预测框的面积来减小损失值这一"走弯路"问题，所以 DIoU（distance-IoU，距离交并比）损失和 CIoU（complete-IoU，完全交并比）损失直接使用预测框和目标框的欧氏距离作为惩罚项，实现了比 GIoU 损失收敛更快的效果。Focal-EIoU 损失借鉴了 Focal Loss 的思想，并将其与设计的 EIoU（efficient-IoU，高效交并比）损失进行了整合，它的核心是由 EIoU 损失和 Focal Loss 共同作为损失函数，EIoU 损失解决了 CIoU 损失中宽和高不能同增同减的问题，Focal L1 损失则解决了高、低质量检测框的回归不平衡问题。

在计算机视觉领域，分割任务是仅次于分类任务和检测任务的第三重要的任务，但它的难度远高于前两者。完成分割任务需要为图像中的每像素分配一个类别标签，根据类别标签的情况分割任务可分为 3 类，按照难度从小到大排列，它们依次是语义分割、实例分割和全景分割，如图 6.1 所示。其中，图 6.1（b）所示是语义分割（semantic segmentation）的效果，根据图中物体的类别为其设置标签，同一类别的不同物体的类别标签是相同的；图 6.1（c）所示是实例分割（instance segmentation）或者叫作目标分割的效果，根据检测到的实例进行分割掩码的预测，每一个实例都拥有一个不同类别的分割掩码，但是，对于非实例我们统一为其标注背景掩码，我们在 1.6 节介绍的 Mask R-CNN 的分割分支便是实例分割；图 6.1（d）所示是全景分割（panoptic segmentation）的效果，它是语义分割和实例分割的结合体，它不仅要区分每一个实例，还要为图像中的每一像素设置标签。

第 1 章 双阶段检测

卷积神经网络（convolutional neural network，CNN）最早用于解决计算机视觉领域的分类任务，分类的目的是识别图片中物体的类别。在著名的计算机视觉竞赛 ILSVRC（ImageNet Large Scale Visual Recognition Challenge，ImageNet 大型视觉识别挑战赛）中，还有定位和检测两个任务。其中，定位任务不仅要识别出物体的具体类别，还要给出物体的具体位置。检测任务可以理解为多目标的定位任务，不仅要识别出图像中的多个物体，还要给出每个物体的具体位置。分类任务、定位任务和检测任务如图 1.1 所示。

(a) 分类任务

(b) 定位任务

(c) 检测任务

图 1.1　分类任务、定位任务和检测任务

目标检测对人类来说是非常简单的任务，人类凭借图像内容和日常经验通常可以快速给出精确的检测结果。但是这个任务对计算机来说是非常困难的，因为在计算机中，图像是使用 RGB 三维矩阵来表示的，计算机很难直接从矩阵中得出目标物体的位置和类别。传统的目标检测一般采用滑动窗口的方式，主要包括 3 步：

- 使用不同尺寸的滑动窗口，得到图的某一部分作为候选区域；
- 提取候选区域的视觉特征，例如行人检测常用的方向梯度直方图（histogram of oriented gradient，HOG）特征等；
- 使用分类器进行识别，常见的如支持向量机（support vector machine，SVM）分类器。

在区域卷积神经网络（region CNN，R-CNN）[①] 出现之前，无论是传统方法，还是深度学习方法（如 OverFeat 等），都很难在目标检测方向取得令人满意的效果。2014 年被提出的 R-CNN 则将 PASCAL VOC 2007 的检测精度大幅提升至 58.5%，而之前的算法的检测精度从未超过 40%。R-CNN 是结合了 CNN 的骨干网络、选择性搜索（selective search）候选区域提取和 SVM 分类器的双阶段检测算法，即一个阶段用于候选区域提取，另一个阶段用于目标的识别和分类。R-CNN 还是一个结合

---
① 参见 Ross Girshick、Jeff Donahue、Trevor Darrell 等人的论文"Rich feature hierarchies for accurate object detection and semantic segmentation"。

了传统策略、机器学习和深度学习的"杂交"模型。R-CNN 对于检测精度的巨大提升开启了业界对 R-CNN 系列检测算法的火热研究，对这一方向做出卓越贡献的有 Ross B. Girshick 和何恺明等人。

因为 R-CNN 需要生成长度固定的特征向量，它采用的策略是将输入图像缩放或裁剪到相同的尺寸。而 SPP-Net[①] 一文中指出这种缩放或者裁剪会导致输入数据丢失原本的语义信息，SPP-Net 的提出便是为了解决这个问题。SPP-Net 的核心模块是一个名为空间金字塔池化（spatial pyramid pooling，SPP）的结构，空间金字塔池化将不同尺度的特征图分成若干组大小相同的桶（bin），然后对每个大小相同的桶进行最大池化或者平均池化，便可以得到长度固定的特征向量。

为了避免检测模型的漏检问题，通常需要用选择性搜索等方法提取大量的候选区域，然后将每个候选区域提供给分类器进行特征提取和分类。但是这些候选区域中存在大量的重复内容，针对这些候选区域的独立计算会产生大量的重复计算，严重影响检测算法的速度。Ross B. Girshick 等人提出的 Fast R-CNN[②] 是在整幅输入图像上进行卷积操作，然后在输出层的特征图上提取候选区域对应的部分，从而实现参数共享。此外，Fast R-CNN 使用多层感知机（multilayer perception，MLP）替代 SVM 进行分类，实现了检测模型的端到端训练。

Faster R-CNN[③] 将候选区域的提取也交由深度学习去完成，实现了检测算法的"全深度学习化"，实现这个功能的便是 Faster R-CNN 最核心的区域候选网络（region proposal network，RPN）模块。RPN 用于生成候选区域，因此它是一个只需要判断前景或者背景的二分类网络。RPN 最重要的贡献是引入了锚点（anchor）来提升模型的收敛速度。锚点本质上是一个先验框，使模型预测框向着锚点收敛有助于降低模型学习的难度。

目标检测和分割是一对密切相关的任务，何恺明等人将实例掩码任务加入 Faster R-CNN，提出了可以同时检测和分割目标的 Mask R-CNN[④]。分割任务要求的是像素级别的检测精度，而 ROI 池化或者空间金字塔池化会存在尺寸不匹配的问题。Mask R-CNN 的一个重要模块是 ROI 对齐（ROI align）模块，它采用基于双线性插值的池化方法，不存在尺寸不匹配的问题，是能让掩码任务添加到 Faster R-CNN 中的最核心的模块。

目标检测的输出往往是标准矩形框，但是图像中的目标往往会有更丰富的形态。可变形卷积网络（deformable convolution network，DCN）[⑤⑥] 是一个提高模型学习复杂不变性能力的功能模块，由可变形卷积和可变形池化两个模块组成。可变形的实质是为卷积和池化操作学习一个偏移，这样卷积核和池化核便不再是一个形状固定的矩形。可变形模块可以嵌入任何检测或者分割网络，对于提升模型检测精度非常有效。

1.1 R-CNN

2012 年之前，目标检测的发展变得缓慢，一个重要的原因是基于计算机视觉的方法，如尺度

[①] 参见 Kaiming He、Xiangyu Zhang、Shaoqing Ren 等人的论文"Spatial Pyramid Pooling in Deep Convolutional Networks for Visual Recognition"。
[②] 参见 Ross Girshick 的论文"Fast R-CNN"。
[③] 参见 Shaoqing Ren、Kaiming He、Ross Girshick 等人的论文"Faster R-CNN: Towards Real-Time Object Detection with Region Proposal Networks"。
[④] 参见 Kaiming He、Georgia Gkioxari、Piotr Dollar 等人的论文"Mask R-CNN"。
[⑤] 参见 Jifeng Dai、Haozhi Qi、Yuwen Xiong 等人的论文"Deformable Convolutional Networks"。
[⑥] 参见 Xizhou Zhu、Han Hu、Stephen Lin 等人的论文"Deformable Convnets v2: More Deformable, Better Results"。

不变特征转换（scale-invariant feature transform，SIFT）、HOG 等，进入瓶颈期。生物学家发现人类的视觉反应是一个多层次的流程，而 SIFT 或者 HOG 只相当于人类视觉反应的第一层，这是目标检测进入瓶颈期的一个重要原因。2012 年，基于随机梯度下降（stochastic gradient descent，SGD）的 CNN 在目标识别领域的突破性进展充分展现了其在提取图像特征方面的巨大优越性。CNN 的一个重要特点是其多层次的结构更符合人类的视觉反应特征。2014 年，使用 CNN 框架的 R-CNN 被提出，并大幅提高了目标检测的精度，自从这个具有里程碑意义的算法出现，使用深度学习成为目标检测的主流思路。

但大规模深度学习网络的应用对数据量提出了更高的需求。在数据量稀缺的数据集上进行训练，迭代次数太少会导致模型欠拟合，迭代次数太多会导致过拟合。为了解决该问题，R-CNN 使用了在海量数据上进行无监督学习的预训练与在稀缺专用数据集上进行微调的策略。

在算法设计上，R-CNN 采用了"Recognition Using Regions"[①]的思想，R-CNN 使用选择性搜索提取了 2000～3000 个候选区域，然后针对每个候选区域单独进行特征提取和分类器训练，这也是 R-CNN 命名的由来。为了提高检测精度，R-CNN 使用岭回归对检测位置进行了精校。以上方法的使用，使得 R-CNN 在 PASCAL VOC 2007 检测数据集上的检测精度到达了新的高度。

1.1.1　R-CNN 检测流程

R-CNN 检测流程（见图 1.2）可分成 5 个步骤：
（1）使用选择性搜索[②]在输入图像上提取候选区域；
（2）使用 CNN 在每个缩放到固定大小（227×227）的候选区域上提取特征；
（3）将 CNN 提取到的 Pool5 层的特征输入 N（类别数量）个 SVM 分类器对物体类别进行打分；
（4）将 Pool5 层的特征输入岭回归位置精校器进行位置精校；
（5）使用贪心的非极大值抑制（non-maximum suppression，NMS）合并候选区域，得到输出结果。

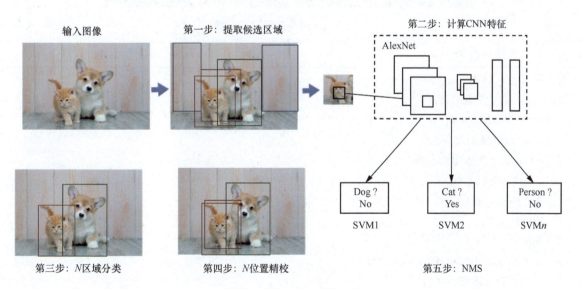

图 1.2　R-CNN 检测流程

---

① 参见 Chunhui Gu 等人的论文"Recognition using regions"。
② 参见 Jasper Uijlings、Koen E. A. van de Sande、Theo Gevers 等人的论文"Selective Search for Object Recognition"。

由上文可见，R-CNN 的训练过程涉及 CNN 特征提取器、SVM 分类器和岭回归位置精校器共 3 个模块[①]。

1.1.2 候选区域提取

R-CNN 输入 CNN 的并不是原始图像，而是通过选择性搜索得到的候选区域，选择性搜索的核心思想是层次分组算法（hierarchical grouping algorithm）[②]，其核心内容为：
- 将图像分成若干个小区域；
- 计算相似度，合并相似度较高的区域，直到小区域全部合并完毕；
- 输出所有存在过的区域，即候选区域。

选择性搜索伪代码区域的合并规则为：
- 优先合并颜色相近的；
- 其次合并纹理相近的；
- 再次合并在上述合并后总面积小的；
- 最后优先合并在上述合并后总面积在其边界框（bounding box，bbox）中所占比例大的。

图 1.3 所示是通过选择性搜索得到的候选区域，选择性搜索的核心内容如算法 1 所示。

图 1.3 选择性搜索效果示意

算法 1　选择性搜索

输入：（彩色）图像
输出：目标假设位置的集合 L
1: 获取所有的区域 $R = \{r_1, \cdots, r_n\}$
2: 初始化相似度集合 $S = \varnothing$
3: **for** 每一个邻居对 (r_i, r_j) **do**
4:　　 计算相似度 $s(r_i, r_j)$
5:　　 $S = S \cup (s(r_i, r_j))$
6: **end for**
7: **while** $S \neq \varnothing$ **do**
8:　　 计算最高相似度 $s(r_i, r_j) = \max(S)$
9:　　 合并对应区域 $r_t = r_i \cup r_j$
10:　　去除相似内容除了 r_i: $S = S \setminus s(r_i, r_*)$

[①] 论文中给出的图（图 1.2）没有画出回归器部分。
[②] 参见 Pedro F Felzenszwalb、Daniel P Huttenlocher 的论文"Efficient Graph-Based Image Segmentation"。

11:	去除相似内容除了 s_j: $S = S \setminus s(r_*, r_j)$
12:	计算 r_t 与其邻居之间的相似性集合 S_t
13:	$S = S \cup S_t$
14:	$R = R \cup r_t$
15:	end while
16:	从 R 的所有区域中提取对象位置框 L

1.1.3 预训练及微调

1. 预训练

使用 ILSVRC 2012 的分类数据集,训练一个 N 类分类任务的分类器。在该数据集上,top-1 的错误率是 2.2%,实现了比较理想的初始化效果。

2. 微调

对每个候选区域实现一个 $N+1$ 类的分类任务(在 PASCAL VOC 检测数据集上,N=20;在 ILSVRC 检测数据集上,N=200),表示该候选区域是某一类(N)或者是背景(0)。当候选区域和某一类物体的真值框的交并比(IoU,指的是两个检测框交集和并集的比值)大于 0.5 时,该样本被判定为正样本,否则为负样本。

1.1.4 训练数据准备

1. SVM 分类器的数据准备

标签:由于 SVM 只能做二分类,因此在 N 类分类任务中,R-CNN 使用了 N 个 SVM 分类器。对于第 K 类物体,与该类物体的真值框的 IoU 大于 0.3 的视为正样本,其余视为负样本。R-CNN 论文中指出,0.3 是通过栅格搜索(grid search)得到的最优阈值。

特征:在决定使用哪一层的特征作为 SVM 的输入时,R-CNN 通过对比 AlexNet 网络中的最后一个池化层 Pool5 以及两个全连接层 FC6 和 FC7 的特征在 PASCAL VOC 2007 数据集上的表现,发现 Pool5 层得到的错误率更低,得出结论——Pool5 更能表达输入数据的特征。因此,SVM 使用的是从 Pool5 层提取的特征,原因是全连接会破坏图像的位置信息。

2. 岭回归位置精校器的数据准备

特征:位置精校和分类的思路类似,不同之处是它们一个是分类任务,一个是回归任务。同 SVM 一样,岭回归位置精校器使用的也是从 Pool5 层提取的特征。候选区域选取的是和真值框的 IoU 大于 0.6 的样本。

标签:岭回归位置精校器使用的是相对位置,这有助于降低模型学习的难度,提升对不同尺寸的目标的检测能力。在这里,$G = \{G_x, G_y, G_w, G_h\}$ 表示真值框的坐标和长宽,$P = \{P_x, P_y, P_w, P_h\}$ 表示候选区域的大小和长宽。相对位置的回归目标为 $T = \{t_x, t_y, t_w, t_h\}$,它的计算方式为:

$$
\begin{aligned}
t_x &= (G_x - P_x)/P_w \\
t_y &= (G_y - P_y)/P_h \\
t_w &= \log(G_x/P_w) \\
t_h &= \log(G_y/P_h)
\end{aligned}
\quad (1.1)
$$

3. 任务训练细节

CNN 预训练。出于当时硬件资源的限制，R-CNN 并没有选择容量更大的 VGG-16，而是选择了速度更快的 AlexNet。预训练指的是在 ILSVRC 2013 上训练分类网络，微调训练使用了小批次的 SGD 进行优化，批次大小是 128，其中 32 个正样本，96 个负样本。因为预训练是分类任务，所以 CNN 使用的损失函数是交叉熵损失函数。

SVM 分类器训练。SVM 的训练使用了难负样本挖掘（hard negative mining，HNM）。对于目标检测我们会事先标记出真值框，然后在算法中生成一系列候选区域，这些候选区域有和标记的真值框重合的，也有没重合的，那么 IoU 超过一定阈值（通常设置为 0.5）的则认定为正样本，阈值之下的则认定为负样本。然后将这些样本放入 SVM 分类器中训练。然而，这也许会出现一个问题，那就是正样本的数量远远小于负样本，这样训练出来的分类器的效果总是有限的，会出现许多假阳性样本。把其中得分较高的假阳性样本当作所谓的难负样本，既然挖掘出了这些难负样本，就把它们放入 SVM 分类器中再训练一次，从而加强分类器判别假阳性的能力。

岭回归位置精校器训练。精校器的作用是找到一组映射，使候选区域的位置信息 P 通过某种映射，能够转化为 G。这也可以理解为根据 Pool5 层的图像特征，学习 G 和 P 的相对位置关系（1.1.4 节中的 t），然后根据相对位置关系，将候选区域对应成检测框，所以目标函数可以为：

$$w_\star = \arg\min_{\hat{w}_\star} \sum_{i}^{N} (t_\star^i - \hat{w}_\star^\top \phi_5(P^i))^2 + \lambda \| \hat{w}_\star \|^2 \tag{1.2}$$

其中，$\phi_5(P^i)$ 表示候选区域 P^i 对应的 Pool5 层特征向量，$w_\star$ 是可训练的网络参数，λ 是正则化系数。

1.1.5 NMS

NMS 一般用于在检测任务的后处理中过滤多余的检测框。当我们执行一个检测任务时，不可避免地会出现大量且重复的检测框以及它们的分类得分。因为一个目标只有一个检测框，所以这些检测结果存在很大的冗余，需要对其进行过滤。常见的对检测框进行过滤的方案有两个：一个是提高分类得分的阈值，以减少输出的检测框；另一个是根据分类得分和检测框之间的 IoU 来过滤，也就是这里要介绍的 NMS（见图 1.4）。

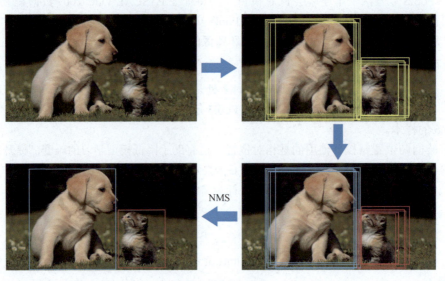

图 1.4　NMS 示意

NMS 的计算有如下几步：

（1）将所有的检测框按照分类得分进行分类，根据类别（PASCAL VOC 是 20 类非背景类别）将检测框分成若干个列表；

（2）在每个列表内部，根据分类得分进行降序排序；

（3）从每个列表中的得分最高的检测框（即 $bbox_1$）开始，计算其他检测框（即 $bbox_k$）与得分最高的检测框之间的 IoU，如果 IoU 大于阈值，则剔除 $bbox_k$，并将 $bbox_1$ 从列表中取出；

（4）从去掉 $bbox_1$ 的列表中再选取得分最高的检测框，重复步骤（3）的操作，直到该列表中所有检测框都被筛选完毕。

1.1.6 小结

R-CNN 引发了使用深度学习来进行目标检测的潮流，也留给了后续算法很多优化的空间。

- **重复计算**：R-CNN 提取了 2000 个候选区域，这些候选区域都要进行卷积操作，由于它们存在很多重复的区域，因此造成了大量的重复计算。
- **多阶段**：R-CNN 的候选区域提取、特征计算、分类、检测、后处理等都是独立的不同阶段，而且每个阶段都要在硬盘上存储数据，而存储这些中间数据需要几百 GB 的存储空间。
- **SVM**：R-CNN 并不是一个纯粹的深度学习算法，它的分类任务需要使用 SVM，而 SVM 是一个机器学习模型，执行速度极慢。除了这些，SVM 最大的问题是无法对输入它的特征进行优化，不是一个端到端的模型。
- **推理速度慢**：R-CNN 的推理速度是非常慢的，它在 GPU 上处理一幅图像需要 10s 以上的时间，这意味着其很难实现商用。

1.2 SPP-Net

> 在本节中，先验知识包括：
> ☐ R-CNN（1.1 节）。

在前面介绍的 R-CNN 中，经过选择性搜索会得到不同尺寸的候选区域，然而它的 CNN 骨干网络需要固定尺寸的输入图像，无论是裁剪、拉伸还是加边都会对模型的效果带来负面影响。是什么原因导致它的 CNN 骨干网络需要固定尺寸的输入图像呢？一个原因是 CNN 通常由卷积层和全连接层组成，卷积层通过滑动窗口的形式得到下一层特征，卷积对输入图像的尺寸并没有要求，只是不同尺寸的输入会产生不同尺寸的特征。但是全连接层要求输入特征的尺寸是固定的，这导致了图像特征尺寸的固定，从而固定了输入图像的尺寸。空间金字塔池化（SPP）是介于特征层（卷积层的最后一层）和全连接层之间的一种池化结构，通过提取 N 组固定大小的特征再将它们池化到一起，便可以得到固定尺寸的全连接的输入，因此满足不同尺寸的图像都可以输入模型。SPP 的思想无论是对于图像分类还是目标检测都是有用的。从生物学的角度来讲，SPP 也更符合人类的视觉特征，因为当我们看一个物体时，它的尺寸并不明显影响我们对它的位置判断，而是在更深的视觉系统中进行物体信息处理。

R-CNN 的另一个问题是它非常耗时，因为其在使用选择性搜索提取候选区域后，会对每幅图像的几千个候选区域重复地进行卷积操作。SPP-Net 只需要在整幅图像上进行一次卷积操作，然后使用 SPP-Net 的金字塔池化的思想在特征图上提取特征，这一操作将运行速度提升了上百倍。SPP-Net

的这一工作在 ILSVRC 2014 上也取得了非常优秀的成绩（检测任务第二名，分类任务第三名）。

1.2.1 空间金字塔池化

1. 算法动机

SPP-Net 通过可视化 CNN 的最后一个卷积层，发现卷积操作其实保存了输入图像的空间特征，且不同的卷积核可能响应不同的图像语义特征。如图 1.5 所示，通过对图 1.5（a）中左侧输入图像的特征图的可视化，第 175 个卷积核倾向于响应多边形特征，第 55 个卷积核倾向于响应圆形特征；通过对图 1.5（b）中左侧输入图像的特征图的可视化，第 66 个卷积核倾向于响应 ∧ 形状，而第 118 个卷积核则倾向于响应 ∨ 形状。上面这些响应与输入图像的尺寸没有关系，只取决于图像的内容。

在传统的计算机视觉方法中，我们首先可以通过 SIFT 或者 HOG 等方法提取图像特征，然后通过词袋或者空间金字塔池化的方法聚集这些特征。同样我们也可以用类似的方法聚集 CNN 得到的特征[1][2]，这便是 SPP-Net 的算法思想。

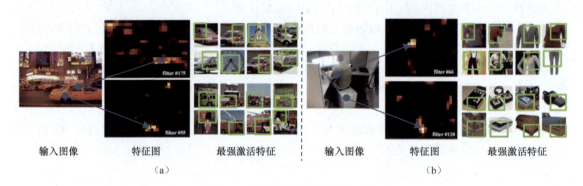

图 1.5　特征图响应图像特征示意

2. SPP-Net 的结构

SPP 的思想与多尺度输入图像的思想类似，不同的是 SPP 基于特征图的金字塔的特征提取。它首先通过 CNN 提取输入图像（尺寸无要求）的特征，然后通过 SPP 的方法将不同的特征图聚集成相同尺寸的特征向量，这些尺寸相同的特征向量便可以用于训练全连接层或者 SVM。与传统的词袋方法相比，SPP 保存了图像的空间特征。得到尺寸相同的特征向量后，便可以将其输入全连接层了。图 1.6 所示是 SPP-Net 的结构。

在图 1.6 中，骨干网络的最后一个卷积层（Conv5 层）共有 256 个卷积核，SPP-Net 的论文中使用了 4×4、2×2、1×1 这 3 个尺度的金字塔，在每个尺度的栅格（grid，其大小和输入图像的尺寸有关）上使用最大池化得到特征向量。最后将所有尺度的特征向量拼接在一起，就得到长度为 5376 的特征向量。该特征向量便是全连接层的输入。通过分析可以看出，虽然输入图像的尺寸不一样，但经过 SPP-Net 后都会得到相同长度的特征向量。

SPP 是可以通过标准的反向传播进行训练的，然而在实际训练过程中，GPU 更倾向于尺寸固定的输入图像（例如小批次训练）。为了能够使用当时的框架（Caffe）并同时考虑多尺度的因素，SPP-Net 使用了多个不同输入尺寸的网络，这些网络是共享参数的。对于任意不同输入尺寸的卷积

---

[1] 参见 Kristen Grauman、Trevor Darrell 等人的论文"The Pyramid Match Kernel: Discriminative Classification with Sets of Image Features"。
[2] 参见 Svetlana Lazebnik、Cordelia Schmid、Jean Ponce 的论文"Beyond Bags of Features: Spatial Pyramid Matching for Recognizing Natural Scene Categories"。

网络，经过卷积层得到特征向量的大小是 $a \times a$，如果我们要使用金字塔的某层取一个 $n \times n$ 的特征向量，则池化层的窗口大小是 $\lceil a/n \rceil$，步长是 $\lfloor a/n \rfloor$。可见，参数和输入图像的尺寸是没有关系的，因此不同的输入图像尺寸对应的网络之间权值是可以共享的。

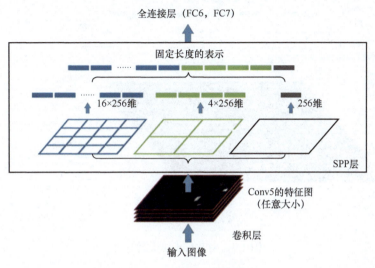

图 1.6　SPP-Net 的结构

在实验中，SPP-Net 使用了输入图像尺寸分别是 224×224 和 180×180 的两个不同的网络。在将图像缩放到其中一个尺寸后训练该网络，并将学到的参数共享到另一个网络中。也就是说，SPP-Net 会每隔一个 epoch 更换一种图像尺寸，训练结束后共享参数。SPP-Net 的多尺度输入的训练策略是提升检测效果的十分常见的技巧，尤其是在小目标检测的场景。

在测试时，由于不存在小批次，因此输入图像的尺寸是任意的，在推理时并不存在图像扭曲的问题。但是这里的"任意"也不是完全任意的输入，因为过小的图像输入模型会无法进行多次降采样。

1.2.2　SPP-Net 的推理流程

简单地回顾一下 R-CNN 的推理流程。对于一个要检测 n 类目标的模型，R-CNN 首先利用选择性搜索在输入图像上提取 2000 个左右的候选区域，然后将每个候选区域拉伸到 227×227 的尺寸，再使用标准的 CNN 训练这些候选区域，最后提取特征层的特征用于训练 n 个二分类的 SVM 作为分类模型以及一个岭回归位置精校器用于位置精校。R-CNN 的性能瓶颈之一是在同一幅图像的 2000 个左右的候选区域上重复进行卷积操作时，存在大量的冗余计算，这是非常耗时的。

SPP-Net 首先在输入图像上提取 2000 个候选区域。按照图像的短边（缩小到 s）将图像缩放后（在实验中，SPP-Net 使用了 $s \in \{480, 576, 688, 864, 1200\}$ 中的多个缩放尺度，原始策略是将这 5 个尺度的特征连在一起作为特征向量，但是 SPP-Net 发现将图像缩放到接近 224×224 像素的那个尺度得到的效果最好），使用 CNN 提取整幅图像的特征（这是提升时间最关键的部分）。找到每个候选区域对应的输出特征图的部分，使用 SPP 的方法提取长度固定的特征向量。特征向量经过一个全连接层后输入二分类 SVM 用于训练 SVM 分类器。同 R-CNN 一样，SPP-Net 也使用了 n 个二分类的 SVM。SPP-Net 的检测过程如图 1.7 所示。

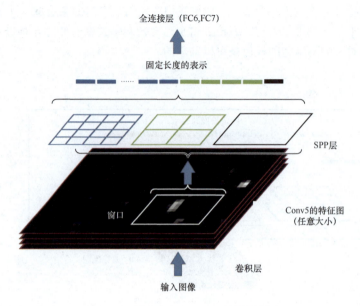

图 1.7 SPP-Net 的检测过程

上文提到,我们需要找到原图的候选区域在特征层对应的相对位置。由于卷积操作并不影响物体在图像中的相对位置,这涉及感受野(receptive field)的计算问题。感受野的计算要从第一个全连接层从后往前推,表示为式(1.3):

$$\text{rfsize}=(\text{out}-1)\times \text{stride} + \text{ksize} \tag{1.3}$$

其中,out 是上一层感受野的大小,stride 是步长,ksize 是核函数的大小。根据 SPP-Net 论文中给出的 ZFNet 的网络结构(见表 1.1),便得出了 SPP-Net 论文附录 A 中感受野 139 的计算方法,如式(1.4)所示。当得到感受野之后,我们便可以得到候选区域在骨干网络输出层的位置。候选区域左上角的计算方式为 $\lfloor (x-139/2+63)/16 \rfloor +1$,其中 139/2 是感受野的半径,16 是有效步长,63 是左上角的位置偏移;右下角的计算方式为 $\lceil (x+139/2-75)/16 \rceil$,其中 75 是右下角的位置偏移。

表 1.1 SPP-Net 中使用的 ZFNet 的网络结构

模型	Conv1	Conv2	Conv3	Conv4	Conv5
ZFNet	96×7^2,步长为 2	256×5^2,步长为 2	384×3^2	384×3^2	256×3^2
	LRN,池化为 3^2,步长为 2	LRN,池化为 3^2,步长为 2			
	特征图大小为 55×55	特征图大小为 27×27	特征图大小为 13×13	特征图大小为 13×13	特征图大小为 13×13

$$\begin{aligned}
&\text{Conv5: rfsize}=(1-1)\times 1+3 = 3 \\
&\text{Conv4: rfsize}=(3-1)\times 1+3 = 5 \\
&\text{Conv3: rfsize}=(5-1)\times 1+3 = 7 \\
&\text{Conv2(LRN): rfsize}=(7-1)\times 2+3 = 15 \\
&\text{Conv2: rfsize}=(15-1)\times 2+5 = 33 \\
&\text{Conv1(LRN): rfsize}=(33-1)\times 2+5 = 69 \\
&\text{Conv1: rfsize}=(67-1)\times 2+7 = 139
\end{aligned} \tag{1.4}$$

上面通过感受野来确定候选区域的方式计算起来非常复杂，因为在一些复杂的网络中它的感受野并不是非常容易计算的。一个更简单且直接的确定候选区域的方式是按照候选区域的位置等比例地换算到特征网络输出层上。

SPP-Net 的 CNN 是可以使用候选区域进行微调的。针对候选区域的类别（$n+1$ 个）特征，SPP-Net 在全连接层的最后一层又接了一个 $n+1$ 个类别的分类层。在实验中，SPP-Net 的特征层没有经过微调，只是微调了一下分类层，其使用的数据是 25% 的正样本（和真值框的 IoU 大于 50%）。和 R-CNN 一样，SPP-Net 也使用了岭回归位置精校器用于位置精校。

1.2.3 小结

SPP-Net 解决了 R-CNN 对候选区域进行拉伸或者加边时带来的输入图像的偏差问题，它的核心结构是 SPP 层，SPP 层的引入使得模型可以对任意长宽比的目标进行处理。但是 SPP-Net 依然有不少问题，这就引出了下面要介绍的 Fast R-CNN。

1.3 Fast R-CNN

在本节中，先验知识包括：
- SPP-Net（1.2 节）。

之前介绍的 R-CNN 和 SPP-Net 检测算法，都是先通过 CNN 提取特征，然后根据特征训练 SVM 用于分类和精校器用于位置精校。这种多阶段的流程有两个问题：
- 保存中间结果需要使用大量的硬盘存储空间；
- 不能根据分类结果优化 CNN 的参数，造成了优化过程的中断，这在一定程度上限制了网络精度。

1.3.1 Fast R-CNN 算法介绍

我们这里要介绍的 Fast R-CNN 通过多任务的方式将分类任务和检测任务整合成一个流程，同时带来分类和检测精度的提升。它的核心特点是通过 softmax 替代 n 个 SVM 分类器的分类分支，这个替代解决了训练过程中的多阶段的问题，使得 Fast R-CNN 成为一个可以进行端到端训练的模型。

Fast R-CNN 的算法流程如图 1.8 所示，它包含的主要步骤如下：

（1）通过选择性搜索得到若干候选区域；

（2）将整幅图像送入神经网络，得到整幅图像的特征图（可以和步骤（1）并行执行）；

（3）使用感兴趣区域（region of interest，ROI）池化层（单层的 SPP 层）将不同尺寸候选区域的特征图映射成相同大小的特征向量；

（4）将特征向量输入由分类任务和检测任务组成的多任务分支，分类任务分支计算每个候选区域的类别评分（K 类物体和 1 类背景），检测任务分支得到 K 类任务的 4 个坐标信息（$4×K$ 个输出）；

（5）通过 NMS 后处理得到最终的检测结果。

相较于 SPP-Net，Fast R-CNN 最大的优点是实现了目标检测任务的端到端学习，同时引进了多任务训练，在优化训练过程的同时避免了额外存储空间的使用，并在一定程度上提升了精度。在下面的介绍中，我们以源码为线索，逐渐揭开 Fast R-CNN 的神秘面纱。

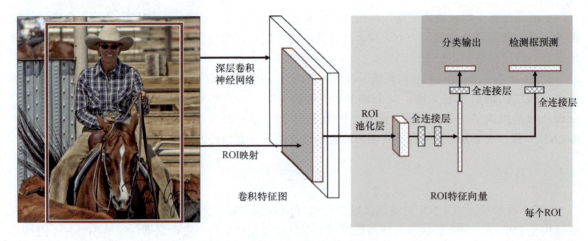

图 1.8　Fast R-CNN 的算法流程

1.3.2　数据准备

Fast R-CNN 也是通过选择性搜索选取的候选区域。Fast R-CNN 的论文指出，随着候选区域的增多，mAP（平均精度均值）呈先上升后下降的趋势，所以候选区域的个数不宜太多，更不宜太少，Fast R-CNN 则选取了 2000 个候选区域。

```
self.config = {'cleanup' : True,
               'use_salt' : True,
               'top_k'   : 2000}
```

1. 输入图像尺度

通过对比多尺度 {480, 576, 688, 864, 1200} 和单尺度的精度，可以发现 Fast R-CNN 的单尺度和多尺度的精度差距并不明显。这也从另一个角度证明了深度卷积神经网络有能力直接学习到输入图像的尺寸不变性。但 Fast R-CNN 依旧保留了多尺度这个功能，尺度选项可以在 lib/fast-rcnn/config.py 文件里设计，如下面的代码，其中 SCALES 可以为单个值（单尺度）或多个值（多尺度）。

```
# 训练期间使用的尺度（可以列出多个尺度）
# 每个尺度中的值指的是图像最短边的大小
__C.TRAIN.SCALES = (600,)
```

Fast R-CNN 的源码在实验中使用了最小边长 600、最大边长不超过 1000 的缩放图像方法，该方法通过下面的函数实现。

```
def prep_im_for_blob(im, pixel_means, target_size, max_size):
    im = im.astype(np.float32, copy=False)
    im -= pixel_means
    im_shape = im.shape
    im_size_min = np.min(im_shape[0:2])
    im_size_max = np.max(im_shape[0:2])
    im_scale = float(target_size) / float(im_size_min)
    # 防止最大边超过 max_size
    if np.round(im_scale * im_size_max) > max_size:
        im_scale = float(max_size) / float(im_size_max)
    im = cv2.resize(im, None, None, fx=im_scale, fy=im_scale, interpolation=cv2.INTER_LINEAR)
    return im, im_scale
```

2. 数据扩充

在深度学习任务中，当我们的样本量不足以支撑模型的训练时，通常采用数据扩充的方法来增加样本量。数据扩充对增加模型的泛化能力，减轻过拟合的问题是非常有效的。在实验中，Fast R-CNN 仅使用了最常见的翻转图片这一扩充方式。

1.3.3 Fast R-CNN 网络结构

Fast R-CNN 选择了 VGG-16 网络结构，并将最后一层的最大池化换成了 ROI 池化。经过两层共享的全连接和 Dropout 后，Fast R-CNN 接了一个双任务的损失函数，分别用于分类和检测精校，具体结构如图 1.9 所示。其中 Convi_j 表示的是第 i 个网络块的第 j 层的卷积操作，ReLUi_j 表示的是第 i 个网络块的第 j 层的 ReLU 激活函数；Pool$i$ 表示第 i 个网络块的最大池化。FC6、FC7 以及 FC8 是 3 个全连接层。cls_score 是分类评分，bbox_pred 是预测的检测框，loss_cls 和 loss_box 分别是分类任务和检测任务的损失函数。

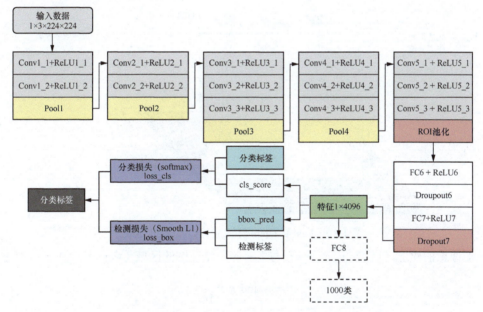

图 1.9　Fast R-CNN 网络结构

1. ROI 池化层

ROI 池化层是一个单层的 SPP。ROI 池化可以由 (r, c, w, h) 定义，其中 (r, c) 表示候选区域的左上角坐标，(w, h) 表示候选区域的宽和高。假设我们要将特征层映射成大小为 $H \times W$ 的特征图。ROI 池化将特征层分成 $\frac{h}{H} \times \frac{w}{W}$ 的栅格，每个栅格通过最大池化得到。在 Fast R-CNN 中，ROI 池化使用的是固定栅格数量的最大池化，在反向传播时，只对栅格中选为最大值的像素更新参数，可以表示为式（1.5）。[bool(·)] 在 Fast R-CNN 论文中叫作 Iverson 括号，它的本质是一个指示函数，表示当布尔值为 True 时，该函数的值为 1，否则为 0。

$$\frac{\partial \mathcal{L}}{\partial x_i} = \sum_r \sum_j [i = i^*(r, j)] \frac{\partial \mathcal{L}}{\partial y_{r,j}} \tag{1.5}$$

2. 候选区域的 ROI 池化的计算

在 Fast R-CNN 中，所有候选区域的卷积操作是共享的，而选择性搜索是在输入图像上完成的，所以需要将从输入图像上提取的候选区域对应到 Conv5 层的特征图。然后在这个特征图上进行 ROI 池化的操作，如图 1.10 所示。因为骨干网络是一个全卷积的网络结构，输入图像像素之间的相对位置不会变化，所以我们可以根据候选区域在原图中的大小占比以及相对位置等比例地换算出它应该在 Conv5 层上的哪个位置。在换算的过程中，我们主要关注图像尺寸下降了多少。在 Fast R-CNN 中，它使用了 VGG-16 作为骨干网络，VGG-16 共有 4 个步长为 2 的最大池化操作，而卷积操作是步长为 1、加边为 1 的卷积操作，所以它最终得到的 Conv5 层的特征图的尺寸是输入图像的 1/16。

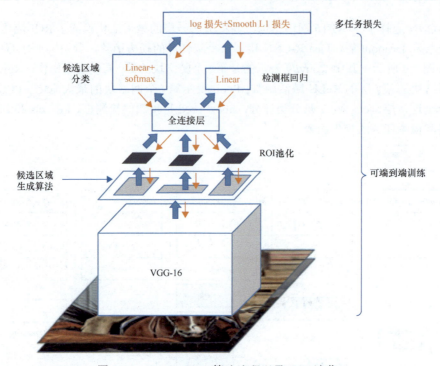

图 1.10　Fast R-CNN 算法流程以及 ROI 池化

输入图像上的候选区域 (x_1, y_1, x_2, y_2) 在与之对应的特征图的区域 (x'_1, y'_1, x'_2, y'_2) 的计算方式为：

$$\begin{aligned} x'_1 &= \text{round}(x_1 \times \frac{1}{16}) \\ y'_1 &= \text{round}(y_1 \times \frac{1}{16}) \\ x'_2 &= \text{round}(x_2 \times \frac{1}{16}) \\ y'_2 &= \text{round}(y_2 \times \frac{1}{16}) \end{aligned} \quad (1.6)$$

1.3.4　多任务损失函数

Fast R-CNN 是一个多任务的模型，一个任务是用 $N+1$ 个 SVM 分类器计算候选区域每个类别的得分，然后通过 $N+1$ 类的 softmax 函数根据 $N+1$ 个 SVM 分类器的得分计算得到多分类的结果；另一个任务是用精校器来精校候选区域的位置，它计算的是候选区域与真值框的相对位置偏差。

1. 分类任务

分类任务的输入是候选区域经过骨干网络得到的特征向量，经过一个 $N+1$ 类（N 类物体和

1 类背景）的 softmax 函数得到该候选区域的概率分布，表示为 $p=(p_0,\cdots,p_N)$。log 损失表示为 $\mathcal{L}_{cls}(p,u)=\log p_u$，其中 u 是该 ROI 的真值框，$u=0$ 表示该后续区域为背景。

2．检测任务

在 Fast R-CNN 中，我们需要为除了背景类的每一个类别预测一个检测框，假设类别为 u，$u \geqslant 1$，那么预测的检测框可以表示为 $t^u=(t_x^u,t_y^u,t_w^u,t_h^u)$。假设该候选区域的检测框的真值框为 $v=(v_x,v_y,v_w,v_h)$，那么检测框的损失函数可表示为式（1.7）：

$$\mathcal{L}_{loc}(t^u,v)=\sum_{i\in x,y,w,h}\text{Smooth L1}(t_i^u,v_i) \tag{1.7}$$

其中，Smooth L1 表示为式（1.8），它定义在 /src/caffe/layers/smooth_L1_loss_layer.cpp 文件中，函数曲线如图 1.11 所示。Smooth L1 可以理解为当 $|x|>1$ 时，损失值为 L_1 损失，它能够让模型的误差值快速下降；当 $|x|<1$ 时，损失值为 L_2 损失，它的目的是让模型精细地调整损失。

$$\text{Smooth L1}(x)=\begin{cases}0.5x^2 & |x|<1\\ |x|-0.5 & \text{其他}\end{cases} \tag{1.8}$$

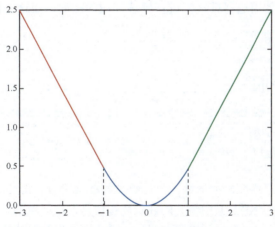

图 1.11　Smooth L1 曲线

3．多任务损失函数

Fast R-CNN 表示为式（1.9），其中 λ 是用来调整两个损失的权值，Fast R-CNN 中设置的值为 1。在实际的训练过程中，可以根据两个损失值的收敛情况灵活地调整这个权值。$[u \geqslant 1]$ 是我们在前文中介绍的指示函数。

$$\mathcal{L}(p,u,t^u,v)=\mathcal{L}_{cls}(p,u)+\lambda[u\geqslant 1]\mathcal{L}_{loc}(t^u,v) \tag{1.9}$$

1.3.5　Fast R-CNN 的训练细节

1．迁移学习

同 R-CNN 一样，Fast R-CNN 同样使用 ImageNet 的数据对模型进行预训练。详细地讲，先使用 1000 类的 ImageNet 训练一个 1000 类的分类器，如图 1.9 的虚线部分所示；然后提取模型中的特征层及其以前的所有网络；最后使用 Fast R-CNN 的多任务模型训练网络，如图 1.9 的实线部分所示。

2．小批次训练

在 Fast R-CNN 中，设每个批次的大小是 R。在抽样时，每次随机选择 N 幅图像，每幅图像中随机选择 R/N 个候选区域，在实验中 $N=2$、$R=128$。对候选区域进行抽样时，选取 25% 的正样本

（和真值框的 IoU 大于 0.5），75% 的负样本。

1.3.6　Fast R-CNN 的推理流程

使用选择性搜索在输入图像中提取 2000 个候选区域，按照与训练样本相同的缩放方法调整候选区域的大小。将所有的候选区域输入训练好的神经网络，得到每一类的后验概率 p 和相对偏移 r。通过预测概率给每一类一个置信度得分，并使用 NMS 对每一类确定最终候选区域。Fast R-CNN 使用了奇异值分解来提升矩阵乘法的运算速度。

1.3.7　小结

Fast R-CNN 是目标检测方向中极其重要的算法之一，它最大的贡献在于实现了目标检测任务的端到端的训练和推理。在 R-CNN 和 SPP-Net 中，它们的分类器还是采用的 SVM，而 Fast R-CNN 将其替换为 softmax 函数，向纯粹的深度学习网络又迈进了一步。但是 Fast R-CNN 的速度仍然不够快，它最大的问题是使用选择性搜索进行候选区域的提取，而这一操作将会在下面要介绍的 Faster R-CNN 中进行优化。

1.4　Faster R-CNN

在本节中，先验知识包括：
☐ Fast R-CNN（1.3 节）。

Fast R-CNN 虽然实现了端到端的训练，而且通过共享卷积的形式大幅提升了 R-CNN 的计算速度，但是其仍难以做到实时检测，其中最大的性能瓶颈便是候选区域的计算。在之前的目标检测算法中，选择性搜索是最常用的候选区域提取方法，它贪心地根据图像的低层特征合并超像素（super pixel）。另一个更快速的方式是 EdgeBoxes，虽然 EdgeBoxes 的候选区域提取速度达到了 5 张/秒，但仍然难以做到在视频数据上的实时检测，而且 EdgeBoxes 为了提取速度牺牲了提取效果。选择性搜索提取速度慢的一个重要原因是，不同于检测网络使用 GPU 进行计算，选择性搜索使用的是 CPU。从工程的角度来讲，使用 GPU 实现选择性搜索是一个非常有效的方法，但是其忽视了共享卷积提供的非常有效的图像特征。

1.4.1　区域候选网络

1. 提出动机

由于 CNN 具有强大的拟合能力，很自然地我们可以想到使用 CNN 提取候选区域，因此，便产生了 Faster R-CNN 最核心的模块：区域候选网络（region proposal network，RPN）。通过 SPP-Net 的实验得知，CNN 可以很好地提取图像语义信息，例如图像的形状、边缘等。所以，这些特征理论上也应该能够用于提取候选区域（这也符合深度学习解决一切图像问题的思想）。在 Faster R-CNN 的论文中给 RPN 的定义如下：RPN 是一种可以进行端到端训练的全卷积网络，主要用来生成候选区域。

2. RPN 与 Fast R-CNN

RPN 最核心的结构是一个叫作锚点（anchor）的模块。锚点是通过在 Conv5 上使用大小为 3×3、步长为 1 的滑窗，在输入图像上取得的一系列检测框。在取锚点时，同一个中心点取 3 个尺度、3 个比例，共 9 个锚点。Faster R-CNN 使用的候选区域便是用 RPN 标注了标签为正的锚点。从另一个角度讲，RPN 的思想类似于注意力机制，注意力机制中 "where to look" 要看的地方便是锚点。

在 Faster R-CNN 中，RPN 用来生成候选区域，Fast R-CNN 使用 RPN 生成的候选区域进行目标检测，且二者共享 CNN 的参数，这便是 Faster R-CNN 的核心框架（见图 1.12）。由此可见，RPN 和 Fast R-CNN 是相辅相成的，在 Faster R-CNN 的论文中使用了交叉训练的方法训练该网络，RPN 和 Fast R-CNN 两个模块互相用对方优化好的参数，具体内容会在 1.4.2 节介绍。

Faster R-CNN 分成两个核心部分：
- 使用 RPN 生成候选区域；
- 使用这些候选区域的 Fast R-CNN。

首先我们要确定 RPN 的输入与输出，RPN 的输入是任意尺寸的图像，输出是候选区域的坐标和它们的置信度得分。当然，由于 RPN 是一个多任务的监督学习，因此我们也需要图像的真值框。RPN 是一个多任务模块，它的任务有两个，任务一是计算当前锚点是前景的概率和是背景的概率，所以是两个二分类问题；

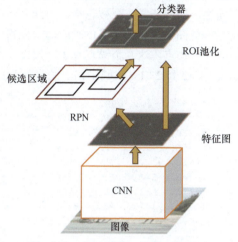

图 1.12　Faster R-CNN 的核心框架

任务二是预测锚点中前景区域的坐标（x, y, w, h），所以是一个回归任务，该回归任务预测 4 个值。RPN 对每一组不同尺度的锚点区域，都会单独训练一组多任务损失，且这些任务参数不共享。这么做是为了避免多个锚点无法和单一的真值框对应的问题。所以，如果有 k 个锚点，那么 RPN 是一个有 $6×k$ 个输出的模型。

3．RPN 的锚点

首先，RPN 的滑窗（步长为 1）是在特征层（Conv5 层）进行的，通过 3×3 卷积将该窗口内容映射为特征向量（图 1.13 中的 256 维的特征向量）。根据卷积的位移不变性，要将 Conv5 层特征映射到输入图像感受野的中心点只需要乘降采样尺度即可。由于 VGG 使用的都是 same 卷积，降采样尺度等于所有池化的步长的积，如式（1.10）所示。相对位移便是特征图上的位移除以降采样尺度。

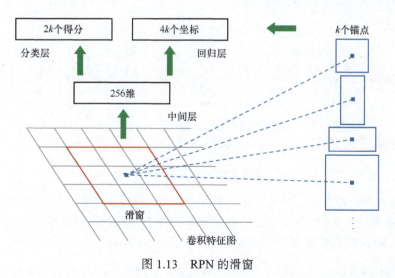

图 1.13　RPN 的滑窗

$$\_feat\_stride = \prod_i pool_{stride} = 2 \times 2 \times 2 \times 2 = 16 \tag{1.10}$$

因此，在特征层上的步长为 1 的滑窗也可以理解为在输入图像上步长为 _feat_stride 的滑窗。例如，一个最短边缩放到 600 的 4∶3 的输入图像，经过 4 次降采样后，特征图的大小为 $W \times H = \lceil 600/16 \rceil \times \lceil 800/16 \rceil = 38 \times 50 \approx 2k$。进行步长为 1 的滑窗后，得到了 $W \times H \times k$ 个锚点。由于部分锚点边界超过了图像，这部分锚点会被忽略，因此并不是所有锚点都参与采样。

特征图上的一个点可以对应输入图像上的一个区域，这个区域便是感受野。在感受野的每个中心取 9 个锚点，这 9 个锚点有 3 个尺度，分别是 128^2、256^2 和 512^2，每个尺度有 3 个比例，分别是 1∶1、1∶2 和 2∶1。代码中锚点的坐标为：

```
[[ -84.  -40.   99.   55.]
 [-176.  -88.  191.  103.]
 [-360. -184.  375.  199.]
 [ -56.  -56.   71.   71.]
 [-120. -120.  135.  135.]
 [-248. -248.  263.  263.]
 [ -36.  -80.   51.   95.]
 [ -80. -168.   95.  183.]
 [-168. -344.  183.  359.]]
```

可视化该锚点，得到图 1.14，其中黄色部分代表中心点的感受野。在这个锚点列表中，会有很多数值为负的锚点，在实际的实现过程中，锚点的值会被向上/向下进行截断，因此不会有超出图像边界的问题。

根据 SPP-Net 所介绍的感受野的知识，我们知道特征图上的一个点对应的感受野是输入图像的一个区域，该区域可以根据 CNN 结构反向递推得出。我们可以计算出 VGG-16 的感受野的大小是 228，递推过程总结如图 1.15 所示，图中 Conv$i$-j 表示的是第 i 个网络块的第 j 个卷积，箭头上方的数字表示该层的感受野的大小[①]。虽然 Faster R-CNN 的论文中说这种锚点并没有经过精心设计，但我认为这批锚点表现好不是没有原因的。这些锚点分别覆盖被感受野包围、和感受野大小类似以及完全将感受野覆盖 3 种情况，可见这样设计锚点覆盖的情况还是非常全面的。

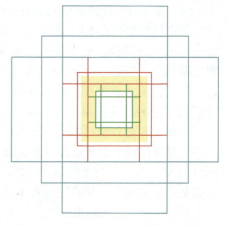

图 1.14 Faster R-CNN 的锚点可视化

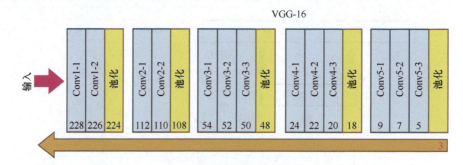

图 1.15 RPN 的滑窗

在输出特征图中，每个中心对应了 9 个不同的锚点，进而会产生 9 种不同的预测结果。Faster R-CNN 根据 9 种不同尺寸和比例的锚点，独立地训练 9 个不同的回归模型，这些模型的参数是不共享的，这就是 RPN 的模型有 $6k$ 个输出的原因，如图 1.16 所示。

---

① 由于 RPN 的特征向量是从 Conv5 层经过大小为 3×3 的卷积核获得的，因此应该从 3 开始向前递推。

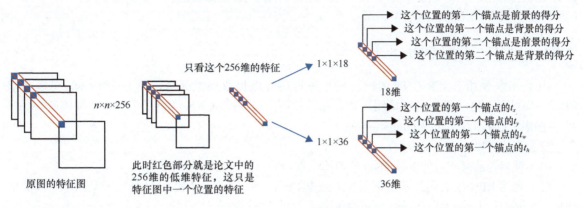

图 1.16　RPN 的输出层

4. 损失函数

对接近 2000 个锚点都进行分类是不太现实的。一个原因是这 2000 个锚点的数量过于庞大，会影响训练速度；另一个原因是这 2000 个锚点绝大多数都是负样本锚点，正负样本的分布极其不均衡。RPN 的分类任务使用的是名为 "Image-centric" 的采样方法，即每次采样少量的图像，然后从图像中随机采样锚点正负样本。具体来讲，RPN 每次随机采样一幅图像，然后在每幅图像中采样 256 个锚点，并尽量保证正负样本的比例是 1∶1。由于负样本的数量超过 128，因此当正样本数量不够时，将使用负样本补充。在回归任务中，RPN 使用的是全部锚点。

RPN 的损失函数是一个多任务的损失函数，其中分类任务 $\mathcal{L}_{\mathrm{cls}}$ 用来判断该锚点是正样本还是负样本，回归任务用来检测目标的检测框，表示为式（1.11）：

$$\mathcal{L}(p_i, t_i) = \frac{1}{N_{\mathrm{cls}}} \sum_i \mathcal{L}_{\mathrm{cls}}(p_i, p_i^*) + \lambda \frac{1}{N_{\mathrm{reg}}} \sum_i p_i^* \mathcal{L}_{\mathrm{reg}}(t_i, t_i^*) \tag{1.11}$$

式（1.11）中，N_{cls} 和 N_{reg} 分别是参与分类和检测的样本数，其中 N_{cls}=256，N_{reg}=2000。p_i^* 是样本的标签值（对于正样本，值为 1；对于负样本，值为 0），它乘 $\mathcal{L}_{\mathrm{reg}}$ 表明只有正样本参与检测框的计算，λ 是用来平衡两个任务的参数，因为 N_{cls} 和 N_{reg} 的差距过大，在 Faster R-CNN 的实验中，λ 的值为 $\frac{2000}{256} \approx 10$。

在检测任务中，Faster R-CNN 采用的是 R-CNN 提出的针对锚点（候选区域）的相对位置的预测。假设模型预测框的坐标为 (x, y, w, h)，真值框的坐标为 (x^*, y^*, w^*, h^*)，锚点的坐标为 (x_a, y_a, w_a, h_a)，那么预测框关于锚点的相对位置的计算方式如式（1.12）。同理，真值框相对于锚点的相对位置的计算方式如式（1.13）。

$$\begin{aligned} t_x &= \frac{x - x_a}{w_a}, t_y = \frac{y - y_a}{h_a} \\ t_w &= \log \frac{w}{w_a}, t_h = \frac{h}{h_a} s \end{aligned} \tag{1.12}$$

$$\begin{aligned} t_x^* &= \frac{x^* - x_a}{w_a}, t_y^* = \frac{y^* - y_a}{h_a} \\ t_w^* &= \log \frac{w^*}{w_a}, t_h^* = \frac{h^*}{h_a} \end{aligned} \tag{1.13}$$

因为在 RPN 中只有正负两类样本，所以 $\mathcal{L}_{\mathrm{cls}}$ 使用的是二类交叉熵损失函数，而 $\mathcal{L}_{\mathrm{reg}}$ 使用的是

Fast R-CNN 中采用的 Smooth L1 损失。

1.4.2 Faster R-CNN 的训练

由于 RPN 使用 Fast R-CNN 的网络模型可以更好地提取候选区域，而 Fast R-CNN 可以使用 RPN 生成的候选区域进行目标检测，两者相辅相成。Faster R-CNN 尝试了多种模型训练策略，并最终采用了交替训练（alternating training）。

交替训练可以分成 4 个步骤：

（1）使用无监督学习即 ImageNet 的训练结果初始化网络训练 RPN；

（2）使用 RPN 生成的候选区域训练 Fast R-CNN，Fast R-CNN 和 RPN 使用的是两个不同的输出层，也是通过 ImageNet 任务进行初始化；

（3）使用 Fast R-CNN 初始化 RPN，但是共享的卷积层固定，只调整 RPN 独有的网络层；

（4）固定共享的卷积层，训练 Fast R-CNN。

前面指出，RPN 的输出是候选区域的坐标以及它们的置信度得分，所以通过 RPN 生成候选区域的步骤如下：

（1）所有在图像内部的锚点均输入训练好的网络模型，得到样本得分和预测坐标；

（2）使用 NMS 根据得分过滤锚点，NMS 的 IoU 阈值固定为 0.7，之后生成的便是候选区域。

从 Faster R-CNN 的开源代码中可以看出，它使用的是近似联合训练（approximate joint training），即将 RPN 和 Fast R-CNN 的损失函数简单地加在一起，作为一个多任务的损失函数进行学习。Faster R-CNN 论文中也指出，这种方法忽略了"Fast R-CNN 将 RPN 的输出作为其输入"这一事实。实际上，Faster R-CNN 的 RPN 和 Fast R-CNN 并不是并行的多任务的关系，而是串行级联的关系。图 1.17 说明了并行多任务和串行级联的区别。在实际应用中，并行训练和串行训练的差距其实不是很明显，但是并行训练的方式需要的人为干预更少且效率更高，因此后面得到了更广泛的使用。

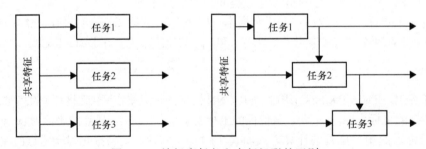

图 1.17　并行多任务和串行级联的区别

Faster R-CNN 的检测流程在使用 RPN 生成候选区域后，剩下的便和 Fast R-CNN 一样了。这里不赘述。

1.4.3 小结

Faster R-CNN 中由于引入了 RPN 模块，相比基于选择性搜索的方法有了明显的速度和效果上的提升，基本上做到了在当时主流 GPU 下能支持实时检测。Faster R-CNN 提出的锚点机制能够用于不同尺寸的目标，对于提升检测效果也非常有帮助。

1.5　R-FCN

在本节中，先验知识包括：
- Faster R-CNN（1.4 节）；
- FCN（6.1 节）。
- DeepLab（6.4 节）；

位移不变性是 CNN 的一个重要特征，该特征是 CNN 在图像分类任务上取得非常好的效果的原因。所谓位移不变性，是指图像中物体的位置对图像的分类没有影响。但是在目标检测的场景中，我们需要知道检测物体的具体位置，这时候需要网络对物体的位置非常敏感，即需要网络具有"位移可变性"。R-FCN[1]的提出便是用来解决分类任务中位移不变性和检测任务中位移可变性之间的矛盾的。

同时，R-FCN 分析了 Faster R-CNN 存在的性能瓶颈，即 ROI 池化之后使用 Fast R-CNN 对 RPN 提取的候选区域进行分类和位置精校。在 R-FCN 中，ROI 池化之后便不存在可学习的参数，从而将 Faster R-CNN 的推理速度提高了 2.5～20 倍。

在 R-FCN 提出之前，深度学习在分割任务上也取得了突破性的进展，其中最具代表性的算法之一便是 FCN[2]。FCN 是一个完全由卷积操作构成的神经网络，它预测的分割图和输入图像保持了位移敏感性。虽然 FCN 得到的分割图相对于原图进行了降采样，但是我们仍旧可以使用这个降采样的分割图来进行目标检测。

1.5.1　提出动机

在 R-CNN 系列论文中，目标检测一般分成两个阶段：

（1）提取候选区域；

（2）候选区域分类和位置精校。

在 R-FCN 之前，效果最好的 Faster R-CNN 是使用 RPN 生成候选区域，然后使用 Fast R-CNN 进行分类。在 Faster R-CNN 中，首先使用 ROI 池化层将不同大小的候选区域归一化到统一大小，之后接若干全连接层，最后使用一个多任务作为损失函数。多任务包含两个子任务：

- 用于目标识别的分类任务；
- 用于目标检测的回归任务。

在 Faster R-CNN 中，为了保证特征的"位移可变性"，Faster R-CNN 利用 RPN 提取了约 2000 个候选区域，然后使用全连接层计算损失函数。然而候选区域有大量的特征冗余，造成了一部分计算资源的浪费。R-FCN 采用了和 Faster R-CNN 相同的过程，不过做了如下改进：

- R-FCN 模仿 FCN，采用了全卷积的结构；
- R-FCN 的两个阶段的网络参数全部共享；
- 使用位置敏感网络产生检测框；
- 位置敏感网络无任何可学习的参数。

R-FCN 最大的特点是使用了全卷积的网络结构，即使用 1×1 卷积代替了 Faster R-CNN 中使用的全连接。1×1 卷积起到了全连接层加非线性的作用，同时还保证了特征点的位置敏感性。R-FCN

---

[1] 参见 Jifeng Dai、Yi Li、Kaiming He 等人的论文 "R-FCN: Object Detection via Region-based Fully Convolutional Networks"。
[2] 参见 Jonathan Long、Evan Shelhamer、Trevor Darrell 的论文 "Fully Convolutional Networks for Semantic Segmentation"。

的结构如图 1.18 所示。从图 1.18 中可以看出，R-FCN 的最重要的模块便是位置敏感网络。

在 R-FCN 的位置敏感网络中，每个 ROI 被划分成一个 $k×k$ 的栅格，每个栅格负责检测目标物体的不同部位。例如，对于"人"这个目标，中上部区域大概率对应的是人的头部，同理，ROI 的其他栅格也对应到目标物体的其他部位。当 ROI 的每个栅格都找到目标物体的对应部位时，分类器便会判断该 ROI 的类别为目标物体。当 ROI 的每个栅格都没有找到目标物体的对应部位时，那么该 ROI 就是一个背景区域。

这个解决方案有两个问题：一是目标物体之间会有重叠，例如图 1.18 中有人骑在马上的情况；二是目标物体会有不同的姿势，例如人可以弯腰、蹲着等。对于第一个问题，R-FCN 采用的策略是输出 $k^2×(C+1)$ 个通道的特征图，此时每个通道只负责检测某类目标的某个部位，例如某个通道只负责检测人脸。这个策略不仅可以解决不同物体之间的重叠问题，而且可以解决同一类目标的重叠问题。其实对于第二个问题，采用的策略是如果目标的大部分区域被检测到，我们便可以认为该目标被检测到，这种策略可以解决绝大多数目标物体的不同姿势的问题。

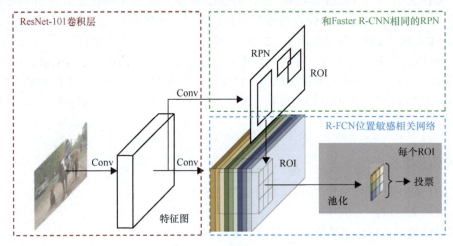

图 1.18　R-FCN 的结构

1.5.2　R-FCN 的网络

1. 骨干架构

R-FCN 使用的是残差网络的 ResNet-101[①]结构，ResNet-101 采用的是 100 层卷积 + 全局平均池化（global average pooling，GAP）+ 全连接分类器的结构，ResNet-101 的最后一层卷积的特征图的个数是 2048。在 R-FCN 中，去掉了 ResNet 的 GAP 层和全连接层，并在最后一层卷积之后使用 1024 个 1×1×2048 的卷积将通道数调整为 1024，然后使用 $k^2×(C+1)$ 个 1×1×1024 的卷积生成通道数为 $k^2×(C+1)$ 的位置敏感卷积层。R-FCN 的骨干网络也使用了预训练的策略，即 ResNet-101 部分使用在 ImageNet 上训练好的模型作为初始化参数。

R-FCN 也尝试了通过调整步长以及使用空洞卷积[②]来提升骨干网络的表现。首先，R-FCN 将 ResNet-101 的有效步长从 32 降到 16，以提升输出特征图的分辨率。具体来讲，Conv4 之前的网络模型没有任何变化，但是将 Conv5 的第一个步长为 2 的操作调整为步长为 1。为了保证感受野不至于过

---

① 参见 Kaiming He、Xiangyu Zhang、Shaoqing Ren 等人的论文 "Deep Residual Learning for Image Recognition"。
② 参见 Liang-Chieh Chen、George Papandreou、Iasonas Kokkinos 等人的论文 "Semantic Image Segmentation with Deep Convolutional Nets and Fully Connected CRFs"。

小，RFN 将 Conv5 层的卷积替换为空洞卷积，实验结果表明空洞卷积带来了 2.6% 的准确率的提升。

从图 1.18 中可以看出，R-FCN 的一个分支是 Faster R-CNN 论文中提出的 RPN 模块，它被用来生成若干候选区域。位置敏感网络通过这些 ROI 计算得到每个 ROI 的类别和检测框。

2．位置敏感网络

通过 RPN 我们可以得到图像中的 ROI，下一步则需要将这个 ROI 对应到物体的具体类别和它的更精细的位置。在前文中分析到，位置敏感网络是一个通道数为 $k^2×(C+1)$ 的特征图，它的每个通道用来响应每类物体对应的目标部位。例如在图 1.19 中，一个 ROI 会被等比例地划分成一个 $k×k$ 的栅格，每个栅格为一个桶，分别表示该栅格对应的物体的敏感位置（左上、正上、右上、左中、正中、右中、左下、正下、右下）编码。

对于一个尺寸为 $w×h$ 的 ROI，每个桶的大小为 $\frac{w}{k}×\frac{h}{k}$，每个桶对应 ROI 的特征图的一个子区域。接下来我们使用 Fast R-CNN 论文中提出的 ROI 池化（平均池化）得到每个桶的评分，然后将它们转换成一个大小为 3×3、通道数为 $C+1$ 的特征图，再通过投票的方式（取均值）得到一个长度为 $C+1$ 的特征向量，最后通过 softmax 函数得到该 ROI 的预测的概率分布[①]。

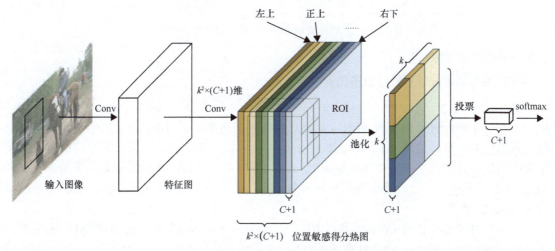

图 1.19　R-FCN 流程图

如图 1.20 所示，一个大小为 $w×h$、通道数为 $k^2×(C+1)$ 的 ROI 可以展平成 k^2 个 $w×h×(C+1)$ 个 ROI，每个 ROI 的第 (i,j) 个栅格对应物体的一个不同的敏感位置，这样我们可以提取 k^2 个尺度为 $\frac{w}{k}×\frac{h}{k}×(C+1)$ 的得分图，对每个得分图求均值之后再整合到一起便得到了一个 $k^2×(C+1)$ 的位置敏感得分。对该位置敏感得分的 k^2 个区域求均值得到一个 $1×1×(C+1)$ 的向量，使用 softmax 函数（注意不是 softmax 分类器）便可以得到每个类别的概率分布。

上面介绍的都是对 ROI 进行分类的过程，自然我们也会遇到对 ROI 中目标进行位置精校的任务。在分类任务中，我们得到了每个 ROI 的 $C+1$ 个类别的概率分布，那么我们只需要添加一个通道数为 4 的输出分支来得到预测框相对于 ROI 的偏移即可。在 R-FCN 中，检测模块是一个平行于分类模块的分支，它的输出特征图的通道数为 $4×k^2$。通过 ROI 池化我们可以得到大小为 $k×k$、通道数为 4 的特征图，最后通过取均值的方式得到长度为 4 的特征向量，向量的值代表了预测框相对于 ROI 的位置偏移。

[①] 上述池化和投票均采用了取均值的方式，这里也可以换成取最大值的方式，效果类似。

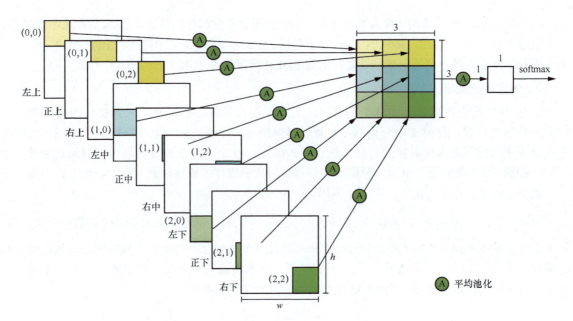

图1.20　图解位置敏感ROI池化的过程（$k=3$）

3. R-FCN 的训练

R-FCN 也采用了分类和回归的多任务损失函数：

$$\mathcal{L}(s, t_{x,y,w,h}) = \mathcal{L}_{cls}(s_{c^*}) + \lambda [c^* > 0] \mathcal{L}_{reg}(t, t^*) \tag{1.14}$$

其中，c^* 表示分类得到的 ROI 的类别，t 是目标物体的真值框。$[c^* > 0]$ 是一个二值函数，它表示如果括号内的判断正确，结果为 1，否则结果为 0。λ 为多任务的比重，是一个需要根据模型的收敛效果调整的超参数，论文的实验中其值为 1。$\mathcal{L}_{cls}$ 为分类损失函数，使用的是交叉熵损失函数，表示为 $\mathcal{L}_{cls}(s_{c^*}) = -\log(s_{c^*})$。$\mathcal{L}_{reg}$ 为检测框回归损失函数，使用的是 Fast R-CNN 和 Faster R-CNN 均采用的 Smooth L1 损失。

在 R-FCN 中训练时使用了在线难负样本挖掘（online hard example mining，OHEM）[①] 的策略，得益于位置敏感区域的高效性，OHEM 在这里的速度也得到了很大的提升。假设我们在训练过程中每个输入图像通过 RPN 得到 N 个 ROI，在前向传播的过程中我们会计算所有 N 个 ROI 的位置敏感得分。然后根据它们的损失值对这 N 个 ROI 进行排序，从中选择 B 个损失值最高的 ROI 进行反向传播的计算。

4. R-FCN 的推理

在 R-FCN 中，输入图像的短边先被缩放到了 600，然后通过 RPN 产生 300 个候选区域，最后使用 IoU 阈值为 0.3 的 NMS 进行后处理，得到最终的检测结果。

1.5.3　R-FCN 结果可视化

图 1.21 中的 R-FCN 结果可视化展示了 R-FCN 的桶的工作原理。如果 ROI 能够比较精确地框住物体的位置（图 1.21（a）），那么每个桶对应的特征图都应该能得到非常高的响应；如果 ROI（图 1.21（b））的定位不是非常准确，部分桶的响应就不是非常明显，那么通过投票或者求均值的方法便能筛选出更精确的检测框。

[①] 参见 Abhinav Shrivastava、Abhinav Gupta、Ross Girshick 的论文 "Training Region-based Object Detectors with Online Hard Example Mining"。

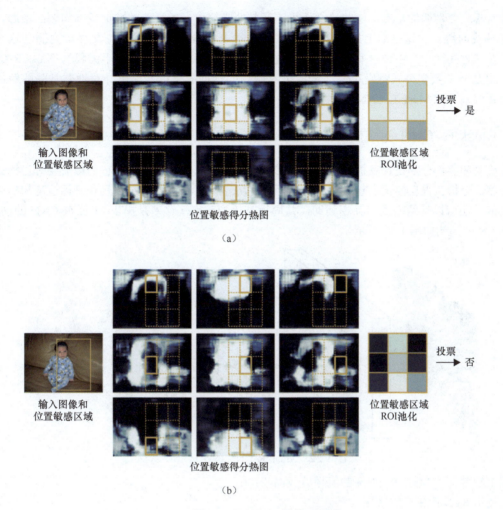

图 1.21 R-FCN 结果可视化

1.5.4 小结

R-FCN 是在 Faster R-CNN 的基础上，把 RPN 之后的基于全连接的计算方式使用投票的方式来替代。这么做的好处有两点：一是将计算量均集中在 RPN 部分，大幅提升了模型的计算速度；二是恢复了全连接破坏的位置敏感性。R-FCN 的提出受了分割算法很大的启发，尤其是 FCN 的全卷积思想和 DeepLab 的空洞卷积思想。

1.6 Mask R-CNN

在本节中，先验知识包括：
- Faster R-CNN（1.4 节）；
- SSD（2.2 节）；
- FCN（6.1 节）。

我非常喜欢何恺明的论文，他的论文的思路通常非常简单，但是能精准地找到问题的根源，进而有效地解决问题。无论是著名的残差网络还是 Mask R-CNN，何恺明的论文尽量遵循着这一思想。霍金在《时间简史》中说"书里每多一个数学公式，你的书就会减少一半读者"。Mask R-CNN 的论文中更是一个数学公式都没有，而是通过对问题的透彻的分析，提出针对性非常强的解决方案。下面我们来一睹 Mask R-CNN 的真容。

1.6.1 Mask R-CNN 的动机

目标检测和实例分割是计算机视觉领域非常经典的两个重要应用，而且它们都需要对目标物体进行细粒度的分析。很自然地会想到，结合这两个任务不仅可以使模型同时具有目标检测和实例分割两个功能，还可以使两个功能互相辅助，共同提高模型精度，这便是提出 Mask R-CNN 的动机。Mask R-CNN 的结构如图 1.22 所示。

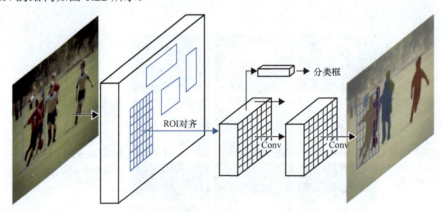

图 1.22　Mask R-CNN 的结构

如图 1.22 所示，Mask R-CNN 的流程分成两步：
（1）使用 RPN 产生候选区域；
（2）分类、检测框预测、实例分割的多任务预测。

在 1.3 节中，我们介绍了 Fast R-CNN 采用 ROI 池化来处理候选区域尺寸不同的问题。对于实例分割任务，一个非常重要的要求便是特征层和输入层像素的一一对应，ROI 池化显然不满足该要求。为了解决这个问题，Mask R-CNN 提出了 ROI 池化更适配与分割任务的 ROI 对齐，从而使 Faster R-CNN 的特征层也能进行实例分割。

1.6.2 Mask R-CNN 详解

1. 骨干网络（FPN）

我们介绍过 CNN 的一个重要特征：深层网络容易响应语义特征，浅层网络容易响应图像特征。但是到了目标检测方向，这个特征便成了一个重要的问题，深层网络虽然能响应语义特征，但是由于特征图的尺寸较小，含有的几何信息并不多，不利于目标检测；浅层网络虽然包含比较多的几何信息，但是图像的语义特征并不多，不利于目标的分类，这个问题在小尺寸目标检测上更为显著，这也是目标检测算法对小目标检测效果普遍不好的重要原因之一。很自然地可以想到，使用合并了的深层和浅层特征来同时满足分类和检测的需求。Mask R-CNN 的骨干网络使用的是 FPN[①]。FPN

---
① 参见 Tsung-Yi Lin、Piotr Dollár、Ross Girshick 等人的论文"Feature Pyramid Networks for Object Detection"。

使用的是特征金字塔的思想，以解决目标检测场景中小尺寸目标检测困难的问题。

2．两步走策略

Mask R-CNN 采用了和 Faster R-CNN 相同的两步走策略，即先使用 RPN 提取候选区域。不同于 Faster R-CNN 中使用分类和回归的多任务回归，Mask R-CNN 在其基础上并行添加了一个用于实例分割的掩码（mask）损失函数，所以 Mask R-CNN 的损失函数可以表示为式（1.15）：

$$\mathcal{L} = \mathcal{L}_{cls} + \mathcal{L}_{box} + \mathcal{L}_{mask} \tag{1.15}$$

式（1.15）中，$\mathcal{L}_{cls}$ 表示检测框的分类损失值，$\mathcal{L}_{box}$ 表示预测框的回归损失值，$\mathcal{L}_{mask}$ 表示掩码部分的损失值，如图 1.23 所示。在这里 Mask R-CNN 使用了近似联合训练，所以损失函数也会加上 RPN 的分类损失和回归损失。$\mathcal{L}_{cls}$ 和 $\mathcal{L}_{box}$ 的计算方式与 Faster R-CNN 相同，下面我们重点讨论掩码损失：$\mathcal{L}_{mask}$。

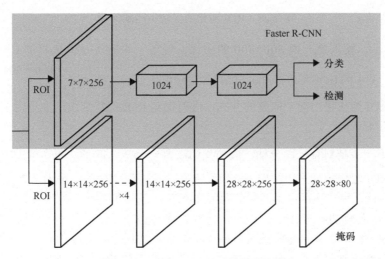

图 1.23　Mask R-CNN 的损失函数

Mask R-CNN 将目标分类和实例分割任务进行了解耦，即每个类单独预测一个二值掩码，这种解耦提升了实例分割的效果。从表 1.2 来看，提升效果还是很明显的，其中 AP 为平均准确率。

表 1.2　Mask R-CNN 解耦为分割带来的精度提升

损失函数	AP	AP_{50}	AP_{75}
softmax	24.8	44.1	25.1
sigmoid	**30.3**	**51.2**	**31.5**
	+5.5	+7.1	+6.4

所以，Mask R-CNN 基于 FCN 将 ROI 映射成一个 $m \times m \times nb\_class$ 的特征层，例如图 1.23 中的 $28 \times 28 \times 80$。由于每个候选区域的分割是一个二分类任务，因此 $\mathcal{L}_{mask}$ 使用的是二值交叉熵损失函数。

```
loss = K.switch(tf.size(y_true) > 0,
                K.binary_crossentropy(target=y_true, output=y_pred),
                tf.constant(0.0))
```

3．ROI 对齐

ROI 对齐的提出是为了解决 Faster R-CNN 中 ROI 池化的区域不匹配的问题，下面我们来举例说明什么是区域不匹配。ROI 池化的区域不匹配问题是由 ROI 池化过程中的取整操作产生的（见图 1.24），我们知道 ROI 池化是 Faster R-CNN 中必不可少的一步，因为其会产生长度固定的特征向量，有了长度固定的特征向量才能用 softmax 计算分类损失。

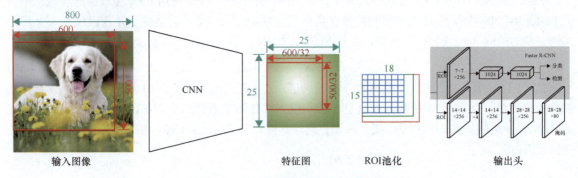

图 1.24　ROI 池化的区域不匹配问题

如图 1.24 所示，输入是一幅 800×800 的图像，经过一个有 5 次降采样的 CNN，得到大小为 25×25 的特征图。图中的 ROI 大小是 600×500，经过网络之后对应的区域为 $\frac{600}{32} \times \frac{500}{32} = 18.75 \times 15.625$，由于无法整除，ROI 池化采用向下取整的方式，进而得到 ROI 的特征图的大小为 18×15，这就造成了第一次区域不匹配。

ROI 池化的下一步是对特征图分桶，假如我们需要一个 7×7 的桶，每个桶的大小约为 $\frac{18}{7} \times \frac{15}{7}$，由于不能整除，ROI 池化同样采用了向下取整的方式，从而每个桶的大小为 2×2，即整个 ROI 的特征图的尺寸为 14×14。第二次区域不匹配问题因此产生。

对比 ROI 池化之前的特征图，ROI 池化在横向和纵向分别产生了 4.75（18.75−14）和 1.625（15.625−14）的误差，对于目标分类或者目标检测场景，这几像素的位移或许对结果影响不大，但是分割任务通常要精确到每像素，因此 ROI 池化是不能应用到 Mask R-CNN 中的。

为了解决这个问题，Mask R-CNN 提出了 ROI 对齐。ROI 对齐并没有取整的过程，可以全程使用浮点数操作，具体步骤如下：

（1）计算 ROI 的边长，边长不取整；

（2）将 ROI 均匀分成 k×k 个桶，每个桶的大小不取整；

（3）每个桶的值为其最邻近的特征图的 4 个值通过双线性插值（附录 A）得到；

（4）使用最大池化或者平均池化得到长度固定的特征向量。

ROI 对齐可视化如图 1.25 所示。

ROI 对齐操作通过 tf.image.crop_and_resize 函数便可以实现。由于 Mask R-CNN 使用了 FPN 作为骨干网络，因此将循环保存每次池化之后的特征图。

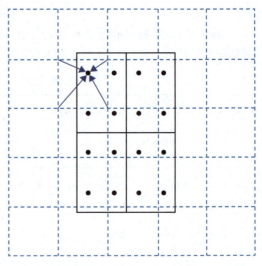

图 1.25　ROI 对齐可视化

```
tf.image.crop_and_resize(feature_maps[i], level_boxes, box_indices, self.
    pool_shape, method="bilinear")
```

1.6.3 小结

Mask R-CNN 是一个多个主流算法的合成体,并且非常巧妙地设计了这些模块的合成接口:
- 使用残差网络作为卷积结构;
- 使用 FPN 作为骨干网络;
- 使用 Faster R-CNN 的目标检测流程,即 RPN+Fast R-CNN;
- 增加实例分割。

Mask R-CNN 的主要的创新点有:
- 将 FCN 和 Faster R-CNN 合并,通过构建一个三任务的损失函数来优化模型;
- 使用 ROI 对齐优化了 ROI 池化,解决了 Faster R-CNN 在分割任务中的区域不匹配问题。

1.7 Mask^X R-CNN

在本节中,先验知识包括:
- ☐ Mask R-CNN(1.6 节);
- ☐ YOLOv2(2.3 节)。

YOLO9000[1]通过半监督学习的方式将模型可检测的类别从 80 类扩展到了 9418 类,YOLO9000 类别扩展有效的原因之一是目标分类和目标检测使用了共享的特征,而这些特征是由分类和检测的损失函数共同训练得到的。采用半监督学习的方式训练 YOLO9000 的一个重要原因就是检测数据价格高昂。所以,YOLO9000 采用了数据量较小的 COCO 的检测标签、数据量很大的 ImageNet 的分类标签作为半监督学习的样本,分别训练多任务模型的检测分支和分类分支,进而得到了可以同时进行分类和检测的特征。

之所以先介绍 YOLO9000,是因为本节要分析的 Mask^X R-CNN[2]和 YOLO9000 的动机和设计有很多相同点。

- 它们都是在多任务模型中使用半监督学习来完成自己的任务的:YOLO9000 用来做检测,Mask^X R-CNN 用来做实例分割。
- 使用半监督学习:因为它们想将目标类别扩展到更广的范围,所以面临数据量不够的问题,对比检测任务,实例分割的数据集更为稀缺(COCO 的 80 类,PASCAL VOC 的 20 类),但是 Visual Genome(VG)[3]数据集有 3000 类 108 077 张带有目标框的样本。
- 它们的框架算法都继承自另外的框架:YOLO9000 继承自 YOLOv2,Mask^X R-CNN 继承自 Mask R-CNN。

不同于 YOLO9000 通过构建 WordTree 的数据结构来使用两个数据集,Mask^X R-CNN 提出了一个叫作**权值迁移函数**(weight transfer function)的迁移学习方法,将目标检测的特征迁移到实例分割任务中,进而实现了对 VG 数据集中 3000 类样本的实例分割。这个权值迁移函数便是 Mask^X R-CNN 的精华所在。

---

[1] 参见 Joseph Redmon、Ali Farhadi 的论文"YOLO9000: Better, Faster, Stronger"。
[2] 参见 Ronghang Hu、Piotr Dollár、Kaiming He 等人的论文"Learning to Segment Every Thing"。
[3] 参见 Ranjay Krishna、Yuke Zhu、Oliver Groth 等人的论文"Visual Genome: Connecting Language and Vision Using Crowdsourced Dense Image Annotations"。

1.7.1 权值迁移函数 $\mathcal{T}$

Mask^X R-CNN 基于 Mask R-CNN（见图 1.22）。Mask R-CNN 通过向 Faster R-CNN 中添加一个分割的分支任务来达到同时进行实例分割和目标检测的目的。在 RPN 之后，FCN 和 Fast R-CNN 是完全独立的两个模块，此时若直接采用数据集 C 分别训练两个分支的话是行得通的，其实这就是 YOLO9000 的训练方式。

但是 Mask^X R-CNN 不会这么简单就结束的，它在检测分支（Fast R-CNN）和分割分支中间加了一条叫作权值迁移函数的线路，用于将检测的信息传播到分割任务中，如图 1.26 所示。

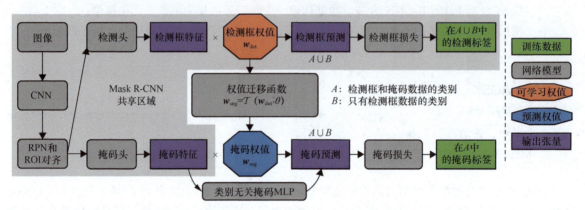

图 1.26　Mask^X R-CNN 检测以及分割流程

图 1.26 所示的整个流程是搭建在 Mask R-CNN 之上的，除了最重要的权值迁移函数，还有几点需要强调一下：

- $\mathcal{T}$ 的输入参数是**权值**（图 1.26 中的两个八边形），而非特征图；
- 虽然 Mask R-CNN 中解耦了分类和分割任务，但是权值迁移函数 $\mathcal{T}$ 是类别无关的。

对于一个类别 c，w_{det}^c 表示检测任务的权值，w_{seg}^c 表示分割任务的权值。权值迁移函数将 w_{det}^c 看作自变量，w_{seg}^c 看作因变量，学习两个权值的映射函数 $\mathcal{T}$：

$$w_{\text{seg}}^c = \mathcal{T}(w_{\text{det}}^c; \theta) \tag{1.16}$$

其中，θ 是类别无关的、可学习的参数。$\mathcal{T}$ 可以使用一个小型的 MLP。w_{det}^c 可以是分类的权值 w_{cls}^c、检测框的预测权值 w_{reg}^c 或是两者拼接到一起 $[w_{\text{cls}}^c, w_{\text{reg}}^c]$。

1.7.2 Mask^X R-CNN 的训练

如果将含有分割标签和检测标签的 COCO 数据集定义为 A，只含有检测标签的 VG 数据集定义为 B，则所有的数据集 C 便是 A 和 B 的并集：$C=A\cup B$。图 1.26 显示 Mask^X R-CNN 的损失函数由 Fast R-CNN 的检测任务和 RPN 的分类任务组成。当训练检测任务时，使用数据集 C；当训练分割任务时，仅使用包括分割标签的 COCO 数据集，即 A。

当训练 Mask^X R-CNN 时，我们有两种训练方式。

- 多阶段训练。先使用数据集 C 训练 Faster R-CNN，得到 w_{det}^c，然后固定 w_{det}^c 和卷积部分，再使用 A 训练 $\mathcal{T}$ 和分割任务的卷积部分。在这里 w_{det}^c 可以看作分割任务的特征向量。在 Fast R-CNN 中就指出多阶段训练的模型不如端到端训练的效果好。

- 端到端联合训练。理论上是可以直接在数据集 C 上训练检测任务，在 A 上训练分割任务的，但是这会使模型偏向于 A，这个问题在论文中叫作出入（discrepency）。为了解决这个问题，Mask^X R-CNN 在反向计算掩码损失函数时停止 w_{det}^c 相关的梯度更新，只更新权值迁移函数中的 θ。

1.7.3 小结

仿照 YOLO9000 的思路，Mask^X R-CNN 使用半监督学习的方式将分割类别扩大到 3000 类。采用 WordTree 将分类数据添加到 Mask R-CNN 中，将分割类别扩大到 ImageNet 中的类别在未来应该是一个不错的研究方向。更精确、更快的权值迁移函数也是一个非常有研究前景的研究方向，毕竟去掉低效的全连接层也是现在计算机视觉领域的一个趋势。

1.8　DCNv1 和 DCNv2

在本节中，先验知识包括：
- R-CNN（1.1 节）;
- Fast R-CNN（1.3 节）;
- Faster R-CNN（1.4 节）。
- R-FCN（1.5 节）;
- DeepLab（6.4 节）;

在目标检测场景中，一个待检测的物体可能有各种形状，识别同一个物体的不同形状是目标检测任务中一项极具挑战性的工作，传统的解决这个问题的策略通常分为两类。
- 通过对输入图像施加大量不同的数据扩充策略来增强模型对这类数据的学习能力。这类方法的问题一是人工设计扩充策略是非常复杂的，二是一些复杂变化的场景是很难编码成扩充策略的。
- 设计一些具有不变性的算法，例如 CNN 的位移不变性等。这类方法的难点在于卷积核设计以及学习的复杂性。

可变形卷积网络（DCN）系列算法的提出旨在增强模型学习复杂的目标不变性的能力。在 DCNv1 中包含可变形卷积（deformable convolution）和可变形池化（deformable pooling）两个模块。在 DCNv2 中，DCNv1 为这两个可变形模块添加了权重模块，增强了可变形卷积网络对重要信息的捕捉能力。

1.8.1　DCNv1

1. 可变形卷积

DCNv1 的核心思想在于它认为卷积核不应该是一个简单的矩形，而且在不同的阶段，不同的特征图甚至不同的像素上都可能有其最优的卷积核结构。因此，DCNv1 提出为卷积核上的每个点学习一个偏移（offset），然后可以根据不同的数据学习不同的卷积核结构，如图 1.27 所示。图 1.27（a）所示是标准的 3×3 卷积核，图 1.27（b）、图 1.27（c）、图 1.27（d）所示是给普通卷积核加上偏移之后形成的可变形的卷积核，其中蓝色的是新的卷积核点，箭头是位移方向。

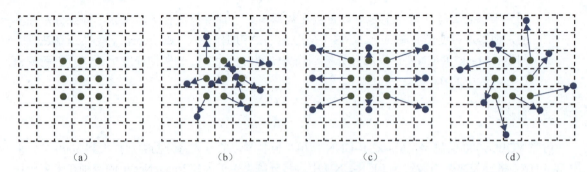

图 1.27 可变形卷积核

所以，可变形卷积的核心操作有 3 个：
- 计算卷积核的位移；
- 根据新的卷积核生成新的特征图；
- 为了保证模型是可端到端学习的，上述两个操作应该是可导的。

可变形卷积的流程如图 1.28 所示，它首先通过一个作用在输入特征图的卷积操作得到一组卷积核偏移的预测结果，这个反映偏移的特征图（偏移野）的尺寸和输入特征图的尺寸相同。偏移特征图的通道数为 $2N$，其中 2 是指每个偏移坐标是 (x, y) 两个值，N 是卷积核的像素数，例如当卷积核的大小是 3×3 时，$N=9$。从这里可以看出，DCNv1 是为输入特征图的每像素学习一组偏移，同一个特征图的不同通道数使用相同的预测偏移。

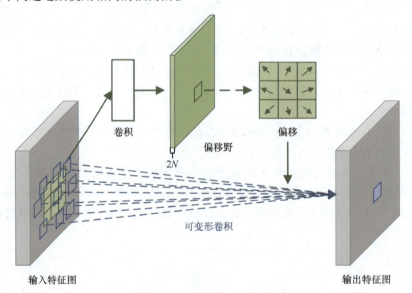

图 1.28 可变形卷积的流程

对于一个普通卷积，它的计算可以概括成以下两步。
- 从输入特征图上采样一组像素 $\mathcal{R}$，例如一个 3×3 卷积的采样结果可以表示为 $\mathcal{R}=\{(-1, -1), (-1, 0), (-1, 1), (0, -1), (0, 0), (0, 1), (1, -1), (1, 0), (1, 1)\}$。
- 使用卷积操作对采样的结果进行计算，得到卷积之后的结果，表示为式（1.17）：

$$y(\boldsymbol{p}_0) = \sum_{\boldsymbol{p}_n \in \mathcal{R}} \boldsymbol{w}(\boldsymbol{p}_n) \cdot \boldsymbol{x}(\boldsymbol{p}_0 + \boldsymbol{p}_n) \tag{1.17}$$

对于一个可变形卷积，它不是直接改变卷积核的形状，而是对采样的结果进行修改，从而间接实现改变卷积核形状的效果。在可变形卷积中，我们可以使用Δp_n对特征图上的一点p_n进行扩充，其中$\{\Delta p_n \mid n=1,2,\cdots,N\}$，是图 1.28 上侧我们通过卷积操作预测的卷积核偏移值。此时可变形卷积的计算方式为：

$$y(p_0) = \sum_{p_n \in \mathcal{R}} w(p_n) \cdot x(p_0 + p_n + \Delta p_n) \tag{1.18}$$

因为我们是使用卷积操作来预测偏移的，得到的偏移值往往是一个小数，无法直接从输入特征图上进行采样，所以 DCNv1 采用了双线性插值的采样方法，即当前采样的像素的值取决于偏移之后这个浮点位置周围的 4 个整数邻居。

2. 可变形 ROI 池化

ROI 池化是在 Fast R-CNN 中引入的，它通过将输入特征图均匀地划分成 $k \times k$ 个小区域，然后在每个区域上取最大值或均值得到。这里以均值为例，ROI 池化可以表示为式（1.19）：

$$y(i,j) = \sum_{p \in \text{bin}(i,j)} x(p_0 + p)/n_{ij} \tag{1.19}$$

其中 n_{ij} 是一个区域中的像素数，第 (i,j) 个区域的范围是 $\left\lfloor i \cdot \frac{w}{k} \right\rfloor \leqslant p_x < \left\lceil (i+1) \cdot \frac{w}{k} \right\rceil$ 以及 $\left\lfloor j \cdot \frac{h}{k} \right\rfloor \leqslant p_y < \left\lceil (j+1) \cdot \frac{h}{k} \right\rceil$。

可变形 ROI 池化的原理和可变形卷积类似，它是通过为每个区域中的每像素学习一个偏移来间接地达到可变形池化的目的，表示为式（1.20）：

$$y(i,j) = \sum_{p \in \text{bin}(i,j)} x(p_0 + p + \Delta p_{ij})/n_{ij} \tag{1.20}$$

图 1.29 展示了可变形 ROI 池化的学习过程，它首先通过 ROI 池化得到大小为 $k \times k$ 的特征图，然后通过一个全连接层得到归一化之后的偏移$\Delta \hat{p}_{ij}$，再将其与输入特征图的宽和高进行点乘（$\odot$），最后乘尺度系数 γ 便可以得到实际的偏移结果Δp_{ij}，表示为式（1.21）：

$$\Delta p_{ij} = \gamma \cdot \Delta \hat{p}_{ij} \odot (w, h) \tag{1.21}$$

其中 γ 是需要预先定义好的尺度系数，论文中给出的值是 1。

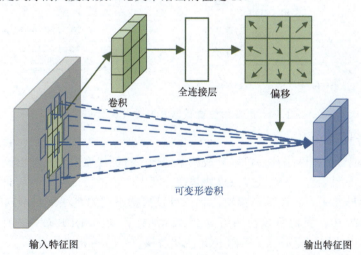

图 1.29 可变形 ROI 池化的学习过程

3. 可变形位置敏感 ROI 池化

位置敏感 ROI 池化是在 R-FCN 中提出的，它的目的是解决分类网络的位移不变性和检测网络中的位移可变性之间的矛盾。位置敏感 ROI 池化的输入特征图的通道数是 $k^2(C+1)$，其中 $C+1$ 是 C 类物体和 1 类背景。对于每个 ROI，它的 $k^2(C+1)$ 个特征图会被拆分成 k^2 组，每组负责对一个特定区域的位置"敏感"。例如，当 $k=3$ 时，这 9 个敏感区域依次是左上、正上、右上、左中、正中、右中、左下、正下、右下，如图 1.20 所示。例如，深蓝色的那组特征图负责对待检测物体的左上角恰好在 ROI 的左上角的情况进行响应，如果 ROI 正好框住待检测物体，那么 9 个区域便都可以得到很高的响应，所以在 R-FCN 中我们可以根据投票结果来确定目标类别和预测框。

在 R-FCN 中，我们可以通过投票的方式得到物体的类别和预测框，同样也可以使用投票的方式预测每个区域的偏移。当我们将可变形卷积应用到位置敏感池化时，它的计算方式如式（1.22），即为每像素都学习一个位置敏感的池化偏移。

$$y(i,j) = \sum_{p\in\text{bin}(i,j)} x_{ij}(p_0 + p + \Delta p_{ij})/n_{ij} \tag{1.22}$$

和 R-FCN 相同的是，可变形位置敏感 ROI 池化的偏移的计算使用了全卷积的结构，如图 1.30 所示。在图 1.30 上面的分支中，我们通过一个全卷积网络得到每个 ROI 的归一化位置偏移 $\Delta \hat{p}_{ij}$，然后通过式（1.19）得到真正的偏移。

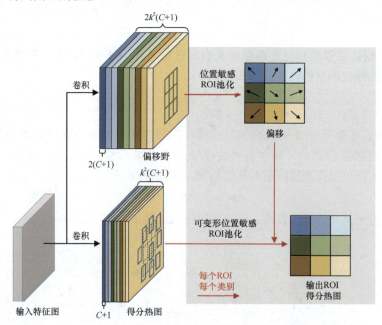

图 1.30 可变形位置敏感 ROI 池化的计算流程

4. 可变形卷积网络

目标检测网络或者分割网络往往可以分成两个部分：特征提取模块和输出模块。其中，特征提取模块可以是各种分类网络。在特征提取模块替换方案中，每个特征网络的后面 3 个普通的 3×3 卷积被替换为了可变形卷积。而在输出模块，我们可以根据不同的算法采用不同的可变形模块。例如，在 Faster R-CNN 中，我们可以使用可变形 ROI 池化替换 Faster R-CNN 中的 ROI 池化，而在 R-FCN 中，我们可以使用可变形位置敏感 ROI 池化替换位置敏感 ROI 池化。

1.8.2 DCNv2

在 DCNv2 的论文中，使用了非常直观的可视化方法来分析 DCNv1 的背后原理以及 DCNv1 的缺陷。DCNv1 的问题在于因引入了偏移模块，导致引入了过多无关的上下文，而这些无关的上下文对模型是有害的。图 1.31 展示的是 DCNv1 在检测不同大小物体时在感受野分布、采样点以及最小响应区域的情况。从图 1.31 中我们可以看出，DCNv1 会增加很多无关信息。DCNv2 的提出动机便是减少 DCNv1 中无关的干扰信息，提高模型对不同几何变化的适应能力。

DCNv2 总共有 3 项重要改进：
- 增加更多的可变形卷积层；
- 除了让模型学习采样点的偏移，还要学习每个采样点的权重，这是对减轻无关因素干扰最重要的工作；
- 使用 R-CNN 对 Faster R-CNN 进行知识蒸馏。

图 1.31　DCNv1 的感受野分布、采样点以及最小响应区域的可视化结果

1．更多的可变形卷积层

DCNv2 将 ResNet-50 的第 3 个卷积到第 5 个卷积的网络块的 3×3 卷积全部替换为了可变形卷积，因此可变形卷积层数达到了 12。这一操作使得网络在场景更复杂的 COCO 数据集上有着比较明显的性能提升。

2．加权采样点偏移

在式（1.18）的基础上，DCNv2 为每个采样点又添加了一个可以学习的权重系数 Δm，表示为式（1.23）。其中，Δm_n 是一个 [0,1] 的小数。因为加入了一个新的要学习的参数，因此图 1.28 所示可变形卷积的预测结果的通道数变成了 $3N$。

$$y(\boldsymbol{p}_0) = \sum_{\boldsymbol{p}_n \in \mathcal{R}} \boldsymbol{w}(\boldsymbol{p}_n) \cdot \boldsymbol{x}(\boldsymbol{p}_0 + \boldsymbol{p}_n + \Delta \boldsymbol{p}_n) \cdot \Delta m_n \tag{1.23}$$

同理，式（1.22）的可变形 ROI 池化可乘这个权重，表示为式（1.24）：

$$y(i,j) = \sum_{\boldsymbol{p} \in \text{bin}(i,j)} \boldsymbol{x}_{ij}(\boldsymbol{p}_0 + \boldsymbol{p} + \Delta \boldsymbol{p}_{ij}) \cdot \Delta m_n / n_{ij} \tag{1.24}$$

3．R-CNN 特征模拟

在 Revisiting R-CNN[①] 论文中，介绍了如何使用 R-CNN 进一步提升 Faster R-CNN 的泛化能力。论文中指出，Faster R-CNN 有以下 3 个问题。

---

① 参见 Bowen Cheng、Yunchao Wei、Honghui Shi 等人的论文"Revisiting RCNN: On Awakening the Classification Power of Faster RCNN"。

- 目标检测的检测网络和分类网络共享了模型的骨干网络，而这两个任务中一个要求模型具有位移不变性，另一个要求模型具有位移敏感性，因此需要将这两个任务解耦。
- Faster R-CNN 的多任务的损失函数会使模型陷入局部最优，忽略对另一个任务的优化，导致产生检测得很准但是类别识别错误，或者分类错误但是检测框有很大偏差等情况。
- Faster R-CNN 的感受野过大，造成当我们分类小尺寸目标时会有过多的无关上下文的干扰，影响小尺寸目标的检测效果。

为了解决 Faster R-CNN 的上面 3 个问题，Revisiting R-CNN 论文中提出了一个名为解耦分类微调（decoupled classification refinement，DCR）的模块，它的结构如图 1.32 所示。它的左侧是一个 Faster R-CNN，其中假阳性样本会被送到右侧的 R-CNN 中再次学习。在 DCR 中，Faster R-CNN 主要负责检测，而 R-CNN 主要负责分类，这实现了检测任务和分类任务的解耦。Faster R-CNN 的假阳性样本是直接从原图上裁剪的，然后调整成固定尺寸的大小，这样图像的感受野不会变得很大，减少了无关因素对分类模型的负面影响。虽然 DCR 有提升，但是在 Faster R-CNN 的基础上又添加了一个 R-CNN 模块，模型训练速度会变得非常慢，所以之后又提出了 DCRv2[①]。这里我们只需要知道 Faster R-CNN 的上述 3 个问题可以通过 R-CNN 来进行优化。

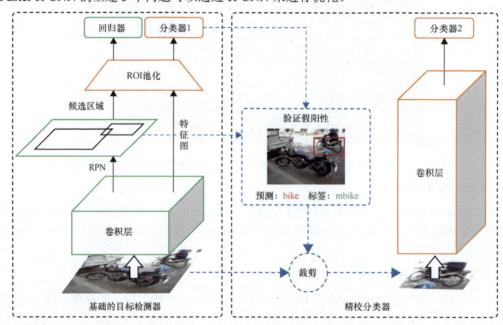

图 1.32　DCR 模块的结构

DCNv2 中使用了特征模仿（feature mimicking）的方式来用 R-CNN 指导 Faster R-CNN 的优化。特征模仿是一个比较高级的模型迁移策略，它主要用在知识蒸馏中。它先训练一个准确率比较高但是速度比较慢的大容量的教师（Teacher）网络，然后训练一个速度快但是泛化能力略差的小容量的学生（Student）网络。在训练学生网络的过程中，模型不仅要优化它本身任务的损失函数，还要以教师网络学习到的特征为目标，优化它中间的特征层。因为学生网络的参数数量是固定的，所以通过这个策略优化之后的学生网络不仅速度很快，而且能够达到接近教师网络的准确率。

DCNv2 使用 R-CNN 来指导加入了可变形卷积的 Faster R-CNN 训练的目的是使可变形卷积能够自行学到更好的采样点的偏移和权重，从而减小无关因素对模型的负面影响。

---

① 参见 Bowen Cheng、Yunchao Wei、Rogerio Feris 等人的论文 "Decoupled Classification Refinement: Hard False Positive Suppression for Object Detection"。

DCNv2 的特征模仿模块的结构如图 1.33 所示。它的结构和 DCR 的类似，即左侧是一个 Faster R-CNN，右侧是一个 R-CNN。从图 1.33 中我们可以看出两个网络都加入了可变形卷积和可变形 ROI 池化（都添加了权重）。首先，我们通过 Faster R-CNN 的 RPN 模块可以得到若干候选区域。然后，这些候选区域会被缩放到 224×224 的大小提供给右侧的 R-CNN 模块。最后，经过两个全连接层，两个网络得到各自的 1024 维的特征向量，其中 Faster R-CNN 使用它进行分类和检测，而 R-CNN 则只使用它进行分类。

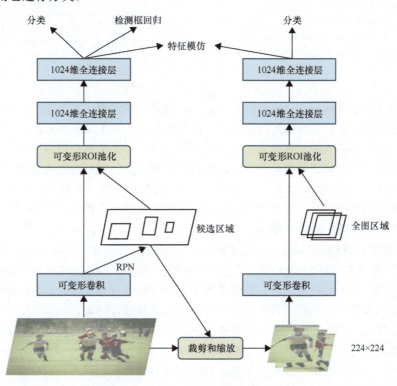

图 1.33　DCNv2 的特征模仿模块的结构

DCNv2 的特征模仿模块就作用在这个特征向量上，它通过最小化两个特征的余弦距离来构建模仿损失，表示为式（1.25）。

$$\mathcal{L}_{\text{mimick}} = \sum_{b \in \Omega}[1 - \cos(f_{\text{R-CNN}}(\boldsymbol{b}), f_{\text{Faster R-CNN}}(\boldsymbol{b}))] \tag{1.25}$$

其中 Ω 是从 RPN 采样的 ROI。

1.8.3　小结

可变形卷积是深度学习中非常重要的一个算法，被广泛地应用到检测和分割任务中，是每个计算机视觉领域的人都要学习的一个算法。对卷积核的形状的探讨一直是深度学习领域非常重要的方向，比较有代表性的有 Inception 中提出的 $N×1$ 和 $1×N$ 的卷积核，以及 DeepLab 中提出的空洞卷积。而本节介绍的可变形卷积是一个可以学习的卷积操作，它能够根据数据自适应不同的卷积形状，此处的创新性再怎么赞美都不过分，更何况它的使用确实能够帮助模型大幅提升性能。

DCN 目前的问题是工业化程度并不高，很多时候需要单独编译源码才能应用，增加了它的部署难度。期待 DCN 系列也能像其他模块一样加入现有的深度学习框架中，且能够快速地部署和量化。

第 2 章 单阶段检测

双阶段检测是一个更贴近计算机视觉传统目标检测算法的流程，它们由一个粗糙的候选区域提取网络、一个精确的分类网络和检测网络构成。这里要介绍的是 Joseph Redmon 开创的 YOLO 系列单阶段检测算法，它们的共同点是没有候选区域提取阶段，而是将整个检测归纳为一个单阶段的流程。双阶段检测的提出时间之所以早于单阶段检测，是因为当时模型的能力有限，只靠一个单阶段的 CNN 很难得到非常好的检测效果。但是随着 CNN 的不断发展，参数数量增多，容量增大，效果更好的骨干网络被提出，一个骨干网络已经拥有足够完成建模和检测任务的所有特征，因此效率更高的单阶段检测逐渐成为趋势和潮流。

单阶段检测网络的核心思想是使用骨干网络提取的特征直接计算待检测目标的类别和坐标框，YOLOv1[1]使用了容量超大的 GoogLeNet 作为骨干网络，然后在 GoogLeNet 输出的特征图的每像素之上接一个分类网络和检测网络来对以该像素为中心的目标进行分类和目标框预测。YOLOv1 设计了一个由若干项组成的损失函数，目的是从多个角度对模型进行约束。

YOLOv1 之后的 SSD[2]是一个具有重要意义的单阶段检测网络，它的锚点机制和多阶段输出头都是目标检测方向极为重要的思想。锚点机制是在 Faster R-CNN 的 RPN 模块中率先提出的，它的本质是一个先验框，将检测模型的检测框的坐标预测转化为检测框与锚点相对位置的预测能极大程度地减小模型学习的难度。SSD 的多尺度检测是指骨干网络的多个特征层都输出一组预测结果，SSD 充分利用了 CNN 的层次结构特征，它的思想深深地影响了检测和分割任务中特征融合网络的设计。

YOLOv2 和 YOLO9000 是囊括在一篇论文中，但思想完全不同的两个模型。YOLOv2 的侧重点是在 SSD 的基础上对模型技巧（Trick）的调整，比较具有代表性且对后续算法影响比较深远的 Trick 有设计了 DarkNet-19 的骨干网络，以及对锚点进行聚类的思想。YOLO9000 是一个结合了语义树的半监督模型，它最大的特点是通过 WordNet 将 YOLOv2 能检测和分类的输出类别数从 COCO 数据集的 80 个扩充到 WordNet 的节点数 9418 个，巧妙地将知识图谱和目标检测结合到一起。

YOLOv3[3]是 Redmon 的 YOLO 系列的最后一篇论文，它的创新点不多，它的主要改进点：一是骨干网络使用了 DarkNet-53 加上 FPN 的架构，二是输出任务使用了多个二分类来代替 softmax 多分类，有效提升了目标之间相互重叠的检测效果。

我们在 2.5 节讲解的 2020 年发表的 YOLOv4[4]的论文中，对近年来目标检测的调参技巧从数据增强、网络结构、激活函数、归一化策略、损失函数、后处理等角度进行了整理和总结，并归

---

[1] 参见 Joseph Redmon、Santosh Divvala、Ross Girshick 等人的论文 "You Only Look Once: Unified, Real-Time Object Detection"。
[2] 参见 Wei Liu、Dragomir Anguelov、Dumitru Erhan 等人的论文 "SSD: Single Shot Multibox Detector"。
[3] 参见 Joseph Redmon、Ali Farhadi 的论文 "YOLOv3: An Incremental Improvement"。
[4] 参见 Alexey Bochkovskiy、Chien-Yao Wang、Hong-Yuan Mark Liao 的论文 "YOLOv4: Optimal Speed and Accuracy of Object Detection"。

纳出一系列行之有效的调参技巧，在数据方面提出了马赛克增强的方法；在网络模型方面融合了 CSPNet[①]、CBAM[②]、PAN[③]；损失函数使用了 CIoU 损失[④]；等等。关于 YOLOv4 的更多细节请参考 2.5 节。

除了本书介绍的 YOLO 算法，YOLO 系列还有很多其他的衍生算法，例如 YOLOv5，它的论文并没有公开，但是从源码上来看，YOLOv5 针对 YOLOv4 的改进并不大。YOLObile[⑤] 是一个基于压缩编译协同设计的移动设备实时目标检测框架，实现了比 YOLOv4-tiny 更快的检测速度和更高的检测精度。YOLOF[⑥] 任务 FPN 的背后原理不是特征融合，而是对目标检测的分而治之。基于这个结论，他们引入了另一种复杂的结构来替换特征金字塔，从而仅用一层特征便可以进行高精度的特征检测。旷视科技的 YOLOX[⑦] 是一个无锚点的检测算法，它也像 YOLOv4 一样分析了大量目标检测的 Trick，最终给出了超出 YOLOv5 的检测精度。这些算法目前的引用量并不高，这里就不对它们进行深入解析了，感兴趣的读者可自行阅读相关论文。

2.1 YOLOv1

在本节中，先验知识包括：
- Fast R-CNN（1.3 节）。

在 R-CNN 系列的论文中，目标检测被分成了候选区域提取、候选区域分类及位置精校两个阶段。不同于这些方法，YOLOv1 将整个目标检测任务整合到一个回归网络中。对比 Fast R-CNN 提出的两步走的端到端方案，YOLOv1 的单阶段流程使其成为一个更彻底的端到端的算法（见图 2.1）。YOLOv1 的检测过程分为 3 步：

（1）图像缩放到 448×448；
（2）将图像输入 CNN；
（3）通过 NMS 得到最终候选框。

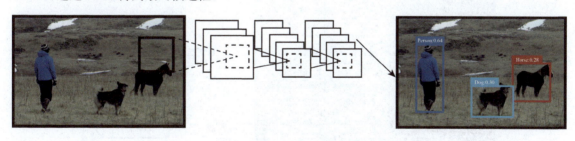

图 2.1　YOLOv1 算法框架

---

① 参见 Chien-Yao Wang、Hong-Yuan Mark Liao、Yueh-Hua Wu 等人的论文 "CSPNet: A New Backbone that can Enhance Learning Capability of CNN"。
② 参见 Sanghyun Woo、Jongchan Park、Joon-Young Lee 等人的论文 "CBAM: Convolutional Block Attention Module"。
③ 参见 Shu Liu、Lu Qi、Haifang Qin 等人的论文 "Path Aggregation Network for Instance Segmentation"。
④ 参见 Zhaohui Zheng、Ping Wang、Wei Liu 等人的论文 "Distance-IoU Loss: Faster and Better Learning for Bounding Box Regression"。
⑤ 参见 Yuxuan Cai、Hongjia Li、Geng Yuan 等人的论文 "YOLObile: Real-Time Object Detection on Mobile Devices via Compression-Compilation Co-Design"。
⑥ 参见 Qiang Chen、Yingming Wang、Tong Yang 等人的论文 "You Only Look One-level Feature"。
⑦ 参见 Zheng Ge、Songtao Liu、Feng Wang 等人的论文 "Yolox: Exceeding YOLO Series in 2021"。

YOLOv1 虽然在一些数据集上的表现不如 Fast R-CNN 及其后续算法,但是它使检测速度得到了极大提升。在 YOLOv1 算法中,检测速度达到了 45 帧 / 秒(FPS),而一个更快速的 Fast YOLO 版本则达到了 155 帧 / 秒。另外,YOLOv1 的背景检测错误率要低于 Fast R-CNN。最后,YOLOv1 算法具有更好的通用性,它通过 PASCAL VOC 数据集训练得到的模型在艺术品画作检测中得到了比 Fast R-CNN 更好的效果。YOLOv1 是可以用在 Fast R-CNN 中的,结合 YOLOv1 和 Fast R-CNN 两个算法,得到的效果比单 Fast R-CNN 更好。

YOLOv1 源码是使用 DarkNet 框架实现的,由于我对 DarkNet 的了解有所欠缺,因此这里我使用 YOLO 的 TensorFlow 源码详细解析 YOLOv1 算法的技术细节和算法动机。

2.1.1 YOLOv1 的网络结构

YOLOv1 检测速度远远超过 R-CNN 系列的重要原因是 YOLOv1 将整个目标检测统一成了一个单阶段的回归问题。YOLOv1 的输入是整张待检测图片,输出则是得到的检测结果,整个过程只经过一次网络。Faster R-CNN 虽然使用全卷积的思想实现了候选区域的权值共享,但是每个候选区域的特征向量仍然要单独计算分类概率和检测框的位置。

1. 输出层

YOLOv1 实现统一检测的策略是增加网络的输出节点数量,这其实也算是以空间换时间的一种策略。在 Faster R-CNN 的 Fast R-CNN 部分,网络有分类和回归两个任务,网络输出节点个数是 $C+5$,其中 $C+1$ 是数据集的类别个数加上背景个数,另 4 个是预测的检测框的坐标信息。而 YOLOv1 的输出层节点个数达到了 $S \times S \times (C+B \times 5)$。下面我们来讲解 $S \times S \times (C+B \times 5)$ 中每个字符的含义。

(1)$S \times S$ 的栅格。YOLOv1 将输入图像分成 $S \times S$ 的栅格,如果真值框的中心落在某个单元(cell)内,则**该单元负责该物体的检测**,如图 2.2 所示。

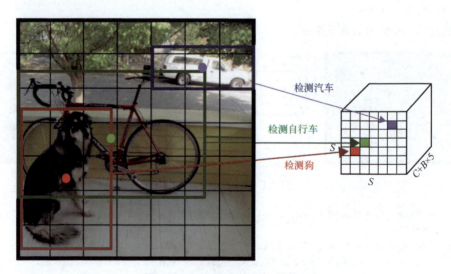

图 2.2 YOLOv1 的 $S \times S$ 栅格

什么是"该单元负责该物体的检测"呢?举例说明一下,首先我们将输出层 $\boldsymbol{O}_{S \times S \times (C+B \times 5)}$ 看作一个三维矩阵,如果物体的中心落在第 (i, j) 个单元内,那么网络只优化一个 $C+B \times 5$ 维的向量,即向量 $\boldsymbol{O}[i, j, :]$。其中 S 是一个超参数,表示输入图像被拆分成的单元的个数,在源码中 $S=7$。

（2）检测框。在 YOLOv1 中，B 是每个单元预测框的个数，B 的个数同样是一个超参数，在源码中 B=2。YOLOv1 使用多个检测框是为了每个单元计算前 B 个可能的预测结果，这样做虽然延长了一些时间，但提升了模型的检测精度。

注意，不管 YOLOv1 使用了多少个检测框，每个单元的检测框均有相同的优化目标值。在源码中，真值框的标签值被复制了 B 次。每个检测框要预测 5 个值：检测坐标 (x, y, w, h) 以及置信度 P。其中 (x, y) 是检测框相对于每个单元中心的相对位置，(w, h) 是物体相对于整幅图的尺寸。置信度 P 表示检测框中物体为待检测物体的概率 Pr(Object) 以及检测框与该物体的真值框的 $\text{IoU}_{\text{pred}}^{\text{truth}}$（下面代码中的变量 iou_predict_truth）的乘积，所以 $P = \text{Pr(Object)} \times \text{IoU}_{\text{pred}}^{\text{truth}}$。如果检测框没有覆盖物体，$P$=0，否则 $P = \text{IoU}_{\text{pred}}^{\text{truth}}$。

```
predict_boxes = tf.reshape(
    predicts[:, self.boundary2:],
    [self.batch_size, self.cell_size, self.cell_size, self.boxes_per_cell, 4])
response = tf.reshape(labels[..., 0],[self.batch_size, self.cell_size, self.cell_size, 1])
...
predict_boxes_tran = tf.stack(
    [(predict_boxes[..., 0] + offset) / self.cell_size,
     (predict_boxes[..., 1] + offset_tran) / self.cell_size,
     tf.square(predict_boxes[..., 2]),
     tf.square(predict_boxes[..., 3])], axis=-1)
iou_predict_truth = self.calc_iou(predict_boxes_tran, boxes)
object_mask = tf.reduce_max(iou_predict_truth, 3, keep_dims=True)
object_mask = tf.cast((iou_predict_truth >= object_mask), tf.float32) * response
noobject_mask = tf.ones_like(object_mask, dtype=tf.float32) - object_mask
coord_mask = tf.expand_dims(object_mask, 4)
```

上面代码中的 object_mask、noobject_mask、coord_mask 用来控制会被调整变量的单元的值，我们将在 2.1.2 节详细介绍。

同时，YOLOv1 会预测检测到的物体为某一类的条件概率：$\text{Pr}(\text{Class}_i | \text{Object})$。对于每个单元，YOLOv1 只计算一个分类概率，而且与 B 的值无关。在测试时，将条件概率 $\text{Pr}(\text{Class}_i|\text{Object})$ 乘 P 便得到了目标为某一类的概率：

$$\text{Pr}(\text{Class}_i | \text{Object}) \times \text{Pr(Object)} \times \text{IoU}_{\text{pred}}^{\text{truth}} = \text{Pr}(\text{Class}_i) \times \text{IoU}_{\text{pred}}^{\text{truth}} \tag{2.1}$$

（3）类别。不同于 Fast R-CNN 添加背景类，YOLOv1 仅使用数据集提供的物体类别。如果输出层的两个超参数 S=7，B=2，则每个单元的输出层的结构如图 2.3 所示。

图 2.3　YOLOv1 的输出层

2. 输入层

YOLOv1 作为一个端到端的检测算法，整幅图像是直接输入模型的。因为检测需要更细粒度的图像特征，YOLOv1 将图像缩放到了 448×448 而不是物体分类中常用的 224×224 的尺寸。需要注意的是，YOLOv1 并没有采用先将图像等比例缩放再裁剪的形式，而是直接将图像非等比例缩放，所以 YOLOv1 的输出图像的尺寸并不是标准比例的。

3. 骨干网络

YOLOv1 使用了 GoogLeNet[①]作为骨干网络，但是使用了更少的参数，同时 YOLOv1 也不像 GoogLeNet 有 3 个输出层，如图 2.4 所示。为了提高模型的精度，YOLOv1 也使用了在 ImageNet 进行预训练的迁移学习策略。

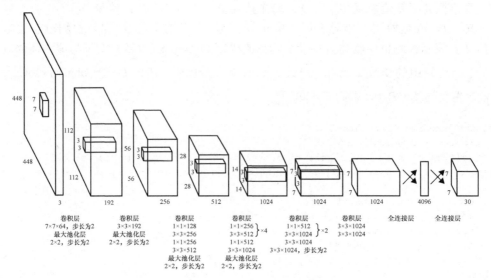

图 2.4　YOLOv1 的骨干网络

研究发现，在 AlexNet 中提出的 ReLU 存在"死亡"的问题。所谓"死亡"是指由于 ReLU 的 x 为负数部分的导数永远为 0，会导致一部分神经元永远不会被激活，从而一些参数永远不会被更新。为了解决这个问题，Andrew NG 团队提出了 Leaky ReLU[②]，即在负数部分给予一个很小的梯度，Leaky ReLU 拥有 ReLU 的所有优点，但不会存在死亡的问题。YOLOv1 中的 Leaky ReLU($\phi(x)$) 表示为式（2.2）：

$$\phi(x)=\begin{cases} x & x>0 \\ 0.1\times x & \text{其他} \end{cases} \tag{2.2}$$

2.1.2　损失函数

YOLOv1 的输出层包含的多个标签种类决定了 YOLOv1 的损失函数必须是一个多任务的损失函数。根据之前的介绍，我们已知 YOLOv1 的输出层包含分类信息、置信度 P 和检测框的坐标信息 (x, y, w, h)。我们先给出 YOLOv1 的损失函数的表达式，如式（2.3），再逐步解析损失函数这样设计的动机。式（2.3）中 **1** 是二值函数，具体定义见后文。

$$\begin{aligned}
& \lambda_{\text{coord}} \sum_{i=0}^{S^2} \sum_{j=0}^{B} \mathbf{1}_{i,j}^{\text{obj}} \left[(x_i - \hat{x}_i)^2 + (y_i - \hat{y}_i)^2 \right] + \\
& \lambda_{\text{coord}} \sum_{i=0}^{S^2} \sum_{j=0}^{B} \mathbf{1}_{i,j}^{\text{obj}} \left[\left(\sqrt{w_i} - \sqrt{\hat{w}_i}\right)^2 + \left(\sqrt{h_i} - \sqrt{\hat{h}_i}\right)^2 \right] + \\
& \sum_{i=0}^{S^2} \sum_{j=0}^{B} \mathbf{1}_{i,j}^{\text{obj}} \left(C_i - \hat{C}_i \right)^2 +
\end{aligned} \tag{2.3}$$

[①] 参见 Christian Szegedy、Wei Liu、Yangqing Jia 等人的论文"Going deeper with convolutions"。
[②] 参见 Andrew L. Maas、Awni Y. Hannun、Andrew Y. NG 等人的论文"Rectifier Nonlinearities Improve Neural Network Acoustic Models"。

$$\lambda_{\text{noobj}} \sum_{i=0}^{S^2} \sum_{j=0}^{B} \mathbf{1}_{i,j}^{\text{noobj}} \left(C_i - \hat{C}_i\right)^2 +$$

$$\sum_{i=0}^{S^2} \mathbf{1}_i^{\text{obj}} \sum_{c \in \text{classes}} \left(p_i(c) - \hat{p}_i(c)\right)^2$$

YOLOv1 的损失函数相关的代码如下。

```
# 分类损失
class_delta = response * (predict_classes - classes)
class_loss = tf.reduce_mean(
    tf.reduce_sum(tf.square(class_delta), axis=[1, 2, 3]),name='class_loss') * self.class_scale
# 目标损失
object_delta = object_mask * (predict_scales - iou_predict_truth)
object_loss = tf.reduce_mean(
    tf.reduce_sum(tf.square(object_delta), axis=[1, 2, 3]),
    name='object_loss') * self.object_scale
# 非目标损失
noobject_delta = noobject_mask * predict_scales
noobject_loss = tf.reduce_mean(
    tf.reduce_sum(tf.square(noobject_delta), axis=[1, 2, 3]),
    name='noobject_loss') * self.noobject_scale
# 坐标损失
coord_mask = tf.expand_dims(object_mask, 4)
boxes_delta = coord_mask * (predict_boxes - boxes_tran)
coord_loss = tf.reduce_mean(
    tf.reduce_sum(tf.square(boxes_delta), axis=[1, 2, 3, 4]),
    name='coord_loss') * self.coord_scale
```

1. noobj

根据图2.2可知，YOLOv1 的 $S \times S$ 的栅格形式必然导致输出层含有大量的不包含物体的区域（也就是背景区域）。YOLOv1 并不是直接将这一部分丢弃而是将其作为非目标的一个分支进行优化。这个分支使得 YOLOv1 在检测背景时的错误率降为 Fast R-CNN 的 1/3。

2. λ_{coord} 和 λ_{noobj}

YOLOv1 并没有使用深度学习常用的均方误差（mean square error，MSE），而是使用和方误差（sum square error，SSE）作为损失函数，YOLOv1 论文中的解释是 SSE 更好优化。但是 SSE 作为损失函数时会使模型更倾向于优化输出向量长度更长的任务（也就是分类任务）。为了提升检测框边界预测的优先级，该任务被赋予了一个超参数 λ_{coord}，在论文中 $\lambda_{\text{coord}}=5$。

我们在观察数据集时发现 PASCAL VOC 中包含样本的单元要远远少于包含背景区域的单元，为了解决前景样本和背景样本的不平衡的问题，YOLOv1 给非样本区域的分类任务一个更小的权值 λ_{noobj}，在论文中 $\lambda_{\text{noobj}}=0.5$。

需要注意的是，TensorFlow 的源码（./yolo/config.py）使用的并不是论文和 DarkNet 源码中给出的超参数。对于损失函数的 4 个任务，即坐标预测、前景预测、背景预测和分类预测，它们使用的权值分别是 1、1、2 和 5。该值并不是非常重要，通常需要根据模型在验证集上的表现进行调整。

3. $\mathbf{1}_{i,j}^{\text{obj}}$、$\mathbf{1}_i^{\text{obj}}$ 和 $\mathbf{1}_{i,j}^{\text{noobj}}$

根据前面的定义，当检测框 $\text{box}_{i,j}$ 负责检测某个物体时，$\mathbf{1}_{i,j}^{\text{obj}}=1$，否则 $\mathbf{1}_{i,j}^{\text{obj}}=0$，其中 i 用于遍历图像的单元，j 用于遍历每个单元的检测框。而 $\mathbf{1}_{i,j}^{\text{noobj}}$ 的定义则与 $\mathbf{1}_{i,j}^{\text{obj}}$ 相反。我们介绍过分类是以单元为单位的而与检测框无关，所以 $\mathbf{1}_i^{\text{obj}}$ 表示物体出现在 cell_i 中。

$\mathbf{1}_{i,j}^{\text{obj}}$、$\mathbf{1}_i^{\text{obj}}$ 和 $\mathbf{1}_{i,j}^{\text{noobj}}$ 分别是 2.1.1 节代码片段中的参数 object_mask、noobject_mask 和 coord_ mask。由于使用了掩码，当网络遇到一个正样本时，只有一个单元的权值被调整，这也就是前面说的"该单元负责该物体的检测"。

4. $\sqrt{}$。

最后，为了平衡短边和长边对损失函数的影响，YOLOv1 使用了边长的平方根来减小长边的影响。另外，当测试样本时，有些物体会被多个单元检测到，NMS 用于解决这个问题。

2.1.3 小结

1. YOLOv1 的优点

我们已经一再重复 YOLOv1 检测速度快，其性能的提升是因为 YOLOv1 统一检测框架的提出。同时，YOLOv1 在检测背景和通用性上的表现也比 Fast R-CNN 好。关于为什么 YOLOv1 比 Fast R-CNN 更擅长检测背景，我们在 2.1.2 节进行了说明。从图 2.5 中我们可以看出 YOLOv1 的主要问题在于检测框的精确检测。

图 2.5 所示各项的含义如下。

- 完全正确（Correct）：正确分类且 IoU>0.5。
- 检测框（Loc）：正确分类且 0.1<IoU<0.5。
- 近似（Sim）：类别近似且 IoU>0.1。
- 其他（Other）：分类错误且 IoU>0.1。
- 背景（Background）：IoU<0.1 的所有样本。

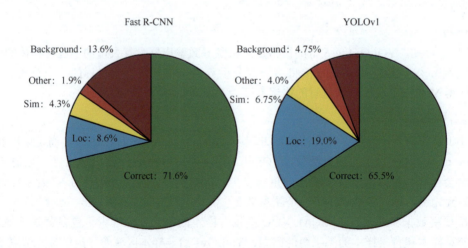

图 2.5　Fast R-CNN 与 YOLOv1

YOLOv1 的论文中也指出 YOLO 的通用性更强，例如在人类画作的数据集上 YOLOv1 的表现要优于 Fast R-CNN。

2. YOLOv1 的缺点

YOLOv1 的缺点也非常明显，首先其精确检测的能力比不上 Fast R-CNN，更不要提 Faster R-CNN 了。YOLOv1 的另一个重要问题体现在对小尺寸目标的检测上，其为了提升速度，以粗粒度划分单元，而且每个单元的检测框的功能过度重合导致模型的拟合能力有限，尤其是其很难覆盖到小尺寸目标。YOLOv1 检测小尺寸目标效果不好的另一个原因是其只使用深层的特征图，而深层的特征图已经不包含很多小尺寸目标的特征了。Faster R-CNN 之后的算法均趋向于使用全卷积代替

2.2 SSD 和 DSSD

全连接,但是 YOLOv1 依旧笨拙地使用了全连接,这样不仅会使特征向量失去对于目标检测非常重要的位置信息,而且会产生大量的参数,影响算法的速度。

> 在本节中,先验知识包括:
> ❑ YOLOv1(2.1 节); ❑ DeepLab(6.4 节)。

在 2.1 节中提到 YOLOv1 存在 3 个缺陷:
- 两个先验框功能重复,对比锚点机制,降低了模型的精度;
- 只使用深层的特征向量使算法对于小尺寸目标的检测效果很差;
- 全连接层的使用不仅使特征向量失去了位置信息,还产生了大量的参数,影响了算法的运行速度。

为了解决这些问题,SSD 应运而生。SSD 的全称是 Single Shot MultiBox Detector,Single Shot 表示 SSD 是像 YOLOv1 一样的单阶段检测算法,MultiBox 是指 SSD 每次可以检测多个目标,Detector 表示 SSD 是用来进行目标检测的。针对 YOLOv1 的 3 个问题,SSD 做出的改进如下:
- 使用了类似 Faster R-CNN 中 RPN 提出的锚点机制,增加了先验框的多样性;
- 使用网络中多个阶段的特征图,提升了特征多样性,增强了对小尺寸目标的检测效果;
- 使用全卷积的网络结构,提升了 SSD 的速度。

SSD 算法的流程如图 2.6 所示。

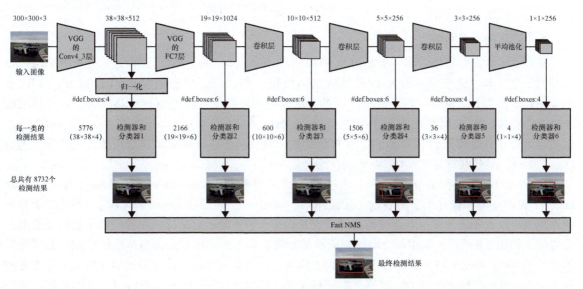

图 2.6 SSD 算法的流程

从诸多角度来看,SSD 和 RPN 的相似度非常高,网络结构都是全卷积,都采用了锚点进行采样,不同之处有下面两点:
- RPN 只使用 CNN 的顶层特征;
- RPN 是一个二分类任务(前景或背景),而 SSD 是一个包含物体类别的多分类任务。

2.2.1　SSD

SSD 的流程和 YOLOv1 的流程是一样的，输入一幅图像得到一系列候选区域，使用 NMS 得到最终的检测框。与 YOLOv1 不同的是，SSD 使用了不同阶段的特征图用于检测，SSD 和 YOLOv1 的对比如图 2.7 所示。

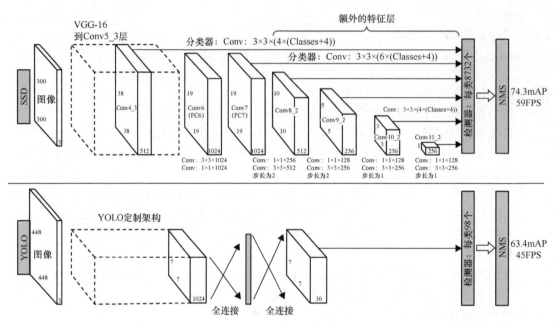

图 2.7　SSD 和 YOLOv1 的对比

1. SSD 的骨干网络

从图 2.6 中我们可以看出，SSD 输入图像的尺寸是 300×300。SSD 还有一个输入图像尺寸是 512×512 的版本，这个版本的 SSD 虽然检测速度慢一些，但是检测精度达到了 76.9%。SSD 采用 VGG-16 作为骨干网络，使用标准网络的目的是使用训练好的模型进行迁移学习。SSD 使用在 ILSVRC CLS-LOC 数据集上得到的模型进行初始化。SSD 的 3×3 的 Conv6 和 1×1 的 Conv7 的卷积核是通过预训练模型的 FC6 和 FC7 采样得到的，这种从全连接层中采样卷积核的方法参考的是 DeepLab v1。具体细节将在 6.4 节中详细介绍。

在 VGG-16 的卷积部分之后，全连接被换成了卷积操作，在 block6 的卷积含有一个参数 rate=6。此时的卷积操作为空洞卷积（dilation convolution），也是由 DeepLab v1 引入的。空洞卷积的作用是可以在不增加模型复杂度的同时扩大卷积操作的视野，它是通过在卷积核中插值 0 的形式完成的，如图 2.8 所示，其中图 2.8（a）所示是膨胀率为 1 的卷积，也就是标准的卷积，其感受野的大小是 3×3；图 2.8（b）所示是膨胀率为 2 的卷积，卷积核变成了 7×7，其中只有 9 个红点处的值不为 0，在不增加复杂度的同时感受野变成了 7×7；图 2.8（c）所示是膨胀率为 4 的卷积，感受野的大小变成了 15×15。在设置感受野的膨胀率时要谨慎，如果卷积核大于特征图的尺寸，空洞卷积将会退化为普通的 1×1 卷积。

FC7 之后输出的特征图的大小是 19×19，经过 block8 的一次加边和一次有效卷积之后（即相当于一次 same 卷积），再经过一次步长为 2 的降采样，输入 block9 的特征图的尺寸是 10×10。block9 的操作和 block8 相同，即输入 block8 的特征图的尺寸是 5×5。block10 和 block11 使用的是有效卷积，所以图像的尺寸分别是 3 和 1。这样我们便得到了图 2.7 中特征图尺寸的变化过程。

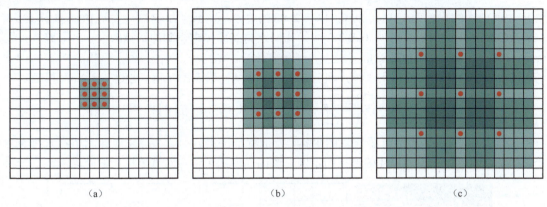

图 2.8　空洞卷积示例

SSD 对于第 i 个特征图的每像素都会产生 n_boxes[i] 个锚点进行分类和位置精校，其中 n_boxes 的值为 [4, 6, 6, 6, 4, 4]，后文会介绍 n_boxes 值的计算方法。SSD 相当于总共预测 M 个检测框，其中 M 的计算方式为：

$$38\times38\times4+19\times19\times6+10\times10\times6+5\times5\times6+3\times3\times4+1\times1\times4=8732 \qquad (2.4)$$

式（2.4）便是图 2.7 中最右侧 8732 的计算方式。也就是对于一幅 300×300 的输入图像，SSD 要预测 8732 个检测框，所以 SSD 本质上可以看作密集采样。SSD 的分类有 C+1 个值，包括 C 类前景和 1 类背景，回归包括物体位置的四要素 (y, x, h, w)。对于 20 类的 PASCAL VOC，SSD 是一个含有 8732×(21+4) 类的多任务模型。

可以看出，SSD 并没有使用全连接产生预测结果，而是使用 3×3 的卷积操作分别产生了分类和回归的预测结果。分类任务的特征图的通道数是 (C+1)×n_boxes[i]，而回归任务的特征图的通道数是 4×n_boxes[i]。

2. SSD 中的锚点

上面介绍了 SSD 的 n_boxes=[4,6,6,6,4,4]，这个参数是用来计算 SSD 的锚点的，所以下面我们就来详细介绍 SSD 的锚点是什么样子的。

首先，因为不同层的特征图"擅长"检测不同尺寸的物体，所以 SSD 也为不同尺寸的特征图设计了不同尺寸的锚点。在 SSD 中，Conv4_3、FC7、Conv8_2、Conv9_2、Conv10_2、Conv11_2 的顺序是从浅到深的，所以它们使用的锚点的尺寸是从小到大的。论文中给出的锚点尺寸与特征图的相对值是 0.2～0.9 的线性变化的值，表示为式（2.5）：

$$\begin{cases} s_k = s_{\min} + \dfrac{s_{\max}-s_{\min}}{m-1}(k-1)\\ s_{k+1} = s_k + (s_k - s_{k-1}) \end{cases}, \text{其中} k \in [1, m] \qquad (2.5)$$

$s_{\min}$、$s_{\max}$ 和 m 是 3 个超参数，需要根据不同的数据集自行调整。论文中给出的例子是 $s_{\min}$=0.2，$s_{\max}$=0.9，m=6。s_k 表示锚点大小相对于特征图的比例，通过式（2.5）得出的值依次是 [0.2, 0.34, 0.48, 0.62, 0.76, 0.9]。对于 6 组特征图，SSD 分别产生 [4,6,6,6,4,4] 个不同比例的锚点。锚点的比例是超参数 aspect_ratios_per_layer 中给出的值加上一组比例为 $s'_k = \sqrt{s_k s_{k+1}}$ 的框。根据 s_k 和长宽比 a_r，我们可以得到不同样式的锚点，其中锚点的宽 $w_k^a = s_k\sqrt{a_r}$，高 $h_k^a = s_k/\sqrt{a_r}$，$a_r \in \left\{1, 2, 3, \dfrac{1}{2}, \dfrac{1}{3}\right\}$。$a_r$ 的取值也是一个超参数，在源码中定义在 aspect_ratios_per_layer 中。综上，我们可以得到 n_boxes 的值。

举个例子，在 Conv4_3 中，要产生 38×38×4 个锚点，其中有 3 个锚点的尺寸分别是（1, 2.0, 0.5），再加上一组 1∶1 的尺寸为 $s'_k = \sqrt{0.2 \times 0.34} = 0.2608$ 的锚点，得到 4 组锚点分别是 [(0.2, 0.2), (0.2608, 0.2608), (0.2828, 0.1414), (0.1414, 0.2828)]，等比例换算到原图中得到的锚点的大小（取整）分别为 [(60, 60), (78, 78), (85, 42), (42, 85)]。

通过上面的介绍，我们得到了锚点四要素中的 w 和 h，锚点的 x 和 y 通过式（2.6）得到。

$$(x, y) = \left(\frac{i+0.5}{|f_k|}, \frac{j+0.5}{|f_k|} \right), \quad \text{其中} i, j \in [0, |f_k|] \tag{2.6}$$

式（2.6）中，i 和 j 是特征图像素的坐标，f_k 是特征图的尺寸。图 2.9 便展示了在尺寸为 8×8 和 4×4 的特征图上得到不同尺寸的锚点的示例，该图也展示了锚点对真值框的响应。

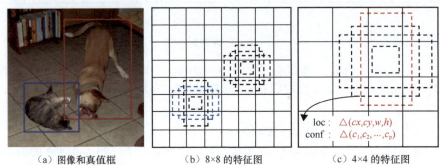

（a）图像和真值框　　　　（b）8×8 的特征图　　　　（c）4×4 的特征图

图 2.9　锚点示例

锚点设计是见仁见智的，例如源码中锚点的尺寸便和论文中的不同。关于具体如何定义这些锚点其实不必太过在意，这些锚点的作用是为检测框提供一个先验假设，网络最后输出的候选框还是要经过预测的相对于锚点的偏移来修正的。

除了锚点的尺寸，源码中锚点的中心点的实现也和论文中的不同。源码是使用预先计算好的步长加上位移进行预测的，即超参数中的变量 steps=[8,16,32,64,100,300]。Conv4_3 经过了 3 次降采样，即特征图的一步相当于原图的 8 步。但是这种方案存在一个问题，即 75 降采样到 38 时是不能整除的，也就是最后一列并没有参加降采样，这样步长非精确的计算经过多次累积，误差会被放大到很大。例如，经过源码中步长为 64 的 Conv9_2 层的最后一行和最后一列的锚点的中心点将会取到图像之外。网络中的 6 个特征图会产生 6 组共 8732 个先验框。

3．SSD 的匹配策略

从特征图得到锚点之后，我们要确定真值框和哪个锚点匹配，与之匹配的锚点将负责该真值框的预测。在 YOLOv1 中，真值框的中心点落在哪个单元内，则该单元的预测框负责预测其准确的边界。SSD 的锚点匹配采用了二部图（表示为 bipartite）和多部图（表示为 multi）两种匹配策略。

在二部图匹配策略中，每个真值框选择与其 IoU 最大的锚点进行匹配。二部图的匹配使用的是匈牙利算法，详见附录 B。简单地讲，如果一个锚点被多个真值框匹配，那么该锚点只匹配与其 IoU 最大的真值框，其他真值框从剩下的锚点中选择 IoU 最大的那个进行匹配。二部图可以保证每个真值框有唯一的一个锚点进行匹配。

在二部图匹配策略中被匹配的锚点数量是非常少的，这就造成了训练时的正负样本的不平衡，所以需要多部图匹配策略进行纠正，源码中使用的也是多部图匹配策略。多部图匹配策略在二部图匹配策略的基础上增加了所有与真值框的 IoU 大于阈值 θ（源码中 θ=0.5）的锚点作为匹配锚点。SSD 中一个真值框是可以有多个锚点与其匹配的，但是反过来是不行的，一个锚点只能与和它 IoU

最大的真值框进行匹配。

尽管通过多部图匹配策略增加了正样本的数量，但是在 8732 个锚点中，正负样本的比例还是非常不均衡的。所以 SSD 使用了难负样本挖掘的策略对负样本进行采样，即对负样本的置信度进行排序，在保证正负样本比为 1:3 的前提下抽取前 k 个负样本。

4．SSD 的损失函数

由于 SSD 也是一个包含分类任务和检测任务的多任务模型，因此 SSD 的损失函数将由置信度误差 $\mathcal{L}_{\text{conf}}$ 和位置误差 $\mathcal{L}_{\text{loc}}$ 组成，表示为式（2.7）：

$$\mathcal{L}(x,c,l,g) = \frac{1}{N}(\mathcal{L}_{\text{conf}}(x,c) + \alpha \mathcal{L}_{\text{loc}}(x,l,g)) \tag{2.7}$$

其中，N 是正锚点的数量，α 是两个任务的侧重比重，经过交叉验证之后 α 被设置成了 1。对于分类任务，SSD 使用的是 softmax 多类别的损失函数，式（2.7）中的 c 表示分类置信度，如式（2.8）。$x_{i,j}^p = \{0,1\}$ 表示第 i 个检测框和第 j 个真值框在第 p 类上是否匹配。

$$\mathcal{L}_{\text{conf}}(x,c) = -\sum_{i\in\text{Pos}}^N x_{i,j}^p \log(\hat{c}_i^p) - \sum_{i\in\text{Neg}} \log(\hat{c}_i^0), \quad \text{其中} \hat{c}_i^p = \frac{\exp(c_i^p)}{\sum_p \exp(c_i^p)} \tag{2.8}$$

对于回归任务，SSD 预测的是正锚点和真值框的相对位移，损失函数表示为实际偏移和预测偏移的 Smooth L1 损失如式（2.9）。

$$\mathcal{L}_{\text{loc}}(x,l,g) = -\sum_{i\in\text{Pos}}^N \sum_{m\in\{cx,cy,w,h\}} x_{i,j}^k \text{Smooth L1}(l_i^m - \hat{g}_j^m) \tag{2.9}$$

l 表示预测的检测框和锚点的相对位移，而 g 表示真值框和锚点相对位移。其中 l 和 g 包含物体位置的四要素 $(\hat{g}_j^{cx}, \hat{g}_j^{cy}, \hat{g}_j^w, \hat{g}_j^h)$，如式（2.10）。

$$\begin{aligned}
\hat{g}_j^{cx} &= \frac{(g_j^{cx} - d_i^{cx})}{d_i^w}, \quad \hat{g}_j^{cy} = \frac{(g_j^{cy} - d_i^{cy})}{d_i^h} \\
\hat{g}_j^w &= \log\left(\frac{g_j^w}{d_i^w}\right), \quad \hat{g}_j^h = \log\left(\frac{g_j^h}{d_i^h}\right)
\end{aligned} \tag{2.10}$$

与 Faster R-CNN 的 (x,y) 表示左上角不同，SDD 的 (cx,cy) 表示的是锚点的中心点。

5．SSD 的检测过程

SSD 的检测过程如下：

（1）根据预测类别过滤背景类别的候选框；

（2）过滤置信度低于阈值的候选框；

（3）置信度降序排列，保留前 k 个候选框；

（4）解码相对位移，得出预测框四要素；

（5）使用 NMS 得到最终的候选区域。

2.2.2 DSSD

SSD 的一个非常有意思的改进是使用反卷积增加了上下文信息的 DSSD[1]，或者说用反卷积代替了基于双线性插值的上采样过程。下面我们来讲解 DSSD 是如何进一步优化 SSD 的。

1．DSSD 的骨干网络

在骨干网络方面，DSSD 使用了层数更深的 ResNet-101，检测模块的网络是从 Conv5_x 之后开

---
[1] 参见 Cheng-Yang Fu、Wei Liu、Ananth Ranga 等人的论文 "DSSD: Deconvolutional Single Shot Detector"。

始的，用于检测的是 Conv3_x、Conv5_x 和添加的预测模块，如图 2.10 所示。

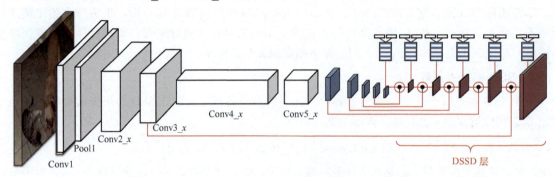

图 2.10 DSSD 的骨干网络

DSSD 并没有把反卷积模块构造得非常深的原因有两点：
- 过多的反卷积会影响检测的速度，这与 SSD 的初衷不符；
- 模型的训练依赖于迁移学习的初始化，而反卷积模块是没有模型可供迁移的。如果随机初始化部分过深的话会降低模型的收敛速度。

单纯的网络替换并不能带来检测效果的提升，DSSD 的最大特点是图 2.10 右侧红棕色的反卷积模块。

2. 反卷积

反卷积又叫作逆卷积或者转置卷积，是在计算机视觉领域进行上采样时十分常见的模块之一。下面通过一个例子来说明反卷积的工作原理：对于一个大小为 4×4 的输入 x，经过大小为 3×3 的卷积核的有效卷积，得到一个 2×2 的特征向量 y，设卷积运算为 $y=Cx$。C 的本质是一个稀疏矩阵[①]，如式（2.11）。

$$\begin{pmatrix} w_{0,0} & w_{0,1} & w_{0,2} & 0 & w_{1,0} & w_{1,1} & w_{1,2} & 0 & w_{2,0} & w_{2,1} & w_{2,2} & 0 & 0 & 0 & 0 & 0 \\ 0 & w_{0,0} & w_{0,1} & w_{0,2} & 0 & w_{1,0} & w_{1,1} & w_{1,2} & 0 & w_{2,0} & w_{2,1} & w_{2,2} & 0 & 0 & 0 & 0 \\ 0 & 0 & 0 & 0 & w_{0,0} & w_{0,1} & w_{0,2} & 0 & w_{1,0} & w_{1,1} & w_{1,2} & 0 & w_{2,0} & w_{2,1} & w_{2,2} & 0 \\ 0 & 0 & 0 & 0 & 0 & w_{0,0} & w_{0,1} & w_{0,2} & 0 & w_{1,0} & w_{1,1} & w_{1,2} & 0 & w_{2,0} & w_{2,1} & w_{2,2} \end{pmatrix} \quad (2.11)$$

反卷积相当于在 CNN 的正向和反向的传播中做相反的运算，即正向的时候左乘 $C^\top$，反向的时候左乘 $(C^\top)^\top = C$ 的运算，所以有些人更喜欢把反卷积叫作转置卷积。图 2.10 中的反卷积模块（deconvolution module）展开如图 2.11 所示。

DSSD 的反卷积模块分成两部分，图 2.11 的上半部分是反卷积特征图，其尺寸为 $H×W$，它通过步长为 2 的反卷积操作和一组 3×3 卷积得到 $2H×2W$ 的特征图。图 2.11 的下半部分是 SSD 的特征图，其尺寸是反卷积特征图的 2 倍，即 $2H×2W$。它进行了两组卷积和批归一化（BN）操作，得到一组 $2H×2W$ 的特征图。最后通过单位乘操作和一个 ReLU 激活函数得到最终 $2W×2H$ 的特征图。DSSD 尝试过使用单位加操作，但是效果并不如单位乘。

3. 预测模块

DSSD 在反卷积模块之后尝试了几种预测模块，DSSD 中预测模块的几个变体如图 2.12 所示。其中图 2.12（a）所示是最常见的预测模块，例如 SSD、YOLOv1；图 2.12（b）和图 2.12（c）所

---
① 稀疏矩阵是很多开源框架卷积操作的实现方式。

示分别是 YOLOv2 和 YOLOv3 采用的模块,不同的是 YOLOv1 需要上采样或者降采样到相同的尺寸;图 2.12(d)所示是 DSSD 采用的预测模块,DSSD 同时尝试了图 2.12 所示所有模块。实验结果表明图 2.12(d)所示模块在 DSSD 中表现最好。

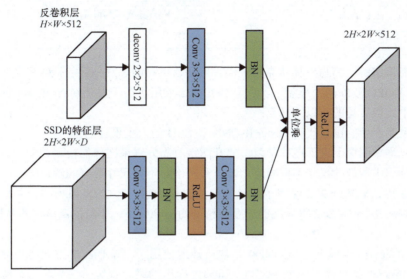

图 2.11　DSSD 的反卷积模块

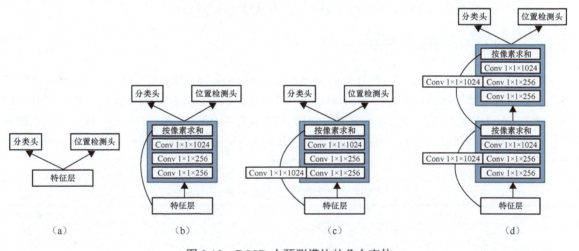

图 2.12　DSSD 中预测模块的几个变体

4. DSSD 的锚点聚类

DSSD 的锚点比例采用了 YOLOv2 的思想,通过对真值框进行聚类分析得到。由于大部分真值框的比例都在 [1, 3],因此 DSSD 设置了 3 个比例的锚点,比例分别为 1.6、2.0 和 3.0。

2.2.3　小结

SSD 是继 YOLOv1 之后最为重要的单阶段检测算法,它最重要的两点是使用多尺度的特征图来预测,以及引入了 Faster R-CNN 介绍的锚点机制来提升模型的收敛速度。这里再引入 DSSD,主要是为了引出反卷积上采样,它是计算机视觉领域最为重要的功能模块之一。

2.3 YOLOv2

在本节中，先验知识包括：
- YOLOv1（2.1 节）；
- SSD（2.2 节）。
- Faster R-CNN（1.4 节）；

在本节我们将讲解一篇与奥林匹克的更快、更高、更强的思想一致的检测论文，这篇论文提出了 YOLOv2 和 YOLO9000 两个模型。其中，YOLOv2 采用了若干技巧对 YOLOv1 的速度和精度进行了提升。其中比较有趣的有以下几点：

- 使用聚类产生的锚点代替 Faster R-CNN 和 SSD 的人工设计的锚点；
- 在高分辨率图像上进行迁移学习，提升网络对高分辨率图像的检测效果；
- 训练过程中图像的尺寸不再固定，以提升网络对不同尺寸数据的泛化能力。

除了以上 3 点，YOLOv2 还使用了残差网络的直接映射、R-CNN 系列的预测相对位移、批归一化、全卷积等思想。YOLOv2 将算法的速度和精度均提升到了一个新的高度，即所谓的速度更快、精度更高。

论文中提出的另一个模型 YOLO9000 非常巧妙地使用了 WordNet 的方式将检测数据集 COCO 和分类数据集 ImageNet 整理成一个多叉树，再通过提出的联合训练方法高效地训练多叉树对应的损失函数。YOLO9000 是一个非常强大（更强）且有趣的模型。

在下文中，我们将结合论文和源码对 YOLOv2 和 YOLO9000 进行详细解析。

2.3.1 YOLOv2：更快，更高

YOLOv1 之后，一系列算法和技巧的提出极大程度地提高了深度学习在各个领域的泛化能力。这篇论文总结了在目标检测中可能有用的技巧（见表 2.1），并将它们结合成了我们要介绍的 YOLOv2，所以 YOLOv2 的论文读起来并没有像 SSD 或者 Faster R-CNN 的论文那样具有很大的难度，更多的是在 YOLOv1 基础上的技巧提升。在后文中，我们将采用和论文相同的结构并结合基于 Keras 的源码对 YOLOv2 中涉及的技巧进行讲解。

表 2.1 YOLOv2 中使用的技巧及其带来的性能提升

技巧	YOLO								YOLOv2
批归一化		√	√	√	√	√	√	√	√
高分辨率分类器			√	√	√	√	√	√	√
CNN				√	√	√	√	√	√
锚点				√					
新的网络结构					√	√	√	√	√
维度先验						√	√	√	√
位置预测						√	√	√	√
直连							√	√	√
多尺度								√	√
高分辨率解码									√
VOC2007 mAP(%)	63.4	65.8	69.5	69.2	69.6	74.4	75.4	76.8	**78.6**

1. 批归一化替代 Dropout

YOLOv2 舍弃了 Dropout 而使用批归一化（batch normalization，BN）来避免模型的过拟合问题，从表 2.1 中我们可以看出，BN 带来了 2.4%（65.8%–63.4%）的 mAP 的性能提升。BN 和 Dropout 均有正则化的作用，但是 BN 具有平滑损失平面、减小内部协方差偏移、提高收敛速度的作用，这是 Dropout 不具备的，所以 BN 更适用于数据量比较大的场景。

2. 高分辨率的迁移学习

之前的深度学习模型很多是生搬在 ImageNet 上训练好的模型做迁移学习。由于迁移学习的模型是在尺寸为 224×224 的输入图像上进行训练的，因此限制了检测图像的尺寸（224×224）。在 ImageNet 上图像的尺寸一般在 500×500 左右，但是对检测任务来说，往往需要更高分辨率的输入图像来获得更精细的检测效果，降采样到 224 的方案对检测任务的负面影响要远远大于分类任务。

为了提升模型对高分辨率图像的响应能力，YOLOv2 先使用尺寸为 448×448 的 ImageNet 图像训练了 10 个 epoch（并没有训练到收敛，可能考虑 448×448 的图像的一个 epoch 时间要远长于 224×224 的图像），然后在检测数据集上进行模型微调。表 2.1 显示该技巧带来了 3.7%（69.5%–65.8%）的性能提升。

3. 骨干网络 DarkNet-19

YOLOv2 使用了 DarkNet-19 作为骨干网络（见表 2.2），在这里我们需要注意以下 4 点：

- YOLOv2 输入网络的图像尺寸并不是表 2.2 中的 224×224，而是 416×416；
- 在 3×3 的卷积中间添加了 1×1 的卷积，特征图之间的一层非线性变化提升了模型的表现能力；
- DarkNet-19 进行了 5 次降采样，但是在最后一层卷积并没有添加池化层，目的是获得更高分辨率的特征图；
- DarkNet-19 中并不含全连接，使用的是 GAP 的方式产生长度固定的特征向量。

表 2.2 DarkNet-19 网络结构

类型	通道数	卷积核大小 / 步长	输出大小
卷积	32	3 × 3	224 × 224
最大池化		2 × 2/2	112 × 112
卷积	64	3 × 3	112 × 112
最大池化		2 × 2/2	56 × 56
卷积	128	3 × 3	56 × 56
卷积	64	1 × 1	56 × 56
卷积	128	3 × 3	56 × 56
最大池化		2 × 2/2	28 × 28
卷积	256	3 × 3	28 × 28
卷积	128	1 × 1	28 × 28
卷积	256	3 × 3	28 × 28
最大池化		2 × 2/2	14 × 14
卷积	512	3 × 3	14 × 14
卷积	256	1 × 1	14 × 14
卷积	512	3 × 3	14 × 14
卷积	256	1 × 1	14 × 14
卷积	512	3 × 3	14 × 14
最大池化		2 × 2/2	7 × 7

续表

类型	通道数	卷积核大小/步长	输出大小
卷积	1024	3×3	7×7
卷积	512	1×1	7×7
卷积	1024	3×3	7×7
卷积	512	1×1	7×7
卷积	1024	3×3	7×7
卷积	1000	1×1	7×7
平均池化		全局	1000
softmax			

首先，YOLOv2 使用的是 416×416 的输入图像，考虑到很多情况下待检测物体的中心点容易出现在图像的中央，所以使用 416×416 经过 5 次降采样之后生成的特征图的尺寸是 13×13，这种奇数尺寸的特征图获得的中心点的特征向量更准确。其实这也和 YOLOv1 产生 7×7 的检测特征图的理念是相同的。

其次，YOLOv2 学习了 Faster R-CNN 和 RPN 中的锚点机制，锚点也可以叫作先验框，即给出一个检测框可能的形状，向先验框的收敛总是比向固定真值框的收敛要容易得多。不同于以上两种算法的是，YOLOv2 使用的是在训练集上使用了 K-均值聚类产生的锚点，而上面两种算法的候选框是人工设计的。

4．锚点聚类

在前面我们介绍到 YOLOv2 使用的是 K-均值聚类产生的锚点，这个思路提出的动机是考虑到人工设计的锚点具有太强的主观性，与其主观设计，不如根据训练集学习一组更能代表训练样本尺寸分布的锚点。

由于锚点的中心即是栅格的中心点（YOLOv1 是 7×7 的栅格，YOLOv2 是 13×13 的栅格），因此所需聚类的只有锚点的宽（w）和高（h）。更形象的解释就是对训练集的真值框的聚类，聚类的目标是将近似大小和尺寸的真值框划分到同一个类别中。类别数目为 k 的 K-均值聚类过程可以简单总结为以下 4 步：

（1）随机初始化 k 个中心点；
（2）根据样本和中心点间的欧氏距离确定样本所属的类别；
（3）根据样本的类别更新样本的中心点；
（4）循环执行第（2）、（3）步直到中心点的位置不再变化。

YOLOv2 并没有直接使用欧氏距离作为聚类标准，因为大样本产生的误差要比小样本大。锚点作为候选框的先验，我们当然希望锚点与真值框的 IoU 越大越好，所以这里使用了 IoU 作为分类标准，如式（2.12）。

$$d(\text{box, centroid})=1-\text{IoU}(\text{box, centroid}) \tag{2.12}$$

聚类的数目 k 是一个超参数，经过一系列的对比实验结果如图 2.13 所示，出于对速度和精度的折中考虑，YOLOv2 使用的 k 的值是 5。

遗憾的是，我们并没有在源码中找到 K-均值聚类的实现，但在 DarkNet 源码中找到了两组值：

```
# COCO
anchors =   0.57273, 0.677385, 1.87446, 2.06253, 3.33843, 5.47434, 7.88282, 3.52778, 9.77052,
    9.16828
# VOC
anchors =   1.3221, 1.73145, 3.19275, 4.00944, 5.05587, 8.09892, 9.47112, 4.84053, 11.2364,
    10.0071
```

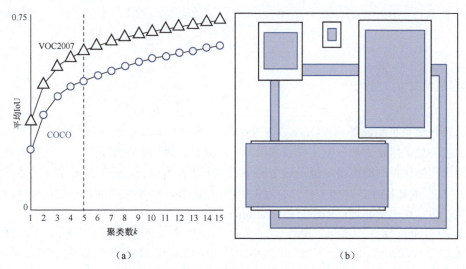

图 2.13 K-均值聚类和 IoU 均值的对比实验

上面的两组值分别是 COCO 数据集和 PASCAL VOC 数据集的锚点在 13×13 的特征图上的尺寸，可以等比例地换算到原图中，如图 2.13（b）所示。从上面的两组值我们也可以看出 COCO 数据集的物体尺寸更小一些。

这里我们用 Python 实现了一份用于锚点聚类的 K-均值聚类，源码见配套资源。我们在 PASCAL VOC 上进行了 K-均值聚类，得到了 $k=5$ 和 $k=9$ 的实验结果如下：

```
# k=5
Accuracy: 60.07%
Ratios:
 [0.53, 0.55, 0.62, 0.69, 0.99]

# k=9
Accuracy: 66.66%
Ratios:
 [0.33, 0.4, 0.41, 0.45, 0.71, 0.75, 1.05, 1.07, 1.14]
```

虽然和源码提供的值不完全一样，但是取得的先验框和源码的差距很小，而且 IoU 也基本符合图 2.13 给出的实验结果。

5．直接位置预测

YOLOv2 使用了和 YOLOv1 类似的损失函数，不同的是 YOLOv2 使用了基于锚点的分类任务。因为在 YOLOv1 中，单元负责预测与之匹配的类别，检测框负责预测位置。但是因为 YOLOv2 中使用了锚点机制，物体的类别和位置均是由锚点对应的特征向量决定的，如图 2.14 所示。在 Keras 源码中使用的是 80 类的 COCO 数据集，锚点数 $k=5$，所以 YOLOv2 的每个单元的输出层有（80+5）×5=425 个节点。

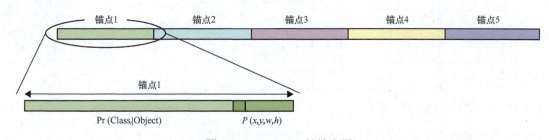

图 2.14 YOLOv2 的输出层

回顾一下 SSD 的损失函数，相对位移 (x, y) 的计算方式为：

$$\hat{g}_j^{cx} = \frac{g_j^{cx} - d_i^{cx}}{d_i^w}, \quad \hat{g}_j^{cy} = \frac{g_j^{cy} - d_i^{cy}}{d_i^h} \tag{2.13}$$

$\hat{g}_j^{cx}$ 和 $\hat{g}_j^{cy}$ 是预测值，即：

$$g_j^{cx} = \hat{g}_j^{cx} \times d_i^w + d_i^{cx}, \quad g_j^{cy} = \hat{g}_j^{cy} \times d_i^h + d_i^{cy} \tag{2.14}$$

如果直接将锚点机制添加到 YOLO 或者 SSD 中，会产生模型不稳定的问题，尤其在早期迭代的时候，这些不稳定问题大部分发生在预测检测框的时候。因为在模型训练初期，虽然使用的是迁移学习和随机初始化得到的网络，但是这个网络仍然不能够为检测任务提供较准确的预测结果，这就造成了 $\hat{g}_j^{cx}$ 和 $\hat{g}_j^{cy}$ 的随机性。再加上并没有对 $\hat{g}$ 的值加以限制，使得预测的检测框可能出现在网络中的任何位置，而且这些是和锚点如何初始化无关的。

为了解决这个问题，YOLOv2 使每个锚点负责检测中心落到该锚点中心的检测框。同时，YOLOv2 采用了 YOLOv1 中使用的相对位移，即使用 log 函数将预测值的范围限制为 [0, 1]。YOLOv2 的输出层会产生 $(t_x, t_y, t_w, t_h, t_o)$ 5 个值，该输出层对应单元的左上角为 (c_x, c_y)，宽和高分别为 (p_w, p_h)。那么对应的预测的相对位移如式（2.15）。

$$\begin{aligned} b_x &= \sigma(t_x) + c_x, & b_y &= \sigma(t_y) + c_y, \\ b_w &= p_w e^{t_w}, & b_h &= p_h e^{t_h}, \end{aligned} \tag{2.15}$$

$$\Pr(\text{object}) \times \text{IoU}(b, \text{object}) = \sigma(t_o)$$

式（2.15）的几何关系如图 2.15 所示。

YOLOv2 的损失函数和 YOLOv1 的是相同的，均是由 5 个任务组成的多任务损失函数。源码中各个模型的权重也和 YOLOv1 中提到的权重一致。从表 2.1 中我们可以看出，通过维度先验和位置预测两个策略，YOLOv2 将平均准确率提高了 4.8%（74.4%-69.6%）。

6. 细粒度特征

目标检测和语义分割的研究中表明，使用多尺度的特征图是非常有效的。YOLOv2 的多尺度策略是通过拼接 26×26 的特征图以及 13×13 的特征图得到的。这里面有两个技术细节需要详细说明一下：

- 26×26×512 的特征图首先通过 TensorFlow 的 space_to_depth 函数转换成 13×13×2048 的特征图（见图 2.16），然后和后面的特征图进行映射；
- 论文中采用的是类似残差网络的单位加的映射方式，也就是将特征图执行单位加操作，但是源码中使用的是 DenseNet 的方式，也就是拼接成 13×13×(2048+1024) 的特征图。

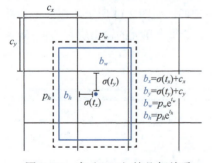

图 2.15　式（2.15）的几何关系

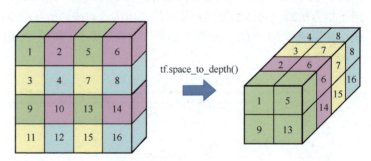

图 2.16　tf.space_to_depth()

表 2.1 显示该方法带来了 1.4%（76.8%-75.4%）的性能提升。

7. 多尺度训练

全卷积网络的使用使得网络在单次测试环境中每幅输入图像的尺寸可以不同。但是当使用小批次方式训练的时候，每个批次中的图像的尺寸须是相同的，因为深度学习框架要求输入网络的是一个维度为 $N×W×H×C$ 的张量。所以虽然每个批次内图像的尺寸必须是相同的，但是不同的批次之间图像的尺寸是不受约束的，YOLOv2 便是基于这点实现了其训练的多尺度。在 YOLOv2 的多尺度训练中，它每隔 10 个批次随机从 {320, 352, 384, …, 608} 选择一个新的尺度作为输入图像的尺寸，多尺度训练将 mAP 提高了 1.4%（76.8%–75.4%）。

YOLOv2 用于提速的技术我们已经在前面介绍过，这里仅列出其使用的技术和提速的关系：
- 使用全卷积网络代替全连接，网络具有更少的参数，速度更快；
- 使用 BN 代替 Dropout 进行正则化，使用 BN 训练的模型更稳定；
- DarkNet-19 将 VGG-16 需要处理的浮点运算数量从 306.9 亿降到 55.8 亿。

文至此处，一个更快、更高的 YOLOv2 已介绍完毕，虽然不像 SSD 对 YOLOv1 的提升那么显著，但其使用的若干技巧确实是非常有效的。在 2.3.2 节我们将介绍 YOLO9000，一个无论在技术还是在创新点上都非常惊艳的模型。

2.3.2　YOLO9000：更强

在 80 类的 COCO 数据集中，物体的类别层级是比较高的，例如类别"狗"并没有精确到具体狗的品种（例如哈士奇或者柯基等）。ImageNet 中包含的类别则更具体，不仅包含"狗"类，还包括"哈士奇"和"柯基"类。理论上我们将 COCO 数据集的狗的图片放到训练好的 ImageNet 模型中是能判断出狗的品种的。同理，我们将 ImageNet 中狗的图片（狗的品种不管是哈士奇还是柯基）放在 COCO 训练好的检测模型中，理论上是能够检测出来的。但是生硬地使用两个模型是非常愚蠢且低效的。YOLO9000 的提出便巧妙地利用了 COCO 数据集提供的检测标签和 ImageNet 强大的分类标签，使得训练出来的模型同时具有 YOLOv2 精确的检测能力和对类别数众多的 ImageNet 的分类能力。这里基于 DarkNet 的源码对 YOLO9000 进行简单分析。

1. 分层分类

ImageNet 的数据集的标签是通过 WordNet[①] 的方式组织的，WordNet 反映物体类别之间的语义关系，例如"狗"（dog）类既是"犬科"（canine）的子类，也是"家畜"（domestic animal）的子类，由于一个子节点可能有两个及以上父节点，因此 WordNet 本质上是一个图模型。

YOLOv2 将 WordNet 简化成了一个分层的树结构，即 WordTree。WordTree 的生成方式也很简单，如果一个节点含有多个父节点，只需要保存到根节点路径最短的那条路径即可。YOLO9000 的 WordTree 如图 2.17 所示。在 DarkNet 的源码中，WordTree 以二进制文件的形式保存在 ./data/9k.tree 文件中。在 9k.tree 文件中，第一列表示类别的标签，标签的类别可以在 ./data/9k.names 文件中通过行数（从 0 开始计数）对应，9k.tree 文件的第二列表示该节点的父节点，值为 -1 表示父节点为空。

例如，从第 8888（military officer）行开始向上回溯到根节点，经过的路径依次是：

```
6920(柯基,corgi) -> 6912(狗,dog) -> 6856(犬科,canine) -> 6781(食肉动物,carnivore) -> 6767
(胎盘动物,placenal) -> 6522(哺乳动物,mammal) -> 6519(脊椎动物,vertebrate) -> 6468(脊索动
物,chordate) -> 5174(动物,animal) -> 5170(绒毛生物,worsted) -> 1042(生物,living thing)
-> 865(全品类,whole) -> 2(物体,object)-> -1
```

---

① 参见 George A. Miller、Richard Beckwith、Christiane Fellbaum 等人的论文"Introduction to WordNet: An On-line Lexical Database"。

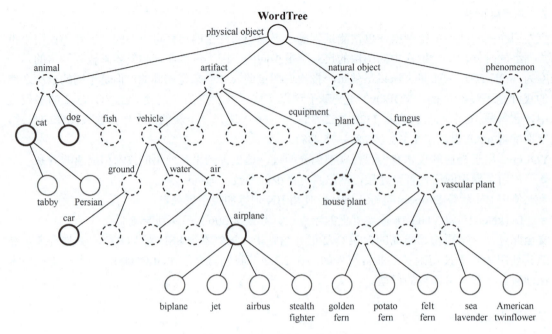

图 2.17 YOLO9000 的 WordTree

现在的问题是，如果标签是以 WordTree 的形式组织的，我们如何确定检测的物体属于哪一类呢？在使用 WordTree 进行分类时，我们预测每个节点的条件概率，以得到同义词集合（synset）中每个同义词的下义词（hyponym）出现的概率，例如在节点"狗"处我们要预测诸多狗的品种，如式（2.16）。

$$Pr(贵宾|狗)$$
$$Pr(柯基|狗)$$
$$Pr(格林芬|狗)$$
$$\dots$$
(2.16)

当我们要预测一只狗是不是柯基时，Pr(柯基) 是一系列条件概率的乘积：

$$Pr(柯基) = Pr(柯基|狗) \times Pr(狗|犬科) \times \cdots \times Pr(全品类|物体) \times Pr(物体)$$
(2.17)

其中，Pr(物体)=1。Pr(柯基|狗) 则是在"狗"的所有下义词中"柯基"出现的概率，由 softmax 激活函数求得，其他情况依次类推（见图 2.18）。

图 2.18 所示是为了验证其想法建立的 WordTree 1k 模型，在构建 WordTree 时添加了 369 个中间节点以便构成一个完整的 WordTree。根据上面的分析，YOLO9000 是一个多标签分类的模型，例如"柯基"是一个含有 13 个标签的数据，其独热（one-hot）编码的形式为在第（6920，6912，6856，6781，6767，6522，6519，6468，5174，5170，1042，865，2）共 13 个位置处为 1，其余的位置均为 0。

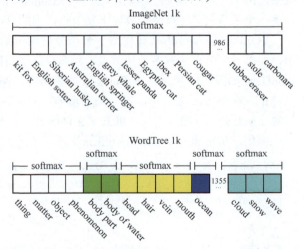

图 2.18 在 ImageNet 和 WordTree 下的预测

在预测物体的类别时，我们遍历整个 WordTree，在每个分支中采用置信度最高的路径，直到分类概率小于某个阈值（源码给的是 0.6），然后预测结果。

2．使用 WordTree 合并数据集

WordTree 的类别数量非常大，基本可以囊括目前所有的检测数据集，只需要在 WordTree 中标明哪些节点是检测数据集上的即可。图 2.17 显示的是 COCO 数据集合并到 WordTree 的结果，其中蓝色节点表示 COCO 数据集中可以检测的类别。

3．检测和分类的联合训练

WordTree 1k 的实验验证了 YOLOv2 的猜测，它更大胆地将分类任务扩大到了整个 ImageNet 数据集。YOLO9000 提取了 ImageNet 常出现的前 9000 个类别并在构建 WordTree 时将类别数扩大到了 9418 类。由于同时使用了 ImageNet 和 COCO 数据集进行训练，为了平衡检测和分类任务，YOLO9000 将 COCO 上采样到和 ImageNet 的比例为 1∶4。

YOLO9000 使用了 YOLOv2 的框架但是有以下改进：

- 每个锚点的输出不再是 85 个，而是 9418+5=9423 个；
- 为了减少每个单元的输出节点数，YOLO9000 使用了 3 个锚点，因此每个单元的输出也达到了 3×9423=28 269 个；
- 当运行分类任务时，要更新该节点和其所有父节点的权值，且不更新检测任务的权值，因为我们此时根本没有任何关于检测的信息；
- YOLO9000 锚点和真值框的 IoU 大于 0.3 时便被判为正锚点，而 YOLOv2 的阈值是 0.5。

2.3.3　小结

YOLO9000 这篇论文算是"干货"满满的一篇论文，首先 YOLOv2 通过一系列非常有效的技巧刷新了目标检测的速度和精度。这些技巧不仅在 YOLOv2 中非常有效，而且对其他任务也很有参考价值，例如高分辨率迁移学习应用到语义分割、多尺度训练应用到图像分类任务等。

YOLO9000 是在算法和应用上结合得非常好的典型，它能对 COCO 的 80 类的子类和父类进行检测并不让我感到意外，YOLO9000 强大之处在于，对于路径中没有 COCO 类别的 156 类也取得了非常不错的效果。在目前的市场上，高质量数据是深度学习领域最珍贵的资源。YOLO9000 采用半监督学习的方式高效地使用了目前质量最高的 ImageNet 数据集，设计了 WordTree，从而实现了对未标注物体的高精度检测。

2.4　YOLOv3

在本节中，先验知识包括：
- YOLOv2（2.3 节）;
- Mask R-CNN（1.6 节）。

YOLOv3 论文的干货并不多，用论文作者自己的话来说是一篇"技术报告"。这篇论文主要是在 YOLOv2 基础上的一些技巧的尝试，有的尝试成功了，例如：

- 考虑到检测物体的重叠情况，用多标签的方式替代了之前 softmax 单标签的方式；
- 骨干网络使用了更为有效的残差网络，网络深度也更深；

- 多尺度特征使用的是 FPN 的思想；
- 锚点聚类成了 9 类。

也有一些尝试失败了，在介绍完 YOLOv3 的细节后我们再说明这些失败的尝试会更好理解。在分析论文时，我们依然会使用一份基于 Keras 的源码辅助理解。

2.4.1 多标签任务

不管是在检测任务中标注数据集，还是在日常场景中，物体之间的相互覆盖都是不能避免的。因此一个锚点的感受野肯定会有包含两个甚至更多个不同物体的可能，在之前的方法中是选择和锚点 IoU 最大的真值框作为匹配类别，用 softmax 作为输出层的激活函数。

YOLOv3 多标签模型的提出，对于解决目标之间覆盖率高的图像的检测问题的效果是十分显著的。图 2.19 所示是同一幅图在 YOLOv2 和 YOLOv3 下的检测结果。可以明显地看出 YOLOv3 的效果好很多，不仅检测得更精确，最重要的是在后排被覆盖的很多物体也能很好地被 YOLOv3 检测出来。

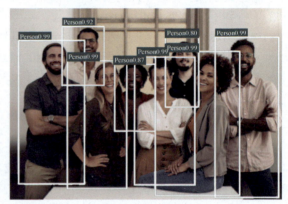

（a）YOLOv2　　　　　　　　　　　（b）YOLOv3

图 2.19　同一幅图在 YOLOv2 和 YOLOv3 下的检测结果

YOLOv3 提供的解决方案是将一个 N 分类的分类器替换成 N 个二分类的分类器，所以它将输出层的一个 softmax 激活函数替换成了 N 个二分类的 sigmoid 激活函数。这样每个类的输出范围仍是 [0, 1]，但是它们的和不再是 1。虽然 YOLOv3 改变了输出层的激活函数，但是其锚点和真值框的匹配方法仍旧采用的是 YOLOv1 的方法，即每个真值框匹配且只匹配唯一一个与其 IoU 最大的锚点。但是在输出的时候由于各类的概率之和不再是 1，只要置信度大于阈值，该锚点便被作为检测框输出。训练标签的制作和测试过程候选框的输出分别在 ./yolo3/model.py 的 yolo_eval 和 preprocess_true_boxes 函数中实现。

2.4.2 骨干网络

YOLOv3 使用了由残差块构成的全卷积网络作为骨干网络，网络深度达到了 53 层，因此 YOLOv3 中将其命名为 DarkNet-53。DarkNet-53 的详细结构见图 2.20 的最左侧。

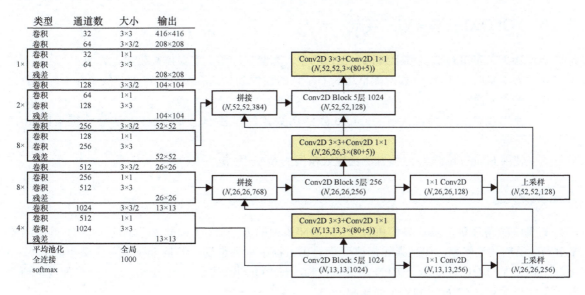

图 2.20　DarkNet-53 加入 FPN

2.4.3　多尺度特征

YOLOv3 汲取了 FPN 的思想，从不同尺度上提取了特征。对比 YOLOv2 的只在最后两层提取特征，YOLOv3 则将尺度扩大到了最后 3 层，图 2.20 所示是在 DarkNet-53 的基础上加上多尺度特征提取部分的示意。

在多尺度特征部分强调以下关键点：

- YOLOv2 采用降采样的方法进行特征图的拼接，YOLOv3 则采用与 SSD 相同的双线性插值的上采样方法拼接特征图；
- 每个尺度的特征图负责对 3 个先验框（锚点）的预测，源码中的掩码（mask）负责完成此任务。

2.4.4　锚点聚类

在 YOLOv2 的论文中介绍了锚点是聚类的，YOLOv3 尝试了折中考虑速度和精度之后选择的类别数 k=5。但是在 YOLOv3 中，k=9，得到的 9 组锚点是：

$$(10\times13),(16\times30),(33\times23),$$
$$(30\times61),(62\times45),(59\times119),\qquad(2.18)$$
$$(116\times90),(156\times198),(373\times326)$$

其中，13×13 的卷积核分配的锚点是 (116×90), (156×198), (373×326)；26×26 的卷积核分配的锚点是 (30×61), (62×45), (15×119)；52×52 的卷积核分配的锚点是 (10×13), (16×30), (33×23)。这么做的原因是深度学习中网络层数越深，特征图对小尺寸目标的响应能力越弱。

2.4.5 YOLOv3 一些失败的尝试

YOLOv3 在 YOLOv2 基础上尝试一些技巧中，有些失败了，主要体现在如下方面：
- 尝试捕捉位置 (x, y) 和检测框边长 (w, h) 的线性关系，这种方式得到的效果并不好且会使模型不稳定；
- 使用线性激活函数代替 sigmoid 激活函数预测位移 (x, y)，这种方法导致模型的 mAP 下降；
- 使用 Focal Loss[①]，这种方法也导致模型的 mAP 下降。

2.4.6 小结

从算法的角度讲，当业界都沉迷于 R-CNN 系列的方法时，Joseph 另辟蹊径引入了单检测的 YOLO，虽然效果略差，但是其凭借速度优势也占据了很大市场。但是 Joseph 并未看不起 R-CNN 系列，他在 YOLOv2 中引入了 RPN 的锚点机制，在 YOLOv3 中引入了 FPN，在一段时间内从精度和效率实现了对 R-CNN 系列的全面压制。

从框架的角度讲，Joseph 并没有使用流行的框架（例如 TensorFlow 或 Caffe），而是自己开发了一套框架：DarkNet。DarkNet 使用 C 语言开发，在速度上大幅领先于脚本语言，一方面可以看出 Joseph 强大的编程功底，另一方面也看出了 Joseph 当初还是具有一些野心的。

从应用的角度讲，虽然 R-CNN 系列效果更好，但是其速度制约了其应用场景，因为其在强大的 GPU 环境下才能勉强实现实时检测，R-FCN 作为 R-CNN 系列中速度最快的算法，YOLOv3 将其远远地甩在了后面，如图 2.21 所示。YOLO 系列强大的性能优势使其在市场上尤其是计算资源受限的嵌入式等场景得到了广泛的应用。

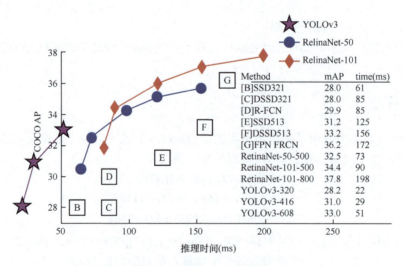

图 2.21 YOLOv3 的效果

---

① 参见 Tsung-Yi Lin、Priya Goyal、Ross Girshick 等人的论文"Focal Loss for Dense Object Detection"。

2.5 YOLOv4

在本节中，先验知识包括：
- R-CNN（1.1 节）；
- FPN（4.1 节）；
- PANet（4.2 节）；
- NAS-FPN（4.3 节）；
- Focal Loss（5.1 节）。
- IoU 损失（5.2 节）；
- GIoU 损失（5.3 节）；
- CIoU 损失（5.4 节）；
- YOLOv3（2.4 节）；

在计算机视觉领域，物体分类和目标检测是研究得最为透彻的两个方向。本节要介绍的 YOLOv4 是一个分析了目标检测方向几乎所有主流优化方法的一个"集大成者"。通过实验和理论分析，YOLOv4 选择了一套近乎最优的调参结果，并在这些策略的基础上提出了若干创新点和改进之处。因为 YOLOv4 引用了大量的调参技巧，我们正好借此机会对近年来针对目标检测的一些主流优化进行总结和复盘，然后看看 YOLOv4 为什么这么做以及是怎么做的。

2.5.1 背景介绍

在进行目标检测任务时，我们往往从 3 个阶段来展开我们的工作。
- 数据：这里指输入图像的数据，此阶段的主要优化点在于通过数据增强来提高模型的泛化能力。
- 模型：检测模型的组成细节是业内讨论最多的，小至激活函数，大至模型框架都有大量的工作。
- 后处理：后处理的工作是对模型的输出进行优化，最常见的是使用 NMS 对检测框进行合并，由此也衍生了一系列针对 NMS 的优化。

2.5.2 数据

在计算机视觉领域，传统的数据增强策略分为两个方向，一个是几何形变，例如随机缩放、随机裁剪、翻转、随机旋转等；另一个是光照变化，包括改变亮度、对比度、模糊度、饱和度，以及加入噪声等。ImgAug 库是一个被广泛应用于计算机视觉领域的数据增强工具包。ImgAug 库的增强示例如图 2.22 所示。

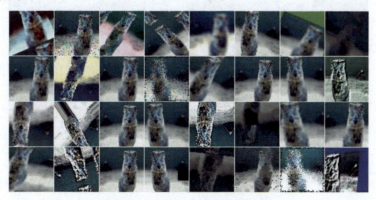

图 2.22 ImgAug 库的增强示例

随机擦除（random erasing）[1]是一种常见的图像增强技术。它的提出动机是如果我们擦除了一部分目标，模型仍能够对这个目标进行正确的检测和分类，那么这个模型大概率具有不错的泛化能力。因为我们擦除了目标的一部分将迫使网络只能使用未被擦除的部分进行识别，加大了模型的训练难度。随机擦除也被视为噪声的一种，能够提高模型对噪声数据的鲁棒性。它的实现非常简单：随机生成一个矩形区域，然后在这个区域使用一个随机值进行填充，效果如图2.23所示。

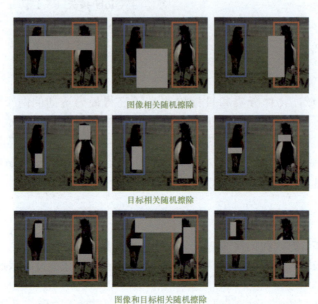

图 2.23　随机擦除的效果

CutOut[2]是在输入图像中随机给一个正方形区域置0。为了获得更好的性能，在CutOut之前需要对原始图像进行归一化。与随机擦除不同的是，随机擦除的矩形区域和目标位置的IoU必须大于0，而CutOut允许随机生成的掩码框在目标检测框之外。CutOut应用到CIFAR-10的效果如图2.24所示。

图 2.24　CutOut应用到CIFAR-10的效果

---
[1] 参见 Zhun Zhong、Liang Zheng、Guoliang Kang 等人的论文"Random Erasing Data Augmentation"。
[2] 参见 Terrance DeVries、Graham W. Taylor 的论文"Improved Regularization of Convolutional Neural Networks with Cutout"。

捉迷藏掩码（hide-and-seek mask）[①]可以看作随机擦除和 CutOut 的延伸，其主要思想是将图像分成 $S \times S$ 的栅格。在训练时，每个 epoch 中的每个栅格都有一定概率被替换为掩码。捉迷藏掩码中设置的值是整个数据集的均值。捉迷藏掩码在测试时不需要进行掩码。捉迷藏掩码的应用流程如图 2.25 所示。

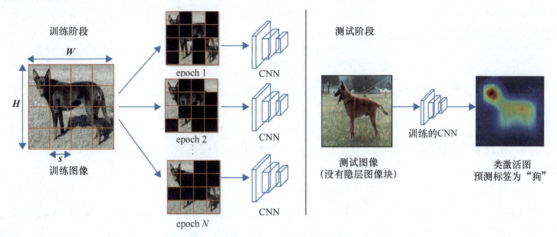

图 2.25　捉迷藏掩码的应用流程

栅格掩码（grid-mask）[②]相当于上面 3 种方法的改进。在上文介绍的擦除策略中，都存在擦除掉太多的信息区域而造成噪声数据引入的问题，造成这个问题的原因是上面 3 种方法都存在擦除大块连续区域的可能。栅格掩码的出发点是在擦除信息和保留信息之间找到一个平衡点，它是通过将擦除区域结构化实现的，如图 2.26 所示。

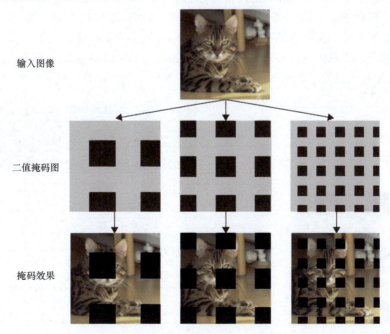

图 2.26　栅格掩码的擦除策略

[①] 参见 Krishna Kumar Singh、Hao Yu、Aron Sarmasi 等人的论文"Hide-and-seek: A Data Augmentation Technique for Weakly-Supervised Localization and Beyond"。

[②] 参见 Pengguang Chen、Shu Liu、Hengshuang Zhao 等人的论文"GridMask Data Augmentation"。

在图 2.26 中，第二行的二值掩码图是栅格掩码的掩码图 M，其中灰色区域的值是 1，黑色区域的值是 0，二值掩码图的生成是通过 4 个变量来控制的。然后将二值掩码图 M 原图 X 相乘便得到掩码之后的图 $\tilde{X}$，表示为式（2.19）：

$$\tilde{X} = X \times M \tag{2.19}$$

M 的值由 r、d、δ_x、δ_y 这 4 个变量控制，如图 2.27 所示，其中 r 是用来控制保留信息的比例的变量，它和比例 k 的关系表示为式（2.20）：

$$k = \frac{\text{sum}(M)}{W \times H} = 2r - r^2 \tag{2.20}$$

d 表示一个重复单元的长度，它决定的是丢弃的栅格的大小，它的值是一个随机值，表示为式（2.21）：

$$d = \text{random}(d_{\min}, d_{\max}) \tag{2.21}$$

δ_x 和 δ_y 表示掩码栅格在重复单元中的位置，这样可以保证丢弃的区域的随机性和多样性，表示为式（2.22）：

$$\delta_x, \delta_y = \text{random}(0, d-1) \tag{2.22}$$

在 MixUp[1] 中，每次我们随机采样两个样本 (x_A, y_A) 和 (x_B, y_B)。然后通过对它们的数据和标签都进行线性混合运算，如式（2.23），从而得到一个新的样本。MixUp 的思想在于引入一个"似是而非"的概念。

$$\begin{aligned} \hat{x} &= \lambda x_A + (1-\lambda) x_A \\ \hat{y} &= \lambda y_B + (1-\lambda) y_B \end{aligned} \tag{2.23}$$

式（2.23）中 $\lambda \in [0,1]$ 是一个随机值。在使用 MixUp 进行训练时，我们只使用 MixUp 之后的数据。

CutMix[2] 同时采用了 CutOut 和 MixUp 的思想，如图 2.28 所示。对比 MixUp 的全局融合，CutMix 相当于局部融合。它将一幅图的感兴趣区域（ROI）随机贴到另一幅图中，对应的标签页也同样进行融合。对比其他方法，CutMix 在分类和检测任务上都起到了正向的效果。CutMix 和 MixUp 的区别是，CutMix 是一种硬掩码（hard mask），而 MixUp 是一种软掩码（soft mask）。MixUp 的问题在于它生成的图像并不自然，容易混淆模型，尤其是对于检测任务。

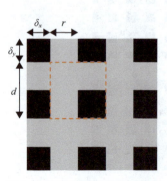

图 2.27 栅格掩码的掩码示意

图 2.28 CutMix 与 MixUp 和 CutOut 的不同点

	ResNet-50	MixUp	CutOut	CutMix
图像				
标签	Dog1.0	Dog0.5 Cat0.5	Dog1.0	Dog0.6 Cat0.4
ImageNet Cls（%）	76.3 (+0.0)	77.4 (+1.1)	77.1 (+0.8)	78.6 (+2.3)
ImageNet Loc（%）	46.3 (+0.0)	45.8 (−0.5)	46.7 (+0.4)	47.3 (+1.0)
PASCAL VOC Det（mAP）	75.6 (+0.0)	73.9 (−1.7)	75.1 (+0.5)	76.7 (+1.1)

---

[1] 参见 Hongyi Zhang、Moustapha Cisse、Yann N. Dauphin 等人的论文 "mixup: BEYOND EMPIRICAL RISK MINIMIZATION"。

[2] 参见 Sangdoo Yun、Dongyoon Han、Seong Joon Oh 等人的论文 "CutMix: Regularization Strategy to Train Strong Classifiers with Localizable Features"。

CutMix 先通过随机采样得到两个样本 (x_A, y_A) 和 (x_B, y_B)，它的数据和标签的生成方式表示为式（2.24）：

$$\tilde{x} = M \odot x_A + (1-M) \odot x_B$$
$$\tilde{y} = \lambda y_A + (1-\lambda) y_B \tag{2.24}$$

通过 ImageNet 训练得到的样本更依赖图像的纹理、材质等表层信息，例如图 2.29（a）会被识别为大象。Style-Transfer-GAN[1]提出了通过风格迁移的方式进行数据增强，让模型更加关注物体的形状。

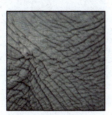  

图 2.29　图像风格迁移也可以用于数据增强

2.5.3　模型

当我们设计一个检测模型时，我们可以从 3 个方向入手，它们分别是特征、结构和损失函数。下面我们介绍 YOLOv4 中参考的几个算法。

1. 特征

特征方向的工作包括 Dropout 及其延伸算法。

Dropout[2]是在深度学习中被广泛应用的一个算法，它的训练阶段通过随机掩码掉一些神经元来提升模型的泛化能力。Dropout 是一个正则化算法，能够缓解模型的过拟合问题。一方面，Dropout 可以看作大量神经网络的装袋（bagging）方法。在训练阶段，Dropout 通过随机掩码掉一些神经元，使得模型中的每个神经元都有建模的能力。而在测试阶段，Dropout 会使用全部神经元，因此得到的最终结果可以看作所有神经元投票之后的结果。装袋方法的参数是相互独立的，而 Dropout 的网络参数是共享的。另一方面，Dropout 还能减轻网络之间的共适性（co-adaptation）关系，因为 Dropout 的神经元是随机丢弃的，这样在网络的训练过程中，网络权值的更新不会依赖隐藏节点之间的关系，避免了神经元之间的某种关系影响网络的性能。

在训练时，Dropout 以一定概率将隐层节点的输出值置 0，而用反向传播更新权值时，不再更新与这个节点相连的权值，表示为式（2.25），其中 a 是激活函数。

$$r = M \cdot a(Wv) \tag{2.25}$$

在神经网络中使用了 Dropout 之后，还要对 Dropout 进行缩放，这一步也叫作 Inverted Dropout，是为了保证训练和测试的分布尽量一致。在使用 Dropout 训练模型时，只有占比为 p 的神经元参与了训练，但是在测试的时候所有的神经元都要参与预测，这就造成了测试的结果是训练时的 $\frac{1}{p}$。为了避免这种情况，就需要在测试的时候将输出结果乘 p 以使下一层的输出保持不变。

---

[1] 参见 Robert Geirhos、Patricia Rubisch、Claudio Michaelis 等人的论文"ImageNet-trained CNNs are biased towards texture; increasing shape bias improves accuracy and robustness"。

[2] 参见 G. E. Hinton、N. Srivastava、A. Krizhevsky 等人的论文"Improving neural networks by preventing coadaptation of feature detectors"。

DropConnect[①]的思想也很简单，它不是随机将隐层节点的输出置 0，而是将节点中的每个与其相连的输入权值以一定概率置 0。它们的不同点是，Dropout 是对输出进行丢弃，DropConnect 是对输入进行丢弃，DropConnect 的计算方式表示为式（2.26）：

$$r = a((\boldsymbol{M} \cdot \boldsymbol{W})\boldsymbol{v}) \tag{2.26}$$

Dropout 和 DropConnect 的对比如图 2.30 所示。

Dropout 一般是用在全连接层的，将 Dropout 直接用在卷积层的意义并不大，因为 CNN 的计算需要的是感受野。即使当前某像素替换为掩码，它的信息也可以通过其他像素传递到下一层。因此，我们往往需要对 Dropout 做一些改进才能将其作用到 CNN 之上。

既然单像素的掩码在 CNN 中无效，那么成块的掩码应该会提高模型的泛化能力，这

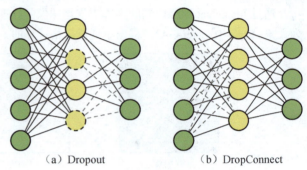

（a）Dropout　　（b）DropConnect

图 2.30　Dropout 和 DropConnect 的对比

便是 DropBlock[②]的思想。如图 2.31 所示，特征图的蓝绿色区域是语义特征，图 2.31（b）所示是 Dropout 的效果，被掩码掉的像素的邻近像素也会把它的特征传递给下一层。图 2.31（c）所示是 DropBlock 的效果，DropBlock 会掩码掉一大块语义信息，迫使没有被掩码掉的部分也能够对图像进行分类。

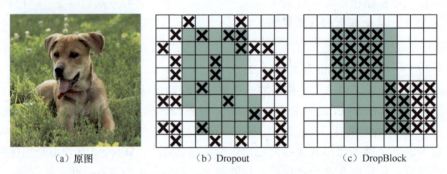

（a）原图　　　　　　　（b）Dropout　　　　　　（c）DropBlock

图 2.31　Dropout 与 DropBlock

DropBlock 有 3 个超参数，其中 block_size 表示掩码块的大小，γ 用来控制参与 DropBlock 的特征图的比例，keep_prob 保留像素的比例。其中 γ 也可以通过另两个超参数计算得出，如式（2.27）。式（2.27）中 feat_size 是特征图大小。

$$\gamma = \frac{1 - \text{keep\_prob}}{\text{block\_size}^2} \frac{\text{feat\_size}^2}{(\text{feat\_size} - \text{block\_size} + 1)^2} \tag{2.27}$$

Dropout 是随机丢弃一些节点，DropPath[③]则是通过随机丢弃一些路径来达到正则的目的，采用了全局丢弃和局部丢弃的两种方法，如图 2.32 所示。

- 全局丢弃：将整个网络限制为线性结构，即不存在捷径或者并行分支，它的目的是使模型的每个分支都有很强的预测能力。
- 局部丢弃：保证在网络畅通的前提下随机丢弃一些路径。

---

② 参见 Golnaz Ghiasi、Tsung-Yi Lin、Quoc V. Le 的论文"DropBlock: A regularization method for convolutional networks"。
③ 参见 Gustav Larsson、Michael Maire、Gregory Shakhnarovich 的论文"FractalNet: Ultra-Deep Neural Networks without Residuals"。

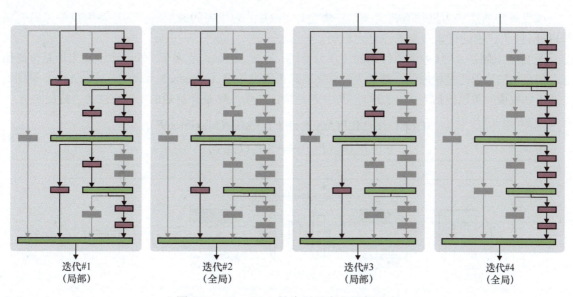

图 2.32　DropPath 的全局丢弃和局部丢弃

Dropout 是按像素丢弃的，DropBlock 是成块丢弃的，而空间 Dropout（Spatial Dropout）[1]则是随机丢弃一个特征图，如图 2.33 所示。

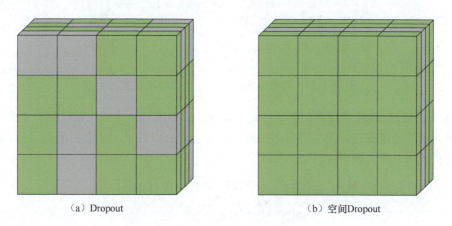

（a）Dropout　　　　　　　　（b）空间 Dropout

图 2.33　Dropout 与空间 Dropout

2．模型

模型方向的工作，包括网络结构、激活函数、归一化策略等。

目标检测和物体分类的一个特别大的区别是目标检测需要的感受野更大。在对一个物体进行分类时，就算一个节点的感受野没有覆盖整个物体，模型也能通过这个物体的局部信息进行分类。而在对一个目标进行检测时，如果一个节点的感受野小于它的检测框的话，模型是没有办法预测感受野之外的精确坐标的。在目标检测方向，常见的扩大感受野的方法有两个，一个是 SPP，另一个是空洞卷积，例如 ASPP[2]、RFB[3]等。

---

[1] 参见 Jonathan Tompson、Ross Goroshin、Arjun Jain 等人的论文"Efficient Object Localization Using Convolutional Networks"。
[2] 参见 Liang-Chieh Chen、George Papandreou、Iasonas Kokkinos 等人的论文"DeepLab: Semantic Image Segmentation with Deep Convolutional Nets, Atrous Xonvolution, and Fully Connected CRFs"。
[3] 参见 Songtao Liu、Di Huang 等人的论文"Receptive Field Block Net for Accurate and Fast Object Detection"。

图像级别的注意力机制有两大类，一类是以 SENet[①]为代表的通道级别的注意力机制，另一类是以 SAM 为代表的像素级别的注意力机制。

图 2.34 上侧是 SAM 中通道级别的注意力模块，对比 SENet，它多了一个最大池化来汇总全局信息。但是它们的思想是相通的，都是先汇总完信息再通过压缩（squeeze）和激发（excitation）得到每个通道的权值，可以概括为式（2.28），其中 F 是特征向量，M 是计算后的单通道注意力特征向量。

$$\begin{aligned}M_c(F) &= \sigma(\text{MLP}(\text{AvgPool}(F)) + \text{MLP}(\text{MaxPool}(F))) \\ &= \sigma(W_1(W_0(F_{avg}^c)) + W_1(W_0(F_{max}^c)))\end{aligned} \quad (2.28)$$

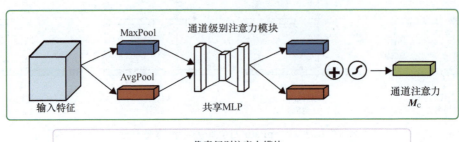

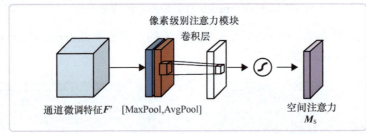

图 2.34　通道级别注意力和像素级别注意力

图 2.34 下侧则是 SAM 中像素级别的注意力模块。它先通过一个最大池化和一个平均池化得到两组通道数为 1 的通道描述，然后将它们拼接到一起，最后经过一个 7×7 的卷积层和 sigmoid 激活函数得到权重系数。整个流程可以概括为式（2.29）。

$$\begin{aligned}M_s(F) &= \sigma\left(f^{7\times 7}\left([\text{AvgPool}(F); \text{MaxPool}(F)]\right)\right) \\ &= \sigma\left(f^{7\times 7}\left([F_{avg}^s; F_{max}^s]\right)\right)\end{aligned} \quad (2.29)$$

在目标检测中，一般先通过骨干网络生成一个特征图，然后在这个特征图上进行检测框的预测。因为在 CNN 中不同层次的特征图拥有不同的特征表达能力，为了使模型既有浅层特征提供的精准的检测框的能力，又有深层的网络提供的语义信息的能力，FPN 提出了特征融合的概念。

特征融合的发展分成 4 个阶段：
- 在 FPN 之前的骨干网络是不进行特征融合的，如 R-CNN、Fast R-CNN、SSD 等；
- FPN 提出了自顶向下的融合方法，开启了特征融合的时代，自顶向下的模型有 Mask R-CNN、YOLOv4、RetinaNet 等；
- PAN 提出了双向融合的方法，即整合了 FPN 的自顶向下方法和自底向上的方法；
- PAN 的双向融合方法过于简单，之后出现了复杂的双向融合方法，例如 NAS-FPN[②]、

[①] 参见 Jie Hu、Li Shen、Gang Sun 的论文"Squeeze-and-Excitation Networks"。
[②] 参见 Golnaz Ghiasi、Tsung-Yi Lin、Quoc V. Le 的论文"NAS-FPN: Learning Scalable Feature Pyramid Architecture for Object Detection"。

BiFPN[1]、ASFF[2]等。

FPN 是一个自顶向下融合的模型，在图 2.35（a）中，上层特征是下层特征通过 2×2 的最大池化得到的，下层到上层的特征通过上采样加上卷积操作得到，上采样的方法有双线性插值或者反卷积。PAN 的结构也不复杂，如图 2.35（b）所示，它是通过给 FPN 添加一个自底而上的特征金字塔来进行融合的。NAS-FPN 和 BiFPN 都是经典的复杂双向融合方法，它们的双向也一脉相承，即通过强化学习搜索出一个双向融合结构，如图 2.35（c）和图 2.35（d）所示。关于目标检测的特征融合的更多细节请查看第 4 章。

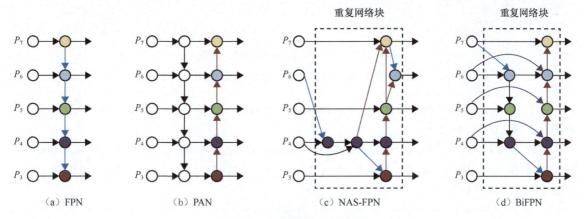

图 2.35　特征融合的发展

CSPNet（Cross Stage Partial Network，跨阶段局部网络）的结构能够实现更丰富的梯度组合信息并减少计算量。CSPNet 认为 CNN 的计算量大是由于网络优化中存在大量的梯度重复，通过将基础层的特征图划分成两个部分，然后通过提出的跨阶段层次结构将它们合并来实现这个目标。CSPNet 的核心在于通过划分梯度流，使梯度流沿不同的路径传播。CSPNet 是一种处理思想，可以和 DenseNet、残差网络等结合使用。CSPNet 对分类模型的提升并不多，但是对检测模型有大幅提升。CSPNet 的结构如图 2.36（b）所示。CSPNet 的提出解决了 3 个问题：

- 提高了 CNN 的学习能力，能够在轻量化的同时保持准确率；
- 消除计算瓶颈；
- 降低内存成本。

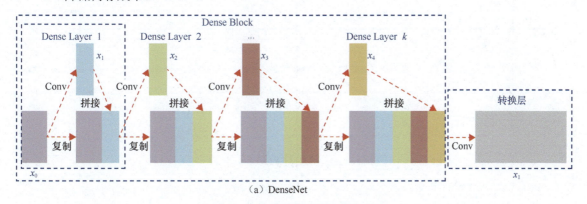

图 2.36　DenseNet 和 CSPNet

---

[1] 参见 Mingxing Tan、Ruoming Pang、Quoc V. Le 的论文 "EfficientDet: Scalable and Efficient Object Detection"。
[2] 参见 Songtao Liu、Di Huang、Yunhong Wang 的论文 "Learning Spatial Fusion for Single-Shot Object Detection"。

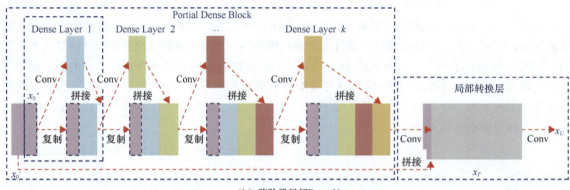

（b）跨阶段局部DenseNet

图 2.36　DenseNet 和 CSPNet（续）

对于 CNN 系列的经典激活函数，我们在卷 1 的 MobileNetV3 一文中介绍了 Swish，这里补充说明一下 SELU[①]和 Mish[②]。

在使用 SELU 激活函数时，必须使用 lecun_normal 进行权重初始化，并且如果要使用 Dropout，则必须使用 Alpha Dropout。因为只有共同使用了这些模块，才能保证网络的自归一化（self-normalizing）。SELU 的计算方式为：

$$\mathrm{SELU}(x) = \lambda \begin{cases} x & x > 0 \\ \alpha \mathrm{e}^x - \alpha & x \leqslant 0 \end{cases} \tag{2.30}$$

其中，λ 和 α 是两个实数值，SELU 曲线如图 2.37 所示。

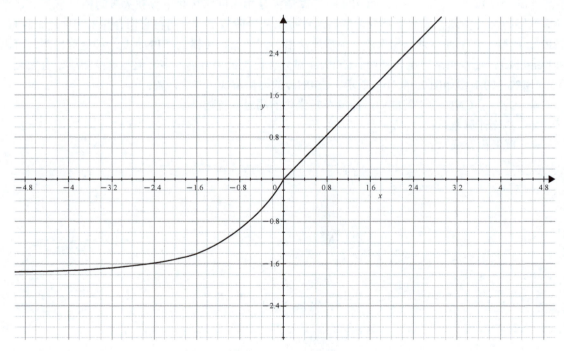

图 2.37　SELU 曲线

[①] 参见 Günter Klambauer、Thomas Unterthiner、Andreas Mayr 等人的论文 "Self-Normalizing Neural Networks"。
[②] 参见 Diganta Misra 的论文 "Mish: A Self Regularized Non-Monotonic Neural Activation Function"。

代码实现如下：

```
def selu(x):
    alpha = 1.6732632423543772848170429916717
    scale = 1.0507009873554804934193349852946
    return scale*tf.where(x>=0.0, x, alpha*tf.nn.elu(x))
```

对比 ReLU，Mish 拥有更平滑的梯度平面。在与 ReLU 的对比试验中，Mish 的效果几乎"碾压"ReLU，Mish 的计算方式如式（2.31），Mish 曲线如图 2.38 所示。

$$\text{Mish} = x\tanh(\ln(1+e^x)) \quad (2.31)$$

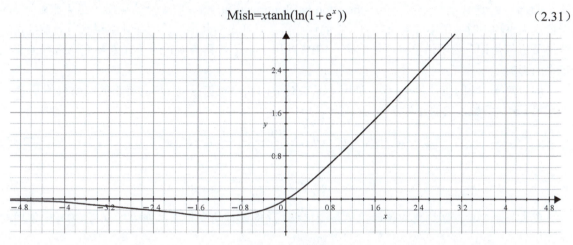

图 2.38　Mish 曲线

CGBN：跨 GPU 批归一化（cross GPU batch normalization，CGBN）[①]是一个在多 GPU 上执行 BN 操作的算法，它实现了跨 GPU 的统计信息计算，计算流程如图 2.39 所示。

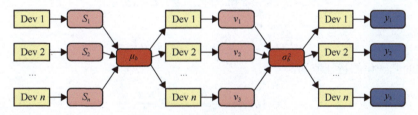

图 2.39　CGBN 计算流程

FRN：滤波器响应归一化（filter response normalization，FRN）[②]是一个与批次大小无关的算法，对于某一个批次的某一个通道，我们用 $\boldsymbol{x}$ 表示，其中 $\boldsymbol{x} = \boldsymbol{X}_{b,:,:,c} \in \mathbb{R}^N$，$N = W \times H$。FRN 的计算方式可以表示为式（2.32）：

$$v^2 = \sum_i \frac{\boldsymbol{x}_i^2}{N}$$
$$\hat{\boldsymbol{x}} = \frac{\boldsymbol{x}}{\sqrt{v^2 + \varepsilon}} \quad (2.32)$$

FRN 也可以像 BN 一样添加两个参数来恢复破坏的特征。

$$\boldsymbol{y} = \gamma \hat{\boldsymbol{x}} + \beta \quad (2.33)$$

---

① 参见 Hang Zhang、Kristin Dana、Jianping Shi 等人的论文"Context Encoding for Semantic Segmentation"。
② 参见 Saurabh Singh、Shankar Krishnan 的论文"Filter Response Normalization Layer: Eliminating Batch Dependence in the Training of Deep Neural Networks"。

FRN 与 BN 最大的不同是 FRN 没有减去均值，因此缺少了均值中心化（mean centering）的功能。为了弥补这个缺陷，FRN 使用了一个叫作 TLU 的激活函数，这个激活函数给 ReLU 添加了一个可以学习的参数 τ，如式（2.34）。综上，FRN 流程如图 2.40 所示。

$$z_i = \max(y_i, \tau) \tag{2.34}$$

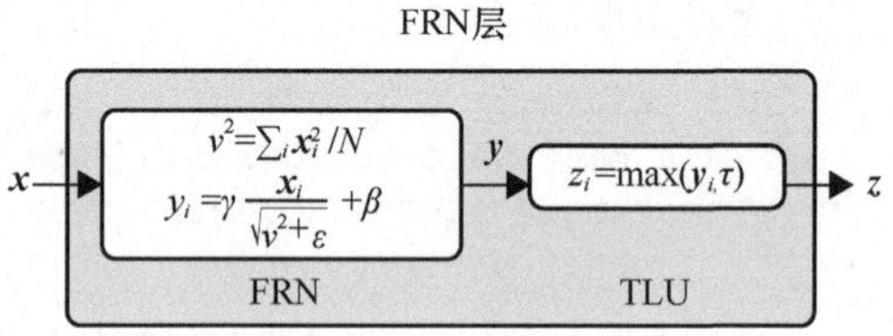

图 2.40 FRN 流程

CBN：跨迭代批归一化（cross iteration batch normalization，CBN）[1]的提出也是用来解决 BN 在批次大小较小时效果不好的问题的，它的核心思想是通过前几个批次的统计结果来对当前批次的统计量进行估计。为了估算得更加准确，CBN 使用了基于泰勒多项式的方式来补充网络权值变化带来的影响。

假设第 $t-\tau$ 轮的统计值 $\mu_{t-\tau}(\theta_{t-\tau})$ 和 $\nu_{t-\tau}(\theta_{t-\tau})$ 对应的网络权值是 $\theta_{t-\tau}$，当前轮的网络权值是 θ_t，l 表示第 l 层的参数，它的计算方式为：

$$\mu_{t-\tau}^l(\theta_t) \approx \mu_{t-\tau}^l(\theta_{t-\tau}) + \frac{\partial \mu_{t-\tau}^l(\theta_{t-\tau})}{\partial \theta_{t-\tau}^l}(\theta_t^l - \theta_{t-\tau}^l) \tag{2.35}$$

$$\nu_{t-\tau}^l(\theta_t) \approx \nu_{t-\tau}^l(\theta_{t-\tau}) + \frac{\partial \nu_{t-\tau}^l(\theta_{t-\tau})}{\partial \theta_{t-\tau}^l}(\theta_t^l - \theta_{t-\tau}^l) \tag{2.36}$$

我们将 $k-1$ 轮最新迭代的统计信息与当前迭代 t 的统计信息相加，便可以获得 CBN 中使用的统计信息：

$$\bar{\mu}_{t,k}^l(\theta_t) = \frac{1}{k}\sum_{\tau=0}^{k-1}\mu_{t-\tau}^l(\theta_t) \tag{2.37}$$

$$\bar{\nu}_{t,k}^l(\theta_t) = \frac{1}{k}\sum_{\tau=0}^{k-1}\max\left[\nu_{t-\tau}^l(\theta_t), \mu_{t-\tau}^l(\theta_t)^2\right] \tag{2.38}$$

$$\bar{\sigma}_{t,k}^l(\theta_t) = \sqrt{\bar{\nu}_{t,k}^l(\theta_t) - \bar{\mu}_{t,k}^l(\theta_t)^2} \tag{2.39}$$

最终得到的归一化的特征值为：

$$\hat{x}_{t,i}^l(\theta_t) = \frac{x_{t,i}^l(\theta_t) - \bar{\mu}_{t,k}^l(\theta_t)}{\sqrt{\bar{\sigma}_{t,k}^l(\theta_t)^2 + \varepsilon}} \tag{2.40}$$

3. 损失函数

在目标检测方向，最直观的损失函数是基于两个点 4 个值的最小均方误差（MSE）损失函数。Fast R-CNN 中又提出了 MSE 的进阶版：Smooth L1 损失。这两个损失函数最严重的问题是无法衡量真实的检测质量。在目标检测中，我们常用 IoU 来衡量一个算法的检测质量，由此也诞生了一系列基于 IoU 的检测算法，包括 IoU 损失[2]、GIoU 损失[3]、DIoU 损失、CIoU 损失等，关于目标检测的损失函数的更多细节请查看第 5 章。

IoU 损失：IoU 损失通过计算锚点和预测框的交并比（IoU）来计算损失函数，IoU 的定义为式（2.41）。IoU 损失的最大优点是它可以真实地反映检测框的检测效果，另外它也有尺度不变性的特点，即损失的值和检测物体的大小无关。

---

[1] 参见 Zhuliang Yao、Yue Cao、Shuxin Zheng 等人的论文 "Cross-Iteration Batch Normalization"。
[2] 参见 Jiahui Yu、Yuning Jiang、Zhangyang Wang 等人的论文 "UnitBox: An Advanced Object Detection Network"。
[3] 参见 Hamid Rezatofighi、Nathan Tsoi、JunYoung Gwak 等人的论文 "Generalized Intersection over Union: A Metric and A Loss for Bounding Box Regression"。

$$\mathcal{L}_{\text{IoU}} = 1 - \text{IoU} = 1 - \frac{|B^{gt} \cap B|}{|B^{gt} \cup B|} \tag{2.41}$$

IoU 损失的缺点首先是它对没有相交的预测框和目标区域的处理效果不好。根据定义，无论两个没有重合的检测框的距离如何，它们的 IoU 都是 0。IoU 损失的另一个问题是在检测效果比较差的时候仍旧无法衡量哪个检测框对应的检测效果更好一点儿。如图 2.41 所示的 3 种情况，它们的 IoU 都约为 0.33，但明显图 2.41（a）所示检测框对应的检测效果最好，图 2.41（c）所示检测框对应的检测效果最差。

GIoU 损失：GIoU 损失的提出便是为了解决 IoU 损失这个问题的。从图 2.41 中我们可以看出效果最好的图 2.41（a）中的两个矩形构成的区域拥有最小的闭包面积 A_c（同时包含检测框和目标区域的最小框的面积），而图 2.41（c）中的区域拥有最大的闭包面积。GIoU 损失的思想便是将闭包区域的面积加入损失函数，它的定义为式（2.42）。

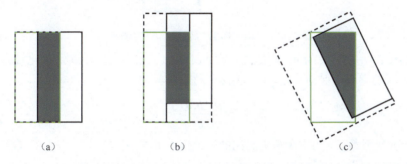

图 2.41　3 个检测框的 IoU 都约为 0.33，但是它们对应的检测效果是不同的

$$\mathcal{L}_{\text{GIoU}} = 1 - \text{GIoU} = 1 - \left(\text{IoU} - \frac{|A_c - B \cup B^{gt}|}{|A_c|} \right) \tag{2.42}$$

可以非常直观地看出，GIoU 损失的优化目标是最大化 IoU 以及最小化闭包区域中不在检测框或者不在目标区域中的面积。

GIoU 损失的一个问题是在相同 IoU，但是不同中心距离的情况下并没有区分能力，因此容易产生面积较大的检测框。如图 2.42 所示，3 种检测情况的 IoU 和 GIoU 的损失值都是 0.75，但是明显图 2.42（c）所示检测框对应的检测效果最好。

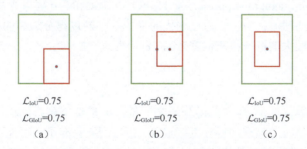

图 2.42　不同效果的检测框的 GIoU 的损失值都是 0.75

DIoU 损失：式（2.43）可以抽象为式（2.43）的形式，其中 $\mathcal{R}(B, B^{gt})$ 表示损失函数的惩罚项。

$$\mathcal{L} = 1 - \text{IoU} + \mathcal{R}(B, B^{gt}) \tag{2.43}$$

而 DIoU 损失的惩罚项则是最小化两个矩形框之间的标准化距离，惩罚项定义为式（2.44）：

$$\mathcal{R}_{\text{DIoU}} = \frac{\rho^2(\boldsymbol{b}, \boldsymbol{b}^{gt})}{c^2} \tag{2.44}$$

其中，$\boldsymbol{b}$ 和 $\boldsymbol{b}^{gt}$ 分别是 B 和 B^{gt} 的中心点，$\rho(\cdot)$ 表示两个点之间的欧氏距离，c 是最小闭包矩形的对角线的长度。此时 DIoU 损失表示为式（2.45）：

$$\mathcal{L}_{\text{DIoU}} = 1 - \text{IoU} + \frac{\rho^2(\boldsymbol{b}, \boldsymbol{b}^{gt})}{c^2} \tag{2.45}$$

DIoU 损失的惩罚项的物理意义如图 2.43 所示。

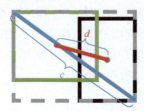

图 2.43　DIoU 损失的惩罚项的物理意义

CIoU 损失：CIoU 损失在 DIoU 损失的基础上又添加了宽高比的因素，优化目标是使预测框的宽高比和目标区域的宽高比保持一致，CIoU 损失的惩罚项表示为式（2.46）：

$$\mathcal{R}_{\text{CIoU}} = \frac{\rho^2(\boldsymbol{b}, \boldsymbol{b}^{gt})}{c^2} + \alpha v \tag{2.46}$$

其中，α 是一个权重系数，v 用来衡量宽高比的一致性，如式（2.47）。

$$v = \frac{4}{\pi^2} \left(\arctan \frac{w^{gt}}{h^{gt}} - \arctan \frac{w}{h} \right)^2 \tag{2.47}$$

此时，CIoU 损失的损失函数表示为式（2.48），α 定义为式（2.49）。

$$\mathcal{L}_{\text{CIoU}} = 1 - \text{IoU} + \frac{\rho^2(\boldsymbol{b}, \boldsymbol{b}^{gt})}{c^2} + \alpha v \tag{2.48}$$

$$\alpha = \frac{v}{(1 - \text{IoU}) + v} \tag{2.49}$$

2.5.4　后处理

非极大值抑制（non-maximal suppression，NMS）在 R-CNN 中被率先提出，被广泛应用到基于锚点的检测算法的后处理流程中。它通过迭代的形式，不断以得分最高的框与其他框去做 IoU 操作，然后过滤那些 IoU 较大的框（检测框重合），表示为式（2.50）：

$$s_i = \begin{cases} s_i & \text{IoU}(\mathcal{M}, b_i) < N_t \\ 0 & \text{IoU}(\mathcal{M}, b_i) \geqslant N_t \end{cases} \tag{2.50}$$

其中，s_i 表示每个框的得分，$\mathcal{M}$ 是当前得分最高的框，b_i 是某个剩余的框，N_t 为设定的阈值。可以看出，当 IoU 大于阈值时，该框的得分直接置 0，相当于被丢弃了，可能造成漏检的情况。

NMS 直接将被删掉的框置 0 的操作相当于一个硬（hard）操作，这样容易造成漏检，可能会降低召回率。Soft-NMS[①] 提出了一个对丢弃框的得分进行衰减的策略，即将当前的检测框的得分乘一个和 IoU 相关的权重函数，IoU 越大则衰减得越严重。Soft-NMS 的表达式如式（2.51）。

---

① 参见 Navaneeth Bodla、Bharat Singh、Rama Chellappa 等人的论文 "Soft-NMS–Improving Object Detection With One Line of Code"。

$$s_i = s_i \mathrm{e}^{-\frac{\mathrm{IoU}(\mathcal{M}, b_i)^2}{\sigma}}, \forall b_i \notin \mathcal{D} \tag{2.51}$$

在 NMS 中只考虑了两个框之间的 IoU，与之前我们分析的 IoU 的问题相同，在使用 NMS 的时候也应该考虑两个框之间的其他惩罚项。基于这个原因，DIoU-NMS 将 DIoU 的惩罚项也加到了 NMS 的合并规则中，如式（2.52）。

$$s_i = \begin{cases} s_i & \mathrm{IoU}(\mathcal{M}, b_i) - \mathcal{R}_{\mathrm{IoU}}(\mathcal{M}, b_i) < N_t \\ 0 & \mathrm{IoU}(\mathcal{M}, b_i) - \mathcal{R}_{\mathrm{IoU}}(\mathcal{M}, b_i) \geq N_t \end{cases} \tag{2.52}$$

2.5.5 YOLOv4 改进介绍

有了上面的铺垫，我们再看 YOLOv4 的改进就简单很多。它的改进有如下 3 点：
- 设计了新的数据增强算法——马赛克数据增强；
- 调整了 SAM 和 PAN 中的一些细节；
- 设计了新的归一化方法——CmBN。

1. 输入数据

YOLOv4 设计了马赛克（mosaic）增强，马赛克增强的方法借鉴了 CutMix，不同的是 CutMix 只使用了两幅图像进行拼接，而马赛克增强使用了 4 幅图像，其中拼接使用的方式包括随机缩放、随机裁剪、随机排布等，如图 2.44 所示。

aug_-319215602_0_-238783579.jpg

aug_-1271888501_0_-749611674.jpg

aug_-1462167959_0_-1659206634.jpg

aug_1474493600_0_-45389312.jpg

aug_-1715045541_0_-603913529.jpg

aug_-1779424844_0_-589696888.jpg

图 2.44　YOLOv4 的马赛克数据增强示例

除此之外，YOLOv4 还使用了自对抗训练（Self-Adversarial Training），这个方法分为两步，第一步使用图像风格迁移对图像做一些纹理样式上的改变，然后将改变后的图像输入检测模型中进行训练。

2. CmBN

CBN 使用前几个批次来对当前批次归一化统计量进行估算，而 CmBN 只使用了一个批次。

3. 网络结构

YOLOv4 在网络方向的改进点有 3 个：

- 在骨干网络上，YOLOv4 将 CSP 的思想应用到了 DarkNet-53 的骨干网络上，提出了 CSPDarkNet-53；
- 将 SAM 的基于空间的注意力模块修改为基于像素的注意力模块，如图 2.45 所示；
- 将 PAN 的特征单位加替换成了特征之间的拼接，如图 2.46 所示。

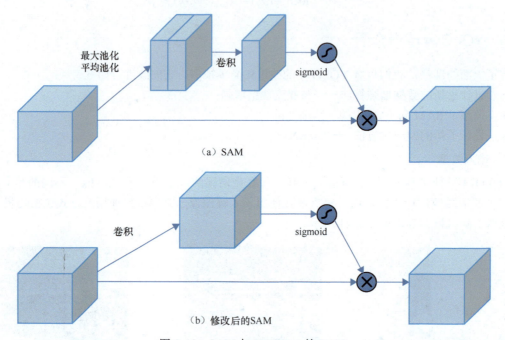

图 2.45　SAM 与 YOLOv4 的 SAM

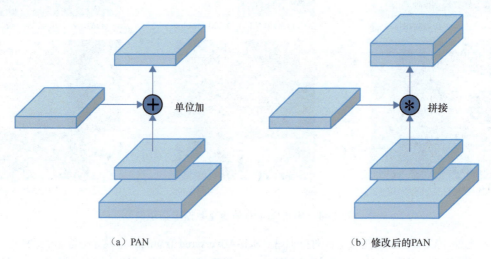

图 2.46　PAN 与 YOLOv4 的 PAN

YOLOv4 的其他模块包括 SSP 和 YOLOv3 中使用的输出层，最终 YOLOv4 的网络结构如图 2.47 所示。

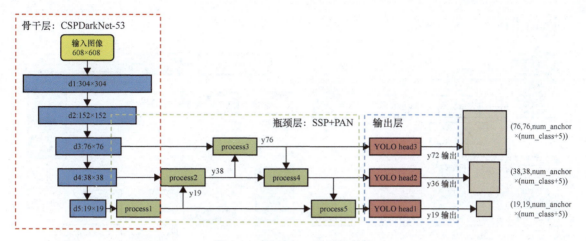

图 2.47　YOLOv4 的网络结构

首先是它的整个网络结构。YOLOv4 的网络结构可以分成 3 个主要部分：最开始的骨干层、中间的瓶颈层和最后的输出层。它的骨干层由 5 个 DownSample 模块组成，它们的功能类似，我们以 DownSample1 为例，根据代码绘制出 DownSample1 的网络结构，如图 2.48 所示。

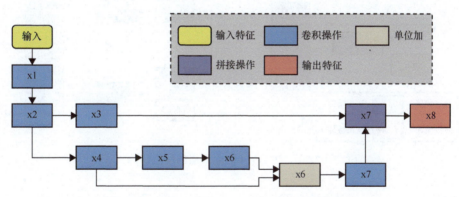

图 2.48　YOLOv4 中 DownSample1 的网络结构

YOLOv4 最后一个主要部分是 YOLOv3 中使用的输出层。

4．其他配置以及策略

YOLOv4 除了使用上面介绍的网络结构等配置，还用了以下配置或优化策略来提升模型效果：

- 数据增强也使用了 CutMix；
- 使用了标签平滑技术[①]；
- 骨干网络和检测模块的 Drop 策略都使用了 DropBlock；
- 使用了标签平滑对标签进行处理；
- 骨干网络的激活函数使用了 Mish；
- 骨干网络的跨层连接使用了 BiFPN 中提出的 MiWRC（multi-input weighted residual connection）；
- 损失函数使用了 CIoU 损失；
- NMS 使用了 DIoU-NMS。

YOLOv4 的瓶颈层和输出层的网络结构分别如图 2.49 和图 2.50 所示。

---

① 参见 Rafael Müller、Simon Kornblith、Geoffrey Hinton 的论文"When Does Label Smoothing Help?"。

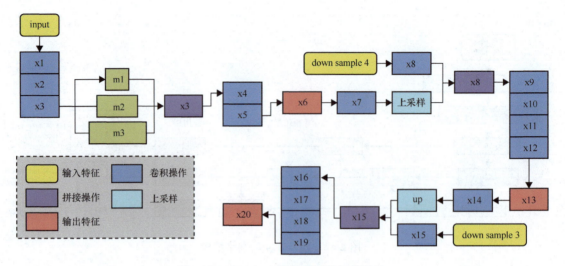

图 2.49　YOLOv4 的瓶颈层的网络结构

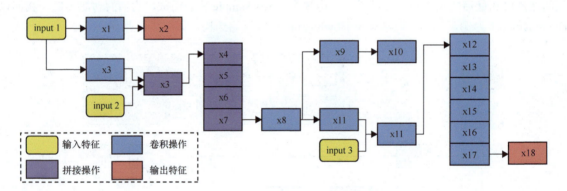

图 2.50　YOLOv4 的输出层的网络结构

2.5.6　小结

读懂了 YOLOv4，你就读懂了目标检测。

YOLOv4 几乎是目标检测方向所有技巧的合集，包括数据增强、骨干网络、损失函数、后处理等。当读懂论文中的每一句话时，我们会发现自己在它的梳理过程中已经几乎读完了目标检测方向所有高引用的论文。

YOLOv4 的创新点并不是框架性的创新，而是在之前技巧上的微小改动，总共提出了 5 项小的改动。个人感觉 YOLOv4 的最大贡献是做了大量的实验，对比了近年来的 SOTA 的目标检测模型，对我们之后深入学习目标检测任务的调试很有帮助。

第 3 章 无锚点检测

锚点（anchor）是在 Faster R-CNN 的 RPN 模块中率先提出的，它最大的优点是能够减轻检测算法的学习难度，而最大的缺点是锚点设计具有复杂性和任务相关性。而无锚点（anchor free）的思想真正被广泛讨论是 2018 年的 CornerNet[1]被提出之后才开始的。无锚点并不是一个新的概念，早期的 YOLO、R-CNN 等其实都是无锚点的，它们没有使用锚点是因为它们没有意识到锚点在检测任务上的优点，而不是意识到了锚点在检测任务上的缺点。这里我们将介绍一些无锚点的检测算法，它们一般是基于关键点或是基于密集检测的。

DenseBox[2]是百度（Institute of Deep Learning，深度学习研究院）研发的一个比 Fast R-CNN 还要早的人脸检测算法，当然它的思想也可以迁移到通用目标检测上。DenseBox 是一个基于关键点（中心点）的目标检测算法，它有 5 个输出，分别是目标类别和目标到 4 条边的距离。此外 DenseBox，使用的全卷积网络、多尺度特征、多目标训练等都是计算机视觉领域极其重要的思想。

无锚点被广泛提及源于 CornerNet，CornerNet 是一个自底向上的无锚点检测算法，它的核心思想是使用左上角和右下角的两个对角来作为目标检测的关键点。为了将这个思想应用到目标检测中，CornerNet 设计了两个重要的模块，一个是角池化（corner pooling），用来将以这个角为起点的特征进行等尺度降采样，另一个是拉近损失和推远损失，用来合并同一个目标对应的两个角点。

CornerNet-Lite[3]是 CornerNet 团队提出的另一个无锚点检测算法，它的核心思想依旧基于 CornerNet，只是侧重点是模型的效率。CornerNet-Lite 分为 CornerNet-Saccade 和 CornerNet-Squeeze 两个模型，其中 CornerNet-Saccade 是一个二阶段的模型：第一个阶段是在小图上粗略地扫视，得到目标的大概位置，第二个阶段是精确定位目标；CornerNet-Squeeze 则将 CornerNet 和 Squeeze 结合了起来，实现了实时的无锚点检测。

大多数的目标并不是标准的矩形，造成了它们的检测框的角点对应的像素都是背景区域。CornerNet 这类基于角点的自底向上的检测算法是以不属于目标的背景像素为起点的，这个定位方式明显是有问题的，因此 CenterNet[4]提出了以目标的关键点为起始点。CenterNet 的思想和 DenseNet 的是非常接近的，它们都基于关键点预测位于该点的目标的类别和检测框，不同的是 CenterNet 加入了一个偏移头用于检测框的位置精校。

FCOS[5]是一个基于分割思想的无锚点检测算法，它将目标框内的所有点都视作正锚点，预测

---
[1] 参见 Hei Law、Jia Deng 的论文 "CornerNet: Detecting Objects as Paired Keypoints"。
[2] 参见 Lichao Huang、Yi Yang、Yafeng Deng 等人的论文 "DenseBox: Unifying Landmark Localization with End to End Object Detection"。
[3] 参见 Hei Law、Yun Teng、Olga Russakovsky 等人的论文 "CornerNet-Lite: Efficient Keypoint Based Object Detection"。
[4] 参见 Xingyi Zhou、Dequan Wang、Philipp Krähenbühl 的论文 "Objects as Points"。
[5] 参见 Zhi Tian、Chunhua Shen、Hao Chen 等人的论文 "FCOS: Fully Convolutional One-Stage Object Detection"。

的是正锚点到 4 条边的距离以及该点的中心性。FCOS 本质上是一个密集检测算法，它的思想和 YOLO 是非常近似的。

使用 Transformer 解决视觉问题已成为一个重要的研究方向，这里介绍一个经典的使用 Transformer 进行目标检测的算法——DETR[①]。从算法细节上来看，DETR 中 Transformer 的应用还比较"粗暴"，它只是将 Transformer 同时作为了编码器和解码器，然后生成若干预测结果，这些结果通过与真值框的二部图匹配来构成训练损失。这里使用 Transformer 更多的是依赖其强大的拟合能力，如何使用 Transformer 架构的特点来匹配目标检测仍旧是一个待探索的方向。

3.1 DenseBox

在本节中，先验知识包括：
- FCN（6.1 节）。

在介绍通用的无锚点检测算法之前，我们先介绍一个无锚点的人脸检测算法 DenseBox，它的思想同样可以应用到通用目标检测算法上。DenseBox 提出的最初动机是解决普遍适用的目标检测问题，但是最终在人脸检测方向落地。DenseBox 在 2015 年初就被研发出来了，甚至比 Fast R-CNN 还要早，但是由于论文发表得比较晚，DenseBox 虽然算法上非常有创新点，但是依旧阻挡不了 Fast R-CNN 的迅猛发展。现在回顾一下 DenseBox 论文的全文，才发现它的思想是如此超前，这里我们就来介绍一下这个被埋没的算法——DenseBox，它的主要特征如下。

- 使用全卷积网络：任务基于语义分割，并且实现了端到端检测的训练和识别，而 R-CNN 系列算法是从 Faster R-CNN 中使用了 RPN 代替了选择性搜索才开始实现端到端训练的，而和分割算法的结合更是等到了 2017 年的 Mask R-CNN 才开始。
- 多尺度融合特征：R-CNN 系列直到 FPN 才开始使用多尺度融合的特征。
- 结合关键点的多任务系统：DenseBox 的实验是在人脸检测数据集 MALF[②] 上完成的，结合数据集中的人脸关键点可以使算法的检测精度进一步提升。

3.1.1　DenseBox 的网络结构

DenseBox 使用了 VGG-19 作为骨干网络，但是只使用了其前 12 层，如图 3.1 所示。

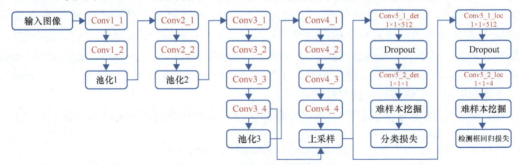

图 3.1　DenseBox 的网络结构

---
① 参见 Nicolas Carion、Francisco Massa、Gabriel Synnaeve 等人的论文 "End-to-End Object Detection with Transformers"。
② 参见 Bin Yang、Junjie Yan、Zhen Lei 等人的论文 "Fine-grained Evaluation on Face Detection in the Wild"。

这里首先需要注意的是，在网络的 Conv3_4 和 Conv4_4 之间发生了一次特征融合，融合的方式是对 Conv4_4 的双线性插值上采样，因此得到的特征图的尺寸和 Conv3_4 是相同的，即大小为 60×60。通过计算我们可以得知，Conv3_4 的感受野的大小是 48×48，该特征图的尺寸和标签中的人脸尺寸接近，用于捕捉人脸区域的关键特征；Conv4_4 的感受野的大小是 118×118，用于捕捉人脸的上下文特征。上采样之后网络有两个分支，分别用于计算分类损失和检测框的回归损失，分支由 1×1 卷积核 Dropout 组成。网络在 VGG-19 部分的初始化使用的是从 ImageNet 上得到的迁移学习的参数，其余部分使用的是 Xavier 初始化。从这里我们看出 DenseBox 也是一个多任务模型，下面介绍这个多任务模型。

3.1.2 多任务模型

DenseBox 的第一个分支用于计算分类损失。其中分类的标签为 $y^* \in \{0,1\}$，模型的预测值为 $\hat{y}$，分类任务使用的是 L_2 损失，如式（3.1）。

$$\mathcal{L}_{\text{cls}}(\hat{y}, y^*) = \| \hat{y} - y^* \|^2 \tag{3.1}$$

DenseBox 的第二个分支用于计算检测框的回归损失，即计算图 3.2 中像素分别到真值框 $d^* = (d^*_{x_t}, d^*_{y_t}, d^*_{x_b}, d^*_{y_b})$ 和到检测值 $\hat{d} = (\hat{d}_{x_t}, \hat{d}_{y_t}, \hat{d}_{x_b}, \hat{d}_{y_b})$ 的距离的 L_2 损失，如式（3.2），这里使用的是归一化之后的值。

$$\mathcal{L}_{\text{loc}}(\hat{d}, d^*) = \sum_{i \in \{x_t, y_t, x_b, y_b\}} \| \hat{d}_i - d^*_i \|^2 \tag{3.2}$$

图 3.2 DenseBox 中距离热图示意

损失函数使用掩码来控制哪些样本参与训练，其掩码 $M(\hat{t}_i)$ 表示图像块中的像素是否参与训练，它的计算方式为：

$$M(\hat{t}_i) = \begin{cases} 0 & f^i_{\text{ign}} = 1 \text{ 或 } f^i_{\text{sel}} = 0 \\ 1 & \text{其他} \end{cases} \tag{3.3}$$

其中 $f_{\text{ign}}=1$ 表示在灰色区域的样本，灰色区域表示介于正样本和负样本之间的那部分像素，虽然它的标签值为 1，但是它并不会参与模型的训练；$f_{\text{sel}}=0$ 表示通过难负样本挖掘（hard negative mining）采样到的参与训练的样本，值为 0 则表示未采样到。关于灰色区域和难负样本挖掘的更多介绍见下文。

在使用掩码 $M(\hat{t}_i)$ 后，DenseBox 的损失函数 $\mathcal{L}_{\det}(\theta)$ 的计算方式为：

$$\mathcal{L}_{\det}(\theta) = \sum_i (M(\hat{t}_i)\mathcal{L}_{\text{cls}}(\hat{y}_i, y_i^*) + \lambda_{\text{loc}}[y_i^* > 0]M(\hat{t}_i)\mathcal{L}_{\text{loc}}(\hat{d}_i, d_i^*)) \qquad (3.4)$$

其中，θ 为 CNN 的参数，$[y_i^* > 0]$ 表示只有正样本参与检测框的训练。

3.1.3 训练数据

DenseBox 没有使用整幅图作为输入，因为 DenseBox 考虑到一幅图上的背景区域太多，计算资源会严重浪费在对没用的背景区域的卷积上。而且使用扭曲或者裁剪将不同比例的图像压缩到相同尺寸会造成信息的丢失。DenseBox 提出的策略是从训练图片中裁剪出包含人脸的图像块，这些图像块包含的背景区域足够完成模型的训练，详细过程如下：

（1）根据真值框从训练数据集中裁剪出大小是人脸区域的高的 4.8 倍的正方形作为一个图像块，且人脸在这个图像块的中心；

（2）将这个图像块缩放到 240×240 的大小。

假设一幅图像中包含一个 60×80 的人脸，那么第一步会裁剪出大小是 384×384 的一个图像块，第二步将这个图像块缩放到 240×240 的大小。这个图像块便是训练样本的输入。通过上面过程采样得到的图像块叫作正图像块，除了这些正图像块（positive patch），DenseBox 还采样到了相等数量的随机图像块作为负图像块（negative patch）。DenseBox 同时使用翻转、位移和尺度变换 3 个数据增强方法产生样本，以增强模型的泛化能力。

DenseBox 的训练集的标签是一个 60×60×5 的热图，如图 3.3 所示，其中左侧是输入样本，右侧是样本的标签值，60×60 表示热图的尺寸，5 表示热图的通道数，分别是 1 类目标热图和 4 类检测热图，具体如下。

（1）图 3.3（b）中最前面的热图用于标注人脸区域置信度，前景为 1，背景为 0。DenseBox 并没有使用图 3.3（a）所示的人脸矩形区域而是使用半径（r_c）为真值框高的 0.3 倍的圆作为标签值，而圆形的中心就是热图的中心，即图 3.3（b）中的白色圆形部分。

（2）图 3.3（b）中后面的 4 个热图表示像素到最近的真值框的 4 个边界的距离。如图 3.2 所示，真值框是绿色矩形，预测框是红色矩形。

图 3.3 DenseBox 的训练样本的标签示例

如果训练样本中的人脸比较密集，一个图像块中可能出现多个人脸，如果某个人脸和关键点处的人脸的高的比例区间为 [0.8, 1.25]，则认为该样本为正样本。

论文作者认为 DenseBox 的标签设计是和感受野密切相关的。具体地讲，结合 DenseBox 的网络结构我们可以计算得到热图中每像素的感受野是 48×48，这和每个图像块中每个人脸的尺寸是非常接近的。在 DenseBox 中，每像素有 5 个预测值，而这 5 个预测值便可以确定一个检测框，所以 DenseBox 本质上也是一个密集采样，每个图像块的采样数是 60×60=3600 个。

因为 DenseBox 使用的是一个样本数为 3600 的密集采样，其中每像素都可以看作一个样本。DenseBox 在算法中并不是所有样本都会参与训练，且为了平衡正负样本，提高模型精度，DenseBox 采用了如下的平衡采样策略。

忽略灰色区域：所谓灰色区域，是指正负样本边界部分的像素。因为在灰色区域产生的标注的样本是很难区分的，让其参与训练反而会降低模型的精度，所以这些样本不会参与训练。在论文中，长度小于 2 的边界部分视为灰色区域。DenseBox 使用 f_{ign} 对灰色样本进行标注，f_{ign}=1 表示为灰色区域样本。

难样本挖掘：DenseBox 使用的难样本挖掘的策略和 SVM 类似，具体策略如下。

（1）计算整个批次的 3600 个样本点，并根据损失值进行排序。
（2）取其中的 1%，也就是 36 个作为难负样本。
（3）随机采样 36 个负样本和难负样本构成 72 个负样本。
（4）随机采样 72 个正样本。

使用通过上述策略得到的 144 个样本参与训练，DenseBox 使用掩码 f_{sel} 对参与训练的样本进行标注：样本被选中 f_{sel}=1，否则 f_{sel}=0。

3.1.4 结合关键点检测

论文中指出，当 DenseBox 加入关键点检测的任务分支时模型的精度会进一步提升，这时只需要在图 3.1 所示的 Conv3_4 和 Conv4_4 融合之后的结果上添加一个用于关键点检测的分支即可，分支的详细结构如图 3.4 所示。

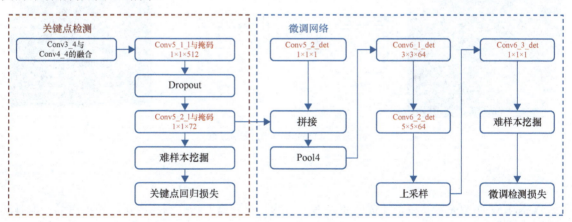

图 3.4 分支的详细结构

假设样本有 N（在 MALF 中 N=72）个关键点，DenseBox 的关键点检测的输出是 N 个热图，热图中的每像素表示该点为对应位置关键点的置信度。关键点的标签值的生成方式也很简单，对于标签集中的第 i 个关键点 (x, y)，第 i 个特征图在 (x, y) 处的值是 1，其他位置为 0，我们也可以以 (x, y) 为圆心将值为 1 的区域扩展成一个圆，半径为 r。关键点使用了前面介绍的灰色区域和难负样本挖掘方法进行采样，损失函数则使用了 L_2 损失（$\mathcal{L}_{lm}$）。整个关键点检测过程如图 3.4 中红色虚线框所示。

人脸关键点检测的最终目的是辅助人脸矩形框的检测，这个问题的难点在于通过人脸关键点对人脸检测框的识别结果进行优化。一个比较常见的解决方案是使用一个模型来学习人脸关键点对矩形框的约束，例如 Jonathan Tompson、Arjun Jain、Yann LeCun 等人的论文 "Joint Training of a Convolutional Network and a Graphical Model for Human Pose Estimation" 介绍了一个由深度卷积神经网络和马尔可夫随机场组成的混合模型，它利用两个模型的联合训练来对人体关键点进行约束，这个模型使用了 log 运算和指数运算，导致模型收敛起来比较困难。而 DenseBox 直接使用了卷积和 ReLU 激活函数来构建这个模型，这里叫作微调网络（refine network），如图 3.4 蓝色虚线框所示。具体地讲，微调网络将人脸关键点检测分支的 Conv5_2 和人类检测分支的 Conv5_2 的特征进行拼接，然后加上一些卷积操作、上采样操作等得到一个分类的预测值。因此微调网络的损失函数 $\mathcal{L}_{rf}$ 是一个二分类的损失函数，和 $\mathcal{L}_{cls}$ 的计算方式是类似的。

$$\mathcal{L}_{full}(\theta) = \lambda_{det}\mathcal{L}_{det}(\theta) + \lambda_{lm}\mathcal{L}_{lm}(\theta) + \mathcal{L}_{rf}(\theta) \tag{3.5}$$

注意，$\mathcal{L}_{det}(\theta)$ 由分类任务和检测任务共两个任务组成，因此 $\mathcal{L}_{full}(\theta)$ 本质上是 4 个任务模型。λ_{det} 和 λ_{lm} 是用于平衡各任务的权值，论文中的值分别是 1 和 0.5，更好的策略是根据收敛情况进行调整。

3.1.5 测试

DenseBox 的检测过程如图 3.5 所示，只考虑不带关键点检测的过程：
（1）图像金字塔作为输入；
（2）经过网络后产生 5 个通道的特征图；
（3）两次双线性插值上采样得到和输入图像相同尺寸的特征图；
（4）根据特征图得到检测框；
（5）NMS 合并检测框得到最终的检测结果。

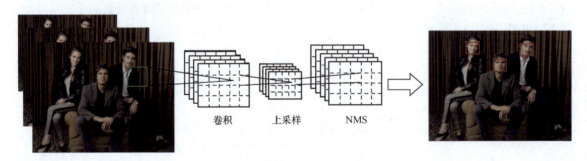

图 3.5 DenseBox 的检测过程

3.1.6 小结

DenseBox 在今天看来技术性依旧非常强，虽然是在一篇人脸检测的论文中被提出的，但是其思想也可以迁移到通用的目标检测中，而且得到的效果几乎和 Faster R-CNN 旗鼓相当。由于采用了 FCN 的无锚点的架构，DenseBox 本身的速度应该不会太慢，唯一的性能瓶颈应该是图像金字塔的引入。在之后的研究中，DenseBox 通过 SPP-Net 中的金字塔池化的方式将检测时间优化到了 GPU 的实时。本来 DenseBox 在目标检测中能有更大的价值的，但是由于其仅限于百度内部使用，并没有开源，论文投稿也比较晚，造成了它的影响力远不如 R-CNN 系列。当然，R-CNN 系列具有代码的规范性、算法的通用性、在各种数据集上强大的泛化能力等获得广泛关注也不让人意外。

3.2 CornerNet

在本节中，先验知识包括：
- Focal Loss（5.1 节）。

之前我们介绍的目标检测算法分为两类，一类是以 R-CNN 系列为代表的双阶段检测算法，它们首先在图像上提取若干候选区域，然后对这些候选区域进行分类和边界框的微调；另一类是以 YOLO 系列为代表的单阶段检测算法，它通过将输入图像划分成 $S×S$ 的栅格，在每个栅格之上放置若干锚点框使得每个栅格可以预测出中心在这个栅格中的物体。双阶段检测算法虽然速度慢，但是拥有更高的检测精度，单阶段检测算法速度要快很多，但是检测精度却略低。

本节要介绍的 CornerNet 是一个无锚点的目标检测算法，它的思想取自于人体姿态估计任务的自底向上思想，即先通过图片得到对应物体的左上角和右下角两个关键点，再根据关键点的相似度拼接出检测到的不同的物体。因此，CornerNet 也是一个单阶段检测算法。另外，CornerNet 提出了一个更适合于它的自底向上思想的池化算法：角池化。下面详细介绍一下这个算法。

3.2.1 背景

1. 锚点类方法的问题

无论是 Faster R-CNN，还是 YOLO 系列的网络，它们的一个非常重要的点便是使用了锚点（anchor）。锚点的本质是一个目标候选框，因为要检测的物体的大小和尺寸是不定的，所以往往需要大量锚点来进行匹配。在大量的候选框中只有少数的候选框与真值框有比较大的 IoU，这样的样本才能作为正样本，而其中绝大多数都是负样本，这就造成了正负样本的极大不均衡。我们知道在深度学习算法中，样本不均衡一直是一个非常棘手的问题，虽然业界针对这个问题提出了诸多解决方法，但是仍没有达到均衡样本训练出的效果。

锚点类方法的另一个问题是额外引入了许多超参数，包括个数、大小、比例等。这些超参数往往和检测算法的应用场景密切相关，因此需要精细设计。这就造成了针对不同的数据集和不同的应用场景的任务中都有其独立的一套锚点框。

CornerNet 则是一个无锚点的算法，因此没有了上面锚点类方法的这两个问题。

2. 人体姿态估计中的自顶向下和自底向上

人体姿态估计的算法分成自顶向下（up-bottom）和自底向上（bottom-up）两个流派。

自顶向下：先进行人体检测，得到人体的检测框，然后根据检测框中的人得到每个人的人体关键点，最后连接成每个人的姿态。自顶向下的优点是对图片中人的不同尺寸的变化不太敏感，因此目前主流的人体检测算法都是自顶向下的，例如 HigherHRNet[1]等。自顶向下的方法的问题是计算量比较大，因为它需要依次进行人体检测、单个人体的人体姿态估计等。

自底向上：先对整幅图像的人体关键点进行检测，然后将检测到的关键点拼接成每个人的姿态，代表方法就是 OpenPose[2]等。自底向上的方法的问题是需要处理尺度的变化，它在性能上和自顶向下的方法仍有一些差距，尤其是在小尺度的人体姿态估计上。

---

[1] 参见 Bowen Cheng、Bin Xiao、Jingdong Wang 等人的论文 "HigherHRNet: Scale-Aware Representation Learning for Bottom-Up Human Pose Estimation"。

[2] 参见 Zhe Cao、Gines Hidalgo、Tomas Simon 等人的论文 "OpenPose: Realtime Multi-Person 2D Pose Estimation using Part Affinity Fields"。

CornerNet 借鉴了自底向上的思想，它将要检测的物体的检测框看作由左上角和右下角两个关键点组成，通过先检测关键点再进行关键点拼接的思路来达成检测的目的。CornerNet 的自底向上的思想如图 3.6 所示。CornerNet 分别为左上角和右下角各预测一个热图（heatmap）以及对应的嵌入（embedding），如果两个热图上的点拥有相似的嵌入向量，则这两个点组成的矩形就是一个物体的检测框。

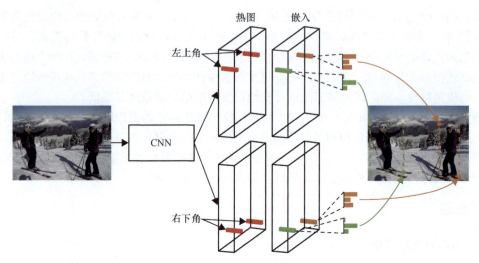

图 3.6　CornerNet 的自底向上的方法是检测目标的左上角和右下角

3.2.2　CornerNet 详解

1. CornerNet 的网络结构

骨干网络：CornerNet 的骨干网络参考的同样是一篇人体姿态估计论文中提出的骨干网络——沙漏网络（hourglass network）[①]。沙漏网络是一个全卷积网络，因它是由一系列沙漏形状的模块组成的而得名，如图 3.7 所示。沙漏网络的结构是对称的，它首先通过一系列卷积和池化进行降采样，然后通过一系列卷积和上采样层对特征图进行上采样，在相同大小的特征图之间通过跳跃连接进行连接。一个沙漏网络是由若干沙漏模块级联组成的。

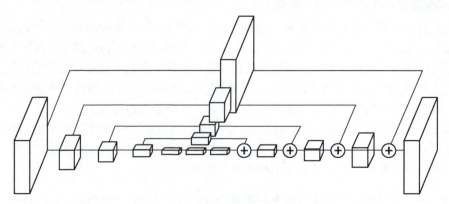

图 3.7　沙漏网络的沙漏模块

---

① 参见 Alejandro Newell、Kaiyu Yang、Jia Deng 的论文"Stacked Hourglass Networks for Human Pose Estimation"。

CornerNet 的骨干网络具体结构如下：
- 在输入阶段，CornerNet 使用了一个步长为 2、通道数为 128 的 7×7 卷积和一个步长为 2、通道数为 256 的残差模块将图像的尺寸降到原来的 1/4；
- 使用了具有两个沙漏模块的沙漏网络。

在沙漏模块的内部，CornerNet 做了如下改进：
- 在沙漏网络中使用了步长为 2 的卷积来代替步长为 2 的最大池化；
- 共进行了 5 次降采样，每次降采样的输出通道数依次是 256、384、384、384 和 512；
- 上采样方法采用的是最近邻插值；
- 在插值之后加入了两个残差模块；
- 每个跳跃连接也是由两个残差模块组成的；
- 第一个沙漏模块的输入和输出都使用了 3×3 的"卷积 - 批归一化"（Conv-BN）结构。

输出层：在经过沙漏网络之后，CornerNet 会有两个分支的输出，分别是左上角分支的输出层和右下角分支的输出层。每个输出又会有其对应的角池化（corner pooling）层和 3 个分支，它们分别是对应角的热图、每个点的嵌入以及位置偏移（offset），具体的结构如图 3.8 所示。

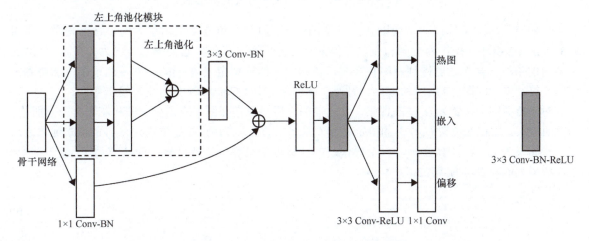

图 3.8　CornerNet 的左上角分支的输出层

角池化层是专门针对 CornerNet 设计的一个池化操作，其细节在后文中介绍。热图是一个 $W×H×C$ 的矩阵，其中 W、H 分别是特征图的宽和高，在 CornerNet 中，它的值是图像尺寸的 1/4。C 是该检测任务的类别数，每个通道表示这个类别是一个物体的左上角或右下角的概率。嵌入层是 $W×H×1$ 的，它的通道数是 1 也是参考了 Alejandro Newell、Zhiao Huang、Jia Deng 的论文"Associative Embedding: End-to-End Learning for Joint Detection and Grouping"，通过对比嵌入将相似的角点进行合并。CornerNet 的骨干网络将特征图的尺寸缩到了图像尺寸的 1/4，因此需要位置偏移层来进行检测位置的精校，它的尺寸是 $(W, H, 2)$，因为要进行两个位置的校准。

2. 角池化层

在前文我们提到，CornerNet 设计了一个专用的角池化层，设计动机是我们定位的物体很少是标准的矩形，这也就意味着检测框的左上角和右下角可能并不在物体之上，而传统的池化操作都是基于上下左右的邻居特征获取的，这种池化方法显然无法精确地获取左上角和右下角。而角池化是一种在整个视线上的池化，以左上角为例，它的池化结果是该点同行右侧所有像素的最大值与该点同列下侧所有像素的最大值之和，如图 3.9 所示。

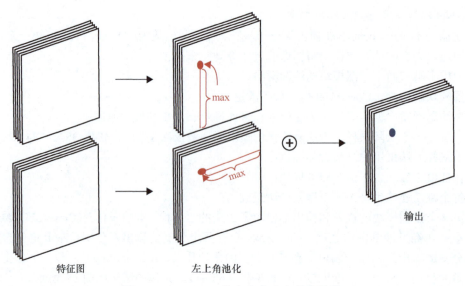

图 3.9 CornerNet 的左上角分支的角池化

我们更具体地来描述一下角池化，以图 3.8 所示的左上角分支输出层为例。它首先通过两组 3×3 Conv-BN-ReLU 操作为上侧和左侧各得到一组特征图，我们将它们分别定义为 f_t 和 f_l。然后经过各自的角池化操作之后得到两组特征图，我们将它们分别定义为 t 和 l。然后通过单位加得到池化的最终结果，即图 3.9 所示的输出。另外，还有一个 1×1 Conv-BN 的分支与输出相加。

对于特征图上位置为 (i, j) 的像素，从之前的分析中我们介绍了它需要上侧和左侧两个分别是 f_t 和 f_l 的输入。它们在位置 (i, j) 上的值定义为 $f_{t_{ij}}$ 和 $f_{l_{ij}}$。以上侧为例，t 的位置为 (i, j) 的像素池化之后的结果定义为 t_{ij}。在计算 t_{ij} 时，一个更快速的计算方法是递归进行计算，即从 H 到 i（从下往上）依次取最大值，表示为式（3.6）：

$$t_{ij} = \begin{cases} \max(f_{t_{ij}}, t_{(i+1)j}) & i < H \\ f_{t_{Hj}} & \text{其他} \end{cases} \quad (3.6)$$

同理，l_{ij} 是从右向左的递归计算，如式（3.7）。

$$l_{ij} = \begin{cases} \max(f_{l_{ij}}, l_{i(j+1)}) & j < W \\ f_{l_{iW}} & \text{其他} \end{cases} \quad (3.7)$$

3. 数据准备

如果只考虑和真值框完全对齐的检测框作为正样本，那么这无疑将造成正负样本极大的不均衡。为了解决这个问题，CornerNet 使用了和目标"接近"的检测框作为"正样本"，那么这个"接近"是怎么定义的呢？如图 3.10 所示，CornerNet 的"接近"指的是检测框的左上角和右下角均在以真值框的左上角和右下角为圆心、r 为半径的圆的内部，即图 3.10 中的橙色区域。半径 r 的值的确定标准是在这

图 3.10 CornerNet 的正样本标注规则

个半径内的角点确定的检测框与真值框的 IoU 大于 0.7。图 3.10 中红色实线框是标签标注的真值框，绿色虚线框是 CornerNet 的"正样本"。

r 的计算要分图 3.11 所示的 3 种情况，注意从数学意义上讲这里的 IoU 并不是严格的 0.7，但是为了计算方便，我们采用了下面 3 种估算的方式。

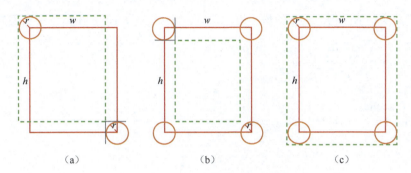

图 3.11 CornerNet 计算 r 的 3 种情况

情况 1：预测框和真值框处于半径为 r 的圆的内切和外切，如图 3.11（a）所示。此时，IoU 的临界值 o 的计算方式为：

$$o = \frac{(h-r)\times(w-r)}{2\times h\times w-(h-r)\times(w-r)} \tag{3.8}$$

式（3.8）整理成 r 的一元二次方程为：

$$r^2-(h+w)r+\frac{(1-o)\times w\times h}{1+o}=0 \tag{3.9}$$

令 $a=1$，$b=-(h+w)$，$c=\frac{(1-o)\times w\times h}{1+o}$，求解式（3.9）且保留 $r>0$ 的根，可得情况 1 的 r 的值为：

$$r_1=\frac{-b+\sqrt{b^2-4ac}}{2a} \tag{3.10}$$

情况 2：预测框是真值框所处的半径为 r 的圆的内切矩形，如图 3.11（b）所示。此时，绿色虚线框的宽是 $w-2r$，高是 $h-2r$，IoU 的临界值 o 的计算方式为：

$$o=\frac{(h-2r)\times(w-2r)}{h\times w} \tag{3.11}$$

式（3.11）整理成 r 的一元二次方程为：

$$4r^2-2(h+w)r+(1-o)(h\times w)=0 \tag{3.12}$$

令 $a=4$，$b=-2(h+w)$，$c=(1-o)(h\times w)$，求解式（3.12）且保留 $r>0$ 的根，可得情况 2 的 r 的值为：

$$r_2=\frac{-b+\sqrt{b^2-4ac}}{2a} \tag{3.13}$$

情况 3：预测框是真值框所处的半径为 r 的圆的外切矩形，如图 3.11（c）所示。此时，绿色虚线框的宽是 $w+2r$，高是 $h+2r$，IoU 的临界值 o 的计算方式为：

$$o=\frac{h\times w}{(h+2r)\times(w+2r)} \tag{3.14}$$

式（3.14）可以整理成 r 的一元二次方程：

$$4o \times r^2 + 2o \times (h+w) \times r + (o-1) \times (h \times w) = 0 \tag{3.15}$$

令 $a=4o$，$b=2o\times(h+w)$，$c=(o-1)\times(h\times w)$，求解式（3.15）可得情况 3 的 r 的值为：

$$r_3 = \frac{-b + \sqrt{b^2 - 4ac}}{2a} \tag{3.16}$$

r 的最终值是 3 种情况得到的 r 的最小值，即 $r = \min(r_1, r_2, r_3)$。它在源码中实现方式如下：

```
def gaussian_radius(det_size, min_overlap):
    height, width = det_size
    # 情况 1
    a1  = 1
    b1  = (height + width)
    c1  = width * height * (1 - min_overlap) / (1 + min_overlap)
    sq1 = np.sqrt(b1 ** 2 - 4 * a1 * c1)
    r1  = (b1 - sq1) / (2 * a1)
    # 情况 2
    a2  = 4
    b2  = 2 * (height + width)
    c2  = (1 - min_overlap) * width * height
    sq2 = np.sqrt(b2 ** 2 - 4 * a2 * c2)
    r2  = (b2 - sq2) / (2 * a2)
    # 情况 3
    a3  = 4 * min_overlap
    b3  = -2 * min_overlap * (height + width)
    c3  = (min_overlap - 1) * width * height
    sq3 = np.sqrt(b3 ** 2 - 4 * a3 * c3)
    r3  = (b3 + sq3) / (2 * a3)
    return min(r1, r2, r3)
```

这里的"正样本"同样标注了引号，因为这些介于圆形区域之内的值既不是 1，也不是 0，而是介于 0 和 1 之间，该值叫作**惩罚衰减**，呈非标准二维正态分布：$e^{-\frac{x^2+y^2}{2\sigma^2}}$（其中 σ 是半径 r 的 1/3）。

4. 损失函数

CornerNet 的 Focal Loss：假设 $p_{c_{ij}}$ 是热图上类别 c 在位置 (i, j) 上的值，$y_{c_{ij}}$ 是与之对应的真值框，这个真值框当然是用惩罚衰减计算之后的值。仿照 Focal Loss，CornerNet 设计了一个新的损失函数，如式（3.17）。

$$\mathcal{L}_{det} = \frac{-1}{N} \sum_{c=1}^{C} \sum_{i=1}^{H} \sum_{j=1}^{W} \begin{cases} (1-p_{c_{ij}})^{\alpha} \log(p_{c_{ij}}) & y_{c_{ij}} = 1 \\ (1-y_{c_{ij}})^{\beta} (p_{c_{ij}})^{\alpha} \log(1-p_{c_{ij}}) & \text{其他} \end{cases} \tag{3.17}$$

其中，N 是图像中物体的个数，α 和 β 是损失函数的两个超参数，在实验中它们的值都是 4。

偏移损失：偏移层的引入用来解决降采样之后的检测框不精准的问题，原始图像上的一点 (x, y)，降采样之后对应到特征图上的坐标为 $\left(\left\lfloor\frac{x}{n}\right\rfloor, \left\lfloor\frac{y}{n}\right\rfloor\right)$，其中 n 是降采样的比例。因为特征图中的坐标存在一个向下取整的过程，所以存在一定程度的精度损失，这个损失也就是偏移，它表示为式（3.18）：

$$o_k = \left(\frac{x_k}{n} - \left\lfloor\frac{x_k}{n}\right\rfloor, \frac{y_k}{n} - \left\lfloor\frac{y_k}{n}\right\rfloor\right) \tag{3.18}$$

其中，x_k 和 y_k 是角 k 的 x 和 y 坐标。在 CornerNet 中，偏移损失使用的是 Smooth L1 损失，如式（3.19）。

$$\mathcal{L}_{\text{off}} = \frac{1}{N}\sum_{k=1}^{N} \text{Smooth L1}(o_k, \hat{o}_k) \tag{3.19}$$

在 CornerNet 中，偏移损失只计算预测点在半径为 r 的圆的内部的样本。

拉近损失和推远损失：CornerNet 是一个自底向上的模型，它的向上的策略便是通过比较两个角的相似度来对相似度高的角点进行合并。在前文介绍到 CornerNet 只会计算左上角嵌入和右下角嵌入这两组嵌入，对 CornerNet 来说嵌入具体的值并不重要，重要的是两组嵌入的相似性。

仿照论文"Associative Embedding: End-to-End Learning for Joint Detection and Grouping"中的方法，CornerNet 也将嵌入的维度设置为 1。假设 e_{t_k} 是第 k 个物体的左上角，e_{b_k} 是第 k 个物体的右下角。CornerNet 的损失函数的思想类似于对比学习。如果它们是同一个物体的两个角，我们的优化目标是拉近（pull）它们的相似性，反之则将它们的相似性推远（push）。拉近损失和推远损失函数分别表示为式（3.20）和式（3.21）：

$$\mathcal{L}_{\text{pull}} = \frac{1}{N}\sum_{k=1}^{N}\left[(e_{t_k} - e_k)^2 + (e_{b_k} - e_k)^2\right] \tag{3.20}$$

$$\mathcal{L}_{\text{pull}} = \frac{1}{N(N-1)}\sum_{k=1}^{N}\sum_{j=1, j\neq k}^{N}\max(0, \Delta - |e_k - e_j|) \tag{3.21}$$

其中，e_k 是 e_{t_k} 和 e_{b_k} 的均值，Δ 的值恒为 1。和偏移损失相同，CornerNet 的拉近损失和推远损失也只计算预测点在半径为 r 的圆的内部的样本。

综上，CornerNet 的损失是上面 4 个损失的加权和，如式（3.22）。

$$\mathcal{L} = \mathcal{L}_{\text{det}} + \alpha\mathcal{L}_{\text{pull}} + \beta\mathcal{L}_{\text{push}} + \gamma\mathcal{L}_{\text{off}} \tag{3.22}$$

在实验中，$\alpha=\beta=0.1$，$\gamma=1$。

5．CornerNet 的测试

CornerNet 的测试分为 6 步：

（1）使用训练好的网络生成热图、嵌入和偏移；

（2）使用 3×3 的最大池化对热图进行 NMS；

（3）从热图上取前 100 的左上角和前 100 的右下角；

（4）使用位置偏移对取得的角进行位置微调；

（5）根据不同点的嵌入的 L_1 距离进行位置点的匹配，其中距离大于 0.5 以及不同类的位置点对会被舍弃；

（6）检测物体的得分是位置点对的均值。

3.2.3 小结

CornerNet 是借助人体姿态估计的思想的一个无锚点的检测算法，开辟了目标检测的一个新的方向，论文的创新性十足，可以说是计算机视觉领域的研究者们必读的一篇论文。从中我们可以看出计算机视觉领域的相通性，计算机视觉领域内部、计算机视觉和其他领域都有很多可以互相借鉴的点。

作为无锚点检测算法的第一篇论文，人体姿态估计的自底向上思想还是在 CornerNet 中留下了挥之不去的影子。而人体姿态估计和目标检测还是存在很多不同点的，这也就导致了 CornerNet 的一些问题。例如，CornerNet 仅以左上和右下两个角进行匹配，忽略了物体的中心特征，容易产生假阳样本。另外，在互相遮盖的目标检测中很多物体并没有明显的角的特征，可能会造成 CornerNet 在检测覆盖物体的时候表现不理想。

当我们在解决某一问题时参考其他方向的方法，这一思路是非常好的。虽然直接照搬思想或者

代码可以在一定程度上解决问题，但当我们想要继续提升的时候，具体分析我们的问题和迁移场景的不同，根据问题的特点来针对性地设计解决方案，才是我们在迁移不同方向的方法时该使用的策略。在这一点上，CornerNet 做了很多工作，但是要做的工作还有很多。

3.3 CornerNet-Lite

在本节中，先验知识包括：
- CornerNet（3.2 节）；
- Focal Loss（5.1 节）。

CornerNet 是一个准确率非常高的无锚点检测算法，但它的准确率是建立在大计算量基础之上的，其在 Titan X GPU 的推理时间甚至达到 224ms。CornerNet-Lite 是一个基于 CornerNet 的无锚点双阶段检测算法，它的目标是在保证准确率的前提下对 CornerNet 的速度进行优化。在 CornerNet-Lite 的论文中共介绍了两个模型，它们的侧重点分别是准确率和实时性，具体如下。

- CornerNet-Saccade：目标是在不降低模型准确率的前提下提升速度，它是一个双阶段的模型，首先通过注意力机制来提取图像中的重要区域，然后在注意力之上进行精准的目标检测。
- CornerNet-Squeeze：借鉴 SqueezeNet[①] 的思想，提出了一个更快速的骨干网络。它的目标是在保证实时的前提下尽量提升模型的准确率。

接下来将梳理 CornerNet-Lite 的论文。

3.3.1 CornerNet-Saccade

首先我们介绍准确率更高的 CornerNet-Saccade。Saccade 意思为扫视，此处以此命名是因为在设计这个模型时考虑了人类找到一个物体的流程：先通过扫视得到目标的大致位置，然后从扫描得到的含有目标的区域中精确地定位出目标的具体坐标。这个思想也和深度学习中"注意力"的思想不谋而合。

根据上面的介绍我们可以看出 CornerNet-Saccade 可以分成两个阶段，如图 3.12 所示。第一个阶段是**扫视**，因此它的目的是得到含有目标的大致区域，对精度的要求并不高。当我们在精度的要求上有"谈判"空间时，我们就可以优化它的速度，例如可以减小输入图像的分辨率和网络的参数数量。CornerNet-Saccade 的第二个阶段是对目标的**精准检测**，它的输入图像是第一个阶段扫视到的区域，尺寸比输入的原始图像要小很多，而且去除了大量背景区域之后整个检测问题的难度也下降了很多，这给了网络模型提升训练速度的空间。基于上文可以看出，两个阶段都使用了更小的输入图像和更小容量的网络模型。至少单个阶段是要明显快于 CornerNet 的。

但是这种双阶段的模型有两个问题，一是它的运行时间是两个阶段的时间之和，二是如果两个阶段都存在漏检，那么它们的准确率会有双重损失。对于第一个问题，如果单个阶段的速度提升比较明显，则它们之和的速度也是优于 CornerNet 的。第二个问题可能比较棘手，我们需要两个阶段的优缺点能够互补，才能避免这种错误率相加或者准确率相乘造成的精度损失。下面详细介绍 CornerNet 是如何避免这两个问题的。

[①] 参见 Forrest N. Iandola、Song Han、Matthew W. Moskewicz 等人的论文 "SqueezeNet: AlexNet-level accuracy with 50x fewer parameters and <0.5 MB model size"。

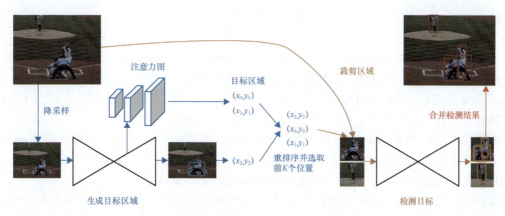

图 3.12　CornerNet-Saccade 的流程

1. 第一个阶段：扫视

对比 CornerNet，第一阶段的扫视仅比 CornerNet 多预测一个注意力图（attention map），所以我们这里只介绍注意力图的具体内容。

注意力图：通过上面介绍的 CornerNet-Saccade 的流程，我们知道这个双阶段模型的问题是在第一个阶段漏检的物体在第二个阶段是无法弥补的。为了解决这个问题，CornerNet-Saccade 并没有使用标准的目标检测算法来进行检测，而是使用了对注意力图的预测。使用注意力图得到的是目标的**大致**位置和大小。当我们检测一个物体时，不仅真值框的内部特征很重要，真值框附近的特征也必不可少，因为只有知道了真值框外部的像素是背景，我们才知道预测框不能扩充到这个区域。例如，图 3.13 所示是在图像描述生成方向一篇重要的论文[①]中可视化的注意力效果，可以看出注意力图的区域是大于需要定位的目标区域的。

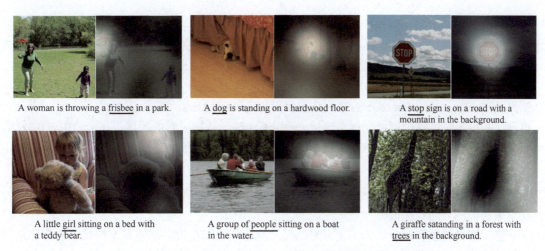

图 3.13　论文中可视化的注意力图和检测物体之间的大小关系

如图 3.12 所示，扫视阶段共输出 3 个注意力图，这 3 个注意力图对应大中小 3 个不同的尺寸的目标，它们的划分方式如下。

（1）小目标：最长边 <32。

---

① 参见 Kelvin Xu、Jimmy Lei Ba、Ryan Kiros 等人的论文 "Show, Attend and Tell: Neural Image Caption Generation with Visual Attention"。

（2）中目标：32< 最长边 <96。

（3）大目标：最长边 >96。

这样划分是因为在 CNN 中不同的层对不同尺寸的目标的检测擅长的点不同。在神经网络中，比较浅的层更擅长检测小的物体，而比较深的层更擅长检测大的物体。CornerNet-Saccade 分别从骨干网络（沙漏网络）中提取了 3 个尺寸的特征图，然后在每个特征图后面添加 3×3 Conv-ReLU 模块实现特征生成以及添加一个 1×1 Conv-sigmoid 模块实现预测。

骨干网络：CornerNet-Saccade 使用的是 3 个沙漏模块、总共 54 层的骨干网络，而 CornerNet 使用的是两个沙漏模块、总共 104 层的骨干网络。每个沙漏模块共有 3 次降采样，降采样之后的特征图的通道数依次是 384、384 和 512。网络的其他部分和 CornerNet 基本保持一致。

数据标签：因为扫视阶段预测的是注意力图，所以在训练模型时我们使用的数据标签也应该和注意力图类似，即将真值框的中心置 1，其他地方置 0。这个标签很容易通过真值框得到，首先我们根据真值框大小确定真值属于哪个尺寸，然后在这个尺寸范围的真值框的中心点置 1，其他位置置 0。核心代码如下：

```
def create_attention_mask(atts, ratios, sizes, detections):
    for det in detections:
        width = det[2] - det[0]
        height = det[3] - det[1]

        max_hw = max(width, height)
        for att, ratio, size in zip(atts, ratios, sizes):
            if max_hw >= size[0] and max_hw <= size[1]:
                x = (det[0] + det[2]) / 2
                y = (det[1] + det[3]) / 2
                x = (x / ratio).astype(np.int32)
                y = (y / ratio).astype(np.int32)
                att[y, x] = 1
```

输入数据：之前我们介绍到，考虑到精度要求并不高，为了提升计算速度，我们可以使用更小尺寸的输入图像。在这一步中，CornerNet-Saccade 先将图像的长边等比例地缩放到 255 和 192 两个尺寸，然后把尺寸为 192 的图像通过加边的方式扩充到尺寸为 255，这样两幅不同的图像便可以放在一个批次中进行训练了。

损失函数：CornerNet-Saccade 的损失函数使用的是 Focal Loss，其中 $\alpha=2$。

推理：在推理时，我们可以先根据阈值 t 确定哪一部分是扫视到的区域，在实验中 $t=0.3$，通过这一步我们可以得到若干检测框，然后使用 Soft-NMS 对检测框进行合并。

2．第二个阶段：精准检测

在通过第一个阶段得到粗糙的检测框之后，第二个阶段先通过检测框得到这个模型的输入图像，接下来的检测分两步完成。

第一步：图像缩放和裁剪。为了提升对小尺寸目标的检测精度，这里对不同尺寸的目标采用了不同的缩放策略。根据前面介绍的目标尺寸划分标准，这里对 3 个不同尺寸的目标从小到大依次采用了 4、2、1 的缩放倍数。缩放之后以检测框的中心为中心，裁剪出一个 255×255 的检测框。

第二步：预测框的生成。在我们得到检测框之后，下一步是得到这个检测框的实际预测框。对于只有一个物体的检测框不需要做任何处理，但是如果物体相互覆盖得比较严重（如图 3.14 所示的两种情况），我们则需要采取不同的策略。

一种情况如图 3.14（a）所示。在第一步中我们通过 Soft-NMS 对预测的检测框进行合并，但是一些 IoU 很小的区域并不会被合并。如果多出来没有合并的预测框触碰到了检测的边界，则将这个预测框去掉。另一种情况如图 3.14（b）所示，得到的检测框有很大的 IoU，如果都进行预测的话将浪费许多计算资源。CornerNet-Saccade 采用了和 NMS 类似的处理方法，即先将预测框根据它们的得分进行排序，然后只去掉得分低的预测框，重复这个过程直到没有重叠的预测框。为了保证预测速度，上述操作均是在 GPU 上完成的。

CornerNet-Saccade 在精准检测阶段使用的是和扫视阶段相同的网络结构和损失函数。在得到检测框之后，精准检测阶段也是使用的 Soft-NMS 进行预测框的合并。

（a）触碰到了检测的边界的预测框会被去掉　　（b）检测框之间有比较高的 IoU 时，保留得分更高的预测框

图 3.14　CornerNet-Lite 的检测物体相互覆盖的两种情况

3.3.2　CornerNet–Squeeze

CornerNet-Squeeze 使用了 SqueezeNet 中提出的点火（Fire）模块来替代沙漏网络中的残差模块，使用了 MobileNet 中提出的 3×3 的深度可分离卷积替代了标准的 3×3 卷积。除了这些，CornerNet-Squeeze 还有以下几处改动：

- 在沙漏模块之前添加一个降采样操作，这样每个沙漏模块内部的降采样次数都会少 1；
- 在预测时，使用 1×1 卷积替代 CornerNet 中使用的 3×3 卷积；
- 使用反卷积替代最近邻插值进行上采样。

另外，论文作者也尝试了 CornerNet-Saccade-Squeeze，但是由于 SqueezeNet 的网络容量过小，无法拟合这个任务，因此效果并不好。

3.3.3　小结

这篇论文写得真是让人头疼，行文组织得非常混乱，如果不重新梳理很难看懂这篇论文，明显论文的润色做得不够好。

单从算法的角度看，CornerNet-Lite 是一个无锚点双阶段检测算法，而且这两个阶段使用的是相同的网络结构，这算是这篇论文最大的创新。从工程的角度看，快速实现两个阶段之间的数据处理操作成为对网络性能而言最为关键的点，从这点看 CornerNet-Lite 的设计并不是非常巧妙，中间的数据处理操作还是非常复杂和繁重的。不过这一问题通过在 GPU 上实现这些操作得到了缓解。

3.4　CenterNet

在本节中，先验知识包括：
- CornerNet（3.2 节）。

本节要介绍的是另一篇无锚点的目标检测算法 CenterNet[①]，CenterNet 的思想非常简单，即使用热图得到目标的中心点、中心点对应物体的长和宽，以及用于精校的位置偏移，通过这 3 个值得到目标的准确位置，如图 3.15 所示。除了目标检测，CenterNet 还可以用于 3D 检测和人体姿态估计等方向。

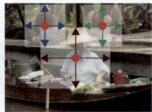

图 3.15　CenterNet 的思想：先定位中心点，再预测检测框的宽和高

3.4.1　网络结构

1. 骨干网络

CenterNet 尝试了 3 个不同的骨干网络，它们分别是沙漏网络、深度层次聚合（deep layer aggregation，DLA）[③]以及残差网络，残差网络又分成 ResNet-101 和 ResNet-18，它们的速度和准确率对比如表 3.1 所示。从表 3.1 来看各网络的效果基本保持了速度和准确率的反比关系。

表 3.1　CenterNet 的 4 个骨干网络在速度和准确率上的实验结果

骨干网络	准确率（%）	推理时间（ms）	帧数/s
Hourglass-104	**40.3**	71	14
DLA-34	37.4	19	52
ResNet-101	34.6	22	45
ResNet-18	28.1	**7**	**142**

前文介绍过沙漏网络和残差网络，这里我们主要介绍 DLA。DLA 的核心在于它提出**迭代式地将网络结构的特征信息聚合起来，从而使其拥有更高的精度和更快的速度**，它的网络结构如图 3.16 所示。

对比 DenseNet 和特征金字塔，DLA 的特点是能够更好地融合空间信息和语义信息。所谓空间融合，是指在分辨率和尺度方向的融合，能够提高模型推断"目标在哪里"的能力。语义融合是指在通道方向的融合，能够提高模型推断"目标是什么"的能力。DLA-34 的网络结构如图 3.17 所示，它的核心模块有两个，分别是迭代深度聚合（iterative deep aggregation，IDA）和层次深度聚合（hierarchical deep aggregation，HDA），如式（3.23）。

$$I(x_1,\cdots,x_n) = \begin{cases} x_1 & n=1 \\ I(N(x_1,x_2),\cdots,x_n) & 其他 \end{cases} \tag{3.23}$$

[①] 论文题目是 "Objects as points"，不是另一篇 "CenterNet: Keypoint triplets for object detection"[②]，这篇论文的本质还是 CornerNet。
[②] 参见 Kaiwen Duan、Song Bai、Lingxi Xie 等人的论文 "CenterNet: Keypoint Triplets for Object Detection"。
[③] 参见 Fisher Yu、Dequan Wang、Evan Shelhamer 等人的论文 "Deep Layer Aggregation"。

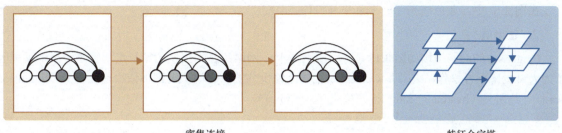

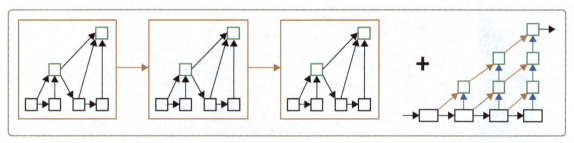

图 3.16 DLA 的网络结构

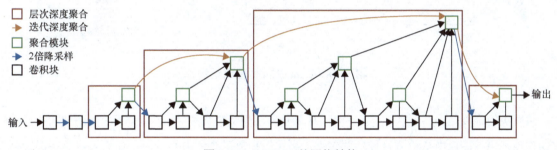

图 3.17 DLA-34 的网络结构

N 是融合节点操作,表示为式(3.24):

$$N(\boldsymbol{x}_1,\cdots,\boldsymbol{x}_n) = \sigma\left(\text{BatchNorm}\left(\sum_i \boldsymbol{W}_i \boldsymbol{x}_i + \boldsymbol{b}_i\right)\right) \tag{3.24}$$

其中,σ 是激活函数,$\boldsymbol{W}_i$ 和 $\boldsymbol{b}_i$ 是卷积的权值和偏置。融合节点也可以添加残差操作,此时 N 表示为式(3.25):

$$N(\boldsymbol{x}_1,\cdots,\boldsymbol{x}_n) = \sigma\left(\text{BatchNorm}\left(\sum_i \boldsymbol{W}_i \boldsymbol{x}_i + \boldsymbol{b}_i\right) + \boldsymbol{x}_n\right) \tag{3.25}$$

在图 3.17 中,红色框表示一个类似于树结构的网络结构是 HDA,它能够更好地传播特征和梯度,可以表示为式(3.26):

$$T_n(\boldsymbol{x}) = N(R_{n-1}^n(\boldsymbol{x}), R_{n-2}^n(\boldsymbol{x}), \cdots, R_1^n(\boldsymbol{x}), L_1^n(\boldsymbol{x}), L_2^n(\boldsymbol{x})) \tag{3.26}$$

其中,L 和 R 分别如式(3.27)和式(3.28),B 表示一个卷积操作。

$$L_2^n(\boldsymbol{x}) = B(L_1^n(\boldsymbol{x})), \quad L_1^n(\boldsymbol{x}) = B(R_1^n(\boldsymbol{x})) \tag{3.27}$$

$$R_m^n(\boldsymbol{x}) = \begin{cases} T_m(\boldsymbol{x}) & m = n-1 \\ T_m(R_{m+1}^n(\boldsymbol{x})) & \text{其他} \end{cases} \tag{3.28}$$

在图 3.17 中，蓝色线表示一个降采样操作。

2．输出层

CenterNet 的网络结构如图 3.18 所示。紧接着骨干网络的是输出层的第一层，它是一个降采样因子为 R=4 的降采样操作，之后是 CenterNet 的 3 个输出分支，它们从上到下依次是维度头（dimension head）、热图头（heatmap head）和偏移头（offset head）。

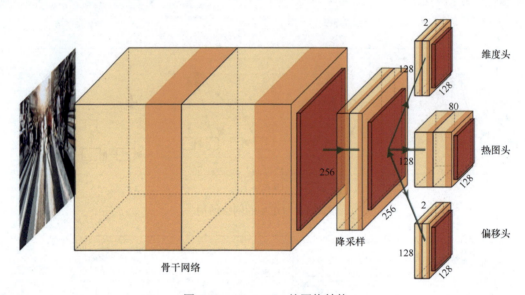

图 3.18　CenterNet 的网络结构

热图头的维度是 $\left(\dfrac{W}{R}, \dfrac{H}{R}, C\right)$，其中 W、H 是输入图像 I 的宽和高，C 是该数据集中类别的数目，它的作用是生成图像中待检测目标的关键点。当我们知道了物体中心之后，我们只需要获得检测框的宽和高便可以得到目标物体的预测框，维度头便是用来预测这两个值的，它的维度是 $\left(\dfrac{W}{R}, \dfrac{H}{R}, 2\right)$。因为在输出层的最开始我们对特征图进行了降采样，但是根据降采样之后的特征图得到的预测框就会有一些损失，所以我们用偏移头来修复这个损失，偏移头的维度也是 $\left(\dfrac{W}{R}, \dfrac{H}{R}, 2\right)$。

3.4.2　数据准备

在 COCO 等数据集中，数据的标签一般包含 x_1、y_1、x_2、y_2、c 共 5 个值，5 个值分别是目标的左上角坐标 (x_1, y_1)、右下角坐标 (x_2, y_2) 和目标的类别 c。因为 CenterNet 的 3 个输出头有其各自的预测内容，所以我们需要将其转换为与 CenterNet 网络结构相匹配的标签。CenterNet 的数据准备主要流程如下：

（1）计算原图的中心坐标：$p = \left(\dfrac{x_1 + x_2}{2}, \dfrac{y_1 + y_2}{2}\right)$。

（2）计算物体的维度：$s = (x_2 - x_1, y_2 - y_1)$。

（3）计算降采样之后的物体中心坐标：$\tilde{p} = \left\lfloor \dfrac{p}{R} \right\rfloor = (\tilde{p}_x, \tilde{p}_y)$。

（4）仿照 CornerNet，将标注的物体的关键点以高斯核的方式分布到特征图上，表示为式（3.29）：

$$Y_{xyc} = \exp\left(-\frac{(x-\tilde{p}_x)^2 + (y-\tilde{p}_y)^2}{2\sigma_p^2}\right) \tag{3.29}$$

其中，σ_p 是和图像大小相关的一个值。如果相同类别的两个物体的高斯分布发生了重叠，则取重叠元素最大的值作为最终元素。

3.4.3 损失函数

CenterNet 由 3 个输出头组成，因此它的损失函数也由对应的 3 部分组成。

1．热图损失

CenterNet 的热图损失 $\mathcal{L}_k$ 也是仿照 CornerNet 修改之后的 Focal Loss，表示为式（3.30）：

$$\mathcal{L}_k = \frac{-1}{N}\sum_{xyc}\begin{cases}(1-\hat{Y}_{xyc})^\alpha \log(\hat{Y}_{xyc}) & Y_{xyc}=1 \\ (1-Y_{xyc})^\beta (\hat{Y}_{xyc})^\alpha \log(1-\hat{Y}_{xyc}) & \text{其他}\end{cases} \tag{3.30}$$

其中，N 是图片中目标的数量，α 和 β 是一组超参数，实验中的值分别为 2 和 4。$\hat{Y}_{xyc}=1$ 表示检测到的点是关键点，$\hat{Y}_{xyc}=0$ 表示检测到的点是背景，$\hat{Y}_{xyc}$ 也被用于检测框的置信度。

当 $Y_{xyc}=1$ 时，对于易分样本，预测值 $\hat{Y}_{xyc}$ 接近 1，$(1-\hat{Y}_{xyc})^\alpha$ 是一个很小的值，这样损失值会很小，起到了矫正作用。对于难分样本，预测值 $\hat{Y}_{xyc}$ 接近 0，这样 $(1-\hat{Y}_{xyc})^\alpha$ 的值就比较大，相当于增加了权重。当 $Y_{xyc}\neq 1$ 时，要分成两种情况。一种情况是 Y_{xyc} 的值接近由高斯核生成的中心，比 0 略大。此时 $\mathcal{L}_k$ 与 $\hat{Y}_{xyc}$ 成正比，预测值 $\hat{Y}_{xyc}$ 越接近 1，损失值越大，所以相当于使用 $(\hat{Y}_{xyc})^\alpha$ 来惩罚损失，使用 $(1-Y_{xyc})^\beta$ 来减轻惩罚力度。另一种情况是 Y_{xyc} 的值非常接近 0，如果 $\hat{Y}_{xyc}$ 的值接近 0，则损失值为 0，不做任何惩罚；如果 $\hat{Y}_{xyc}$ 的值比较大，则对应的损失值也会变大，相当于弱化了远离关键点样本的损失。

2．维度损失

CenterNet 的维度头会输出一组预测的宽和高，表示为 $\hat{S}_p$，对于一个有 N 个目标的样本，维度损失使用的是 L_1 损失，表示为式（3.31）：

$$\mathcal{L}_{\text{size}} = \frac{1}{N}\sum_{k=1}^{N}|\hat{S}_{p_k} - s_k| \tag{3.31}$$

3．偏移损失

因为 CenterNet 将热图的尺寸降为了输入图像尺寸的 1/4，所以引入了位置偏移来修复降采样带来的误差。假设网络预测的偏移是 $\hat{O}\in R^{\frac{W}{R}\times\frac{H}{R}\times 2}$。这里也使用 L_1 损失，表示为式（3.32）：

$$\mathcal{L}_{\text{off}} = \frac{1}{N}\sum_{\tilde{p}}\left|\hat{O}_{\tilde{p}} - \left(\frac{p}{R} - \tilde{p}\right)\right| \tag{3.32}$$

其中，p 是目标关键点，$\tilde{p}$ 是预测的目标关键点，$\left(\frac{p}{R} - \tilde{p}\right)$ 相当于实际偏差。在维度损失和偏移损失方面，所有类使用共享的预测值。

综上，CenterNet 的损失便是上面 3 个损失的加权和，表示为式（3.33）：

$$\mathcal{L}_{\text{det}} = \mathcal{L}_k + \lambda_{\text{size}}\mathcal{L}_{\text{size}} + \lambda_{\text{off}}\mathcal{L}_{\text{off}} \tag{3.33}$$

其中 $\lambda_{\text{size}}=0.1$，$\lambda_{\text{off}}=1$。

3.4.4 推理过程

CenterNet 的推理过程的目标就是通过网络的 3 个分支得到待检测目标的预测框。首先，它使用一个 3×3 的最大池化来取 100 个大于或等于它周围 8 个元素的点作为候选点，并对其进行筛选。这个过程分成 3 步：

（1）使用 sigmoid 激活函数对热图进行归一化；
（2）使用 3×3 池化取极大值点，将非极大值点置 0；
（3）根据置信度取前 100 且置信度阈值大于 0.3 的样本作为候选样本。

经过这 3 步之后，CenterNet 返回了 4 个值：topk_score、topk_inds、topk_ys、topk_xs。它们分别表示前 100 个候选样本的置信度、索引、纵轴坐标$\hat{y}$和横轴坐标$\hat{x}$。

然后，根据坐标从维度输出和偏移输出找到每个元素的宽和高$(\hat{w}, \hat{h})$，以及偏移$(\delta \hat{x}, \delta \hat{y})$，此时第 i 个目标的预测框可以通过式（3.34）得到。

$$\left(\hat{x}_i + \delta \hat{x}_i - \frac{\hat{w}_i}{2}, \hat{y}_i + \delta \hat{y}_i - \frac{\hat{h}_i}{2}, \hat{x}_i + \delta \hat{x}_i + \frac{\hat{w}_i}{2}, \hat{y}_i + \delta \hat{y}_i + \frac{\hat{h}_i}{2} \right) \quad (3.34)$$

从这个推理过程我们可以看出，CenterNet 并没有使用复杂的后处理和耗时的 NMS，因此它实现了非常快的推理速度。

3.4.5 小结

CenterNet 的核心在于通过热图得到物体的中心，再根据这个中心衍生出物体的其他特征，例如检测问题就是要衍生出预测框的宽和高，人体姿态估计就是要衍生出人体关键点的坐标信息。而每迁移一个任务，只需根据任务目标调整网络的输出头的个数和维度即可。当然通过这种粗暴的迁移方式得到的模型只能作为一个基线，要想得到更好的结果还需要根据任务的不同再仔细设计网络输出和损失函数等。

从数据处理中我们知道 CenterNet 在生成标签时对重合度非常高的同类别物体进行了合并，而且在提取中心点时，CenterNet 也会对距离非常近的中心节点进行合并。这些折中操作将使得 CenterNet 在检测重合物体时的效果打折扣。

3.5 FCOS

在本节中，先验知识包括：
- Faster R-CNN（1.4 节）；
- FPN（4.1 节）；
- Focal Loss（5.1 节）。
- IoU 损失（5.2 节）；
- FCN（6.1 节）；

在 2019 年，效果比较好的主流目标检测算法有 Faster R-CNN、RetinaNet 以及 YOLOv2 等。FCOS（fully convolutional one stage）目标检测是继 CornerNet 后又一个无锚点的算法，它的思想是将分割网络 FCN 迁移到目标检测任务中，将中心点到 4 条边框的距离作为检测框的预测目标，同时辅助 FPN 的多尺度预测以及提出的中心性（centerness）优化目标，对 FCOS 进行进一步的优化。

3.5.1 算法背景

目标检测的锚点是在 Faster R-CNN 的 RPN 模块中率先使用的。在锚点类算法中，我们首先设置一组不同尺度、不同比例的先验框。每个先验框负责检测与其交并比（IoU）大于阈值的目标。锚点将目标检测问题由"我不知道哪个位置有多大的目标"转换为"这个先验框中有没有目标，目标离这个先验框有多远"的问题。因此，锚点类算法不再需要利用滑窗，从而大幅提升了目标检测的计算速度。

FCOS 论文一开始，便列出了锚点类算法存在的一些问题：

- 模型的检测效果受锚点的影响过大，且不同的任务都有其更好的锚点，且锚点的设计参数过于复杂，包含大小、比例等诸多参数；
- 检测和锚点差距过大的目标会变得困难，例如一些形状特殊的目标或是一些小尺寸目标；
- 如果设置过于复杂的锚点，可能会覆盖一些特殊形状的样本，但这会使通过锚点采集的正负样本变得更加不均衡，尽管现在已经非常不均衡了；
- 计算锚点和预测框之间的 IoU 也是非常耗时的。

因为 FCOS 是无锚点的，所以不存在上面的诸多问题。

3.5.2 FCOS 的网络结构

FCOS 的网络结构如图 3.19 所示，它由以 FPN 为基础的多层预测骨干网络和为 FCOS 定制的输入头两部分组成。

FCOS 的骨干网络采用了以 FPN 为基础的自底向上的融合策略，图 3.19 的最左侧所示的分别是该层特征图的大小和相对于原图的步长，P3 到 P7 的相对于原图的步长依次是 8、16、32、64、128。图 3.19 中的特征金字塔是 FCOS 的骨干网络的核心结构，P3 由 C3 和 P4 上采样的特征图相加而成。P4 由 C4 和 P5 上采样相加得到。P5 直接迁移的 C5。P6 和 P7 是分别在 P5 和 P6 进行步长为 2 的反卷积得到的。FCOS 的 P3 到 P7 都会给出一个预测结果，不同的层级负责预测不同尺度的目标。

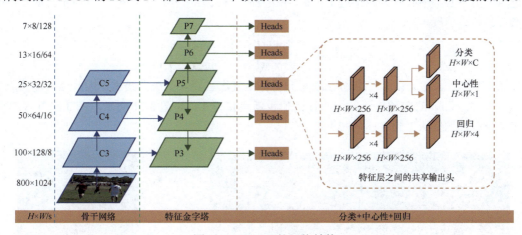

图 3.19 FCOS 的网络结构

FCOS 是一个基于分割的检测算法，它的输出包括 3 个分支：分类分支、检测分支和中心性分支。下面我们依次介绍这 3 个分支的输出头。

1. 分类分支

在 FCOS 中，当像素落在真值框内部时，这个点便是一个正样本。在 FCOS 的分类任务中，一个 C 类的多分类任务被转换为 C 个二分类任务，这样能够有效解决物体相互覆盖的问题，所以

FCOS 的分类分支的输出是一个通道数为 C 的特征向量。这个分类头使用的损失函数为 Focal Loss，可以解决正负样本不均衡和难易不均衡的问题。假设某像素的标签值表示为 $c_{x,y}^*$，它的预测值为 $p_{x,y}$，那么分类任务部分的损失函数可以表示为 $\frac{1}{N_{pos}}\sum_{x,y}\mathcal{L}_{cls}(p_{x,y}, c_{x,y}^*)$，其中 N_{pos} 表示正样本的数量。因为 FCOS 中位于真值框内部的点都是正样本，所以正负样本不均衡的问题得到了一定程度的缓解。而在后续的改进中，有人提出只有中心点和它附近的点才被用作正样本，这样便可以有效避免背景点明明是背景却被当作正样本的问题。

2．检测分支

如图 3.20 所示，FCOS 将检测任务转化为真值框内一点到它的 4 条边的距离的问题。除了正样本点的类别，我们还需要预测这个点到它的 4 条边的距离，在 FCOS 中，每个目标的检测框的标签值可以表示为 $d^* = (l^*, t^*, r^*, b^*)$。数据集中第 i 个真值框的坐标信息一般是由它的左上角 $(x_0^{(i)}, y_0^{(i)})$ 和右下角 $(x_1^{(i)}, y_1^{(i)})$ 组成的，假设这个点的坐标是 (x, y)，那么适配于 FCOS 的标签 d^* 的计算方式为：

$$l^* = x - x_0^{(i)}, \quad t^* = y - y_0^{(i)}, \\ r^* = x_1^{(i)} - x, \quad b^* = y_1^{(i)} - y \tag{3.35}$$

因为 FCOS 的检测分支预测 4 个值，所以它的输出是一个通道数为 4 的特征图。因为我们要预测的 4 个值始终为正数，所以这里使用了 $\exp(x)$ 将输出的值的范围映射到 $(0, \infty)$。在构建检测的损失函数时，FCOS 使用了 IoU 损失，表示为 $\frac{1}{N_{pos}}\sum_{x,y}\mathbf{1}_{\{c_{x,y}^*>0\}}\mathcal{L}_{reg}(d_{x,y}, d_{x,y}^*)$。其中 $\mathbf{1}_{\{c_{x,y}^*>0\}}$ 是二值函数，当满足条件时值为 1，否则值为 0。当然，我们也可以使用效果更好的 GIoU 损失、CIoU 损失等。

3．中心性分支

如果仅仅使用上面两个分支，会发生很多种远离中心区域的误检情况，为了解决这个问题，FCOS 提出了另一个预测中心性的分支。中心性评估的是该像素位于真值框的中心的情况，这个点越接近真值框中心，中心性值越接近 1，中心性的计算方式表示为式（3.36），其中根号的作用是减缓中心性的衰减速度。

$$\text{centerness}^* = \sqrt{\frac{\min(l^*, r^*)}{\max(l^*, r^*)} \times \frac{\min(t^*, b^*)}{\max(t^*, b^*)}} \tag{3.36}$$

注意，在 FCOS 中，(l, t, r, b) 分别表示到目标中某像素到 4 条边的距离，因此该点越接近中心点，l 和 r 以及 t 和 b 的值越接近，中心性的值也就越接近 1，如图 3.21 所示。图 3.21 中从红色到蓝色表示中心性的值从 1 到 0 逐渐减小。

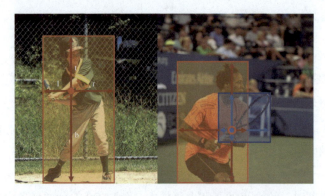

图 3.20　真值框内一点到它的 4 条边的距离

图 3.21　FCOS 的中心性可视化

综上，FCOS 的损失函数可以表示为 3 个分支的加权和，如式（3.37）所示。其中 **cen** 和 **cen*** 分别是真实的中心性值和预测的中心性值。

$$\mathcal{L}(\{\boldsymbol{p}_{x,y}\},\{\boldsymbol{t}_{x,y}\}) = \frac{1}{N_{\text{pos}}}\sum_{x,y}\mathcal{L}_{\text{cls}}(\boldsymbol{p}_{x,y}, c^*_{x,y}) + \frac{\lambda}{N_{\text{pos}}}\sum_{x,y}\mathbb{1}_{\{c^*_{x,y}>0\}}\mathcal{L}_{\text{reg}}(\boldsymbol{d}_{x,y}, \boldsymbol{d}^*_{x,y}) \\ + \frac{1}{N_{\text{pos}}}\sum_{x,y}\mathbb{1}_{\{c^*_{x,y}>0\}}\mathcal{L}_{\text{centerness}}(\boldsymbol{\text{cen}}_{x,y}, \boldsymbol{\text{cen}}^*_{x,y})$$
（3.37）

3.5.3 多尺度预测

如图 3.21 所示，FCOS 使用了 FPN 作为骨干网络，它的预测结果使用的是 FPN 的 P3 到 P7。因为基于 CNN 的神经网络浅层更擅长检测小尺寸目标，而深层更擅长检测大尺寸目标。我们分析数据集可以发现，相互重叠的目标往往尺寸差距特别大，因此 FCOS 使用了不同层级的特征图来负责检测不同尺寸的目标。具体地讲，对于我们要预测的目标(l^*,t^*,r^*,b^*)，如果一个位置满足$\max(l^*,t^*,r^*,b^*) > m_{i-1}$并且$\min(l^*,t^*,r^*,b^*) < m_i$，那么这个特征层就将这个点视为正样本，而其他层则将这个点视为负样本。在 FCOS 的实验中，$m_2 \sim m_7$ 的值依次是 0、64、128、256、512、∞。而当两个重叠的目标大小类似时，它们有可能要用同一个特征图去预测。这时 FCOS 直接使用最小区域作为回归目标。

3.5.4 测试

在使用 FCOS 进行推理时，给定一幅输入图像，经过 FCOS 的网络会通过 P3 到 P7 得到大量的预测结果，其中 $p_{x,y}$>0.05 的作为正样本。然后根据式（3.35）的反函数得到最终的预测结果。最后通过 NMS 对所有特征图输出的检测框进行合并。

3.5.5 小结

FCOS 是一个设计非常巧妙的网络，它将真值框内部的点都视为正样本，然后预测这个点到真值框的 4 条边的距离，巧妙地避开了使用锚点。FCOS 这种将真值框内部的点都作为正样本的方式其实是非常粗暴的，而分割算法将目标本身的分割作为正样本貌似更合理一些。

3.6 DETR

在本节中，先验知识包括：
- GIoU 损失（5.3 节）；
- V-Net（6.3 节）；
- FPN（4.1 节）。

之前我们介绍的目标检测算法都是基于 CNN 的，近年来 Transformer[1]被广泛应用到计算机视觉领域的物体分类方向，如 iGPT、ViT 等。这里要介绍的 DETR 是第一个将 Transformer 应用到目标检测方向的算法，同时它也是一个无锚点的检测算法。DETR 是一个经典的编码器 - 解码器结构的算法，它的骨干网络是一个 CNN，编码器和解码器则是两个基于 Transformer 的结构。DETR 的

---
[1] 参见 Ashish Vaswani、Noam Shazeer、Niki Parmar 等人的论文 "Attention Is All You Need"。

输出层则是一个 MLP。

DETR 使用了一个基于二部图匹配（bipartite matching）的损失函数，这个二部图是基于真值框和预测框进行匹配的。

3.6.1 网络结构

DETR 的网络结构如图 3.22 所示，从图中可以看出 DETR 由 4 个主要模块组成：骨干网络、编码器、解码器和预测头。

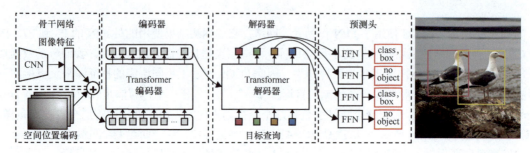

图 3.22　DETR 的网络结构

1. 骨干网络

DETR 的骨干网络是经典的 CNN，它的输入定义为 $\boldsymbol{x}_{\text{img}} \in \mathbb{R}^{3 \times H_0 \times W_0}$，它的输出是降采样 32 倍的特征图，表示为 $f \in \mathbb{R}^{C \times H \times W}$，其中 $C=2048$，$H = \dfrac{H_0}{32}$，$W = \dfrac{W_0}{32}$。在实验中，DETR 使用 ResNet-50 或者 ResNet-101 作为基础网络。

2. 编码器

DETR 的编码器如图 3.23 左侧部分所示。在得到特征图之后，DETR 首先通过一个 1×1 卷积将其通道数调整为更小的 d，得到一个大小为 $d \times H \times W$ 的新的特征。DETR 的下一步则是将其转换为序列数据，这一步是通过 reshape 操作完成的，转换之后的数据维度是 $d \times (HW)$。因为 Transformer 是与输入数据的顺序无关的，所以它需要加上位置编码以加入位置信息。这一部分会作为编码器的输入。DETR 的编码器的 Transformer 使用的是 N 个多头自注意力模型与两个 MLP 的组合。

DETR 的位置编码是分别计算两个维度的位置编码，然后将它们拼接到一起得到的。其中每个维度的位置编码使用的是和 Transformer 相同的计算方式。

```
pos_x = torch.stack((pos_x[:, :, :, 0::2].sin(), pos_x[:, :, :, 1::2].cos()), dim=4).flatten(3)
pos_y = torch.stack((pos_y[:, :, :, 0::2].sin(), pos_y[:, :, :, 1::2].cos()), dim=4).
    flatten(3)
pos = torch.cat((pos_y, pos_x), dim=3).permute(0, 3, 1, 2)
```

3. 解码器

DETR 的解码器如图 3.23 右侧部分所示，它有两个输入，一个是编码器得到的特征，另一个是目标查询（object query）。这里我们重点讲一下目标查询。

在 DETR 中，目标查询的作用类似于基于 CNN 的锚点类目标检测算法中的锚点。它共有 N 个（N 是一个事先设定好的超参数，它的值远大于一幅图像中的目标数）。将 N 个不同的目标查询输入解码器中便会得到 N 个解码输出嵌入，它们经过最后的 MLP 得到 N 个预测结果。不同的 N 个目标查询保证了 N 个不同的预测结果，目标查询是一个可以训练的嵌入向量，它通过检测框和真值框的匈牙利算法（附录 B）匹配来对不同的检测框进行优化。

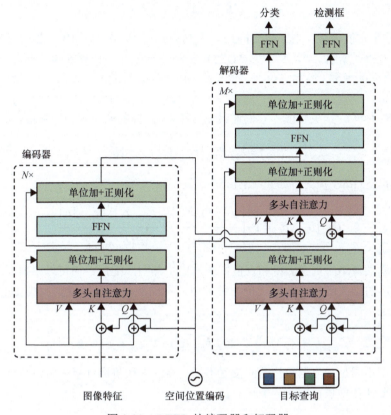

图 3.23　DETR 的编码器和解码器

注意，这 N 个结果不是顺序得到的，而是一次性得到 N 个结果，这点和原始的 Transformer 的自回归计算是不同的。

4．预测头

预测头是一个 3 层的 MLP，激活函数使用的是 ReLU，隐层节点数是 d。每个目标查询通过预测头预测真值框和类别，其中真值框有 3 个值，分别是目标的中心点以及宽和高。DETR 共预测 N 个标签框，但是有时候图像中的目标个数小于 N，这时超过目标个数的标签框使用背景元素作为负样本。

3.6.2　损失函数

1．目标检测

通过上面对 DETR 的模型的分析，可知对于一幅图像，DETR 会输出 N 个不同的预测框，那么我们如何评估这 N 个预测框的效果的好坏呢？在 DETR 中的策略是对这 N 个预测框以及生成的 N 个真值框进行最优二部图匹配，并根据匹配的结果计算损失值来对模型进行优化。

上面提到了计算损失值需要生成 N 个真值框，但是一幅图像中待检测目标的个数往往是不足 N 个的。为了解决这个问题，DETR 构造了一个新的类 $\varnothing$，它表示没有目标物体的背景类。通过调整 $\varnothing$ 中的样本的个数，我们可以将真值框的样本数控制在 N 个，这样便得到了两个等容量的集合。

有了这 N 个真值框，我们只要定义好真值框和预测框的匹配代价，便可以使用匈牙利匹配算法来得到真值框和预测框的最优二部图匹配方案了。

真值框和预测框的匹配代价表示为式（3.38）：

$$\mathcal{L}_{\text{match}} = -\mathbf{1}_{\{c_i \neq \varnothing\}} \hat{p}_{\sigma(i)}(c_i) + \mathbf{1}_{\{c_i \neq \varnothing\}} \mathcal{L}_{\text{box}}\left(b_i, \hat{b}_{\sigma(i)}\right) \tag{3.38}$$

其中，$\mathbf{1}_{\{c_i \neq \varnothing\}}$ 是一个二值函数，当 $c_i \neq \varnothing$ 时为 1，否则为 0。c_i 是第 i 个物体的类别标签。$\sigma(i)$ 是与第 i 个目标匹配的真值框的索引。$\hat{p}_{\sigma(i)}(c_i)$ 表示 DETR 预测的第 $\sigma(i)$ 个预测框的类别为 c_i 的概率。b_i 和 $\hat{b}_i$ 分别是第 i 个真值框的坐标（包含中心点、宽和高）和预测框的坐标。$\mathcal{L}_{\text{box}}$ 是两个矩形框之间的距离，下面详细介绍它。

$\mathcal{L}_{\text{box}}$ 由 IoU 损失和 L_1 损失构成，它们通过 λ_{IoU} 和 λ_{L_1} 来控制两个损失的权值，表示为式（3.39）：

$$\mathcal{L}_{\text{box}}\left(b_{\sigma(i)}, \hat{b}_i\right) = \lambda_{\text{IoU}} \mathcal{L}_{\text{IoU}}\left(b_{\sigma(i)}, \hat{b}_i\right) + \lambda_{L_1} \| b_{\sigma(i)} - \hat{b}_i \|_1 \tag{3.39}$$

其中，$\mathcal{L}_{\text{IoU}}$ 使用的是 GIoU 损失，如式（3.40）。

$$\mathcal{L}_{\text{IoU}}\left(b_{\sigma(i)}, \hat{b}_i\right) = 1 - \left(\frac{\left|b_{\sigma(i)} \cap \hat{b}_i\right|}{\left|b_{\sigma(i)} \cup \hat{b}_i\right|} - \frac{\left|B\left(b_{\sigma(i)}, \hat{b}_i\right) \setminus b_{\sigma(i)} \cup \hat{b}_i\right|}{\left|B\left(b_{\sigma(i)}, \hat{b}_i\right)\right|}\right) \tag{3.40}$$

我们通过上面的策略得到预测框和真值框的最优二部图匹配后，便可以根据匹配的结果计算损失函数了。DETR 的损失函数和匹配代价非常类似，不同的是前者的类别预测使用的是对数似然，表示为式（3.41）：

$$\mathcal{L}_{\text{Hungarian}}(y, \hat{y}) = \sum_{i=1}^{N}\left[-\log \hat{p}_{\hat{\sigma}(i)}(c_i) + \mathbf{1}_{\{c_i \neq \varnothing\}} \mathcal{L}_{\text{box}}\left(b_i, \hat{b}_{\hat{\sigma}}(i)\right)\right] \tag{3.41}$$

它们的另一个不同是二值函数作用的位置不同，在匹配代价的计算中背景目标不参与，在损失函数的计算中则要计算背景目标的分类损失。

2．全景分割

DETR 的另一个应用场景是全景分割（panoptic segmentation），全景分割是继语义分割和实例分割之后的一个更难的分割任务，它需要给图像中的每像素分配一个语义标签和一个实例 ID，其中语义标签是物体的类别，实例 ID 是每个物体对应的编号。

DETR 将全景分割任务分成 N 个在预测框上的两个类别的分割任务，如图 3.24 所示。首先通过残差网络将图像编码成降采样的特征图。然后通过一组多头自注意力模型将特征图和预测框的位置编码信息作为输入得到 $N \times M$ 个小尺寸的注意力图。再通过一组类似 FPN 的架构将图像上采样为原图的 1/4，得到 N 个掩码逻辑。最后通过像素级别 argmax 得到最终的分割效果。

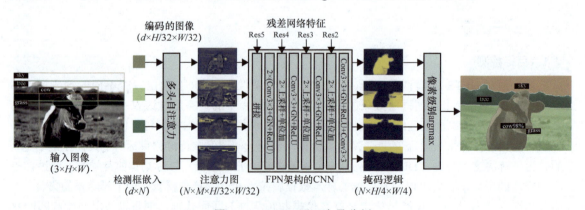

图 3.24　DETR 用于全景分割

Dice 损失（Dice Loss）[1]是在 V-Net 中提出的类似于 IoU 损失的专门用于分割任务的损失函数，它的主要应用场景是分割任务中类别不平衡的问题。Dice 损失来自 Dice 系数（Dice coefficient），也称索伦森 - 骰子系数（Sørensen-Dice coefficient），它是一个集合相似度的衡量函数，通常用来计算两个样本的相似度。

DETR 的分割任务使用的损失函数表示为式（3.42）：

$$\mathcal{L}_{\text{Dice}}(m, \hat{m}) = 1 - \frac{2m\sigma(\hat{m}) + 1}{\sigma(\hat{m}) + m + 1} \tag{3.42}$$

其中，σ 是 sigmoid 激活函数，m 和 $\hat{m}$ 分别是真实的和预测的像素的值。

3.6.3 小结

DETR 是第一个将 Transformer 应用到目标检测的算法。在 DETR 中，由 CNN 和 Transformer 组成的编码器将图像编码成一个特征向量。然后解码器通过对输入特征和不同的目标查询得到不同的解码的特征向量。最后通过将特征向量输入 MLP 得到 N 个不同的预测框的坐标和类别。从上面的角度看 DETR 也可以应用到其他任务中，它只需要根据不同的任务使用不同输出结果的 MLP 即可。

---

[1] 参见 Fausto Milletari、Nassir Navab、Seyed-Ahmad Ahmadi 的论文"V-Net: Fully Convolutional Neural Networks for Volumetric Medical Image Segmentation"。

第 4 章 特征融合

在目标检测的任务中，融合不同尺度的特征是提升检测效果尤其是小目标检测效果的一个重要手段。浅层的特征的分辨率更高，包含更多的纹理、位置等信息，但是因为经过的卷积更少，所以含有更少的语义信息。深层的特征含有更多的语义信息，但是对图像细节的感知能力较差。如何有效地结合不同层次的特征层的优点，取其精华，成为提升模型检测效果的一个关键点。

FPN 是最早在目标检测中提出特征融合的算法，它提出了在传统的线性卷积神经网络中增加一条自顶向下的特征通路，然后将其与线性网络的特征进行融合，从而实现了侧重不同效果的特征融合，如图 4.1（a）所示。

PANet 认为 FPN 的自顶向下的融合策略过于简单，一个重要的表现是顶层的特征并不具备提取浅层纹理信息的能力。为了解决这个问题，PANet 提出了自顶向下和自底向上的双向融合策略，也就是说它在 FPN 之后又接了一条自底向上的特征通路。同时它也在不同通路之间添加了捷径来提升特征融合的质量，如图 4.1（b）所示。

FPN 和 PANet 的特征融合均是人为设计的，NAS-FPN 则提出了使用神经架构搜索（neural architecture search，NAS）的思想进行特征融合策略的设计，它通过对输入特征图和融合策略的采样，最终得到了图 4.1（c）所示的网络结构。对比 PANet，它的结构更复杂，但是效果更好。

从上面介绍的 3 个不同思路得到的融合策略来看，自顶向下和自底向上的融合都是必不可少的，而且很有必要在不同特征通路之间添加捷径连接。EfficientDet 引入的 BiFPN 则对这 3 点进行了汇总，并设计了图 4.1（d）所示的网络结构。

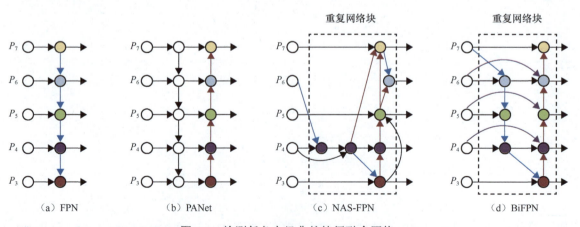

图 4.1 检测任务中经典的特征融合网络

从图 4.1 所示的特征融合的发展上来看，无论是人工设计还是强化学习搜索，更加复杂但特征之间信息沟通更加顺畅的融合是一个主要的发展趋势。在后文中，我们将会对这 4 个算法进行详细介绍，从它们的提出动机以及缺点来解读特征融合在目标检测上是如何一步步发展的。

4.1 FPN

在本节中，先验知识包括：
- Fast R-CNN（1.3 节）;
- Faster R-CNN（1.4 节）;
- SSD（2.2 节）;
- U-Net（6.2 节）。

提升多尺度目标检测的准确率一直是目标检测中极为棘手的问题。像 Fast R-CNN、YOLO 这些只是利用 CNN 的深层输出进行检测的算法，是很难把小尺寸目标检测出来的。因为小尺寸目标本身的像素就比较少，而且随着降采样的叠加，它的特征更容易被丢失。为了解决多尺度目标检测的难题，传统的方法是使用图像金字塔进行数据扩充。虽然图像金字塔可以在一定程度上解决小尺寸目标检测的问题，但是它最大的问题是极大地增加了计算量，而且还有很多冗余的计算，因为 CNN 本身就具有一定程度的尺度不变性。

本节要介绍的特征金字塔网络（feature pyramid network，FPN）是一个在**特征尺度上**的金字塔操作，它是通过将自顶向下的特征图进行融合来实现特征金字塔操作的。FPN 提供的是一个特征融合的机制，并没有引入太多的参数，实现了在增加极小计算代价的前提下提升对多尺度目标精准检测的能力。

4.1.1 CNN 中的常见骨干网络

在 FPN 之前，目标检测主要有 4 种不同的 CNN 结构，如图 4.2 所示。其中图 4.2（a）所示是早期的目标检测算法常用的图像金字塔策略，它通过将输入图像缩放到不同尺度构成了图像金字塔，然后将这些不同尺度的特征输入网络（可以共享参数也可以独立参数），得到每个尺度的检测结果，再通过 NMS 等后处理手段进行预测结果的处理。图像金字塔最大的问题是推理速度比单尺度输入慢了几倍，一是因为要推理的图像数多了几倍，二是因为要检测小目标则必然要放大输入图像。

图 4.2（b）所示是 Fast R-CNN、Faster R-CNN、YOLO 等算法的网络结构，它只使用 CNN 的最后一层作为输出层。这个结构最大的问题是对小尺寸目标的检测效果非常不理想。因为小尺寸目标的特征会随着网络块中间的降采样的增加而快速损失，到最后一层已经有很少的特征支持小目标的精准检测了。

图 4.2（c）所示是 SSD 采用的结构，它首先提出了使用不同层的特征图进行检测的思路。但是 SSD 只是单纯地从每一层中导出一个预测结果，并没有进行层之间的特征复用，即没有给深层特征赋予浅层特征擅长检测小目标的能力，也没有给浅层特征赋予深层捕捉到的语义信息，因此带来的小目标检测效果的提升是非常有限的。

特征融合在其他模型中也有过探索，例如医学分割算法中的 U-Net[1]，如图 4.2（d）所示。U-Net 的特点是只在模型的最后一层进行预测，并没有使用多分辨率预测。

---

[1] 参见 Olaf Ronneberger、Philipp Fischer、Thomas Brox 的论文 "U-Net: Convolutional Networks for Biomedical Image Segmentation"。

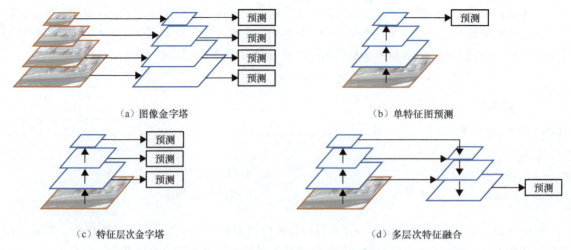

图 4.2 目标检测中常见的 CNN 结构

4.1.2 FPN 的网络结构

FPN 是一个结合了 SSD 的多分辨率尺度预测和 U-Net 的多分辨率特征融合的网络结构，如图 4.3 所示。FPN 的网络结构可以分成 3 部分：

- 图 4.3 左侧所示的自底向上的卷积；
- 图 4.3 右侧所示的自顶向下的上采样；
- 图 4.3 中间箭头所示的横向的特征融合。

1. 自底向上卷积

上面所说的自底向上卷积是指 CNN 的前向计算过程，我们可以选择不同的骨干网络，例如 ResNet-50 或者 ResNet-101 等。前向网络的返回值依次是 C2、C3、C4、C5，是每次池化之后得到的特征图。在残差网络中，C2、C3、C4、C5 经过的降采样次数分别是 2、3、4、5，即分别对应原图中的步长 4、8、16、32。这里没有使用 C1，是考虑到 C1 的尺寸过大，训练和测试过程中会消耗很多的显存资源。

2. 自顶向下上采样和横向特征融合

通过自底向上卷积，FPN 得到了 4 组特征图。浅层特征图（如 C2）含有更多的底层信息（如纹理、颜色等），而深层特征图（如 C5）含有更多的语义信息。为了将这 4 组倾向不同特征的特征图组合起来，FPN 使用了自顶向下以及横向特征融合的策略，最终得到 P2、P3、P4、P5 这 4 个输出。

这里我们结合代码讲解 FPN 的特征融合过程，首先我们通过自底向上的卷积得到 C2、C3、C4、C5 共 4 个输出。以 ResNet-50 为例，C5 的尺寸是 $[H/32, W/32, 512]$，其中 512 是通道数，32 是步长，H 和 W 分别是图像的高和宽。在 FPN 中，我们要得到的 P2、P3、P4、P5 的通道数都是 256，其中 P5 是由 C5 计算得到的，P4 是由 P5 和 C4 计算得到的，以此类推。FPN 的这种计算方式便是自顶向下的上采样。

以 P3 为例，P3 是由 P4 和 C3 计算得到的，其中 P4 的通道数已经是 256 了，但是它的大小只是 P3 的 1/2，因为我们使用上采样（最近邻采样）将它的尺寸增加到 C3 的大小。因为 C3 的通道数是 128，而我们需要的 P3 的通道数是 256，所以这里使用 1×1 卷积将 C3 的通道数扩充到 256。

最后 P3 是 P4 的上采样的特征图和 C3 的调整通道数的特征图的单位加的结果。

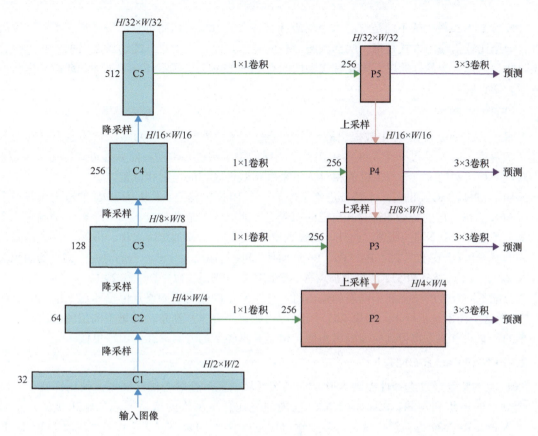

图 4.3　FPN 的网络结构

最后，FPN 分别在 P2、P3、P4、P5 之后接了一个 3×3 卷积操作，该卷积操作是为了减弱上采样的混叠效应（aliasing effect）。

```
# 自顶向下上采样
P5 = KL.Conv2D(config.TOP_DOWN_PYRAMID_SIZE, (1, 1), name='fpn_c5p5')(C5)
P4 = KL.Add(name="fpn_p4add")([
    KL.UpSampling2D(size=(2, 2), name="fpn_p5upsampled")(P5),
    KL.Conv2D((1, 1), name='fpn_c4p4')(C4)])
P3 = KL.Add(name="fpn_p3add")([
    KL.UpSampling2D(size=(2, 2),name="fpn_p4upsampled")(P4),
    KL.Conv2D((1, 1), name='fpn_c3p3')(C3)])
P2 = KL.Add(name="fpn_p2add")([
    KL.UpSampling2D(size=(2, 2), name="fpn_p3upsampled")(P3),
    KL.Conv2D((1, 1), name='fpn_c2p2')(C2)])
# 在P2、P3、P4、P5上进行一次3×3卷积减弱上采样的混叠效应
P2 = KL.Conv2D((3, 3), padding="SAME", name="fpn_p2")(P2)
P3 = KL.Conv2D((3, 3), padding="SAME", name="fpn_p3")(P3)
P4 = KL.Conv2D((3, 3), padding="SAME", name="fpn_p4")(P4)
P5 = KL.Conv2D((3, 3), padding="SAME", name="fpn_p5")(P5)
FPN_feature_maps = [P2, P3, P4, P5]
```

4.1.3 FPN 的应用

FPN 和 U-Net 最大的不同是它的多个层级都有各自的输出层，而每个输出层都有不同尺度的感受野。一个比较粗暴的方式是每一层都预测所有的样本，而另一个更好的选择是根据一些可能存在的先验知识选择一个最好的层。比较有代表性的有 FPN 的锚点先验和 Fast R-CNN 的 ROI 先验，下面分别介绍它们。

1. FPN 和 RPN

RPN 是在 Faster R-CNN 中被提出的一个用于候选区域提取的神经网络，它的输出只有是否为候选区域两类。RPN 通过一个 3×3 卷积在骨干网络的输出层进行滑动，然后通过计算每个滑窗的 9 个不同尺寸和比例的锚点与真值框的相对关系来确定候选区域的类别和位置。

添加了 FPN 的 RPN 的每一个特征层都会添加一个 RPN 的输出头。因为 RPN 的输出头有多个尺度，而 FPN 的每一层的特征图都有其自己的感受野，所以这里是为 FPN 的每一个输出都固定一个尺度，每个尺度有 3 个不同的比例。此外，RPN 对 P5 又进行了一次池化降采样，得到了 P6。最终，结合了 FPN 的 RPN 会在 P2、P3、P4、P5、P6 后面接 RPN 的输出头分支，它们对应的锚点的面积依次是 32^2、64^2、128^2、256^2 和 512^2，每个锚点有 3 个比例，分别是 1∶1、1∶2 和 2∶1。

在分配不同尺度的锚点和不同层的输出时，这里给出的规则是如果真值框和这个锚点的 IoU 大于 0.7，则这个样本是正样本，如果 IoU 小于 0.3，则是负样本。注意，这里不同层的输出头的参数是共享的，非共享的方案得到的准确率类似，但是共享参数的方案显存占用率更低。

2. FPN 和 Fast R-CNN

Fast R-CNN 是通过选择性搜索提取若干候选区域，然后在每个候选区域上使用深度学习网络进行端到端的训练和预测。Fast R-CNN 的预测都是在骨干网络的最后层添加输出头的，所以将 FPN 引入 Fast R-CNN 也就意味着会对多个输出层进行预测。Fast R-CNN 有多个尺度的 ROI，FPN 也有多个尺度感受野的特征层。很自然地，我们可以根据 ROI 的大小从 FPN 中选择一个最合适的输出层。假设 ROI 的大小是 w×h，那么它对应的层级 k 的计算方式为：

$$k = \left\lfloor k_0 + \log_2\left(\sqrt{wh}/224\right) \right\rfloor \tag{4.1}$$

其中，224 是输入图像的尺寸，k_0 是大小为 224×224 的 ROI 对应的目标层级，这个可以根据感受野粗略地计算出。分配好不同 ROI 的预测层级之后，我们为每个输出层级添加一个参数共享的输出头，这里采用了 Fast R-CNN 最原始的结构，即使用一个 ROI 池化将特征图调整到大小为 7×7，之后接两个隐层节点数是 1024 的全连接，最后接分类头和回归头。

4.1.4 小结

FPN 是最早在目标检测方向上提出特征融合的算法，为之后 PANet、NAS-FPN 等算法的提出打下了基础。FPN 是采用特征金字塔结构的算法，它的这种特征金字塔的结构是非常符合 CNN 的结构特征的，通过将深层语义信息和浅层纹理信息进行融合，为每一层的特征图都赋予了更强的捕捉语义信息的能力。FPN 也有不足：

（1）使用了最近邻上采样，这个采样方式略显粗糙，而双线性插值或者反卷积的上采样方式更加合理；

（2）FPN 的自底向上的融合方式略简单，只是将高层的语义信息传递到低层，而低层的纹理信息并没有传递到高层。

4.2　PANet

在本节中，先验知识包括：
- FPN（4.1 节）。

骨干网络结构的探索一直是目标检测和分割任务中极其重要的研究方向，早期的骨干网络一般采用 VGG 等线性结构。这种线性结构大多是继承自分类任务，这种线性结构是天然适用于分类任务的，因为分类任务的输出层只关注网络提取出的深层语义信息，而不关心图像的像素级别的特征。不同于分类任务的是，检测任务或者分割任务不仅要关注语义信息，还要关注图像的精确到像素的浅层信息。基于这个原因，我们需要对骨干网络中的网络层进行融合，使其同时具有深层语义信息和浅层纹理信息。FPN 提出了一个经典的自顶向下的融合策略，即把 VGG 等线性网络通过卷积、上采样等操作从深层把特征图扩充到原图大小，最后通过单位加的方式把两条路径的特征融合在一起。

PANet 最大的贡献是提出了**自顶向下和自底向上的双向融合骨干网络**，同时在最底层和最顶层之间添加了一条捷径，用于缩短层之间的路径。PANet 还提出了自适应特征池化（adaptive feature pooling）和全连接融合（fully-connected fusion）两个模块。其中，自适应特征池化可以用于聚合不同层之间的特征，保证特征的完整性和多样性；通过全连接融合可以得到更加准确的预测框以及目标掩码。

PANet 采用的是 R-CNN 系列两阶段检测模型，在分类和分割部分的网络结构也有些许差异，下面结合源码对 PANet 进行详细的分析。

4.2.1　PANet

PANet 的网络结构如图 4.4 所示，它由 5 个核心模块组成，其中（a）是一个 FPN，（b）是 PANet 增加的自底向上的特征融合层，（c）是自适应特征池化层，（d）是 PANet 的预测框的输出头，（e）是用于预测掩码的全连接融合层。

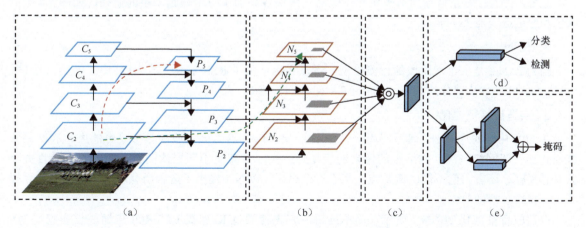

图 4.4　PANet 的网络结构

1. 自底向上

FPN 引入了自顶向下的网络结构，图 4.4（a）的左侧是一个线性网络结构，通过这个模块，我们可以得到 C_1、C_2、C_3、C_4、C_5 共 5 组不同尺寸的特征图。FPN 通过自底向上的卷积得到 4 组特征图 P_5、P_4、P_3、P_2。PANet 将 FPN 的最近邻上采样替换为双线性插值，P_i 和 C_i 的融合采用的是单位加的方式，如图 4.5 所示。

PANet 在 FPN 的自顶向下的上采样之后又添加了一个自底向上的卷积，通过这个卷积 PANet 得到 N_2、N_3、N_4、N_5 共 4 个特征图。PANet 的融合方式如图 4.6 所示，它通过更浅层的 N_i 和更深层的 P_{i+1} 融合的方式得到下一层 N_{i+1}。以 N_2 到 N_3 的计算为例，它先通过一个步长为 2 的 3×3 卷积对 N_2 进行降采样，再通过单位加的方式将 P_3 和降采样之后的特征图进行特征融合。接着使用一个 3×3 的卷积对特征进行融合，增加融合之后的特征的表征能力。最后使用 ReLU 激活函数对特征进行非线性化。它的代码片段如下。在 PANet 中，N_3、N_4、N_5 均采用上面介绍的融合方式，而 N_2 直接复制 P_3 的值。

```
N3 = KL.Add(name="panet_p3add")([P3, KL.Conv2D(256, (3, 3), strides=2, padding="SAME",
    name="panet_n2downsampled")(N2)])
N3 = KL.Conv2D(256, (3, 3), padding="SAME", name="panet_n3")(N3)
N3 = KL.Activation('relu')(N3)
```

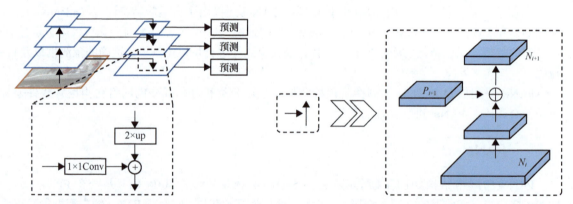

图 4.5 FPN 的自顶向下的上采样和横向的特征融合　　图 4.6 PANet 的融合方式

此外，PANet 还在自顶向下模块和自底向上模块各添加了一个跨越多层的捷径，如图 4.4 中的红色和绿色虚线箭头所示。

2. RPN

因为 PANet 是一个双阶段的检测模型，所以它也使用了 RPN 结构。在 RPN 中它的输入是 [P_2, P_3, P_4, P_5, P_6]。RPN 部分的细节和 Faster R-CNN 保持一致。

3. 自适应特征池化

在 FPN 中，每个特征图都会输出一个预测结果。FPN 这么做的原因是感受野的大小和网络深度成正比，即网络越深，网络上的像素的感受野越大。但其实不同层次的特征图的不同特性并不只有感受野，还有它们不同的侧重点，基于这个思想，PANet 提出了融合所有层的特征图的池化操作——自适应特征池化。

自适应特征池化如图 4.7 所示。简单地讲，它先将通过 RPN 提取的 ROI 压缩成长和宽均为 1 的特征向量，然后通过取最大值或者取和的方式进行不同特征图的融合，最后在融合之后的基础上进行检测框的检测和类别的预测。

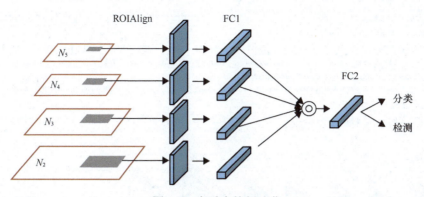

图 4.7 自适应特征池化

在 PANet 的检测和分割部分,它们使用了不同的方式生成 [x2,x3,x4,x5][1],分类和分割的网络结构在 `fpn_classifier_graph` 和 `build_fpn_mask_graph` 函数中。

在 PANet 的检测部分,它的每一个特征图使用的是相同的生成方式,如下面的代码(以 x2 为例)所示,它依次使用 ROIAlign、卷积、BN、ReLU 激活函数对输入的 N_i 进行加工。

```
x2 = ROIAlign([pool_size, pool_size], name="bbox_roi_align_n2")([rois, feature_maps[0]])
x2 = KL.TimeDistributed(KL.Conv2D(1024, (pool_size, pool_size), padding="valid"),name=
    "mrcnn_class_conv1_n2")(x2)
x2 = KL.TimeDistributed(BatchNorm(), name='mrcnn_class_bn1_n2')(x2, training=train_bn)
x2 = KL.Activation('relu')(x2)
...
x = AdaptiveFeaturePooling(name="bbox_adaptive_feature_pooling")([x2, x3, x4, x5])
```

而在分割中,它与检测的不同点是它仅使用了一个 ROIAlign 操作。

```
x2 = ROIAlign([pool_size, pool_size], name="mask_roi_align_n2")([rois, feature_maps[0]])
...
x = AdaptiveFeaturePooling(name="mask_adaptive_feature_pooling")([x2, x3, x4, x5])
```

4. 全连接融合

FCN 和全连接都被广泛应用到分割图的预测,但是 FCN 和全连接都有它们各自的优点。FCN 给出的像素级别的预测基于它的局部感受野和共享的卷积核。全连接的特点在于它是不具有位置不变性的,因为它对不同的空间位置都是使用不同的参数进行预测的,所以全连接层具有**适应不同空间位置的能力**。同时,全连接的每像素的预测都基于整幅图像的信息,这对于区分物体是否同一个对象也非常重要。

基于 FCN 和全连接的不同侧重点,PANet 提出了将 FCN 和全连接融合的结构,如图 4.8 所示。其主分支由 4 个连续的 3×3 卷积和一个上采样 2 倍的反卷积组成,它用来预测每个类别的掩码分支,如下面代码所示:

```
x = KL.TimeDistributed(KL.Conv2D(256, (3, 3), padding="same"), name="mrcnn_mask_conv1")(x)
x = KL.TimeDistributed(BatchNorm(), name='mrcnn_mask_bn1')(x, training=train_bn)
x = KL.Activation('relu')(x)
x = KL.TimeDistributed(KL.Conv2D(256, (3, 3), padding="same"), name="mrcnn_mask_conv2")(x)
x = KL.TimeDistributed(BatchNorm(), name='mrcnn_mask_bn2')(x, training=train_bn)
x = KL.Activation('relu')(x)
x = KL.TimeDistributed(KL.Conv2D(256, (3, 3), padding="same"), name="mrcnn_mask_conv3")(x)
```

---

[1] 在论文中,检测和分割的特征是共享的。

```
x = KL.TimeDistributed(BatchNorm(), name='mrcnn_mask_bn3')(x, training=train_bn)
x = KL.Activation('relu')(x)
x_fcn = KL.TimeDistributed(KL.Conv2D(256, (3, 3), padding="same"), name="mrcnn_mask_conv4")(x)
x_fcn = KL.TimeDistributed(BatchNorm(), name='mrcnn_mask_bn4')(x_fcn, training=train_bn)
x_fcn = KL.Activation('relu')(x_fcn)
x_fcn = KL.TimeDistributed(KL.Conv2DTranspose(256, (2, 2), strides=2, activation="relu"),
    name="mrcnn_mask_deconv")(x_fcn)
x_fcn = KL.TimeDistributed(KL.Conv2D(num_classes, (1, 1), strides=1), ame="mrcnn_mask")(x_fcn)
```

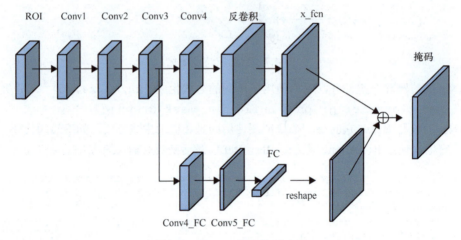

图 4.8　PANet 全连接融合层

全连接融合的另一个分支是从 Conv3 延伸出的一个全连接层，它先通过两个 3×3 卷积进行降维，然后将其展开成一维向量，再通过这个向量预测类别不可知的前景 / 背景的掩码，最后通过一个 reshape 操作将其还原为 28×28 的特征图。这里一般只使用一个全连接层，因为两个以上的全连接会使空间特征遭到破坏。在图 4.8 中，Conv4_FC 和 Conv5_FC 是下面代码中两个卷积得到的特征图。

```
x_fc = KL.TimeDistributed(KL.Conv2D(256, (3, 3), padding="same"), name="mrcnn_mask_
    conv4_fc")(x)
x_fc = KL.Activation('relu')(x_fc)
x_fc = KL.TimeDistributed(KL.Conv2D(128, (3, 3), padding="same"), name="mrcnn_mask_
    conv5_fc")(x_fc)
x_fc = KL.Activation('relu')(x_fc)
t_shape = x_fc.shape
x_fc = KL.Reshape([t_shape[1].value, t_shape[2].value * t_shape[3].value * t_shape[4].
    value])(x_fc)
x_fc = KL.TimeDistributed(KL.Dense(mask_shape[0] * mask_shape[1]), name="mrcnn_mask_
    fc")(x_fc)
x_fc = KL.Reshape([t_shape[1].value, mask_shape[0], mask_shape[1], 1])(x_fc)
```

最后，通过单位加和 sigmoid 激活函数得到最终输出。

```
x = KL.Add()([x_fc, x_fcn])
x = KL.TimeDistributed(KL.Activation('sigmoid'))(x)
```

4.2.2　小结

PANet 是一个加强版的 FPN，它通过融合自顶向下和自底向上的方式增强了骨干网络的表征能力。自适应特征池化使模型自己在预测不同物体时选择不同的特征图，避免了目标尺寸和网络深度的硬性匹配。最后，PANet 的全连接融合的输出头通过在原来的掩码分支的基础上增加全连接分支，从而提升预测的掩码的质量。

4.3 NAS-FPN

在本节中，先验知识包括：
- FPN（4.1 节）；
- PANet（4.2 节）。

神经架构搜索（neural architecture search，NAS）已经在图像分类方向取得了巨大的进展，典型的网络有 NAS 系列[1]、EfficientNet[2]、MobileNetV3[3]、AmoebaNet[4]等。从名字就可以看出本节要介绍的 NAS-FPN 就是使用 NAS 技术对 FPN 架构进行优化的算法。在目标检测中，不同尺度的特征在建模语义信息和细节信息上具有不同的表现，因此多尺度特征融合对于提升检测效果至关重要。FPN 提出了自顶向下的融合策略，而 PANet 提出了自顶向下和自底向上的双向融合策略。NAS-FPN 则是自动对融合策略进行搜索，从而得到优于 FPN 和 PANet 的融合策略。

4.3.1 NAS-FPN 算法详解

1．基本框架

NAS-FPN 采用了和 NAS 相同的搜索流程，如图 4.9 所示。它由一个控制器（controller）和一个评估器（evaluator）组成，其中控制器是一个 RNN，用于根据评估器得到的结果生成新的网络结构；而评估器则对控制器生成的网络进行效果的评估。两个模块构成一个循环的流程，相互促进，相辅相成，最终得到一个高性能的网络结构。

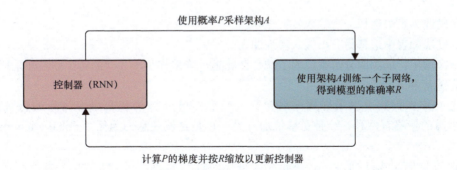

图 4.9　NAS-FPN 的搜索流程

---

[1] 参见 Barret Zoph、Quoc V. Le 的论文"Neural Architecture Search with Reinforcement Learning"，Barret Zoph、Vijay Vasudevan、Jonathon Shlens 等人的论文"Learning Transferable Architectures for Scalable Image Recognition"，以及 Chenxi Liu、Barret Zoph、Maxim Neumann 等人的论文"Progressive Neural Architecture Search"。
[2] 参见 Mingxing Tan、Quoc V. Le 的论文"EfficientNet: Rethinking Model Scaling for Convolutional Neural Networks"。
[3] 参见 Andrew Howard、Mark Sandler、Grace Chu 等人的论文"Searching for MobileNetV3"。
[4] 参见 Esteban Real、Alok Aggarwal、Yanping Huang 等人的论文"Regularized Evolution for Image Classifier Architecture Search"。

在 NAS-FPN 中，搜索的是一个可以重复的 FPN 模块。通过控制这个模块的重复次数我们可以在速度和精度之间进行权衡。它的另一个作用是可以早退（early-exit），也可以叫作任意时刻预测（anytime-prediction），任意时刻预测[①]是指我们可以根据计算资源的不同在不同的阶段输出预测结果。NAS-FPN 的骨干网络使用的是 RetinaNet，在 RetinaNet 中，它采用了 FPN 的特征融合策略，而 NAS-FPN 则将 RetinaNet 的 FPN 部分替换为搜索出来的融合架构。NAS-FPN 的整体架构如图 4.10 所示，其中 N 是搜索出的模块的重复次数。

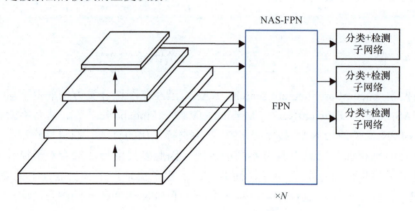

图 4.10　NAS-FPN 的整体架构

NAS-FPN 的任意时刻预测体现在它的性能随着 N 的增大会一直提升，而 FPN 和 PAN 却没有这个性质。

2．搜索空间

NAS-FPN 使用 RNN 作为控制器来进行网络结构的采样。不同于 NAS 系列需要采样网络中的每个细节，NAS-FPN 采样的是需要融合的特征图和融合之后的特征图，因此它的搜索空间非常小，包括选择作为输入的两个特征图以及最后输出的特征图的尺寸。具体地讲，它的采样过程分成 4 步：

（1）从候选列表中选择一个输入特征图 h_i；

（2）从候选列表中选择另一个输入特征图 h_j；

（3）选择输出特征图的分辨率，为了减少计算量，降采样小于 3 次的特征图不在采样空间中；

（4）选择 h_i 和 h_j 的融合方式。

通过上面 4 步我们可以采样到一组参数，然后便可以将 h_i 和 h_j 融合为新的特征图。NAS-FPN 可以采用的策略有两种，一种是**单位加**，另一种是**全局注意力池化**（global attention pooling，GAP）[②]。

GAP 的流程如图 4.11 所示。它将高尺度特征通过全局池化和 1×1 卷积得到低尺度特征的注意力权值，然后对低尺度的特征进行加权，这么做的原因是 NAS-FPN 的作者认为含有更多语义信息的高尺度特征可以为低尺度特征的重要性提供指导。最后将两个特征图相加得到最终的输出。

无论是单位加，还是 GAP，它们的输入都是尺度相同的特征图。如果输入特征图和输出特征图的尺度不同，NAS-FPN 会使用最大池化或者最近邻采样将其调整到统一尺度，而这两个操作是不会引入参数的。

[①] 参见 Gao Huang、Danlu Chen、Tianhong Li 等人的论文"Multi-Scale Dense Networks for Resource Efficient Image Classification"。

[②] 参见 Hanchao Li、Pengfei Xiong、Jie An 等人的论文"Pyramid Attention Network for Semantic Segmentation"。

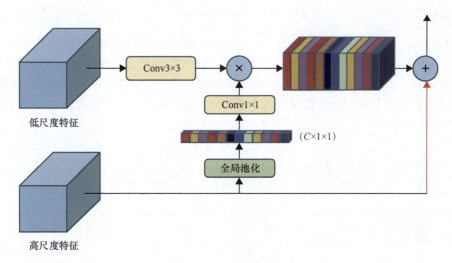

图 4.11　GAP 的流程

3．输入和输出

第（1）步和第（2）步都讲到我们要从候选列表中选择输入的特征图，那么这个候选列表是如何构建的呢？在搜索的初始阶段，候选列表中选取的是 5 个不同尺度的特征图 $\{C_3, C_4, C_5, C_6, C_7\}$，它们的步长依次是 8、16、32、64 和 128，其中 C_6 和 C_7 直接从 C_5 经过步长为 2 和 4 的最大池化得到。在采样的过程中，我们会不断地生成新的特征图，这个特征图又会被重新添加到候选列表中，整个过程如图 4.12 所示。图 4.12 左侧所示的是候选特征图列表，它通过采样得到输出特征图的尺寸以及特征图的融合操作得到新的特征图，然后将这个新的特征图重新添加到候选列表中。

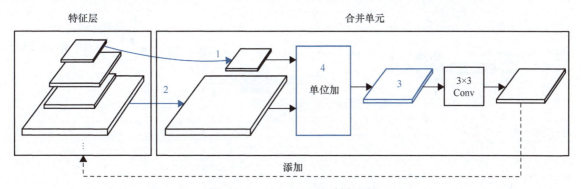

图 4.12　NAS-FPN 的采样过程

NAS-FPN 的输出是融合之后的特征 $\{P_3, P_4, P_5, P_6, P_7\}$，它依旧保持 $\{8, 16, 32, 64, 128\}$ 的步长，这样便可以便捷地实现 N 个搜索架构的堆叠。在搜索结束时，每个步长再依次重复第（1）、（2）、（4）步得到最终的结果。对于一些没有连接到 $\{P_3, P_4, P_5, P_6, P_7\}$ 的特征图，NAS-FPN 直接将它们加到等降采样步长的特征图上。

4．代理函数

在 PNASNet 中提出了 SMBO 的搜索策略，SMBO 的核心在于通过代理函数对搜索空间进行剪枝，通过减小搜索空间的方式来提升强化学习的搜索效率。在 PNASNet 中，RNN 被用作代理函数。NAS-FPN 也采用了相同的代理函数，它的代理函数只训练 10 个 epoch，而使用了 NAS-FPN 的 RetinaNet 则需要训练 50 个 epoch 才能收敛，相对来说速度提升了很多。

5. 控制器

NAS-FPN 也采用了 RNN 结构的控制器，和 NAS 系列算法提出的控制器的结构相同，它也会在每个时间片给出一个新的采样结果，如图 4.13 所示。控制器的训练使用最近代理优化（proximal policy optimization，PPO）算法[①]。简单地讲，NAS-FPN 通过控制器在原来的子网络基础上再采样若干新的候选网络，然后使用评估器得到每个候选网络的检测精度，最后选择效果最好的候选网络作为新的子网络。

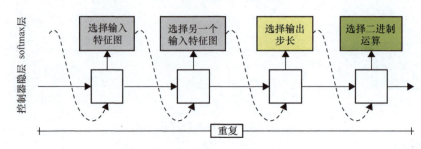

图 4.13　NAS-FPN 的控制器结构

6. 实验结果

NAS-FPN 搜索出的特征融合方式如图 4.14 所示，其中 R-C-B 表示 ReLU-Conv-BN 结构。特征融合的过程如图 4.15 所示，其中每个点代表一个特征图，绿圈表示输入特征图，红圈表示输出特征图。图 4.15（a）是 FPN，图 4.15（b）～图 4.15（f）是搜索出的 NAS-FPN 的网络架构。从这两个图中我们可以看出 NAS-FPN 具有如下特点：

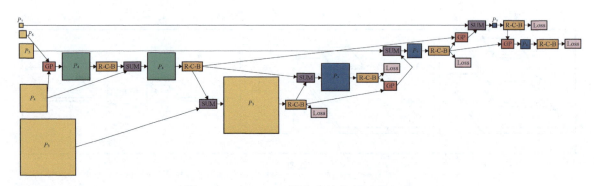

图 4.14　NAS-FPN 搜索出的特征融合方式

（1）图 4.14 中的粉色框是它的损失函数，可以看出 NAS-FPN 的 $\{P_3, P_4, P_5, P_6, P_7\}$ 都会有一个预测结果；

（2）在 NAS-FPN 中存在一些捷径；

（3）NAS-FPN 中存在一些跨尺度连接，但是对比图 4.15 的历史搜索结果来看，它的跨尺度连接逐渐清晰；

（4）NAS-FPN 更倾向于使用融合之后的新的特征图。

---

① 参见 John Schulman、Filip Wolski、Prafulla Dhariwal 等人的论文 "Proximal Policy Optimization Algorithms"。

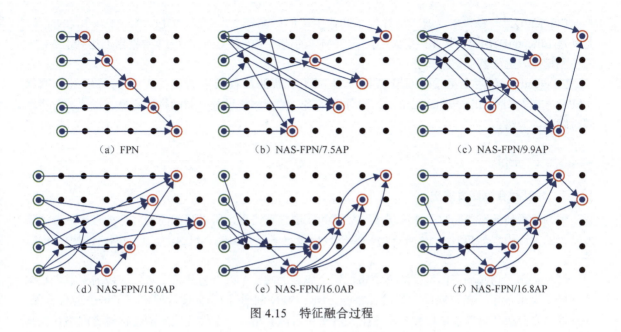

图 4.15　特征融合过程

4.3.2　NAS-FPN Lite

NAS-FPN 中还介绍了一个用于移动端设备的特征融合网络 NAS-FPN Lite，NAS-FPN Lite 的构建是基于 NAS-FPN 的，它主要从以下 5 点对网络容量进行调整：
- 堆叠的 FPN 块的个数；
- 不同的骨干网络；
- 特征金字塔的通道数；
- 搜索空间 $\{P_3, P_4, P_5, P_6\}$；
- 替换普通卷积为深度可分离卷积。

4.3.3　小结

本节介绍的 NAS-FPN 是 NAS 技术在目标检测方向的开山之作，主要集中在对 FPN 架构的搜索。通过 NAS 技术搜索出的架构虽然略显凌乱，但也包含基本的设计尝试，例如自顶向下和自底向上的特征融合、残差等操作。这篇论文仅仅将 NAS 技术应用到了特征融合层而不是整个骨干网络乃至整个检测网络，表明该方向仍有很大的探索空间。

4.4　EfficientDet

在本节中，先验知识包括：
- ❏ FPN（4.1 节）;
- ❏ NAS-FPN（4.3 节）;
- ❏ PANet（4.2 节）。

EfficientDet 一经推出，就"吊打"了其他主流的检测算法，包括 YOLOv3、Mask R-CNN 等，尤其是 EfficientDet-D7，其在模型大小仅有 52MB 的情况下，在 COCO 2017 数据集上达到了 53.7% 的检测精度，远超其他检测算法。

EfficientDet 有两个重要的优化点，一是设计了新的加权双向特征金字塔的特征融合网络 BiFPN，二是参照 EfficientNet 提出了针对骨干网络、特征网络以及分类网络的宽度、深度、分辨率同时缩放的策略。

4.4.1 BiFPN

1. 特征融合网络发展史

因为检测任务需要同时关注深层语义信息和浅层纹理信息，所以我们需要对特征进行融合。特征融合的发展历程是 FPN → PANet → NAS-FPN 以及这里要介绍的 BiFPN，它们的网络结构如图 4.1 所示。

FPN 提出了自顶向下的特征融合策略，这个策略的缺点是融合方式过于单一。PANet 则在 FPN 的基础上又增加了一条自底向上的融合路径。NAS-FPN 则通过 NAS 技术搜索出了一个融合方式，并且这个融合块还可以重复堆叠。从这个发展史中可以看出，一个性能优异的特征融合网络往往具有以下 3 个特点：

（1）自顶向下和自底向上缺一不可；
（2）同一层级的特征之间添加残差连接；
（3）融合块可以重复堆叠。

我们先对特征融合进行问题建模，如果输入是一个特征图的列表，可以表示为 $\vec{P}^{\text{in}} = (P_{l_1}^{\text{in}}, P_{l_2}^{\text{in}}, \cdots)$，其中 $P_{l_i}^{\text{in}}$ 表示第 l_i 层的特征图，那么特征融合便是寻找特征图的一个转换函数 f，用于生成一组新的特征，表示为式（4.2）：

$$\vec{P}^{\text{out}} = f(\vec{P}^{\text{in}}) \tag{4.2}$$

根据 FPN 的融合方式，输出可以表示为式（4.3）：

$$\begin{aligned} P_7^{\text{out}} &= \text{Conv}(P_7^{\text{in}}) \\ P_6^{\text{out}} &= \text{Conv}(P_6^{\text{in}} + \text{Resize}(P_7^{\text{out}})) \\ &\cdots \\ P_3^{\text{out}} &= \text{Conv}(P_3^{\text{in}} + \text{Resize}(P_4^{\text{out}})) \end{aligned} \tag{4.3}$$

2. BiFPN 的设计思想

参考上面介绍的 3 个特点，对应的优化点也有 3 个，BiFPN 是基于这 3 个优化点设计的，如图 4.1（d）所示。BiFPN 具体设计如下：

（1）去掉了 PANet 中只有一个输入的节点，因为这样的节点是没有融合多层的特征的，所以对于特征融合网络意义不大；
（2）受到 NAS-FPN 搜索出来的残差结构的提示，BiFPN 也在同一层级的特征图之间添加了捷径连接；
（3）同时参考 PANet 和 NAS-FPN，BiFPN 也使用了可以重复的双向融合的网络结构。

受到 GAP 的启发，BiFPN 也使用了加权的方式进行特征融合。在 GAP 中高尺度特征仅用于对低尺度特征不同通道的特征进行加权，然后两个尺度的特征融合仍采用单位加的方式。BiFPN 提出的特征融合方式是为不同层的特征学习一个权值，因此它需要引入一个额外的参数矩阵。

在通过参数矩阵得到每个权值矩阵的权值之后，普通的注意力是通过 softmax 操作将它们的和归一化到 1，但是 softmax 的计算量比较大，因此 BiFPN 中使用了快速归一化融合（fast normalized fusion）的策略，表示为式（4.4）：

$$O = \sum_i \frac{w_i}{\varepsilon + \sum_j w_j}, \varepsilon = 0.0001 \tag{4.4}$$

其中，ε 是为了防止除以一个过小的数导致训练过程的振荡。基于这个方式的计算速度要比基于 softmax 方式的快 30%。之所以 BiFPN 能用这种加权方式，是因为 BiFPN 使用了 ReLU 作为激活函数，我们知道 ReLU 的值域是 $[0, \infty)$，这也就保证了概率值的非负性。

如图 4.16 所示，P_6 在重复的网络块中共有两个输入：左侧融合的是 P_6^{in} 和自顶向下的 P_7^{in}，这里定义为 P_6^{td}；右侧融合的是自底向上的 P_5^{out}、P_6^{td} 和 P_6^{in}，它定义为 P_6^{out}。根据上面介绍的快速归一化融合，P_6^{td} 和 P_6^{out} 的计算方式为：

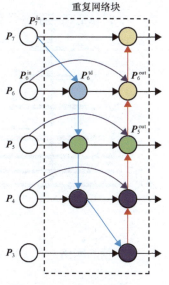

图 4.16　BiFPN 的节点定义

$$P_6^{\text{td}} = \text{Conv}\left(\frac{w_1 \cdot P_6^{\text{in}} + w_2 \cdot \text{Resize}(P_7^{\text{in}})}{w_1 + w_2 + \varepsilon}\right)$$
$$P_6^{\text{out}} = \text{Conv}\left(\frac{w_1' \cdot P_6^{\text{in}} + w_2' \cdot P_6^{\text{td}} + w_3' \cdot \text{Resize}(P_5^{\text{out}})}{w_1' + w_2' + w_3' + \varepsilon}\right) \tag{4.5}$$

出于对速度的考虑，这里的卷积使用的是深度可分离卷积，卷积之后又添加了 BN 和激活函数。

4.4.2　EfficientDet 详解

EfficientNet 的核心思想是先搜索出一个基线架构 EfficientNet-B0，然后在 EfficientNet-B0 的基础上使用复合模型缩放（compound model scaling）对网络的深度、宽度，以及输入图像的分辨率在某种约束下进行统一的缩放，核心便是设计缩放策略和约束规则。

我们可以把一个检测网络分成 3 个主要部分：骨干网络、特征融合模块、预测头模块。EfficientNet 的网络结构如图 4.17 所示，其中骨干网络通常采用主流的分类网络，特征融合模块使用的是 BiFPN 并且可以重复堆叠，预测头的参数在不同的层级之间是共享的。EfficientDet 参考了 EfficientNet 的思想，不过它从 4 个角度分别设计了对应的缩放规则，包括 3 个网络模块的组成和输入图像分辨率。

- **骨干网络**：EfficientDet 的骨干网络直接使用搜索得到的 EfficientNet-B0 至 EfficientNet-B6，这样一来免去了再次搜索的烦琐，还可以直接使用在 ImageNet 上训练好的模型进行迁移学习。
- **BiFPN 网络**：BiFPN 要缩放的变量是宽度（即通道数）W_{BiFPN} 和深度（即 BiFPN 重复的次数）D_{BiFPN}，其中宽度呈指数级增长，深度呈线性增长。通过栅格搜索，我们得到了 BiFPN 的缩放策略，如式（4.6）。

$$W_{\text{BiFPN}} = 64 \cdot (1.35^\phi)$$
$$D_{\text{BiFPN}} = 3 + \phi \tag{4.6}$$

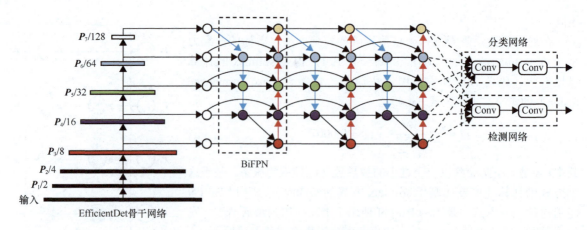

图 4.17　EfficientNet 的网络结构

- **预测网络**：预测网络的宽度和 BiFPN 保持一致，而它的深度采用了式（4.7）的方式进行缩放。

$$D_{box} = D_{class} = 3 + \lfloor \phi/3 \rfloor \tag{4.7}$$

- **输入图像分辨率**：因为 BiFPN 使用的特征图是 $\{P_3, P_4, P_5, P_6, P_7\}$，所以输入图像的尺寸是能被 128 整除的，它的缩放策略如式（4.8）。

$$R_{input} = 512 + \phi \cdot 128 \tag{4.8}$$

根据上面的缩放策略，我们依次可以得到 EfficientNet-D0（ϕ=0）至 EfficientNet-D7（ϕ=7），如表 4.1 所示。其中，D7x 是使用了更大骨干网络以及更多融合层（P_3 至 P_8）的模型。

表 4.1　EfficientDet-D0 至 EfficientDet-D7x

	输入大小 R_{input}	骨干网络	W_{BiFPN}	D_{BiFPN}	D_{class}
D0(ϕ=0)	512	B0	64	3	3
D1(ϕ=1)	640	B1	88	4	3
D2(ϕ=2)	768	B2	112	5	3
D3(ϕ=3)	896	B3	160	6	4
D4(ϕ=4)	1024	B4	224	7	4
D5(ϕ=5)	1280	B5	288	7	4
D6(ϕ=6)	1280	B6	384	8	5
D7(ϕ=7)	1536	B6	384	8	5
D7x	1536	B7	384	8	5

4.4.3　小结

EfficientDet 是一个检测效果非常"惊艳"的算法。它的融合模块 BiFPN 的设计非常易懂且巧妙，看似 BiFPN 的思想源自 NAS-FPN，但是其核心架构早已被人工探索到。双向融合的思想源自 PANet，残差的思想源自残差网络。这里也再次验证了人工设计模型和 NAS 一直是相辅相成的，NAS 使用人工设计来约束搜索空间，提高搜索效率，科研工作者又从 NAS 中获得灵感，进而设计出更优的架构。

EfficientDet 将计算资源用在了网络规模的探索上，这一点和 EfficientNet 如出一辙。因此，我们可以看出输入分辨率、深度和宽度这几个常见的指标对模型性能的重要性。

第 5 章 损失函数

损失函数用来衡量模型预测值和真实值的差异，优秀的损失函数能够提升模型的效果。一个优秀的损失函数通常有几个特点：一是损失函数和模型的优化目标保持一致；二是在训练过程中保持稳定，可以快速收敛；三是能够综合考虑训练样本的各种不平衡的情况。目标检测的损失函数通常由分类任务的交叉熵损失函数和检测任务的回归损失函数组成，本章的主要内容就是目标检测中的分类损失函数和检测损失函数的发展历程。

交叉熵损失（cross-entropy loss）函数是分类任务中最常见的损失函数，它在理想的实验条件下是非常不错的选择。但是在目标检测中，由于 RPN 生成的候选区域不稳定，造成了输入模型的正负样本、难易样本的比例非常难以控制。Focal Loss 是在 RetinaNet 中提出的一个用于解决分类任务中正负样本不均衡和难易样本分布不均衡问题的损失函数，它在交叉熵损失函数的基础上引入了两个超参数 α 和 γ，分别用于解决正负样本分布不均衡和难易样本分布不均衡的问题。

对于检测任务，Fast R-CNN 将损失函数由 L2 损失修改为 Smooth L1 损失，它的目的是当预测结果的误差较大时快速调整，而在预测结果接近目标值时精细调整。检测损失函数的一个重要进展是 UnitBox，它创新地将交并比（intersection over union，IoU）引入了检测任务中并提出了 IoU 损失。对比传统的 L_n 类型的损失，IoU 损失的最大优点是具有尺度不变性。在 IoU 损失之后，目标检测的损失函数的一个优化点是在 IoU 损失之上增加惩罚项，进而让损失函数拥有更多的优点。

GIoU 损失引入的惩罚项是预测框和真值框的闭包的面积，它能够合理地衡量当两个框没有交集时的检测质量。DIoU 引入的惩罚项是预测框和真值框的中心点的欧氏距离，它能够避免 GIoU 盲目地通过减小闭包面积来减小损失值。CIoU 则在 DIoU 的基础上又加入了预测框的长宽比作为惩罚项之一。

IoU 系列损失函数的最后一篇是 Focal-EIoU 损失[①]，它由 EIoU 损失和 Focal L1 损失组成。EIoU 中直接将 w 和 h 作为惩罚项，可以避免 CIoU 的宽和高不能同增同减的问题。Focal L1 损失是 Focal Loss 的改进版，它根据损失函数应该具有的性质得出了损失函数的梯度表达式，再通过积分的形式得到了损失函数。而 Focal-EIoU 损失则是两个损失函数整合后的结果。

5.1 Focal Loss

在本节中，先验知识包括：
- Faster R-CNN（1.4 节）；
- FPN（1.6 节）；
- YOLOv2（2.3 节）。

---

① 参见 Yi-Fan Zhang、Weiqiang Ren、Zhang Zhang 等人的论文"Focal and Efficient IOU Loss for Accurate Bounding Box Regression"。

目前主流的检测算法按照阶段数分为两个方向：以 R-CNN 系列为代表的双阶段检测方向；以 YOLO 系列、CenterNet 系列为代表的单阶段检测方向。虽然单阶段检测方向的速度更快，但是其精度往往比较低。究其原因，有两个方面：
- 正样本（positive example）和负样本（negative example）的不平衡；
- 难样本（hard example）和易样本（easy example）的不平衡。

这些不平衡造成模型的检测结果不准确的原因如下。
- 负样本的数量过多，导致正样本的损失值被覆盖，就算正样本的损失值非常大也会被数量庞大的负样本中和掉，这些被覆盖掉的正样本往往是我们要检测的前景区域。
- 难样本往往是前景和背景区域的过渡部分，因为这些样本很难区分，所以叫作难样本。剩下的那些易样本往往很好计算，导致模型非常容易就收敛了。但是损失函数收敛了并不代表模型效果好，因为我们其实更需要把那些难样本训练好。

目标检测中的正负样本和难易样本如图 5.1 所示。

图 5.1 目标检测中的正负样本和难易样本

Faster R-CNN 之所以能解决两个不平衡问题，是因为其采用了以下两个策略。
- 根据 IoU 采样候选区域，并将正负样本的比例设置成 1∶1。这样就解决了正负样本不平衡的问题。
- 根据候选区域的评分过滤易样本，避免了损失值被易样本支配的问题。

5.1.1 Focal Loss 介绍

在这里要介绍的 RetinaNet 中，采用的解决方案是基于交叉熵提出的新的损失函数——Focal Loss，表示为式（5.1）：

$$\mathcal{L}_{\text{Focal Loss}}(p_t) = -\alpha_t (1-p_t)^\gamma \log(p_t) \tag{5.1}$$

Focal Loss 是一个正负样本和难易样本尺度动态可调的交叉熵损失函数，在 Focal Loss 中有两个参数 α_t 和 γ，其中 α_t 的主要作用是解决正负样本的不平衡，γ 的主要作用是解决难易样本的不平衡。Focal Loss 是交叉熵损失的改进版本，一个二分类交叉熵可以表示为式（5.2）：

$$\mathcal{L}_{\text{交叉熵}}(p,y) = \begin{cases} -\log(p) & y=1 \\ -\log(1-p) & \text{其他} \end{cases} \tag{5.2}$$

式（5.2）可以简写成：

$$\mathcal{L}_{\text{交叉熵}}(p, y) = \mathcal{L}_{\text{交叉熵}}(p_t) = -\log(p_t) \tag{5.3}$$

其中

$$p_t = \begin{cases} p & y=1 \\ 1-p & \text{其他} \end{cases} \tag{5.4}$$

1. α_t：解决正负样本不平衡

平衡交叉熵的提出是为了解决**正负样本不平衡**的问题的。它的原理很简单：为正负样本分配不同的权重比值 $\alpha \in [0,1]$，当 $y=1$ 时取 α；当 $y=-1$ 时取 $1-\alpha$。我们使用和 p_t 类似的方法将上面 α 的情况表示为 α_t，即：

$$\alpha_t = \begin{cases} \alpha & y=1 \\ 1-\alpha & \text{其他} \end{cases} \tag{5.5}$$

那么，这个 α 交叉熵损失可以表示为式（5.6）：

$$\mathcal{L}_{\text{交叉熵}}(p_t) = -\alpha_t \log(p_t) \tag{5.6}$$

α_t 的值往往需要根据验证集进行调整，论文中给出的值是 0.25。

2. γ：解决难易样本不平衡

在 Focal Loss 中引入 γ 是为了解决**难易样本不平衡**的问题的。图 5.2 所示是交叉熵损失和 Focal Loss 损失的曲线，即 Focal Loss 中样本预测概率和损失值之间的关系。其中蓝色曲线是交叉熵的函数曲线（$\gamma=0$ 时 Focal Loss 退化为交叉熵损失）。

从图 5.2 的曲线中我们可以看出，对于一些易样本，虽然它们**单个样本**的损失值可以收敛到很小，但是由于它们的数量过于庞大，把一些难样本的损失值覆盖掉了，导致求和之后它们依然会支配整个批次样本的收敛方向。

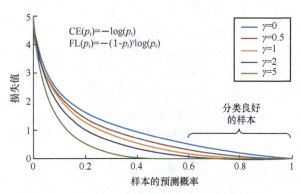

图 5.2 交叉熵损失和 Focal Loss 损失的曲线

一个非常简单的策略是继续缩小易样本的训练比重。Focal Loss 的思路很简单，给每个易样本乘 $(1-p_t)^\gamma$。由于易样本的置信度 p_t 往往接近 1，那么 $(1-p_t)^\gamma$ 值会比较小，因此易样本得到了抑制，难样本得到了放大，例如图 5.2 中 $\gamma>0$ 对应的那 4 条曲线。

Focal Loss 的求导结果表示为式（5.7）：

$$\frac{\partial \mathcal{L}_{\text{Focal Loss}}}{\partial x} = y(1-p_t)^\gamma (\gamma \cdot p_t \cdot \log(p_t) + p_t - 1) \tag{5.7}$$

其中，γ 的值也可以根据验证集来调整，论文中给出的值是 2。

3. Focal Loss 的最终形式

结合上面的 α_t 和 γ，我们便有了式（5.1）中 Focal Loss 的最终形式。Focal Loss 也通过实验验证了结合两个策略的实验效果最好。

Focal Loss 的最终形式并不是严格要求如式（5.1），但是它应满足前文的分析，即能缩小易样本的比重。例如在论文附录 A 中给出的另一种 Focal Loss：$\mathcal{L}_{\text{Focal Loss}^*}$，交叉损失和 $\mathcal{L}_{\text{Focal Loss}^*}$ 损失的曲线如图 5.3 所示。它表示为式（5.8），能取得和 Focal Loss 类似的效果。

$$\mathcal{L}_{\text{Focal Loss}^*} = -\frac{\log(\sigma(\gamma \cdot y \cdot x + \beta))}{\gamma} \tag{5.8}$$

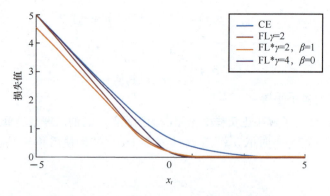

图 5.3　交叉损失和 $\mathcal{L}_{\text{Focal Loss}^*}$ 损失和曲线

最后论文的作者指出，如果将单标签 softmax 换成多标签的 sigmoid 效果会更好，这里应该和我们在 YOLOv3 中分析的情况类似。

5.1.2　RetinaNet

算法所使用的检测框架 RetinaNet 并没有特别大的创新点，基本上是残差网络和 FPN 的最主流的方法，如图 5.4 所示，其中裁剪层（crop layer）用于特征图和输入图像的对齐。这里我们列出 RetinaNet 的几个重点：

- 融合的特征层是 P3 到 P7；
- 每个尺度的特征图有一组锚点（3×3=9）；
- 分类任务和检测任务的 FPN 部分的参数共享，其他参数不共享。

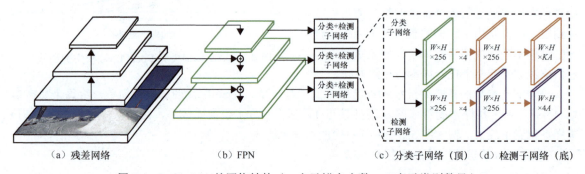

图 5.4　RetinaNet 的网络结构（A 表示锚点个数，K 表示类别数量）

测试的时候计算所有锚点的得分，再从其中选出前 1000 个进行 NMS，NMS 的阈值是 0.5。

5.1.3　小结

Focal Loss 的论文非常简洁明了，非常符合何恺明等人的风格。Focal Loss 中引入的两个参数 α_t 和 γ 分别用于抑制正负样本和难易样本的不平衡，动机明确。Focal Loss 几乎可以应用到很多不平衡数据的领域，还是非常有实用价值的。最后，RetinaNet 基于残差网络、FPN 搭建了检测网络 RetinaNet，该网络使用的策略都是他们自己提出的，而且网络包含目前效果非常好的基础结构，再结合 Focal Loss，该网络能刷新检测算法的精度并不令人意外。

5.2 IoU 损失

在本节中，先验知识包括：
- DenseBox（3.1 节）。

这里要介绍的 UnitBox 最开始被提出用来进行人脸检测，它最重要的影响是 IoU 损失的提出，引发了目标检测方向针对 IoU 损失的一系列优化。UnitBox 使用了和 DenseBox 类似的基于图像分割的方法进行人脸检测。在 DenseBox 中，检测框的定位使用的是 L_2 损失。L_2 损失的一个缺点是会使模型在训练过程中更偏向于尺寸更大的目标，因为大尺寸目标的 L_2 损失更容易大于小尺寸目标。为了解决这个问题，UnitBox 中使用了 IoU 损失。顾名思义，IoU 损失是使用预测框和真值框的交并比作为损失函数，它最大的特点便是损失函数的值与目标框的大小无关。

5.2.1 背景知识

先回顾下 DenseBox 中介绍的几个重要的知识点，明白了这些知识点才能理解下面要讲解的 UnitBox。

- DenseBox 的网络结构是全卷积网络，输出层是一个 $\frac{m}{4} \times \frac{n}{4}$ 的特征图。
- 输出特征图的每像素 (x_i, y_i) 都可以确定一个检测框的样本，包含样本置信度 y 和该点到 4 条边的距离 (x_t, x_b, y_t, y_b)，如图 5.5 所示。其中 l 表示框的左边，r 表示框的右边，t 表示框的上边，b 表示框的下边。

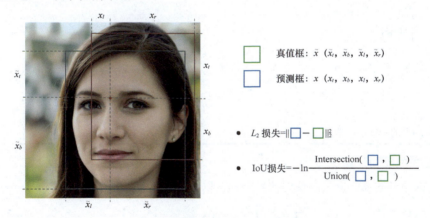

图 5.5 DenseBox 的 IoU 损失

UnitBox 的一个重要的特征是使用 IoU 损失替代了传统的 L_2 损失，下面我们先从 IoU 损失开始讲解 UnitBox。

5.2.2 IoU 损失

1. IoU 损失的前向计算

IoU 损失是通过预测框和真值框的交并比（IoU）构建的损失函数，它的前向计算非常简单，如算法 2 所示。

注意，结合图 5.5 中的 x 和 $\tilde{x}$ 的定义理解伪代码，X 计算的是预测框的面积，$\tilde{X}$ 则是真值框的面积，I 是两个区域的交集，U 是两个区域的并集。当 $0 \leq \text{IoU} \leq 1$ 时，$\mathcal{L} = -\ln(\text{IoU})$ 本质上是关于 IoU 的交叉熵损失函数，那么我们可以将 IoU 看作在伯努利分布中的随机采样，其中 $p(\text{IoU}=1)=1$，于是该函数可以化简成源码中的公式，即

$$\mathcal{L} = -p\ln(\text{IoU}) - (1-p)\ln(\text{IoU}) = -\ln(\text{IoU}) \tag{5.9}$$

从式（5.9）中可以看出，IoU 损失并不是独立的优化预测框的 4 个坐标，而是将预测框视为一个整体，因此能够达到比 L_2 损失更精确的检测结果。此外，无论真值框的尺寸如何，它的 IoU 损失值的范围均为 [0, 1]，这就赋予了 IoU 损失尺度无关的特性，使得它更擅长预测不同尺寸的目标。

算法 2　IoU 损失前向计算流程

输入：$\tilde{x}$ 表示真值框

输入：x 表示预测框

输出：$\mathcal{L}$ 表示 IoU 损失

1:　**for** each pixel(i,j) **do**
2:　　**if** $\tilde{x} \neq 0$ **then**
3:　　　　$X = (x_t + x_b) \times (x_l + x_r)$
4:　　　　$\tilde{X} = (\tilde{x}_t + \tilde{x}_b) \times (\tilde{x}_l + \tilde{x}_r)$
5:　　　　$I_h = \min(x_t, \tilde{x}_t) + \min(x_b, \tilde{x}_b)$
6:　　　　$I_w = \min(x_l, \tilde{x}_l) + \min(x_r, \tilde{x}_r)$
7:　　　　$I = I_h \times I_w$
8:　　　　$U = X + \tilde{X} - I$
9:　　　　$\text{IoU} = \dfrac{1}{U}$
10:　　　$\mathcal{L} = -\ln(\text{IoU})$
11:　　**else**
12:　　　$\mathcal{L} = 0$
13:　　**end if**
14:　**end for**
15:　计算所有区域 R 的 IoU 损失值 $\mathcal{L}$

2．IoU 损失的反向计算

这里我们推导一下 IoU 损失的反向计算公式，以变量 x_t 为例：

$$\begin{aligned}\dfrac{\partial \mathcal{L}}{\partial x_t} &= \dfrac{\partial}{\partial x_t}(-\ln(\text{IoU})) \\ &= -\dfrac{1}{\text{IoU}}\dfrac{\partial}{\partial x_t}(\text{IoU}) \\ &= -\dfrac{1}{\text{IoU}}\dfrac{\partial}{\partial x_t}\left(\dfrac{I}{U}\right) \\ &= \dfrac{1}{\text{IoU}}\dfrac{I \times \dfrac{\partial U}{\partial x_t} - U \times \dfrac{\partial I}{\partial x_t}}{U^2} \\ &= \dfrac{I \times \dfrac{\partial}{x_t}(X + \tilde{X} - I) - U \times \dfrac{\partial I}{\partial x_t}}{U^2 \cdot \text{IoU}}\end{aligned} \tag{5.10}$$

$$= \frac{I \times \left(\frac{\partial}{x_t}X - \frac{\partial}{\partial x_t}I\right) - U \times \frac{\partial I}{\partial x_t}}{U^2 \text{IoU}}$$

$$= \frac{1}{U}\frac{\partial X}{x_t} - \frac{U+I}{UI}\frac{\partial I}{x_t}$$

其中

$$\frac{\partial X}{x_t} = x_l + x_r \tag{5.11}$$

以及

$$\frac{\partial I}{x_t} = \begin{cases} I_w & x_t < \tilde{x}_t (\text{或} x_b < \tilde{x}_b) \\ 0 & \text{其他} \end{cases} \tag{5.12}$$

其他 3 个变量的推导方法类似，这里不再重复。从这个推导公式中我们可以得到 3 点信息：

- 损失函数和 $\frac{\partial X}{x_t}$ 成正比，因此预测的面积越大，损失越多；
- 损失函数和 $\frac{\partial I}{x_t}$ 成反比，因此我们希望交集尽可能大；
- 综合前两条信息我们可以看出当预测框等于真值框的值时检测效果最好。

5.2.3 UnitBox 网络结构

UnitBox 是一个人脸检测算法，它的网络结构如图 5.6 所示。

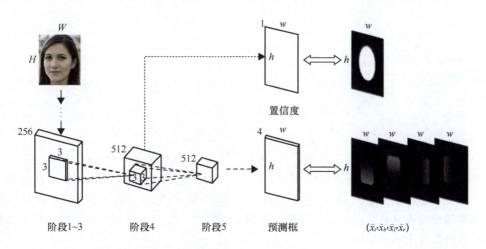

图 5.6 UnitBox 的网络结构

1. 网络的输入输出

输入：由于使用了全卷积结构，在测试时直接输入原始图像即可。在训练时每个批次的图像的尺寸相同即可。

输出：UnitBox 的输出标签分成两部分，上半部分椭圆形为置信度热图，具体标签生成方法论文中没有讲，猜测采样应该采用的是类似于 DenseBox 中的策略。下半部分是预测框热图，生成策略应该采用的也是类似于 DenseBox 中的策略。

2．骨干网络

UnitBox 的骨干网络是 VGG-16，用于计算置信度热图的是阶段 4 的特征图，计算方式是先通过双线性插值得到相同尺寸的特征图，再通过 1×1 卷积将特征图的通道数降到 1，此时得到的特征图表示预测的置信度热图。网络的另一个分支用于计算预测框热图，特征图取自 VGG-16 的阶段 5。通过和上面类似的方法得到和原始图像尺寸相同的 4 个预测框热图，并且在后面加入了 ReLU 将负值置 0。

至于为什么两个任务使用不同的阶段，论文中给出的解释是 IoU 损失计算的预测框是一个整体，因此需要更大的感受野。由于 UnitBox 仅添加了两组 1×1 卷积，因此速度要比 DenseBox 快很多。

5.2.4　小结

UnitBox 的提出虽然是为了解决人脸检测问题，但是从其算法角度讲也可以扩展到其他类型的检测任务中，但是像 PASCAL VOC 或者 COCO 这样的多类别检测任务，目前基于语义分割的方法还需要改进，因为其本身的置信度热图的设计是位于 [0, 1] 的一个值，暂时无法进行多分类。

本节的主要目的是介绍 UnitBox 中引入的 IoU 损失，IoU 损失有如下优点。

- IoU 是一个更准确的检测指标：IoU 损失将位置信息作为一个整体进行训练，而 L_2 损失把它们当作互相独立的 4 个变量进行训练，整体训练得到的结果更准确。
- IoU 损失具有尺度不变性：无论输入的样本是什么样子，IoU 的值的范围均为 [0, 1]，这种天然的归一化的损失使模型具有更强的处理多尺度图像的能力。

5.3　GIoU 损失

在本节中，先验知识包括：
- IoU 损失（5.2 节）。

在 UnitBox 论文中，IoU 损失用于替代传统的均方误差（mean square error，MSE）或者 Smooth L1 损失等损失函数，这一思路提出的动机是 IoU 是一个更能反馈检测效果的指标，而且 IoU 损失具有尺度不变性。这里要介绍的 GIoU（generalized intersection over union）损失旨在**解决 IoU 损失在检测框和真值框没有重合区域的时候其值始终为 1 的问题**，它对于增加主流的检测模型的检测效果，提升模型收敛速度都有帮助。

5.3.1　算法背景

1．L_n 损失

在早期的目标检测算法中，一般使用 MSE、L_1 损失或者 L_2 损失作为损失函数，之后 Fast R-CNN 提出了 Smooth L1 损失，它们的共同点是都使用两个角点、4 个坐标作为计算损失函数的变量，我们在这里统一称它们为 L_n 损失。

之所以说 L_n 损失不和检测结果强相关，是因为它存在图 5.7 所示的几种情况。在图 5.7 中，绿色框是真值框，黑色框是预测框。假设预测框的左下角是固定的，只要右上角在以真值框为圆心的圆周上，这些预测框都有相同的 L_n 损失值，但是很明显它们的检测效果的差距是非常大的。与之对比的是 IoU 和 GIoU，它们则在这几个不同的检测框下拥有不同的值，比较真实地反映了检测效果的优劣。

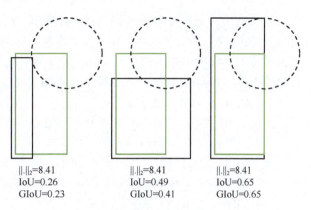

2. IoU 损失

从图 5.7 中我们可以看出 IoU 损失要比 L_n 损失更能反映检测效果的优劣，IoU 损失可以表示为式（5.13）：

图 5.7 几种检测情况的 L_n 损失值、IoU 损失值、GIoU 损失值

$$\mathcal{L}_{\text{IoU}} = 1 - \frac{|A \cap B|}{|A \cup B|} \tag{5.13}$$

从式（5.13）中我们可以看出 IoU 损失具有如下性质。

- **尺度不变性**：IoU 反映的是真值框和预测框交集和并集之间的比例，因此和检测框的大小无关。而 L_n 损失则是和尺度相关的，对于相同损失值的大目标和小目标，大目标的检测效果要优于小目标，因此 IoU 对于小目标的检测也是有帮助的。
- **IoU 是一个距离**：这个距离是评估两个矩形框之间的一个指标，IoU 指标具有距离的一切特性，包括对称性、非负性、同一性、三角不等性。

IoU 损失的最大问题是当两个物体没有互相覆盖时，损失值都会变成 1。但是不同的不相互覆盖的情况也能反映检测效果的优劣，如图 5.8 所示。可以看出，当真值框（黑色）和预测框（绿色）没有交集时，IoU 的值始终是 0，GIoU 则拥有不同的值，而且和检测效果成正相关。

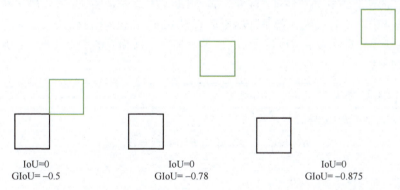

图 5.8 在几种没有重合区域的情况下，IoU 的值始终是 0，但是 GIoU 能反映检测效果

5.3.2 GIoU 损失详解

1. GIoU

GIoU 的算法动机相当于在损失函数中加入一个真值框和预测框构成的闭包的惩罚项，它的惩罚项是闭包减去两个框的并集后的面积在闭包中的比例，这一比例越小越好。如图 5.9 所示，闭包是红色虚线的矩形，我们要最小化阴影部分的面积除以闭包的面积。

具体地讲，假设 A 是真值框，B 是预测框，C 是这两个区域的闭包（在 GIoU 损失中，闭包取的是包围这两个矩形区域的平行于坐标轴的最小矩形）。GIoU 的计算方式如算法 3。在算法 3 中，我们可以看出 GIoU 损失具有如下性质：

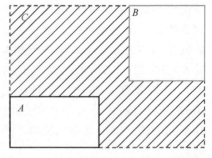

图 5.9　GIoU 的惩罚项为最小化阴影区域的面积

- GIoU 也具有尺度不变性；
- GIoU 也是一个距离，因此拥有对称性、非负性、同一性和三角不等性；
- GIoU 是 IoU 的下界，即 $\mathrm{GIoU}(A,B) \leqslant \mathrm{IoU}(A,B)$，且 A 和 B 的距离越接近，GIoU 和 IoU 的值越接近，即 $\lim_{A \to B} \mathrm{GIoU}(A,B) = \mathrm{IoU}(A,B)$；
- GIoU 的值域是 $[-1, 1]$。当 A 和 B 完美重合时，$\mathrm{GIoU}(A,B)=1$；当 A 和 B 距离特别远时，它们的闭包趋近于无穷大，此时 $\mathrm{IoU}(A,B)=0$，$\lim_{\frac{|A \cup B|}{|C|} \to 0} \mathrm{GIoU}(A,B) = -1$。

算法 3　GIoU 的计算方式

输入：两个任意的矩形框：$A, B \subseteq \mathbb{S} \in \mathbb{R}^n$

输出：GIoU

1: 对 A 和 B，找到它们的最小闭包区域 C，其中 $C \subseteq \mathbb{S} \in \mathbb{R}^n$

2: $\mathrm{IoU} = \dfrac{A \cap B}{A \cup B}$

3: $\mathrm{GIoU} = \mathrm{IoU} - \dfrac{|C \setminus (A \cup B)|}{|C|}$

---

2. GIoU 损失

$\mathcal{L}_{\mathrm{IoU}}$ 和 $\mathcal{L}_{\mathrm{GIoU}}$ 的计算方式如算法 4。注意，最小闭包 B^c 取的是图 5.9 所示的平行于坐标轴的矩形闭包。在算法 4 中，所有的操作都是加减乘除以及 min、max，因此 GIoU 是可导的，可以用作损失函数。从算法 3 和算法 4 中可以看出 GIoU 损失拥有 IoU 损失的所有优点，但是也具有 IoU 损失不具有的一些特性。

算法 4　IoU 和 GIoU 损失

输入：预测框 B^p 和真值框 B^g 的坐标：
$$B^p = (x_1^p, y_1^p, x_2^p, y_2^p), \quad B^g = (x_1^g, y_1^g, x_2^g, y_2^g)$$

输出：$\mathcal{L}_{\mathrm{IoU}}, \mathcal{L}_{\mathrm{GIoU}}$

1: 对于预测框 B^p，先确保 $x_2^p > x_1^p$ 以及 $y_2^p > y_1^p$：

$\hat{x}_1^p = \min(x_1^p, x_2^p), \hat{x}_2^p = \max(x_1^p, x_2^p)$
$\hat{y}_1^p = \min(y_1^p, y_2^p), \hat{y}_2^p = \max(y_1^p, y_2^p)$

2: 计算 B^g 的面积：$A^g = (x_2^g - x_1^g) \times (y_2^g - y_1^g)$

3: 计算 B^p 的面积：$A^p = (\hat{x}_2^p - \hat{x}_1^p) \times (\hat{y}_2^p - \hat{y}_1^p)$

4: 计算 B^p 和 B^g 的交集 I：

$x_1^I = \max(\hat{x}_1^p, x_1^g), x_2^I = \min(\hat{x}_2^p, x_2^g)$
$y_1^I = \max(\hat{y}_1^p, y_1^g), y_2^I = \min(\hat{y}_2^p, y_2^g)$

$$I = \begin{cases} (x_2^I - x_1^I) \times (y_2^I - y_1^I) & x_2^I > x_1^I, y_2^I > y_1^I \\ 0 & \text{其他} \end{cases}$$

5: 计算最小闭包 B^c

$x_1^c = \min(\hat{x}_1^p, x_1^g), x_2^c = \max(\hat{x}_2^p, x_2^g)$

$y_1^c = \min(\hat{y}_1^p, y_1^g), y_2^c = \max(\hat{y}_2^p, y_2^g)$

6: 计算闭包区域的面积：$A^c = (x_2^c - x_1^c) \times (y_2^c - y_1^c)$

7: $\text{IoU} = \dfrac{I}{U}$，其中 $U = A^p + A^g - I$

8: $\text{GIoU} = \text{IoU} - \dfrac{A^c - U}{A^c}$

9: $\mathcal{L}_{\text{IoU}} = 1 - \text{IoU}, \mathcal{L}_{\text{GIoU}} = 1 - \text{GIoU}$

3. GIoU 损失的性质

稳定性是一个损失函数必备的重要性质，一个稳定的损失函数是构成平滑的损失平面最为重要的因素，它对于提升收敛速度、提升模型性能都非常重要。那么 GIoU 是否稳定呢？根据算法 4 中 IoU 损失的计算方式，我们知道两个矩形的交集 I 和并集 U 满足 $0 \leqslant I \leqslant U$ 并且 $U > 0$，$0 \leqslant \mathcal{L}_{\text{IoU}} \leqslant 1$，所以 $\mathcal{L}_{\text{IoU}}$ 是一个稳定的损失函数。那么 $\mathcal{L}_{\text{GIoU}}$ 是否稳定呢？我们对它进行一下变形，如式（5.14）。

$$\begin{aligned} \mathcal{L}_{\text{GIoU}} &= 1 - \text{GIoU} \\ &= 1 - \left(\text{IoU} - \dfrac{A^c - U}{A^c} \right) \\ &= 1 - \left(\text{IoU} - 1 + \dfrac{U}{A^c} \right) \\ &= 2 - \text{IoU} - \dfrac{U}{A^c} \end{aligned} \quad (5.14)$$

根据上面介绍的 GIoU 的值域，我们可以推出 $0 \leqslant \mathcal{L}_{\text{GIoU}} \leqslant 2$，因为损失函数的值被限制在了一个很小的范围，所以网络不会剧烈波动，证明了 GIoU 的稳定性。

当两个矩形框没有重叠时，$\text{IoU}(A, B) = 0$，式（5.14）等价为式（5.15）。

$$\mathcal{L}_{\text{GIoU}} = 2 - \dfrac{U}{A^c} = 2 - \dfrac{A^p + A^g}{A^c} \quad (5.15)$$

可以看出，$\mathcal{L}_{\text{GIoU}}$ 和 A^c 成正比，和 A^g 成反比，所以当两个矩形不重叠时，模型的优化目标便是减小两个矩形的闭包的面积或者增大 A^p 的面积。这时模型会向着两个方向调整预测框，即减小两个矩形的闭包或者向着真值框的方向增加预测框的面积直到两个矩形有交集。

5.3.3 小结

GIoU 损失优化的是当两个矩形框没有重叠时候的情况，而当两个矩形框的位置非常接近时，GIoU 损失和 IoU 损失的值是非常接近的，因此在某些场景下使用两个损失的模型效果应该比较接近，但是 GIoU 应该具有更快的收敛速度。

从 GIoU 的性质中我们可以看出，GIoU 在两个矩形框没有重叠时，它的优化目标是最小化两个矩形的闭包或是增大预测框的面积，但是第二个目标并不是十分直接。

5.4 DIoU 损失和 CIoU 损失

在本节中，先验知识包括：
- IoU 损失（5.2 节）；
- GIoU 损失（5.3 节）。

在 5.3 节中我们介绍到 GIoU 损失使用闭包作为惩罚项，当两个矩形没有重叠区域时，它的值和 $\frac{U}{A^c}$ 成反比。它的缺点是闭包的惩罚项不是非常准确衡量检测效果的指标，因为它可以通过两个方式减小损失值，一个是缩小闭包，另一个是通过扩大预测框面积的方式增加并集 U 的大小。但是第二个方式并不总是我们想要的，因此 GIoU 存在让模型迭代"走弯路"的问题，进而影响模型的收敛速度。

这里要介绍的 DIoU 损失使用更直接的两个框的欧氏距离作为惩罚项，它的特点是惩罚项和我们的优化目标是一致的，因此拥有比 GIoU 损失更快的收敛速度。另一个 CIoU 损失则是进一步在惩罚项中加入矩形框的相对比例。除此之外，论文还提出将 DIoU 和 NMS 进行结合，提出了 DIoU-NMS 的后处理方法。

5.4.1 背景

1. 收敛速度

如之前所介绍的，因为 GIoU 损失使用闭包作为惩罚项，可能导致在模型迭代"走弯路"的问题，即如图 5.10 所示的这种情况，其中绿色框是真值框，蓝色框是预测框，上面一行是 GIoU 训练时的预测框的变化情况，下面一行是 DIoU 训练时的预测框的变化情况。在 5.3 节所介绍的 GIoU 损失的情况下，因为两个框没有重合区域，所以此时损失值为 $2-\frac{U}{A^c}$，对比第 100 轮迭代和第 40 轮迭代，第 100 轮迭代的损失值是比第 40 轮迭代要低的，但是检测效果反而变差了，这一切的根源在于 GIoU 的设计使得扩大两个区域的并集面积也能够减小损失值。而下面的 DIoU 损失的训练情况则要比 GIoU 损失好很多。

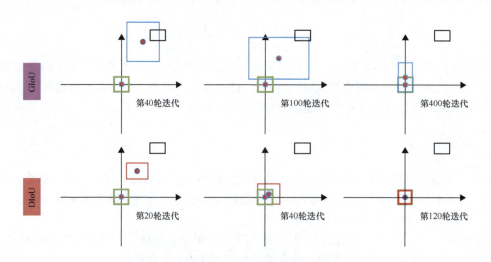

图 5.10 GIoU 损失让模型迭代"走弯路"的问题

2. 检测效果

GIoU 损失的另一个问题是当预测框在真值框内部时，GIoU 损失的惩罚项退化为 0，此时 GIoU 损失也退化成了 IoU 损失。如图 5.11 所示，这时的 GIoU 损失和 IoU 损失已无法反映检测效果的优劣了。

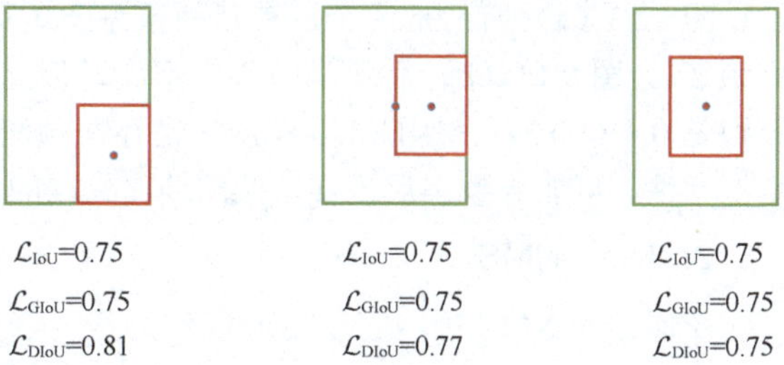

5.4.2 DIoU 损失

图 5.11 不同效果的检测框的 GIoU 损失都是 0.75

基于上面的介绍，DIoU 损失设计了一个更符合实际检测效果的惩罚项，DIoU 损失表示为式（5.16）：

$$\mathcal{L}_{\text{DIoU}} = 1 - \text{DIoU} = 1 - (\text{IoU} - \mathcal{R}_{\text{DIoU}}) = 1 - \text{IoU} + \frac{\rho^2(\boldsymbol{b}, \boldsymbol{b}^{gt})}{c^2} \tag{5.16}$$

其中 $\boldsymbol{b}$ 和 $\boldsymbol{b}^{gt}$ 表示两个矩形框的中心点，ρ 表示两个矩形框之间的欧氏距离，c 表示两个矩形框的闭包区域的对角线的距离，它的物理意义如图 5.12 所示。可以看出，DIoU 损失的优化目标是直接减小两个矩形框中心点之间的欧氏距离，因此被叫作距离 IoU 损失。c 的作用是防止损失函数的值过大，从而提升收敛速度。

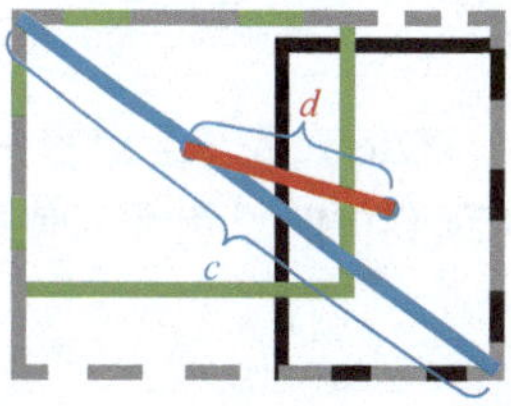

这里我们通过分析 DIoU 损失的两种极端情况来看一下 DIoU 的值域。一种极端情况是预测结果完全一致，此时 $\rho^2(\boldsymbol{b}, \boldsymbol{b}^{gt}) = 0$，IoU=1，因此 DIoU 损失的最小值是 0。另一种极端情况是预测框距离真值框比

图 5.12 DIoU 损失的惩罚项的物理意义

较远，此时 c 和 $\rho(\boldsymbol{b}, \boldsymbol{b}^{gt})$ 无限逼近，$\lim_{\rho \to \infty} \frac{\rho^2(\boldsymbol{b}, \boldsymbol{b}^{gt})}{c^2} = 1$，IoU=0，因此 DIoU 损失的最大值是 2。而且我们可以看出 $0 \leqslant \rho(\boldsymbol{b}, \boldsymbol{b}^{gt}) < c$，因此 DIoU 损失的值域是 [0, 2]，而且不存在除以 0 的情况，所以 DIoU 损失是个稳定的损失函数。

对比 IoU 损失和 GIoU 损失，因为 DIoU 损失的惩罚项是距离，所以它丧失了尺度不变性的优点，但是它仍旧是一个距离，因此具有对称性、非负性、同一性和三角不等性。

1. DIoU 损失的问题

从式（5.16）中我们可以看出 $\mathcal{L}_{\text{DIoU}}$ 和闭包的对角线距离 c 成反比，当两个预测框的中心点之间的距离不变时，闭包的对角线越长，DIoU 损失的值越小，这就意味着 DIoU 损失可能存在训练过程中预测框被错误放大，但是损失值变小的现象，如图 5.13 所示。

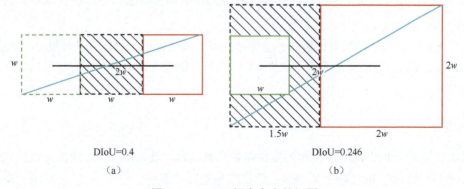

DIoU=0.4
（a）

DIoU=0.246
（b）

图 5.13 DIoU 损失存在的问题

图 5.13（a）所示是两个没有互相覆盖的矩形框，它们都是边长为 w 的矩形，它们中心点的距离为 $2w$。图 5.13（b）所示是中心点不变，但是边长扩大到了 $2w$ 的矩形，两种情况下 DIoU 的值分别是 0.4 和 0.246，因此 DIoU 损失也存在预测框被错误放大的问题。另外，DIoU 损失破坏了尺度不变性，可能导致小尺度样本检测精度失准的问题。

2. DIoU-NMS

在原始的 NMS 中，它使用 IoU 作为是否合并的标准。而因为 DIoU 中引入了新的衡量检测效果优劣的指标，所以可以使用 DIoU 作为合并的标准，从而对图 5.13 中的几种情况进行更好的合并。DIoU-NMS 表示为式（5.17）：

$$s_i = \begin{cases} s_i & \text{IoU} - \mathcal{R}_{\text{DIoU}}(\mathcal{M}, B_i) < \varepsilon \\ 0 & \text{IoU} - \mathcal{R}_{\text{DIoU}}(\mathcal{M}, B_i) \geqslant \varepsilon \end{cases} \tag{5.17}$$

其中，$\mathcal{M}$ 表示预测框中得分更高的预测框，ε 是 DIoU-NMS 的阈值。

5.4.3 CIoU 损失

DIoU 损失考虑了两个指标：IoU 和中心点距离。CIoU 损失则又向其中添加了相对比例，用于对预测框的形状和真值框的形状不一致的结果进行惩罚，它的惩罚项表示为式（5.18）：

$$\mathcal{R}_{\text{CIoU}} = \frac{\rho^2(\boldsymbol{b}, \boldsymbol{b}^{gt})}{c^2} + \alpha v \tag{5.18}$$

其中 v 用来衡量两个矩形框相对比例的一致性，α 是权重系数，如式（5.19）。

$$v = \frac{4}{\pi^2} \left(\arctan \frac{w^{gt}}{h^{gt}} - \arctan \frac{w}{h} \right)^2 \qquad \alpha = \frac{v}{(1 - \text{IoU}) + v} \tag{5.19}$$

CIoU 损失表示为式（5.20）：

$$\mathcal{L}_{\text{CIoU}} = 1 - \text{IoU} + \frac{\rho^2(\boldsymbol{b}, \boldsymbol{b}^{gt})}{c^2} + \alpha v \tag{5.20}$$

CIoU 损失比 DIoU 损失多了一项 v，而 v 中包含我们要预测的 w 和 h。v 关于这两个变量的倒数为：

$$\begin{aligned} \frac{\partial v}{\partial w} &= \frac{8}{\pi^2} \left(\arctan \frac{w^{gt}}{h^{gt}} - \arctan \frac{w}{h} \right) \times \frac{h}{w^2 + h^2} \\ \frac{\partial v}{\partial h} &= -\frac{8}{\pi^2} \left(\arctan \frac{w^{gt}}{h^{gt}} - \arctan \frac{w}{h} \right) \times \frac{w}{w^2 + h^2} \end{aligned} \tag{5.21}$$

当预测的 w 和 h 的值非常小时，会导致 $\frac{1}{w^2 + h^2}$ 的值非常大，进而导致梯度爆炸，为了避免这个问题，在 CIoU 损失中，这个值被设置为了常数 1。

CIoU 损失在这里添加的相对比例并不是非常直接的优化目标，我们只是希望定位的位置准确，相对比例并不是定位准确最重要的点，这里 CIoU 损失可能存在因为照顾相对比例而丢失实际位置和大小的问题。

5.4.4 小结

DIoU 损失将两个框之间的距离作为损失函数的惩罚项，比 GIoU 损失间接地优化闭包面积要直接得多，所以拥有比 GIoU 损失更快的收敛速度和更好的表现。而 CIoU 损失则进一步考虑了矩形框的相对比例，使得检测效果更进一步。此外，DIoU 还可以与 NMS 结合，提升后处理的效果。

5.5 Focal-EIoU 损失

在本节中，先验知识包括：
- Focal Loss（5.1 节）；
- CIoU（5.4 节）。

在前面介绍的 CIoU 损失中，它使用的惩罚项包括矩形框的距离和相对比例。在这里要介绍的 EIoU 损失中，相对比例不是很直接的指标，而且存在若干问题，因此提出了更为直接的使用边长作为惩罚项的思路。此外，为了解决低质量样本造成的损失值剧烈振荡的问题，这个算法设计了一个用于回归的 Focal Loss。最后，将这两个损失结合，构成了 Focal-EIoU 损失。

5.5.1 EIoU 损失

EIoU 损失针对 CIoU 损失进行了改进，CIoU 损失定义为式（5.20），v 的值定义为 $v = \frac{4}{\pi^2}\left(\arctan\frac{w^{gt}}{h^{gt}} - \arctan\frac{w}{h}\right)^2$，它关于边长 w 和 h 的梯度如式（5.21）。

我们这里看一下 CIoU 损失存在的几个问题。

- CIoU 损失使用的是宽和高的相对比例，并不是宽和高的值。根据 v 的定义，可以看出只要预测框的宽和高满足 $\{(w = kw^{gt}, h = kh^{gt}) | k \in \mathbb{R}^+\}$，那么 CIoU 损失中添加的相对比例的惩罚项便不再起作用。
- 根据式（5.21），可以推出 $\frac{\partial v}{\partial w} = -\frac{h}{w}\frac{\partial v}{\partial h}$，表明 w 和 h 的梯度值 $\frac{\partial v}{\partial w}$ 和 $\frac{\partial v}{\partial h}$ 具有相反的符号。这个相反的符号在训练的过程中问题就很大，它表现在 w 和 h 在其中一个值增大时，另一个值必须减小，它们不能保持同增同减。

如图 5.14 所示，GIoU 损失的问题是使用闭包的面积减去并集的面积作为惩罚项，这导致了 GIoU 损失存在先扩大并集面积再优化 IoU 损失的"走弯路"的问题。CIoU 损失的问题是宽和高不能同时增大或者减小，例如在图 5.14 中的第二行，锚点的宽和高均大于待检测物体，但是在优化过程中它仍然会放大预测框的宽。对比上面两个损失函数，EIoU 损失则拥有更快的收敛速度。

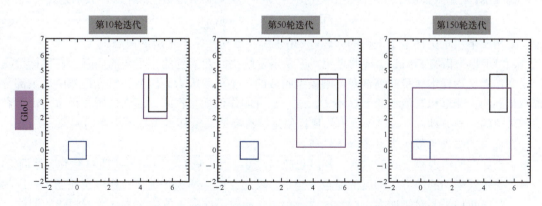

图 5.14　GIoU 损失、CIoU 损失和 EIoU 损失在相同锚点和真值框时的收敛情况，其中蓝色的是真值框，粉、红、绿分别是 3 个损失函数的预测值

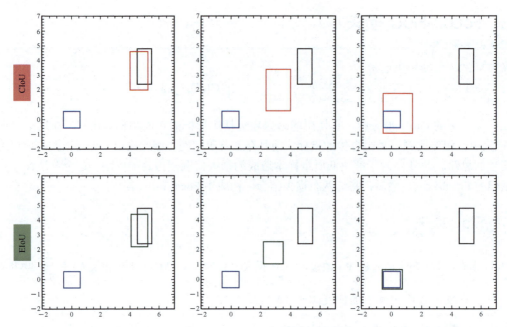

图 5.14 GIoU 损失、CIoU 损失和 EIoU 损失在相同锚点和真值框时的收敛情况，其中蓝色的是真值框，粉、红、绿分别是 3 个损失函数的预测值（续）

基于这个现象，EIoU 损失提出了直接对 w 和 h 的预测结果进行惩罚的损失函数，它表示为式（5.22）：

$$\mathcal{L}_{\text{EIoU}} = \mathcal{L}_{\text{IoU}} + \mathcal{L}_{\text{dis}} + \mathcal{L}_{\text{asp}} = 1 - \text{IoU} + \frac{\rho^2(\boldsymbol{b}, \boldsymbol{b}^{gt})}{c^2} + \frac{\rho^2(w, w^{gt})}{C_w^2} + \frac{\rho^2(h, h^{gt})}{C_h^2} \qquad (5.22)$$

其中，C_w 和 C_h 分别是两个矩形的闭包的宽和高。可以看出，EIoU 损失分成了 3 个部分：IoU 损失 $\mathcal{L}_{\text{IoU}}$、距离损失 $\mathcal{L}_{\text{dis}}$、边长损失 $\mathcal{L}_{\text{asp}}$。EIoU 损失是直接将边长作为惩罚项的，这样也能在一定程度上解决我们在 5.4 节中分析的 DIoU 损失可能的预测框被错误放大的问题。

5.5.2　Focal L1 损失

Focal Loss 是用来解决二分类问题中类别不平衡的交叉熵损失函数的改进版，表示为式（5.23）：

$$\text{Focal Loss} = -\alpha_t (1 - p_t)^\gamma \log(p_t) \qquad (5.23)$$

其中，α_t 用于解决正负样本不平衡的问题，γ 用于解决难易样本不平衡的问题。

Focal L1 损失借鉴 Focal Loss 的思想，但是用于解决回归问题的不平衡的问题。在目标检测方向，论文作者认为样本质量的高低是影响模型收敛的一个重要因素。因为在目标检测中，大部分根据锚点得到的预测框和真值框的 IoU 不大，这一部分叫作低质量样本，而在低质量样本上训练容易造成损失值的剧烈波动。Focal L1 提出的目标便是解决高低质量样本类别不平衡的问题。

一个优秀的损失函数应当具备以下性质。
- 当回归的错误率是 0 的时候，梯度也应当是 0，因为我们这时不再需要对参数进行调整。
- 在错误率小的地方，梯度的值也应当小，反之在错误率大的地方，梯度也应当大，因为这时候我们需要对错误率小的情况进行微调，而对错误率大的情况进行大刀阔斧的调整。
- 应该有一个参数可以抑制低质量样本对损失值的影响。
- 梯度值应该在一定的范围内，例如 (0, 1]，不然可能会造成梯度的剧烈波动。

基于这个思想，Focal L1 损失的梯度表示为式（5.24）：

$$g(x) = \frac{\partial \mathcal{L}_f}{\partial x} = \begin{cases} -\alpha x \ln(\beta x) & 0 < x \leq 1, \frac{1}{e} \leq \beta \leq 1 \\ -\alpha \ln(\beta) & x > 1, \frac{1}{e} \leq \beta \leq 1 \end{cases} \quad (5.24)$$

其中，β 用于控制曲线的弧度，无论 β 的值是什么，α 都可以将梯度的值控制到 [0, 1]。

下面介绍如何根据式（5.24）的损失函数和损失函数该具备的性质推导 Focal L1 损失的表达式、得到 β 的分段方式的原因以及 α 和 β 的关系。首先，我们可以得到 $g(x)$ 的一阶和二阶导数，如式（5.25）和式（5.26）。

$$g'(x) = -\alpha(\ln(\beta x) + 1) \quad (5.25)$$

$$g''(x) = -\frac{\alpha}{x} \quad (5.26)$$

可以看出，$g(x)$ 的二阶导数恒为负数，因此 $g(x)$ 是个上凸函数，进而推出在 $g'(x)=0$ 处拥有全局最大值。于是我们可以根据一阶导数为 0 的情况推出 β 和 x 的关系，如式（5.27）。

$$\begin{aligned} g'(x) = 0 &\Rightarrow -\alpha(\ln(\beta x) + 1) = 0 \\ &\Rightarrow \ln(\beta x) = -1 \\ &\Rightarrow x^* = \frac{1}{e\beta} \end{aligned} \quad (5.27)$$

因为 x^* 的范围是 (0, 1]，所以可以推出 β 的范围是 [1/e, +∞)。我们也要保证 $\beta x \in (0,1]$，得到 $\beta \in [\frac{1}{e}, 1)$。因为 x 在 $\frac{1}{e\beta}$ 处取得最大值，我们希望这个值是 1，这样可以推出 α 和 β 的关系，如式（5.28）。

$$\begin{aligned} g(x^*) = 1, \ x^* = \frac{1}{e\beta} &\Rightarrow -\alpha \frac{1}{e\beta} \ln\left(\beta \frac{1}{e\beta}\right) = 1 \\ &\Rightarrow \frac{\alpha}{e\beta} = 1 \\ &\Rightarrow \alpha = e\beta \end{aligned} \quad (5.28)$$

根据式（5.28）的梯度函数，我们对其求积分可以得到本节要介绍的 Focal L1 损失，损失函数如式（5.29）。

$$\mathcal{L}_f(x) = \begin{cases} -\dfrac{\alpha x^2(2\ln(\beta x) - 1)}{4} & 0 < x \leq 1, \frac{1}{e} \leq \beta \leq 1 \\ -\alpha \ln(\beta) x + C & x > 1, \frac{1}{e} \leq \beta \leq 1 \end{cases} \quad (5.29)$$

积分过程表示为式（5.30）：

$$\begin{aligned} \int_0^x -\alpha t \ln(\beta t) \mathrm{d}t &= -\alpha \int_0^x t\ln(\beta t)\mathrm{d}t = -\alpha \int_0^x \ln(\beta t) \mathrm{d}\frac{t^2}{2} = -\alpha \left(\ln(\beta t) \cdot \frac{t^2}{2} \Big|_0^x - \int_0^x \frac{1}{t} \cdot \frac{t^2}{2} \mathrm{d}t \right) \\ &= -\alpha \left(\ln(\beta x) \frac{x^2}{2} - \int_0^x \frac{t}{2} \mathrm{d}t \right) = -\alpha \left(\frac{x^2}{2} \ln(\beta x) - \frac{x^2}{4} \right) = -\frac{\alpha x^2 (2\ln(\beta x) - 1)}{4} \end{aligned} \quad (5.30)$$

其中，C 是一个常数，为了保证损失函数的连续性，将 $x=1$ 代入式（5.29），得到 $C = (2\alpha \ln\beta + \alpha)/4$。

Focal L1 损失的函数曲线和梯度曲线如图 5.15 所示。从图 5.15（b）中我们可以看出，Focal L1 损失可以根据 β 的值控制梯度值开始下降的位置并且在 $x=1$ 处下降到常数值。Focal L1 损失通过给低质量样本更小的梯度来实现对低质量样本的抑制。

Focal L1 损失通过计算 (x, y, w, h) 的位移偏差之和来计算回归损失，表示为式（5.31）：

$$\mathcal{L}_{\text{loc}} = \sum_{i \in \{x,y,w,h\}} \mathcal{L}_f\left(\left|B_i - B_i^{gt}\right|\right) \tag{5.31}$$

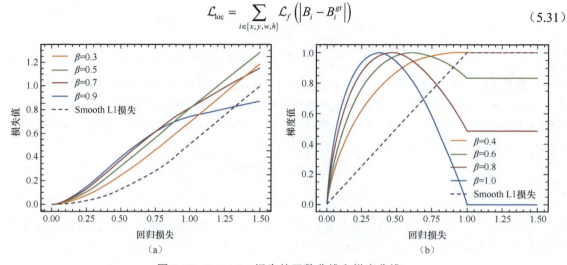

图 5.15 Focal L1 损失的函数曲线和梯度曲线

5.5.3 Focal-EIoU 损失

通过整合 EIoU 损失和 Focal L1 损失，我们得到了最终的 Focal-EIoU 损失，它表示为式（5.32）：

$$\mathcal{L}_{\text{Focal-EIoU}} = \text{IoU}^\gamma \mathcal{L}_{\text{EIoU}} \tag{5.32}$$

其中，γ 是一个用于控制曲线弧度的超参数。此外，论文作者还尝试了式（5.33）的形式的 Focal-EIoU 损失，但效果并不如式（5.32）。

$$\mathcal{L}^*_{\text{Focal-EIoU}} = -(1-\text{IoU})^\gamma \log(\text{IoU})\text{EIoU} \tag{5.33}$$

5.5.4 小结

本节讨论了 3 个损失函数，EIoU 损失从理论上解决了 CIoU 损失的 w 和 h 不能同时放大或者缩小的问题，但是有部分用户表明 EIoU 损失在部分数据集上的效果并不如 CIoU 损失。

本节讲解的这篇论文最大的亮点在于 Focal L1 损失的设计思想，它根据猜想的几个损失函数梯度应该具备的性质设计了损失函数的梯度，再反向积分得到这个损失函数。注意，这个损失函数和 Focal Loss 在提出动机上是不同的。Focal Loss 是用来解决正负样本不平衡和难易样本不平衡的问题的，而 Focal L1 损失是用来减小低质量样本对梯度的负面影响的。但是为什么低质量样本就要有小的梯度这一动机并不明确，而且在不同的训练阶段低质量样本的表现并不相同，个人猜测在不同的收敛情况下选择不同的损失函数也许会有帮助。

至此，基本目标检测方向前沿的损失函数已介绍完毕。检测任务的损失函数的一条非常明显的发展线是 IoU 损失→ GIoU 损失→ DIoU 损失→ CIoU 损失→ EIoU 损失，也基本沿着效果越来越好的方向发展。但是并不存在某个损失函数在所有数据集上碾压其他损失函数的情况。哪个损失函数效果更好不仅取决于损失函数本身，还依赖于数据集的分布、锚点框的设计、检测算法的设计等诸多因素，例如样本平衡性的分布、尺度的分布等。所以在实验条件的允许下，尽量尝试更多的损失函数才能从中选择出最适合当前任务的那个。

在目标检测方向还有很多有趣的研究方向，如标签平滑、非极大值抑制等，这里不展开讲解。关于目标检测的更多内容将会在知乎专栏中不断更新，欢迎读者前去阅读最新的文章。

第 6 章 语义分割

图像分割是计算机视觉领域的一个经典方向，是比目标检测和物体分类更困难的一个基础计算机视觉任务。目前图像分割主要包括语义分割、实例分割和全景分割 3 类，如图 6.1 所示。语义分割（semantic segmentation）指的是为图像中的每像素赋予类别标签，例如图 6.1（b）中为像素赋予行人、汽车、树木、建筑等标签。实例分割（instance segmentation）通常与目标检测相结合，它为检测算法检测出来的检测框中的物体预测像素级别的类别值，例如图 6.1（c）中每个人或者汽车都有不同的标签值。实例分割是基于检测框的，而目标检测的检测框可能会相互重叠，所以实例分割也会有相互重叠的情况。全景分割（panoptic segmentation）[①]是何恺明等人在 2019 年提出的一个分割场景，全景分割是语义分割和实例分割的结合，它不仅会将所有的目标都检测出来并赋予不同的类别标签，还会为图像中的每像素赋予类别标签，如图 6.1（d）所示。但是在何恺明等人的定义中，全景分割是不存在分割效果相互重叠的情况的。

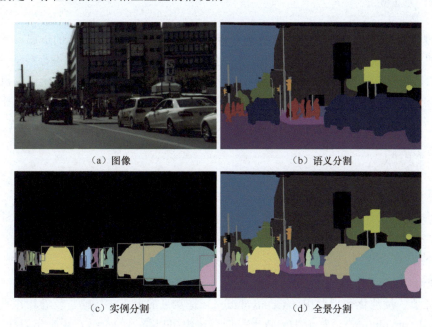

（a）图像　　　　　　　　　　　（b）语义分割

（c）实例分割　　　　　　　　　（d）全景分割

图 6.1　深度学习中的分割任务

---

① 参见 Alexander Kirillov、Kaiming He、Ross Girshick 等人的论文"Panoptic Segmentation"。

受限于篇幅，我们仅会在本章中介绍语义分割的经典算法，例如 FCN、DeepLab 系列等。而对于实例分割，第 1 章介绍的 Mask R-CNN 就是最经典的实例分割算法。对于全景分割，关注该方向的同学可自行查阅相关论文。

针对基于实景的语义分割，我们介绍的论文是 FCN 和 SegNet[①]。FCN 是最早使用深度学习进行语义分割的算法之一，它的算法最核心的是提出了全卷积的网络结构。SegNet 是一个经典的编码器 - 解码器的网络模型，它最核心的技术点是反池化（unpooling）的结构。

语义分割的一个经典应用场景是医学图像的分割，医学图像分割场景最大的特点是任务简单、数据量少。医学图像分割最经典的算法是 U-Net，U-Net 是一个 U 形的基于编码器 - 解码器的网络模型，它最大的特点是在编码器和解码器中间添加了跨层连接，它的特征融合的思想极大地影响了之后的目标检测和图像分割算法。医学图像分割的另一个重要场景是 3D 医学图像的分割，在这个方向上最经典的算法是 V-Net，V-Net 的架构是 V 形的，和 U-Net 基本一样，不同的是，V-Net 是使用 3D 卷积搭建而成的。它是我们学习 3D 卷积一个非常好的应用场景。

6.4 节介绍的是 DeepLab 系列的 4 个算法，DeepLab 系列的最大贡献是提出了空洞卷积的机制，后续的改进则是基于空洞卷积设计了空洞空间金字塔池化的结构。DeepLab 系列的核心改进也是针对空洞卷积的，例如设置空洞卷积的作用范围、不同层的空洞率等。

6.1 FCN 和 SegNet

在本节中，先验知识包括：
- DSSD（2.2 节）。

随着深度学习的发展，CNN 在图像分类和目标检测上都取得了突破性的进展。然而语义分割仍然是计算机视觉领域的一个难点，它的难度在于需要对图像中的每像素都进行精确的分类。本节要介绍的 FCN 和 SegNet[①]便是使用深度学习进行语义分割的基石算法，是每个计算机视觉领域的工作者都必读的经典算法。在本节中，我们将解读 FCN 和 SegNet 的论文，并对论文中涉及的一些概念进行详细的解释。

6.1.1 背景知识

1. Shift-and-Stitch

Shift-and-Stitch 是早期语义分割中用于解决区块感的策略之一，它通过移位（shift）和缝补（stitch）两步来得到高分辨率的输出图像。在 FCN 的论文中，Shift-and-Stitch 实际上就是一个空洞卷积，关于 Shift-and-Stitch 的详细解释参照附录 C。

2. 反卷积

双线性插值、反池化和反卷积（deconvolution）是常见的上采样策略。反卷积也被叫作转置卷积（transposed convolution），它最大的特点是拥有一组可以学习的参数，用来学习线性插入的值。反卷积的详细介绍可以参考 DSSD 论文。FCN 的实验结果表明，反卷积拥有比双线性插值更好的表现效果。

[①] 参见 Vijay Badrinarayanan、Alex Kendall、Roberto Cipolla 的论文 "SegNet: A Deep Convolutional Encoder-Decoder Architecture for Image Segmentation"。

3. 补丁级训练

补丁级训练（patchwise training）是指在训练时从输入图像中采样一些补丁，然后为每个补丁预测类别。补丁级训练最大的优点是能够通过采样的方法来解决类别不平衡的问题。而 FCN 认为没必要使用补丁级训练，其一它最擅长解决的类别不平衡问题可以使用加权损失得到一定程度的解决；其二对整图训练来说，输入图像带有太多的空间相关性，这个问题可以通过采样损失函数来解决，也就是论文中所说的"补丁级训练时损失采样"。这个采样可以通过在输出节点和损失之间添加一个 DropConnect 层来实现。实验结果表明，整图训练在速度和精度上都拥有更好的表现。

6.1.2 FCN 详解

1. 全连接与全卷积

在分类网络中，一般会使用全连接和 softmax 将特征图转换为概率分布，这个概率分布是一维的，因此只能用于单个值的预测。而 FCN 则是将后面的全连接全部换成了卷积操作，这样便可以输出二维的概率分布，然后通过 softmax 得到每像素的概率分布，这便是我们这里要做的语义分割，如图 6.2 所示，红色框便是替换之后的结果，其中第一个卷积操作的卷积核大小为 7×7，之后两个卷积操作的卷积核的大小都是 1×1，两个卷积操作之后都会接一个 Dropout。

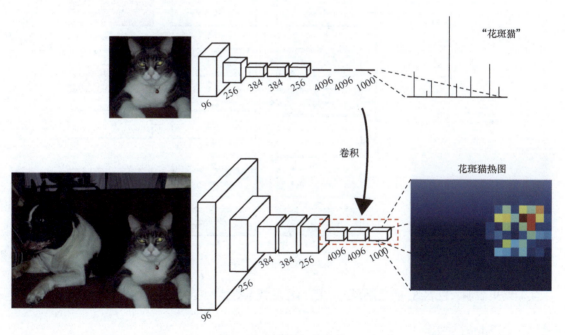

图 6.2　全连接与全卷积

2. FCN 的网络结构

FCN 的网络结构如图 6.3 所示，它最核心的部分是反卷积上采样和跳跃层（skip layer）。它的骨干网络采用了 VGG-16，经过 VGG-16 后图像的特征图变成原始输入图像的 1/32，FCN 将这个特征图叫作热图。FCN 共有 3 个不同的输出，它先使用 7×7 卷积和 1×1 卷积将热图的尺度调整为 $\frac{w}{32} \times \frac{h}{32} \times n\_class$。在生成 FCN-32s（表示 FCN 使用 32 倍降采样的效果，其他类似）时，它直接使用

32 倍的反卷积将热图的尺寸调整为 $w \times h \times $ n_class。在生成 FCN-16s 时，它使用反卷积将降采样 32 倍的热图上采样到图像的 1/16，再将 Pool4 使用 1×1 卷积的维度调整为 $\frac{w}{16} \times \frac{h}{16} \times $ n_class，最后使用一个 16 倍的反卷积将它的尺寸调整为 $w \times h \times $ n_class。FCN-8s 则需要将降采样 32 倍的上采样 4 倍，降采样 16 倍的上采样 2 倍，再与调整通道数的 Pool3 进行相加，最后使用 8 倍的反卷积得到与图像相同大小的预测结果。

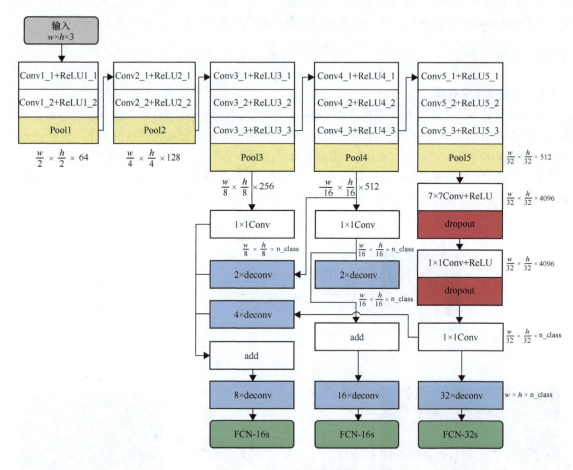

图 6.3　FCN 的网络结构

实验结果表明，FCN-8s 的效果最好，因为它融合了更多尺度的特征且上采样的参数更少。

6.1.3　SegNet 详解

不同于 FCN，SegNet 是一个基于编码器 - 解码器的模型，最大的贡献是提出了反池化的结构，反池化将编码器中使用的最大池化的索引应用到解码器上，提高了分割任务对分割边界的识别效果。SegNet 是一个全卷积的网络结构，它由编码器、解码器和输出层组成，如图 6.4 所示。

在 SegNet 的编码器中，使用的是 VGG-13 的网络结构，编码器的每层由 Conv+BN+ReLU 组成。编码器的降采样使用的是 2×2 的最大池化，降采样的同时保留被降采样的窗口的坐标。在 PyTorch 中，最大池化函数 nn.MaxPool2D 有一个名为 return_indices 的输入参数，将它的值设为

True 之后可以获得最大池化的像素的索引。这个索引可以使用一个两位的二进制数来表示，因此它占用的显存空间非常小。

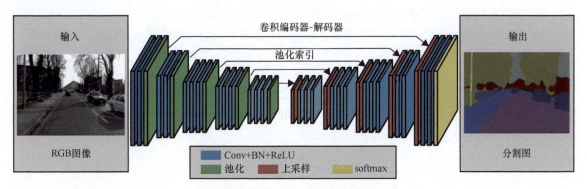

图 6.4　SegNet 的网络结构

SegNet 的解码器是一个和编码器对称的结构，它的核心结构是一个反池化的操作。我们知道池化操作是一个不可逆的操作，因为它只保留池化核内部最大的值，而将其他地方的值置 0。在反池化中，我们根据编码器保留的索引还原上采样之后对应的位置上的值，其他位置的值置 0，如图 6.5 所示。通过反池化得到的特征图是一个特征稀疏的结构，之后我们再使用卷积操作便可以得到稠密特征的特征图。

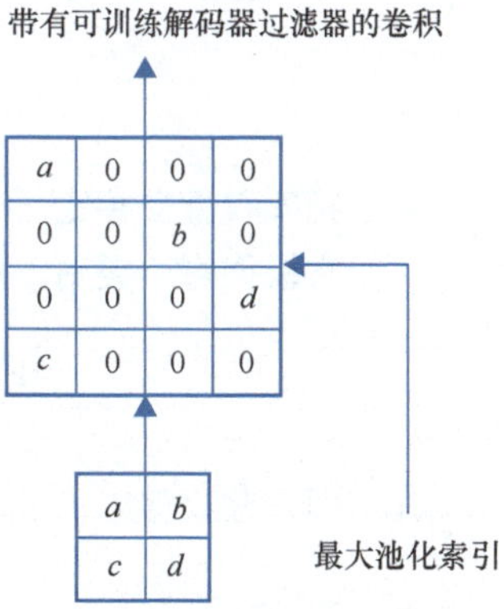

在 PyTorch 中，反最大池化的函数是 nn.MaxUnpool2d，将它的输入参数 indices 设置为对应的层的最大池化返回的索引值，便可以实现反池化操作。关于 MaxPool2d 和 MaxUnpool2d 的使用和返回结果可以简单参考下面的代码示例。

图 6.5　SegNet 的反池化结构

```
>>> import torch
>>> from torch import nn
>>> pool = nn.MaxPool2d(2, stride=2, return_indices=True)
>>> unpool = nn.MaxUnpool2d(2, stride=2)
>>> input = torch.tensor([[[[ 1.,  2,  3,  4],
                            [ 5,  6,  7,  8],
                            [ 9, 10, 11, 12],
                            [13, 14, 15, 16]]]])
>>> output, indices = pool(input)
>>> unpool(output, indices)
tensor([[[[ 0.,  0.,  0.,  0.],
          [ 0.,  6.,  0.,  8.],
          [ 0.,  0.,  0.,  0.],
          [ 0., 14.,  0., 16.]]]])
```

SegNet 有如下优点：
- 反池化提升了对边界的描述能力；
- 对比全连接，SegNet 的结构大大减少了模型的参数数量。

6.1.4　分割指标

假设 p_{ij} 表示真实值为 i、预测值为 j 的像素的数量，则 p_{ii} 表示正样本的数量，p_{ij} 和 p_{ji} 分别表示假阳性样本数量和假阴性样本数量；$K+1$ 表示类别数，包含 K 类物体和 1 类背景。分割任务的效果评估常见的指标如下。

- **像素准确率**（pixel accuracy，PA），即分类正确的像素占比，如式（6.1）。像素精度是基于全局均值的计算方式，它的优点是计算简单，但是它没有考虑不同类别物体之间的差异。

$$\text{PA} = \frac{\sum_{i=0}^{K} p_{ii}}{\sum_{i=0}^{K} \sum_{j=0}^{K} p_{ij}} \tag{6.1}$$

- **平均像素准确率**（mean pixel accuracy，MPA），即每个物体被正确分类的像素的比例，可用于求所有类的均值，表示为式（6.2）：

$$\text{MPA} = \frac{1}{K+1} \sum_{i=1}^{K} \frac{p_{ii}}{\sum_{j=0}^{K} p_{ij}} \tag{6.2}$$

- **交并比均值**（mean intersection over union，mIoU），用于计算真实值和预测值的交并比，即 mIoU = TP/(FP+FN+TP)，表示为式（6.3）：

$$\text{mIoU} = \frac{1}{K+1} \sum_{i=0}^{K} \frac{p_{ii}}{\sum_{j=0}^{K} p_{ij} + \sum_{j=0}^{K} p_{ji} - p_{ii}} \tag{6.3}$$

- **频率权重交并比**（frequency weighted intersection over union，FWIoU），mIoU 的一个进阶，它根据每个类别出现的频率为其设置权重，表示为式（6.4）：

$$\text{FWIoU} = \frac{1}{\sum_{i=0}^{K} \sum_{j=0}^{K} p_{ij}} \sum_{i=0}^{K} \frac{p_{ii}}{\sum_{j=0}^{K} p_{ij} + \sum_{j=0}^{K} p_{ji} - p_{ii}} \tag{6.4}$$

在上面这些指标中，mIoU 是使用最为广泛的度量标准。

6.1.5 小结

FCN 最大的贡献是开创了使用深度学习进行语义分割的先河，虽然它效果不是那么理想，网络结构看起来不是那么优美，但不能否定它对于深度学习的巨大意义。FCN 的效果不理想主要有两个原因：

- 8 倍的上采样依然非常粗糙，导致检测的结果依然比较模糊，对细节的分割效果非常不理想；
- 只是粗暴地对各像素进行分类，没有充分考虑像素之间的关系，缺乏空间一致性。

SegNet 最重要的一点是提出了反池化结构，它是一个没有参数的上采样结构，比双线性插值拥有更好的检测效果，而且实现了特征图和输入图像的尺寸的 1∶1 还原，因此拥有更精确的检测效果。

6.2 U-Net

在本节中，先验知识包括：
- FCN（6.1 节）。

U-Net 是比较早的使用全卷积网络进行语义分割的算法之一，它的论文中使用的包含压缩路径和扩展路径的对称 U 形结构在当时非常具有创新性，且一定程度上影响了后面若干个分割网络的设计，该网络的名字也源于其 U 形的形状。

U-Net 的实验采用的是一个比较简单的数据集 ISBI cell tracking，由于本身的任务比较简单，U-Net 仅仅通过 30 幅图像并辅以数据扩充策略便拿到当届比赛的冠军。

论文源码已开源，可惜是基于 MATLAB 的 Caffe 版本。目前已有各种开源工具实现版本的 U-Net 算法陆续开源，但是它们绝大多数都刻意回避了 U-Net 论文中的细节，虽然这些细节现在看起来已无关紧要甚至已被淘汰，但是如果想充分理解这个算法，还是建议去阅读论文作者的源码。

6.2.1 U-Net 详解

1. U-Net 的网络结构

U-Net 的网络结构如图 6.6 所示，它是一个经典的全卷积网络。网络的输入是一幅 572×572 的边缘经过镜像操作的图像。网络的左侧虚线框部分是由有效卷积和最大池化构成的一系列降采样操作，论文中将这一部分叫作压缩路径（contracting path）。压缩路径由 4 个网络块组成，每个网络块使用了 2 个有效卷积和 1 个最大池化降采样，每次降采样之后特征图的个数乘 2，因此有了图 6.6 中所示的特征图尺寸变化。最终得到了尺寸为 32×32 的特征图。

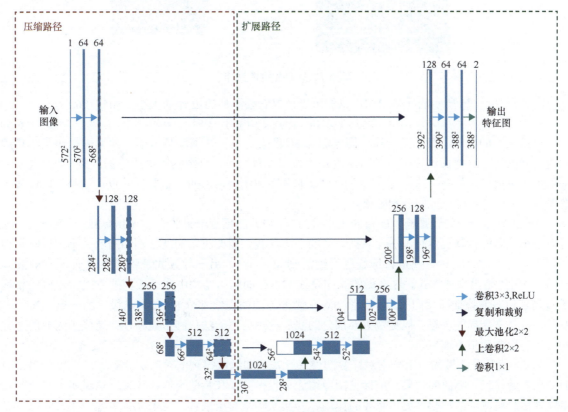

图 6.6 U-Net 的网络结构

网络的右侧虚线框部分在论文中叫作扩展路径（expansive path）。它同样由 4 个网络块组成，每个网络块开始之前通过反卷积将特征图的尺寸乘 2，同时将其通道数减半（最后一层略有不同），然后和左侧对称的压缩路径的特征图合并。由于左侧压缩路径和右侧扩展路径的特征图的尺寸不一样，U-Net 是通过将压缩路径的特征图裁剪到和扩展路径的特征图相同尺寸进行归一化的。扩展路径的卷积操作依旧使用的是有效卷积操作，最终得到的特征图的尺寸是 388×388。由于该任务是一个二分类任务，因此网络有两个输出特征图。

如图 6.6 所示，网络的输入图像的尺寸是 572×572，而输出特征图的尺寸是 388×388，这两幅图像的大小是不同的，无法直接计算损失函数，那么 U-Net 是怎么操作的呢？

2. U-Net 究竟输入了什么

U-Net 的一个问题是数据集中原始图像的尺寸都是 512×512 的，为了能更好地处理图像的边界像素，U-Net 使用了镜像操作来解决该问题。镜像操作是给输入图像加一个对称的边（见图 6.7），那么边的宽度是多少呢？我们知道每次有效卷积，增加的镜像边会各减小 1 像素。每次最大池化操作，图像的镜像边会减小一半。我们希望当到达 U-Net 网络结构的最底端时，增加的镜像边正好衰减完。

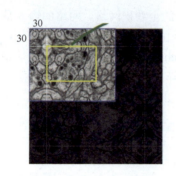

图 6.7　U-Net 镜像操作

因此根据图 6.6 所示的网络结构，我们可以计算它要添加的边 rf 的大小，如式（6.5）。

$$rf = (((0 \times 2 + 1 + 1) \times 2 + 1 + 1) \times 2 + 1 + 1) \times 2 + 1 + 1 = 30 \tag{6.5}$$

根据上面的分析，我们要为输入图像添加 30 像素的边。在深度学习中，常见的加边策略是添加值为 0 的边，这样操作的问题是图像边界的周围没有像素，会影响边界的分割效果。所以 U-Net 采用了镜像填充的策略，这样图像边界的像素的分布和图像内部的分布非常一致，从而可以使边界像素达到和内部像素近似的分割效果。

U-Net 的另一个问题是输入图像的大小（512×512）和预测结果的大小（388×388）不一致，这两个大小不同的矩阵显然是无法计算损失值的，因此我们需要将它们调整到相同的大小。这时我们依然有两种方式，一种方式是将标签图像缩放到 388×388，另一种方式是将图像裁剪到 388×388，U-Net 采用的是第二种方式。这么做的原因是在 U-Net 的网络结构中通过裁剪的方式将左侧的特征图调整到和右侧特征图相同的大小（图 6.6 左侧部分中的虚线部分）。尤其是最上面一层，虽然扩展路径中包含全局的信息，但是被丢弃部分的浅层纹理信息无法传到扩展路径，造成了缩放的方式在边界的检测效果不理想。

图 6.8 所示是我做的一组分别对标签图像进行裁剪和缩放得到的对照实验效果，可以看出裁剪的效果要明显优于缩放的效果。把标签图像缩放后也得到了和裁剪类似的效果，这说明了浅层的侧重纹理信息检测的卷积起着更为重要的作用。其实从实验结果来看，这个任务更像一个边缘检测任务，表明浅层的特征图明显要比深层的特征图重要，因此我们更需要保持标签图像和浅层图像的一致性，即都进行裁剪。

3. U-Net 的损失函数

ISBI 数据集的一个非常大的挑战是紧密相邻的物体之间的分割问题。图 6.9（a）所示是输入数据，图 6.9（b）所示是真值标签，图 6.9（c）所示是基于真值标签生成的分割掩码，图 6.9（d）所示是 U-Net 使用的用于分离边界的损失权值。

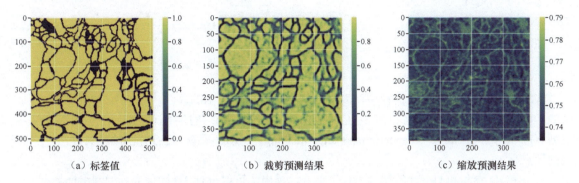

(a) 标签值　　　　　　　(b) 裁剪预测结果　　　　　　(c) 缩放预测结果

图 6.8　分别对标签图像进行裁剪和缩放的效果

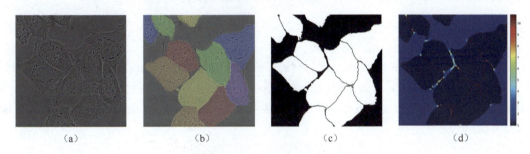

(a)　　　　　　(b)　　　　　　(c)　　　　　　(d)

图 6.9　ISBI 数据集样本示例

那么，该怎样设计损失函数来让模型有分离边界的能力呢？U-Net 使用的是带边界权值的损失函数：

$$E = \sum_{x \in \Omega} w(\boldsymbol{x}) \log(p_{\ell(x)}(\boldsymbol{x})) \tag{6.6}$$

其中，$p_{\ell(x)}(\boldsymbol{x})$ 是 softmax，$\ell: \Omega \to \{1, \cdots, K\}$ 是像素的标签值，$w: \Omega \in \mathbb{R}$ 是像素的权值，目的是给图像中贴近边界点的像素赋更高的权值。

$$w(\boldsymbol{x}) = w_c(\boldsymbol{x}) + w_0 \cdot \exp\left(-\frac{(d_1(\boldsymbol{x}) + d_2(\boldsymbol{x}))^2}{2\sigma^2}\right) \tag{6.7}$$

$w_c: \Omega \in \mathbb{R}$ 是平衡类别比例的权值，$d_1: \Omega \in \mathbb{R}$ 是像素到距离其最近的细胞的距离，$d_2: \Omega \in \mathbb{R}$ 则是像素到距离其次近的细胞的距离。w_0 和 σ 是常数值，在实验中 $w_0=10, \sigma \approx 5$。

6.2.2　数据扩充

由于训练集只有 30 个训练样本，U-Net 使用数据扩充的方法增加了样本数量，并且论文指出任意的弹性形变对训练非常有帮助。

6.2.3　小结

U-Net 是一个基于编码器 - 解码器的全卷积分割算法，被广泛地应用在医学图像分割任务上。对比基于场景的分割任务，医学图像分割的特点是语义简单、数据量少，同时它需要分割结果有很强的可解释性。U-Net 能够在医学图像上取得比较好的表现的一个原因是它不需要很大的感受野，仅使用浅层的信息便可以获得很好的检测效果，而不需要空洞卷积这样的扩大感受野的机制。另一个原因是 U-Net 的网络结构并没有很深，可以有效避免数据量少导致的过拟合问题。

6.3 V-Net

在本节中，先验知识包括：
- U-Net（6.2 节）;
- IoU 损失（5.2 节）。

FCN、U-Net 等都是经典的使用深度学习进行医学图像分割的算法，它们所分割的图像都是二维的。而在医学场景中，还有很多 3D 的图像数据。这里要介绍的 V-Net 便是一个使用深度学习对前列腺的 3D 磁共振成像（magnetic resonance imaging，MRI）数据[①]进行分割的经典算法，它的核心创新点有二：

- 将 3D 卷积和 U-Net 的架构进行了整合，提出了可以进行 3D 图像分割的网络框架；
- 提出了用 Dice 系数损失函数来解决分割样本中的正负样本不平衡的问题。

6.3.1 网络结构

V-Net 的网络结构如图 6.10 所示，它左侧的部分是压缩（compression）路径，右侧的部分是解压缩（decompression）路径，两部分使用的卷积都是有效卷积，卷积直接使用了残差结构。压缩路径和解压缩路径通过拼接的方式进行了融合。这里我们一边解析 V-Net 的结构，一边使用 PyTorch 对其进行复现。

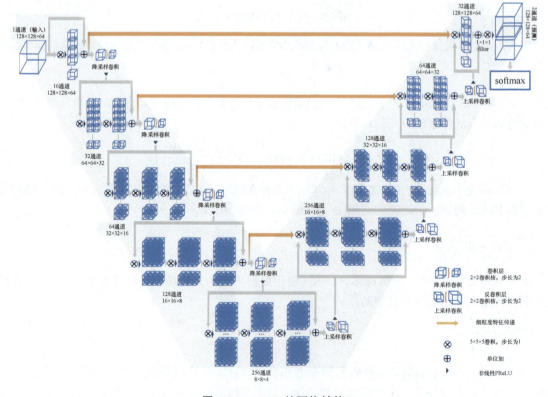

图 6.10 V-Net 的网络结构

[①] 参见 Geert Litjens、Robert Toth、Wendy van de Ven 等人的论文 "Evaluation of prostate segmentation algorithms for MRI: the PROMISE12 challenge"。

V-Net 的输入是单张 3D 磁共振成像，大小是 128×128×64，输出是 3D 图像的分割结果，大小是 128×128×64。在实现时，我们可以先搭建出 V-Net 的基础框架，然后逐渐补充每个模块的细节。它的框架代码如下。此时输出的 `out` 变量的维度和输入一样，都是 [1,1,64,128,128]。在 V-Net 中，所有的激活函数均使用 PReLU。

```python
class VNet(nn.Module):
    def __init__(self):
        super(VNet, self).__init__()
    def forward(self, x):
        out = x
        return out

if __name__ == "__main__":
    device = torch.device("cuda" if torch.cuda.is_available() else "cpu")
    model = VNet().to(device)
    pseudo_input = torch.randn(1,1,64,128,128).to(device) # BCDHW
    out = model(pseudo_input)
    print(out.shape)
```

1. 压缩路径

图 6.10 左侧所示的 V-Net 的压缩路径由 1 个输入操作和 4 个压缩操作组成。每个压缩操作由若干卷积操作组成，在每个压缩操作结束时，使用步长为 2 的 2×2×2 卷积进行降采样。3D 卷积的思想其实和二维卷积的思想一致，不同的是它使用的是 3D 的卷积核（见图 6.11），在二维卷积中的一些基本参数也是适用于 3D 卷积的。3D 卷积可由 PyTorch 的 `Conv3d` 函数实现。

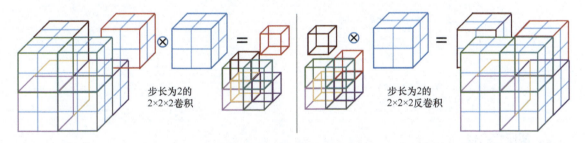

图 6.11　步长为 2 的 3D 卷积和步长为 2 的 3D 反卷积

输入模块：图 6.10 左上角的模块对应的是输入操作，它的输入是单个 3D 图像样本，图像样本的维度是 128×128×64，它首先使用 5×5×5 的卷积核将通道数降采样为 16，然后使用残差操作将卷积得到的特征图和输入图像进行单位加，最后使用步长为 2 的 2×2×2 卷积进行降采样，输入模块的实现如下：

```python
# 输入模块
class InputBlock(nn.Module):
    def __init__(self, out_channel):
        super(InputBlock, self).__init__()
        self.conv1 = nn.Conv3d(1, out_channel, kernel_size=5, padding=2)
        self.activation1 = nn.PReLU()
        self.conv2 = nn.Conv3d(out_channel, out_channel, kernel_size=2, stride=2)
        self.activation2 = nn.PReLU()
    def forward(self, x):
        c1 = self.conv1(x)
        c2 = self.activation1(c1)
```

```
        c3 = c1 + x
        c4 = self.conv2(c3)
        out = self.activation2(c4)
        return out
```

压缩模块：输入模块之后，V-Net 的第一个压缩模块由 2 个步长为 1 的 5×5×5 卷积和 1 个步长为 2 的 2×2×2 卷积组成，它的输入通道数是 16，输出通道数是 32。之后 3 个压缩模块都由 3 个 same 卷积和 1 个降采样卷积组成，它们的通道数都是前一个网络块的两倍。根据上面的总结，压缩模块只需要有输入通道数、输出通道数、普通卷积的个数这 3 个参数即可，实现代码如下：

```
# 压缩模块
class CompressionBlock(nn.Module):
    def __init__(self, in_channel, out_channel, layer_num):
        super(CompressionBlock, self).__init__()
        self.layer_num = layer_num
        self.conv1 = nn.Conv3d(in_channel, out_channel, kernel_size=5, padding=2)
        self.activation1 = nn.PReLU()
        self.conv2 = nn.Conv3d(out_channel, out_channel, kernel_size=5, padding=2)
        self.activation2 = nn.PReLU()
        if self.layer_num == 3:
            self.conv3 = nn.Conv3d(out_channel, out_channel, kernel_size=5, padding=2)
            self.activation3 = nn.PReLU()
        self.conv4 = nn.Conv3d(out_channel, out_channel, kernel_size=2, stride=2)
        self.activation4 = nn.PReLU()

    def forward(self, x):
        c1 = self.conv1(x)
        c1 = self.activation1(c1)
        out = self.conv2(c1)
        out = self.activation2(out)
        if self.layer_num == 3:
            out = self.conv3(out)
            out = self.activation4(out)
        out = out + c1
        out = self.conv4(out)
        out = self.activation4(out)
        return out
```

2. 解压缩路径

解压缩模块：V-Net 的解压缩路径如图 6.10 的右侧部分所示，从下往上看，它由 3 个解压缩模块和 1 个输出头组成。在解压缩模块中，它首先通过反卷积将上一个模块的特征图进行上采样，PyTorch 的 3D 反卷积操作可由 ConvTranspose3d 函数实现，然后与压缩层对应的大小相同的特征图进行合并操作，再接 2 个或 3 个 same 卷积，最后使用 1 个残差结构和当前的结果与上采样的结果进行单位加。它的解压缩路径输入的参数是输入通道数、输出通道数、来自压缩模块的特征图的通道数、普通卷积的个数这 4 个变量，实现代码如下：

```
# 解压缩模块
class DeCompressionBlock(nn.Module):
    def __init__(self, in_channel, out_channel, com_block_channel, layer_num):
        super(DeCompressionBlock, self).__init__()
        self.layer_num = layer_num
        self.deconv1 = nn.ConvTranspose3d(in_channel, out_channel, kernel_size=2,
            stride=2)
        self.activation1 = nn.PReLU()
        self.conv2 = nn.Conv3d(out_channel + com_block_channel, out_channel, kernel_
            size=5, padding=2)
```

```python
        self.activation2 = nn.PReLU()
        self.conv3 = nn.Conv3d(out_channel, out_channel, kernel_size=5, padding=2)
        self.activation3 = nn.PReLU()
        if self.layer_num == 3:
            self.conv4 = nn.Conv3d(out_channel, out_channel, kernel_size=5, padding=2)
            self.activation4 = nn.PReLU()

    def forward(self, x1, x2):
        dc1 = self.deconv1(x1)
        a1 = self.activation1(dc1)
        concat = torch.cat((a1, x2), axis=1)
        out = self.conv2(concat)
        out = self.activation2(out)
        out = self.conv3(out)
        out = self.activation3(out)
        if self.layer_num == 3:
            out = self.conv4(out)
            out = self.activation4(out)
        out = out + a1
        return out
```

输出模块：V-Net 的最后一部分是输出模块，它使用的是和解压缩模块相同的策略，即先将最后一个解压缩模块的特征图上采样，然后和输入模块输出的特征图进行拼接，最后经过一个普通卷积，并和上采样的结果进行拼接。不同的是，V-Net 的输出是一个前景/背景的二值分割图，所以它需要先使用 1×1×1 卷积将通道数调整为 2，然后使用 softmax 得到前景/背景的概率分布，实现代码如下：

```python
# 输出模块
class OutputBlock(nn.Module):
    def __init__(self, in_channel, out_channel, com_block_channel):
        super(OutputBlock, self).__init__()
        self.deconv1 = nn.ConvTranspose3d(in_channel, out_channel, kernel_size=2,
            stride=2)
        self.activation1 = nn.PReLU()
        self.conv2 = nn.Conv3d(out_channel + com_block_channel, out_channel, kernel_
            size=5, padding=2)
        self.activation2 = nn.PReLU()
        self.conv3 = nn.Conv3d(out_channel, 2, kernel_size=1, padding=0)
        self.activation3 = nn.Softmax(1)

    def forward(self, x1, x2):
        dc1 = self.deconv1(x1)
        a1 = self.activation1(dc1)
        concat = torch.cat((a1, x2), axis=1)
        out = self.conv2(concat)
        out = self.activation2(out)
        out = out + a1
        out = self.conv3(out)
        out = self.activation3(out)
        return out
```

最终，V-Net 的结构如下（完整代码见配套资源）：

```python
class VNet(nn.Module):
    def __init__(self):
        super(VNet, self).__init__()
        self.input_block = InputBlock(out_channel = 16)
        self.cb1 = CompressionBlock(in_channel = 16, out_channel = 32, layer_num = 2)
        self.cb2 = CompressionBlock(in_channel = 32, out_channel = 64, layer_num = 3)
```

```
        self.cb3 = CompressionBlock(in_channel = 64, out_channel = 128, layer_num = 3)
        self.cb4 = CompressionBlock(in_channel = 128, out_channel = 256, layer_num = 3)
        self.dcb1 = DeCompressionBlock(in_channel = 256, out_channel = 256, com_block_
            channel = 128, layer_num = 3)
        self.dcb2 = DeCompressionBlock(in_channel = 256, out_channel = 128, com_block_
            channel = 64, layer_num = 3)
        self.dcb3 = DeCompressionBlock(in_channel = 128, out_channel = 64, com_block_
            channel = 32, layer_num = 2)
        self.output_block = OutputBlock(in_channel = 64, out_channel = 32, com_block_
            channel = 16)

    def forward(self, x):
        i = self.input_block(x)
        c1 = self.cb1(i)
        c2 = self.cb2(c1)
        c3 = self.cb3(c2)
        c4 = self.cb4(c3)
        dc1 = self.dcb1(c4, c3)
        dc2 = self.dcb2(dc1, c2)
        dc3 = self.dcb3(dc2, c1)
        out = self.output_block(dc3, i)
        return out
```

6.3.2 Dice 损失

1. Dice 系数与 IoU

在分割任务中，类别不平衡是十分常见的现象，V-Net 引入的 Dice 损失便是用来解决类别不平衡的问题的。Dice 损失源自 Dice 系数，它是一个用来衡量两个样本相似度的度量函数。Dice 系数和 IoU 非常接近，它们都用来衡量两个集合的交并比，Dice 系数的计算方式如式（6.8）。从式（6.8）中可以看出，Dice 系数和 F1 Score 是等价的。

$$\text{Dice} = \frac{2|X \cap Y|}{|X|+|Y|} = \frac{2\text{TP}}{2\text{TP}+\text{FP}+\text{TN}} \quad (6.8)$$

IoU 又被叫作 Jaccard 系数，它的计算方式为：

$$\text{Jaccard} = \frac{|X \cap Y|}{|X \cup Y|} = \frac{\text{TP}}{\text{TP}+\text{FP}+\text{TN}} \quad (6.9)$$

因此，我们可以得到 Dice 系数和 Jaccard 系数之间的关系，表示为式（6.10）：

$$\text{Dice} = \frac{2 \cdot \text{Jaccard}}{1+\text{Jaccard}} \quad (6.10)$$

2. Dice 损失

在 V-Net 中，Dice 损失定义为 1 减去 Dice 系数。在分割算法中，假设像素总数为 N，p_i 表示第 i 个样本的预测值，g_i 表示第 i 个样本的标签值，那么 V-Net 的 Dice 损失可以表示为式（6.11）：

$$\mathcal{L}_{\text{Dice}} = \frac{2\sum_i^N p_i g_i}{\sum_i^N p_i^2 + \sum_i^N g_i^2} \quad (6.11)$$

Dice 损失使用 PyTorch 实现的方式如下：

```
def dice_loss(target,predictive,ep=1e-8):
    intersection = 2 * torch.sum(predictive * target) + ep
    union = torch.sum(predictive) + torch.sum(target) + ep
    loss = 1 - intersection / union
    return loss
```

Dice 损失关于预测值 p_i 的梯度的计算方式为：

$$\frac{\partial \mathcal{L}_{\text{Dice}}}{\partial p_j} = 2\left[\frac{g_j\left(\sum_i^N p_i^2 + \sum_i^N g_i^2\right) - 2p_j\left(\sum_i^N p_i g_i\right)}{\left(\sum_i^N p_i^2 + \sum_i^N g_i^2\right)^2}\right] \tag{6.12}$$

因为 Dice 系数可以由 IoU 计算得到，所以 Dice 损失和 IoU 损失拥有相同的优点：
- Dice 损失也具有尺度不变性，因此可以提升对不同尺度目标的分割效果；
- Dice 损失也是一个距离指标，因此具有对称性、非负性、同一性、三角不等性。

6.3.3 小结

V-Net 是一个对 3D 目标进行分割的算法，论文也使用了 3D 卷积核来解决 3D 目标的分割问题。V-Net 和 U-Net 的结构非常类似，但是 V-Net 引入了残差操作，且 same 卷积的使用大大提升了模型的易理解性，比 U-Net 更好复现。V-Net 的另一个贡献是引入了 Dice 损失，解决了正负样本的类别不平衡问题，Dice 损失成为分割算法十分常用的一个损失函数。

6.4 DeepLab 系列

在本节中，先验知识包括：
- SPP-Net（1.2 节）；
- DCN（1.8 节）。
- FCN（6.1 节）；

DeepLab 系列是谷歌团队提出的一系列语义分割算法。DeepLab v1 于 2014 年推出，并在 PASCAL VOC2012 数据集上取得了分割任务第二名的成绩，随后 2017—2018 年又相继推出了 DeepLab v2、DeepLab v3[1]以及 DeepLab v3+[2]。DeepLab v1 的两个创新点是空洞卷积（atrous convolution）和全连接条件随机场（fully connected conditional random field，也称全连接 CRF）。DeepLab v2 的不同之处是提出了空洞空间金字塔池化（atrous spatial pyramid pooling，ASPP）。DeepLab v3 则对 ASPP 进行了进一步的优化，包括添加 1×1 卷积、BN 操作等。DeepLab v3+ 则仿照 U-Net 的结构添加了一个向上采样的解码器模块，用来优化边缘的精度。下面我们依次介绍这 4 个算法。

6.4.1 DeepLab v1

DeepLab v1 有两个核心点，即空洞卷积和全连接 CRF。它首先将 VGG 的普通卷积替换为空洞卷积得到得分图，然后通过双线性插值将其上采样到原图大小，再通过 CRF 将得到的得分图进行后处理优化，如图 6.12 所示。

1．空洞卷积

在全卷积网络中，特征图上的像素的感受野取决于卷积和池化操作。普通卷积的感受野每次只

---
[1] 参见 Liang-Chieh Chen、George Papandreou、Florian Schroff 等人的论文"Rethinking Atrous Convolution for Semantic Image Segmentation"。
[2] 参见 Liang-Chieh Chen、Yukun Zhu、George Papandreou 等人的论文"Encoder-Decoder with Atrous Separable Convolution for Semantic Image Segmentation"。

能增加两像素,增长速度过于缓慢。CNN 的感受野的增大一般采用池化操作来完成,但是池化操作在增大感受野的同时会降低图像的分辨率,导致丢失一些信息。而且对池化之后的图像再进行上采样会使很多细节信息无法还原,最终影响分割的精度。

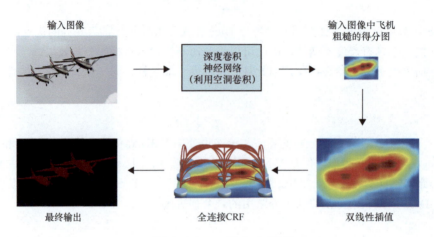

图 6.12　DeepLab v1 流程

那么,如何在不使用池化的情况下扩大感受野呢?空洞卷积应运而生。顾名思义,空洞卷积就是往卷积操作中加入"空洞"(值为 0 的点)来增加感受野。空洞卷积引入了扩张率(dilated ration)这个超参数来指定空洞卷积上两个有效值之间的距离:扩张率为 r 的空洞卷积,两个有效值之间有 $r-1$ 个空洞,如图 6.13 所示。其中红色的点为有效值,绿色的方格为空洞。在图 6.13(a)中,$r=1$ 的空洞卷积会退化为普通卷积。

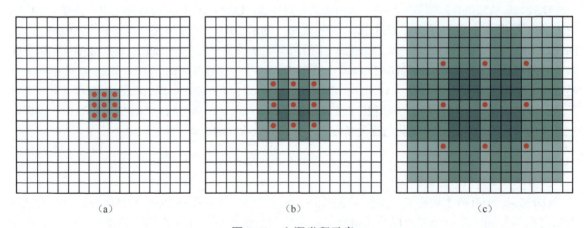

图 6.13　空洞卷积示意

扩张率为 r 的空洞卷积可以表示为式(6.13):

$$y(i) = \sum_{k=1}^{K} x(i + r \cdot k) w(k) \tag{6.13}$$

如图 6.13(b)和图 6.13(c)所示,$r=1$ 和 $r=3$ 的空洞卷积的感受野分别是 7×7 和 15×15,但是它们的参数数量依旧是 9 个。目前的深度学习框架对空洞卷积都提供了非常好的支持,仅设置扩张率一个超参数即可。

2. 全连接 CRF

CRF 被用作后处理来对分割的效果进行优化[①]，在 DeepLab v1 和 DeepLab v2 中也使用了 CRF。CRF 是一个无向图，图中的顶点代表随机变量，顶点之间的连线代表节点之间的相互关系。在 CRF 中，随机变量 Y 的分布是条件概率，给定的观察值则是随机变量 X。

当我们将 CRF 应用于图像分割时，我们需要将这幅图像表示为无向图，图中的每个顶点便是图像的每像素，像素之间的关系则是顶点之间的连线。给定一个分割结果 $X = \{X_1, \cdots, X_N\}$，其中 X_i 是该像素可能的类别（物体或者背景），值域为 $\mathcal{L}$，则 X 也是一个随机场。图像本身 I 也可以表示为一个随机场，它同样由 N 个元素组成，表示为 $I = \{I_1, \cdots, I_N\}$。所谓 CRF，是指分割结果 X 是以输入图像 I 为条件得到的，它可以用一个 Gibbs 分布得到：

$$P(X|I) = \frac{1}{Z(I)} \exp\left(-\sum_{c \in \mathcal{C}_\mathcal{G}} \phi_c(X_c|I)\right) \tag{6.14}$$

其中，ϕ_c 是特征转移函数，$\mathcal{G} = (\mathcal{V}, \mathcal{E})$ 是基于分割结果 X 构建的无向图，$Z(I) = \sum_I \exp\left(-\sum_{c \in \mathcal{C}_\mathcal{G}} \phi_c(X_c|I)\right)$。可以看出，式（6.14）是基于能量（energy based）的，它正比于一个幂，幂的指数是一个能量的值的负数，这个能量不仅取决于像素本身，还取决于像素之间的关系。图像分割的目的是找到一个 x^* 来最大化后验概率 $P(X|I)$，如式（6.15）。

$$x^* = \arg\max_{c \in \mathcal{L}^N} P(X|I) \tag{6.15}$$

如果 $P(X|I)$ 反比于 $\sum_{c \in \mathcal{C}_\mathcal{G}} \phi_c(X_c|I)$，那么最大化 $P(X|I)$ 等价于最小化 $\sum_{c \in \mathcal{C}_\mathcal{G}} \phi_c(X_c|I)$，它可以表示为一个能量函数（energy function），如式（6.16）。

$$E(X|I) = \sum_{c \in \mathcal{C}_\mathcal{G}} \phi_c(X_c|I) \tag{6.16}$$

因为式（6.16）中计算了所有节点，所以它被叫作全连接。能量函数由两部分组成，分别是像素本身和像素之间的关系，表示为式（6.17）：

$$E(x) = \sum_i \theta_i(x_i) + \sum_{ij} \theta_{ij}(x_i, x_j) \tag{6.17}$$

其中，$\theta_i(x_i) = -\log P(x_i)$，$P(x_i)$ 是由分类器得到的该像素的标签的概率值。$\theta_{ij}(x_i, x_j)$ 是两像素之间的能量值，表示为式（6.18）：

$$\theta_{ij}(x_i, x_j) = \mu(x_i, x_j)\left[w_1 \exp\left(-\frac{\|p_i - p_j\|^2}{2\sigma_\alpha^2} - \frac{\|I_i - I_j\|^2}{2\sigma_\beta^2}\right) + w_2 \exp\left(-\frac{\|p_i - p_j\|^2}{2\sigma_\gamma^2}\right)\right] \tag{6.18}$$

其中，$\mu(x_i, x_j)$ 是一个二值函数，当 $x_i \neq x_j$ 时它的值才为 1，也就是只考虑不同标签的像素之间的能量值。

第一项 $\left(-\frac{\|p_i - p_j\|^2}{2\sigma_\alpha^2} - \frac{\|I_i - I_j\|^2}{2\sigma_\beta^2}\right)$ 叫作外观核（appearance kernel），权重是 w_1，它的物理意义是当两像素的标签不同时，它们应该离得比较远且颜色差距比较大。第二项 $\left(-\frac{\|p_i - p_j\|^2}{2\sigma_\gamma^2}\right)$ 叫作平滑核（smoothness kernel），权重是 w_2，它的物理意义是离得近的像素的标签尽量保持一致。σ_α、σ_β、σ_γ 是 3 个超参数，用来控制正态分布曲线的形状。

在论文中，它使用了平均场近似（mean field approximation）来高效地计算，因为 CRF 在后续

[①] 参见 Philipp Krähenbühl、Vladlen Koltun 的论文 "Efficient Inference in Fully Connected CRFs with Gaussian Edge Potentials"。

的分割算法中已被丢弃，所以这里不详细阐述，感兴趣的读者可以自行查看论文。

3. DeepLab v1 的网络结构

DeepLab v1 采用了 VGG-16 作为基础架构，不同的是 DeepLab 将降采样的倍数从 32 倍下降至 8 倍，这是通过将最后两个网络块的步长为 2 的最大池化替换为步长为 1 的最大池化（另一种说法是将最大池化去掉）实现的。

在 DeepLab v1 的论文中共提出了 4 个不同的网络结构，它们的参数、准确率以及速度如表 6.1 所示，其中卷积的操作是指添加到网络中最后一层（FC6）的空洞卷积的超参数。从表 6.1 中我们可以看出，DeepLab-CRF-LargeFOV（field of view）无论是速度还是精度都表现得比较优秀，因此它是被业内广泛采用的网络结构。

表 6.1 DeepLab v1 中几个不同的网络结构

方法	卷积核	扩张率	参数数量（M 表示百万）	IoU（%）	训练速度（图像/秒）
DeepLab-CRF-7×7	7×7	4	134.3M	67.64	1.44
DeepLab-CRF	4×4	4	65.1M	63.74	2.90
DeepLab-CRF-4×4	4×4	8	65.1M	67.14	2.90
DeepLab-CRF-LargeFOV	3×3	12	20.5M	67.64	4.84

6.4.2 DeepLab v2

对比 DeepLab v1，DeepLab v2 依旧保持了图 6.12 所示的流程，即以空洞卷积和全连接 CRF 为核心。DeepLab v2 的改进点之一是将 VGG-16 替换成了残差网络。另一个改进点便是引入了空洞空间金字塔池化（atrous spatial pyramid pooling，ASPP）。

空间金字塔池化是在目标检测的经典算法 SPP-Net 中提出的思想，它的核心思想是聚集不用尺度的感受野。ASPP 的提出也用于解决**不同分割目标不同尺度**的问题，它的网络结构如图 6.14 所示。

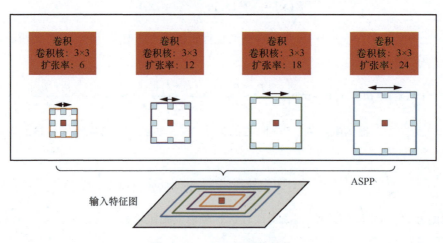

图 6.14 ASPP 的网络结构

ASPP 提出了 ASPP-S 和 ASPP-L 两个不同尺度的 ASPP，它们的不同点在于扩张率，两个 ASPP 的扩张率分别是 {2, 4, 8, 12} 和 {6, 12, 18, 24}。ASPP 在进行空洞卷积后再增加两个 1×1 卷积进行特征融合，最后通过单位加得到最终的输出结果。DeepLab-LargeFOV 和 DeepLab-ASPP 的网络结构如图 6.15 所示（图中的 rate 指空洞卷积的扩张率）。在 DeepLab v2 中，Pool5 之后的空洞卷积被替换为 ASPP。

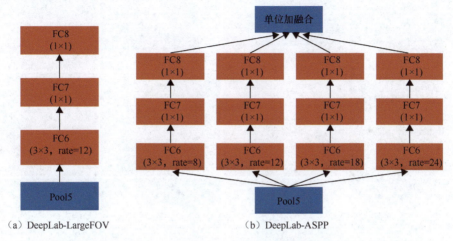

图 6.15　DeepLab-LargeFOV 和 DeepLab-ASPP 的网络结构

6.4.3　DeepLab v3

CRF 在 DeepLab v3 中被移除，其得益于 DeepLab v3 在网络层部分的优异表现，那么为什么 DeepLab v3 仅凭 CNN 就能达到优于 DeepLab v2 的效果呢？这得益于它所完成的以下几点改进：

- 引入了多格（multi-grid）策略，即多次使用空洞卷积，而不像在 v1 和 v2 中仅使用一次空洞卷积；
- 优化 ASPP 的结构，包括加入 BN 等。

1．多格策略

DeepLab v3 的多格策略参考了 HDC（hybrid dilated convolution）[①] 的思想，它的思想是在一个网络块中连续使用多个不同扩张率的空洞卷积。HDC 的提出是为了解决空洞卷积可能会产生的栅格化（gridding）问题，如图 6.16 所示，其中第一行是分割真值，第二行是栅格化问题的表现，第三行是使用了 HDC 的效果。这是因为空洞卷积在高层使用的扩张率变大时，对输入的采样会变得很稀疏，进而导致丢失一些局部信息，而且丢失一些局部相关性，反而捕获一些语义上不相关的、长距离的信息。

栅格化问题产生的原因是连续的空洞卷积使用了相同的扩张率。在图 6.17（a）中，连续使用了 3 个扩张率为 2 的空洞卷积，那么影响中心点类别的会是周围分布连续的像素。HDC 的原理是对连续的空洞卷积使用不同的扩张率，如图 6.17（b）中使用的扩张率依次是 1、2、3，那么影响中心点类别的则是连续的一个区域，因此也更容易产生连续的分割效果。同时因为使用了 HDC 后感受野变得更大了，一定程度上也可以提升模型的分割效果。

在 DeepLab v3 中，多格策略是指每个网络块的 3 个扩张率由 multi-grid 参数和 unit-rate 参数计算而来，例如 multi-grid 为 (1, 2, 4)，unit-rate 为 2，那么对应网络块的 3 个空洞卷积的扩张率等于 2×(1, 2, 4)=(2, 4, 8)。DeepLab v3 包含一组对照实验来优化 multi-gird 的参数值，最终得到最优的结果是 (1, 2, 1)。

[①] 参见 Panqu Wang、Pengfei Chen、Ye Yuan 等人的论文"Understanding Convolution for Semantic Segmentation"。

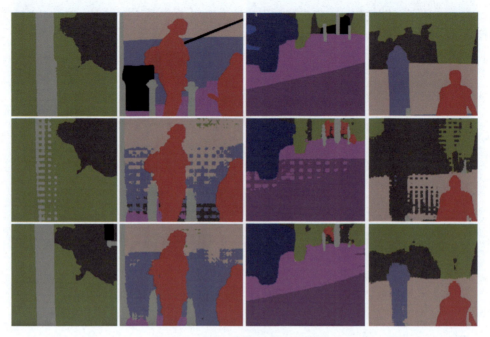

图 6.16 空洞卷积的栅格化问题

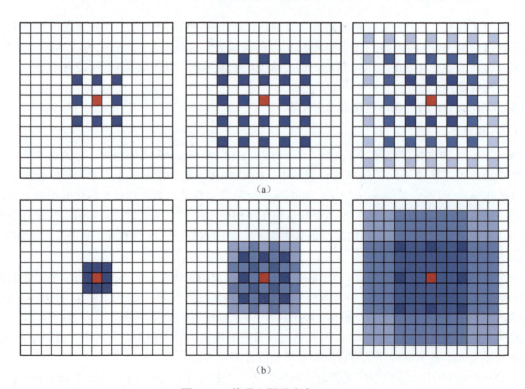

图 6.17 普通空洞卷积与 HDC

2．DeepLab v3 的 ASPP

通过实验发现，随着空洞卷积的扩张率的增大，卷积核中有效的权重越来越小，因为随着扩张率的增大，会有越来越多的像素的计算无法使用全部权重。当扩张率足够大时，只有中间的一个权重起作用,这时空洞卷积便退化成了 1×1 卷积。这里丢失权重的缺点还是其次,重要的是丢失了图像全局的信息。

为了解决这个问题,DeepLab v3 参考 ParseNet[①] 的思想,增加了一个用来提升图像的全局视野的分支。具体地说,它先使用全局平均池化将特征图的分辨率压缩至 1×1,再使用 1×1 卷积将通道数调整为 256,最后经过 BN 以及双线性插值上采样将图像的分辨率调整到目标分辨率。因为插值之前的尺寸是 1×1,所以这里的双线性插值也就是简单的像素复制。

DeepLab v3 的另一个分支则是由 1 个 1×1 卷积核和 3 个扩张率(rate)为 (6, 12, 18) 的 3×3 空洞卷积组成的。最后两个分支通过拼接操作组合在一起,再通过一个 1×1 卷积将通道数调整为 256,如图 6.18 所示。

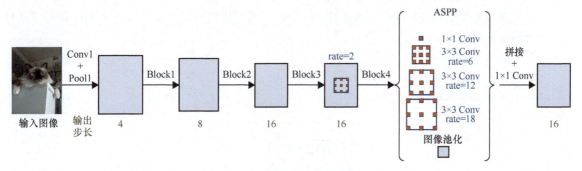

图 6.18 DeepLab v3 的 ASPP

3. DeepLab v3 的网络结构

DeepLab v3 也使用残差网络作为骨干网络,它的 Block1～Block4 直接复制的残差网络的原始结构,然后把 Block4 复制了 3 次,得到了 Block5～Block7,Block1～Block7 的不同是使用了不同的扩张率,如图 6.19 所示。

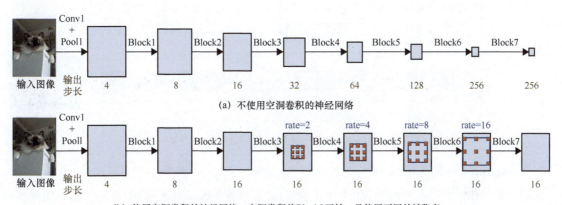

图 6.19 DeepLab v3 的网络结构

6.4.4 DeepLab v3+

到目前为止,DeepLab 系列都是在降采样 8 倍的尺度上进行预测的,这导致其边界效果不甚

---
① 参见 Wei Liu、Andrew Rabinovich、Alexander C. Berg 的论文 "ParseNet: Looking Wider to See Better"。

理想。考虑到 CNN 的特征，DeepLab v3 的网络并没有包含过多的浅层特征，为了解决这个问题，DeepLab v3+ 借鉴了 FPN 等网络的编码器 - 解码器架构，实现了特征图跨网络块的融合。DeepLab v3+ 的另一个改进点在于使用了分组卷积来加速。下面我们详细介绍这两个改进。

1. 编码器 - 解码器架构

DeepLab v3+（见图 6.20）使用 DeepLab v3 作为编码器，我们重点关注它的解码器模块。解码器模块的操作分成 7 步：

（1）先通过编码器将输入图像的尺寸减小至原来的 1/16；

（2）使用 1×1 卷积将通道数减小为 256，然后接一组 BN、ReLU 激活函数和 Dropout；

（3）使用双线性插值对其进行 4 倍上采样，得到一组特征图；

（4）将缩放 4 倍处的浅层特征依次经过 1×1 卷积，将通道数减小为 48，接下来通过 BN、ReLU 得到另一组特征图；

（5）拼接（3）和（4）的特征图；

（6）经过若干组 3×3 卷积、BN、ReLU、Dropout；

（7）上采样 4 倍得到最终的结果。

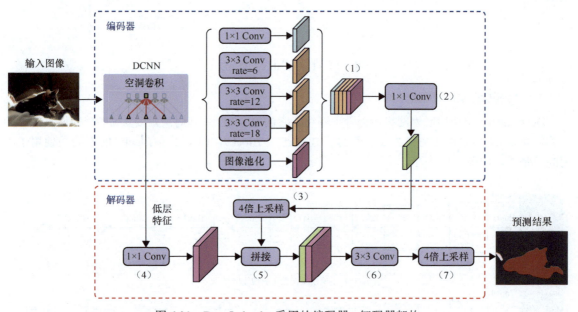

图 6.20　DeepLab v3+ 采用的编码器 - 解码器架构

2. DeepLab v3+ 的 Xception

这部分的工作受到了可变形卷积的影响，它们提出的基于 Xception[①]的改进的网络结构叫作对齐 Xception（Aligned Xception）（见图 6.21），DeepLab v3+ 的改进如下：

- 将步长为 2 的最大池化替换为深度可分离卷积（separable convolution），这样也便于随时将其替换为空洞卷积；
- 在深度可分离卷积之后增加了 BN 和 ReLU。

DeepLab v3+ 的对齐 Xception 结构如图 6.22 所示。

---

① 参见 François Chollet 的论文"Xception: Deep Learning with Depthwise Separable Convolutions"。

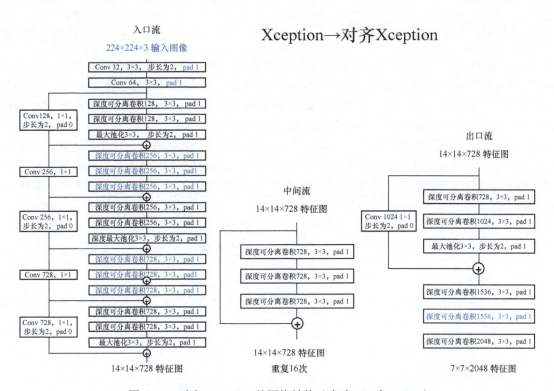

图 6.21 对齐 Xception 的网络结构（省略 BN 和 ReLU）

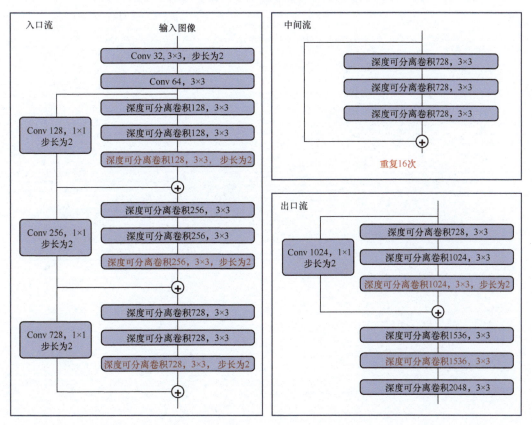

图 6.22 DeepLab v3+ 的对齐 Xception 结构（省略 BN 和 ReLU）

6.4.5 小结

DeepLab 系列最大的贡献便是提出了空洞卷积并在此基础上进行了一系列改进。首先，DeepLab v1 直接在 VGG 的基础上加入了空洞卷积，但是效果不是很理想，因此使用了 CRF 进行后处理优化。其次，DeepLab v2 在 DeepLab v1 的基础上添加了 ASPP 模块，ASPP 的引入优化了对不同尺度的目标的分割效果，但是依然需要依赖 CRF 进行优化。DeepLab v3 的多格策略参考了 HDC，解决了空洞卷积的栅格化问题；同时 DeepLab v3 对 ASPP 的修改也赋予了 ASPP 更强的表征能力，此时 DeepLab v3 已不需要 CRF 的修复。最后，DeepLab v3+ 参考了目标检测中十分常见的特征融合策略，使网络保留了比较多的浅层信息；同时它加入了深度可分离卷积来对分割网络的速度进行优化。

第二篇 场景文字检测与识别

"实验是知识的试金石。"
——Richard Phillips Feynman

光学字符识别（optical character recognition，OCR）是指使用电子设备，对图像中的文字进行检测和识别，然后将其转换成机器可读格式的过程。例如我们拍摄一个证件或者表单，计算机可以将拍摄的证件或者表单保存成图像格式，这时候我们是无法对图像中的文字进行编辑的，但是我们可以通过OCR技术将图像转换成可编辑、搜索、存储的文本格式数据。

在我们的日常工作和生活中，大量的工作内容涉及从图像中提取文字信息，例如纸质的表单、发票、合同、法律文档等是业务流程的必要组成部分，对这些海量文档的存储和管理耗费了大量的时间和空间，无纸化办公目前是大势所趋，但是这些文件的电子化意味着巨大的工作量，这一步的工作仍然需要人工干预。

同时，仅将内容拍摄或者扫描成图像是远远不够的，因为图像中的文字是无法被搜索和编辑的。OCR技术的发展则解决了该问题，它将图像中的文字提取并识别，之后我们便可以对数据进行分析和搜索，自动化工作流程并提升工作效率。例如银行业使用OCR技术处理和识别贷款文件、存款支票、交易文书等内容，增强对欺诈的预防并提升交易安全。

OCR的技术线路为先对图像进行降噪、扭曲矫正等预处理，然后使用文字检测算法得到图像中的文本区域，最后对检测到的文字内容进行识别。在本篇中，我们将在第7章和第8章分别介绍场景文字检测算法和场景文字识别算法，希望借此帮你打开OCR这个技术方向的大门。

第 7 章 场景文字检测

文字检测从检测的内容来看经历了 4 个发展阶段,它们依次是水平文字的检测、任意方向文字的检测、任意四边形的文字检测、弧形的文字检测。从解决方案讲,OCR 算法分成基于锚点的检测算法和基于分割的检测算法。

基于锚点的检测算法大多是根据 Faster R-CNN 改进而来的,例如 DeepText[1]基本照搬了 Faster R-CNN,它的改进都是一些小的技巧,例如将样本分成多类的模糊文本分类(ambiguous text classification,ATC)策略、在训练阶段也使用 NMS 的迭代检测框投票(lterative bounding box voting,IBBV)策略等。CTPN[2]是在横向文本检测效果场景上检测效果非常优秀的算法,它的最大创新点在于将文本行设置为一个连续的序列,然后使用 LSTM[3]捕捉文本序列的上下文关系,而每一个序列对应的矩形的具体值则是一个宽度固定、长度需要学习的检测框。RRPN[4]是一个可以检测旋转文本框的文本检测算法,它在 Faster R-CNN 的 RPN 的基础上添加了一个旋转角度预测值,并针对添加的这个旋转角度预测值,对 ROI 池化和 NMS 进行了调整。

由于文字检测的密集型和精细性,因此基于像素的文字检测算法更符合文字检测的场景需求,因为文字笔画有着明显的边界特征。HMCP[5]则是在边缘检测算法 HED[6]的基础上设计的第一个基于分割的文字检测算法。针对文字检测场景,HMCP 总共设计了文本行掩码、字符掩码和字符间连接角度掩码等 3 个预测目标。EAST[7]提供了两种检测框,分别是旋转矩阵 RBOX 和不规则四边形 QUAD,其中 RBOX 是指预测中心点到矩形的 4 条边的距离以及这个矩形的旋转角度,QUAD 指中心点到不规则四边形 4 个角的相对偏移。PixelLink[8]也是一个基于语义分割的算法,它通过对文本/非文本的像素的预测以及对文本像素之间的连接正负的预测来构建文本框。

7.1 DeepText

在本节中,先验知识包括:
- Faster R-CNN(1.4 节)。

---

[1] 参见 Zhong、Zhuoyao、Lianwen Jin、Shuangping Huang 的论文 "DeepText: A new approach for text proposal generation and text detection in natural images."。
[2] 参见 Zhi Tian、Weilin Huang、Tong He 等人的论文 "Detecting Text in Natural Image With Connectionist Text Proposal Network"。
[3] 参见 Sepp Hochreiter、Jürgen Schmidhuber 的论文 "Long Short-Term Memory"。
[4] 参见 Jianqi Ma、Weiyuan Shao、Hao Ye 等人的论文 "Arbitrary-Oriented Scene Text Detection via Rotation Proposals"。
[5] 参见 Cong Yao、Xiang Bai、Nong Sang 等人的论文 "Scene Text Detection via Holistic, Multi-Channel Prediction"。
[6] 参见 Saining Xie、Zhuowen Tu 的论文 "Holistically-Nested Edge Detection"。
[7] 参见 Xinyu Zhou、Cong Yao、He Wen 等人的论文 "EAST: An Efficient and Accurate Scene Text Detector"。
[8] 参见 Dan Deng、Haifeng Liu、Xuelong Li 等人的论文 "PixelLink: Detecting Scene Text via Instance Segmentation"。

第 7 章 场景文字检测

2016 年前后的文字检测算法多少都和当年火极一时的 Faster R-CNN 有关，这里要介绍的 DeepText 也不例外，它的整体结构是 Faster R-CNN 的结构，但在其基础上做了如下优化。

- Inception-RPN：将 RPN 的 3×3 卷积滑窗换成了基于 Inception 的滑窗。这点也是 DeepText 论文的亮点。
- 模糊文本分类：将类别扩展为文本区域、模糊区域与背景区域。
- 多层 ROI 池化：使用了多尺度的特征、ROI 提供的按栅格池化的方式，正好融合不同尺寸的特征图。
- 迭代检测框投票：使用多个轮次的检测框的集合以及 NMS 进行后处理。

DeepText 的网络结构如图 7.1 所示。

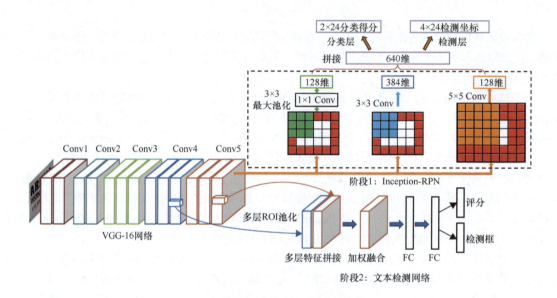

图 7.1 DeepText 的网络结构

7.1.1 RPN 回顾

关于 RPN 的详细内容可参考 1.4 节，在这里我们只进行简单的回顾。RPN 是一个全卷积网络，其首先通过 3 个尺寸的锚点在特征图上对输入图像进行密集采样，然后通过一个由判断锚点是前景还是背景的二分类任务和一个用于预测锚点和真值框的位置相对距离的回归模型得到候选区域。RPN 的一个位置的特征向量采样 3×3=9 个锚点，每个锚点的损失函数由分类任务（二分类）和检测任务（4 个值的预测）组成，因此一个特征向量有 9×6=54 个输出，RPN 的损失函数可以表示为式（7.1）：

$$\mathcal{L}(p_i, t_i) = \frac{1}{N_{cls}} \sum_i \mathcal{L}_{cls}(p_i, p_i^*) + \lambda \frac{1}{N_{reg}} \sum_i p_i^* \mathcal{L}_{reg}(t_i, t_i^*) \tag{7.1}$$

其中，p_i 是目标类别，t_i 是目标位置，$\mathcal{L}_{cls}$ 是分类任务，损失函数是 softmax，用于计算该锚点为前景或者背景的概率；$\mathcal{L}_{reg}$ 是回归任务，损失函数是 Smooth L1 损失，用于计算锚点和真值框的相对关系。

7.1.2　DeepText 详解

DeepText 的结构与 Faster R-CNN 如出一辙：特征层使用 VGG-16，算法由用于提取候选区域的 RPN 和用于目标检测的 Fast R-CNN 组成。下面我们对 DeepText 优化的 4 点进行讲解。

1．Inception-RPN

DeepText 使用了 GoogLeNet 提出的 Inception 结构代替 Faster R-CNN 中使用的 3×3 卷积在 Conv5_3 上进行滑窗。Inception 的作用是通过不同大小的卷积核为模型提供感知不同感受野的能力。

DeepText 的 Inception 由 3 个并行的不同的卷积构成：
- padding=1 的 3×3 的最大池化后接通道数为 128 的 1×1 卷积（目的是对特征图进行降维）；
- 384 个 padding=1 的 3×3 卷积；
- 128 个 padding=2 的 5×5 卷积。

上面的 Inception 的 3 个并行的卷积并不会改变特征图的尺寸，因此它们可以直接拼接在一起，经过拼接操作后，特征图的通道数变成了 128+384+128=640。

DeepText 也使用了锚点机制，但是针对场景文字检测中文本框的特点，DeepText 使用了和 Faster R-CNN 不同的锚点，即 4 个不同尺寸 (32, 48, 64, 80) 以及 6 个不同比例 (0.2, 0.5, 0.8, 1.0, 1.2, 1.5) 共 24 个锚点。DeepText 的采样阈值也和 Faster R-CNN 不同：当 IoU>0.5 时，锚点为正；当 IoU<0.3 时，锚点为负。Inception-RPN 使用了阈值为 0.7 的 NMS 过滤锚点，最终得到的候选区域是前 2000 的样本。

2．模糊文本分类

不同于 Faster R-CNN 的二分类任务，DeepText 将样本分成以下 3 类。
- 文本类：IoU>0.5。
- 模糊类：0.2<IoU<0.5。
- 背景类：IoU<0.2。

这样做的目的是让模型在训练过程中"见"过所有类型的样本，该方法对于提高模型的召回率非常有帮助。

3．多层 ROI 池化（multi layer ROI pooling，MLRP）

DeepText 使用了 VGG-16 的 Conv4_3 和 Conv5_3 的多尺度特征，使用基于栅格的 ROI 池化将两个不同尺寸的特征图变成 7×7×512 的大小，通过 1×1 卷积将拼接后的 1024 维的特征图降到 512 维。

4．迭代检测框投票

在训练过程中，每个迭代会预测一组检测框：$D_c^t = \{B_{i,c}^t, S_{i,c}^t\}_{i=1}^{N_{c,t}}$，其中 t=1, 2, $\cdots$, T，表示训练阶段，$N_{c,t}$ 表示类别 c 的检测框，B 和 S 分别表示检测框和置信度。NMS 合并的是每个训练阶段的并集：$D_c = \bigcup_{t=1}^{T} D_c^t$。NMS 使用的合并阈值是 0.3。

在 IBBV 之后，DeepText 接了一个过滤器用于过滤多余的检测框。

7.1.3　小结

DeepText 结合了当时主流的 Faster R-CNN 和 Inception，其本身的技术性和创新性并不是很强，但是其使用的小技巧，例如 ATC 和 MLRP，均在后面的目标检测算法中多次使用，而 IBBV 也在实际场景中非常值得尝试。

7.2 CTPN

在本节中，先验知识包括：
- Faster R-CNN（1.4 节）。

CTPN 和 Faster R-CNN 出自同系，不同的是 CTPN 根据文本区域的特点做了专门的调整，其中重要的点是引入了 RNN 来提高平行文本行的检测效果。了解了 Faster R-CNN 之后，理解 CTPN 的难度就不大了。下面我们开始分析这篇论文。

传统的文字检测是一个自底向上的过程，总体上处理方法分成连通域和滑动窗口两个方向。基于连通域的方法是先通过快速滤波器得到文字的像素，再根据图像的低维特征（颜色、纹理等）"贪心"地构成线或者候选字符。基于滑动窗口的方法是在图像上使用多尺度的滑窗，根据图像人工设计的特征（HOG、SIFT 等），使用预先训练好的分类器判断图像中的文本区域。传统的文字检测算法在健壮性和可信性上做得并不好，而且滑窗是一个非常耗时的过程。

2012 年基于深度学习的卷积神经网络在图像分类上取得了巨大的成功，2015 年的 Faster R-CNN 在目标检测上提供了非常好的算法框架。所以，用深度学习的思想实现场景文字检测自然而然地成为研究热点。对比发现，场景文字检测和目标检测存在以下 3 个显著的不同之处。

- 场景文字检测有明显的边界，例如 Wolf 准则，而目标检测的边界要求较松，一般 IoU 大于 0.7 便可以判断为检测正确。
- 场景文字检测有明显的序列特征，例如常见的特别长的文本行，而目标检测没有这些特征。
- 和目标检测相比，场景文字检测含有更多的小尺寸的正样本。

针对场景文字检测的以上特点，CTPN 做了如下优化。
- 在 CTPN 中使用更符合场景文字检测特点的锚点。
- 针对新的锚点的特征使用新的损失函数。
- 引入双向 LSTM 处理场景文字检测中存在的序列特征。
- 引入边界微调（side refinement）进一步优化文本区域。

7.2.1 算法流程

CTPN 的流程和 Faster R-CNN 的 RPN 类似，首先使用 VGG-16 提取特征，然后在 Conv5 上进行大小为 3×3、步长为 1 的滑窗。假设 Conv5 层的尺寸是 $W×H$，这样在 Conv5 中的一行，我们可以得到 W 个长度为 256 的特征向量。将同一行的特征向量输入一组双向 LSTM 中，在双向 LSTM 后接一个节点数为 512 的全连接，之后接的便是 CTPN 的 3 个任务的多任务损失，结构如图 7.2 所示。任务 1 的输出是 $2k$ 个候选区域，用于预测候选区域的起始 y 坐标和高度 h；任务 2 用来对前景和背景两个任务的分类评分；任务 3 是对 k 个输出的边界微调的偏移进行预测。在 CTPN 中，任务 1 和任务 2 是完全并行的任务，而任务 3 要用到任务 1、2 的结果，所以理论上任务 3 和其他两个任务是串行的关系，但三者放在同一个损失函数中共同训练，也就是我们在 Faster R-CNN 中介绍的近似联合训练。

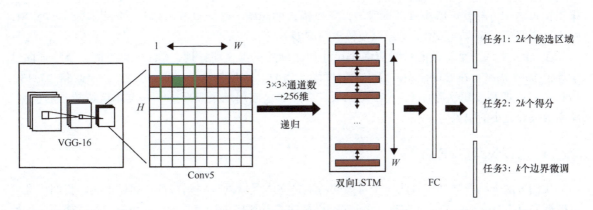

图 7.2 CTPN 的算法结构

7.2.2 数据准备

由于 CTPN 将图像的某一行作为 LSTM 的输入，CTPN 输入图像的尺寸无硬性要求，只是为了保证特征提取的有效性，在保证图像比例不变的情况下，CTPN 将输入图像的短边缩放到 600，且保证长边不大于 1000。

```
def resize_im(im, scale, max_scale=None):
    f=float(scale)/min(im.shape[0], im.shape[1])
    if max_scale!=None and f*max(im.shape[0], im.shape[1])>max_scale:
        f=float(max_scale)/max(im.shape[0], im.shape[1])
    return cv2.resize(im, (0, 0), fx=f, fy=f), f
```

7.2.3 CTPN 的锚点机制

通过分析 RPN 在场景文字检测的实验，我们发现 RPN 的效果并不是特别理想，尤其是在定位文本区域的横坐标上存在很大的误差。因为在一串文本中，在不考虑语义的情况下，每个字符都是一个独立的个体，这使得文本区域的边界很难确定。显然，文本区域检测和目标检测最大的区别是文本区域的特征是一个序列，如图 7.3 所示。如果我们能根据文本区域的序列特征捕捉到文本区域的边界信息，就应该能够对文本区域的边界识别给出很好的预测。

图 7.3 文本区域的序列特征

在目前的算法中，LSTM 被广泛应用在处理序列数据中。在 LSTM 的训练过程中，数据是以时间片为单位输入模型的。所以，将文本区域变成可以序列化输入的顺序成为 CTPN 一个最基本的要求。如图 7.3 所示，每个蓝色矩形是一个锚点，一个文本区域便是由一系列宽度固定、紧密相连的锚点构成的。所以，CTPN 提出了如下的锚点设计机制：由于 CTPN 使用 VGG-16 进行特征提取，VGG-16 经过 4 次最大池化降采样，得到的降采样总比例为 16，降采样总比例体现在 Conv5 层上步长为 1 的滑窗相当于输入图像上步长为 16 的滑窗。所以，根据 VGG-16 的网络结构，CTPN 的锚点宽度 w 必须为 16。对于一个输入序列中的所有锚点，如果我们能够判断出锚点的正负，把一排正锚点连在一起就可以构成文本区域，所以锚点的起始 x 坐标也不用预测。因此，在 CTPN 中，网络只需要预测锚点的起始 y 坐标以及锚点的高度 h。

在 RPN 中，一个特征向量对应多个尺寸和比例的锚点。同样地，CTPN 也对同一个特征向量设计了 10 个锚点。在 CTPN 中，锚点的宽度固定为 16，高度依次是（11, 16, 23, 33, 48, 68, 97, 139, 198, 283），即高度每次除以 0.7。在实际项目中，如果应用场景需要做一些文本区域较小的检测，就需要设计更小的锚点。

7.2.4 CTPN 中的 RNN

我们多次强调场景文字检测一个重要的特点是文本区域具有序列特征。通过上文，我们已经可以根据锚点构造序列化的输入数据。通过在 $W×H$ 的 Conv5 层进行步长为 1 的滑窗，每次横向滑动得到的便是 W 个长度为 256 的特征向量 X_t。设前向 RNN 的隐层节点是 H_t，则 RNN 模型可以表示为：

$$\begin{aligned} H_t^{(f)} &= \varphi(H_{t-1}, X_t^{(f)}), t = 1, 2, \cdots, W \\ H_t^{(b)} &= \varphi(H_{t+1}, X_t^{(b)}), t = W-1, W-2, \cdots, 0 \\ H_t &= \left[H_t^{(f)}; H_t^{(b)} \right] \end{aligned} \tag{7.2}$$

其中，φ 是非线性的激活函数。由于隐层节点的数量是 128，RNN 使用的是双向 LSTM，因此通过拼接双向 LSTM 得到的特征向量是 256 维的。

7.2.5 边界微调

边界微调的作用是将 RNN 得到的检测框进行精准的对齐。边界微调根据 CTPN 预测的锚点信息得到文本行，从中选择边界锚点进行位移优化，而 Fast R-CNN 优化的是根据 RPN 的输出通过 NMS 得到的候选区域。所以，边界微调一个重要的步骤是根据锚点信息构造文本行。

1．文本行的构造

通过 CTPN 可以得到候选区域的得分，如果判定为文本区域的得分大于阈值 θ_1，则该区域用来构造文本行。文本行是由一系列大于阈值 θ_1 的候选区域的**邻居对**合并而成的，区域 B_j 是区域 B_i 的邻居对需要满足如下条件：

- B_j 是距离 B_i 最近的正文本区域；
- B_j 和 B_i 的距离小于 θ_2 像素值；
- B_i 和 B_j 的竖直方向的重合率大于 θ_3。

在本书源码提供的配置文件中，θ_1=0.7，θ_2=50，θ_3=0.7。

2．边界微调的损失函数

构造完文本行后，我们根据文本行的左端和右端两个锚点的特征向量计算文本行的相对位移（o）：

$$\begin{aligned} o &= (x_{\text{side}} - c_x^a) / w_a \\ o^* &= (x_{\text{side}}^* - c_x^a) / w_a \end{aligned} \tag{7.3}$$

其中，x_{side} 是由 CTPN 构造的文本行的左侧和右侧两个锚点的 x 坐标，即文本行的起始坐标和结尾坐标，而 x_{side}^* 则是对应的真值框的坐标，c_x^a 是锚点的中心点坐标，w_a 是锚点的宽度（所以是 16）。假设 k 是锚点的下标，边界微调使用的损失函数 $\mathcal{L}_o^{\text{re}}$ 是 Smooth L1 损失，Smooth L1 损失已多次介绍，此处不赘述。

7.2.6 CTPN 的损失函数

CTPN 使用的是 Faster R-CNN 的近似联合训练，即将分类、检测、边界微调作为一个多任务的模型，这些任务的损失函数共同决定模型的调整方向。

1. 文本区域得分损失 $\mathcal{L}_s^{cl}$

分类损失函数 $\mathcal{L}_s^{cl}(s_i, s_i^*)$ 是 softmax，其中 s_i 是预测锚点 i 为前景的概率，$s_i^* = \{0,1\}$ 是标签值，即如果锚点为正锚点（前景），$s_i^* = 1$，否则 $s_i^* = 0$。一个锚点是正锚点的条件如下：

- 每个位置上的 9 个锚点中覆盖度最大的判定为前景；
- 覆盖度大于 0.7 的判定为前景；
- 如果覆盖度小于 0.3，则被判定为背景。

如果一个样本的锚点的覆盖度小于 0.3，且同时满足上述第一个条件，则该样本被判定为负样本。

2. 纵坐标损失 $\mathcal{L}_v^{re}$

纵坐标的损失函数 $\mathcal{L}_v^{re}(v_j, v_j^*)$ 使用的是 Smooth L1 损失，v_c 和 v_h 使用的是相对位移，表示为式（7.4）：

$$v_c = (c_y - c_y^a)/h^a, \quad v_h = \log(h/h^a)$$
$$v_c^* = (c_y^* - c_y^a)/h^a, \quad v_h^* = \log(h^*/h^a) \quad (7.4)$$

$v = \{v_c, v_h\}$ 和 $v^* = \{v_c^*, v_h^*\}$ 分别是预测的坐标和真值框的坐标。

综上，CTPN 的损失函数表示为式（7.5）：

$$\mathcal{L}(s_i, v_j, o_k) = \frac{1}{N_s}\sum_i \mathcal{L}_s^{cl}(s_i, s_i^*) + \frac{\lambda_1}{N_v}\sum_j \mathcal{L}_v^{re}(v_j, v_j^*) + \frac{\lambda_2}{N_o}\mathcal{L}_o^{re}(o_k, o_k^*) \quad (7.5)$$

其中，λ_1、λ_2 是各任务的权重系数；N_s、N_v、N_o 是归一化参数，表示对应任务的样本数量。

7.2.7 小结

加入 LSTM 使得 CTPN 在水平文字场景下的检测效果特别好，但是加入 LSTM 也导致 CTPN 成为一个非常耗时的文字检测算法。CTPN 的另一个问题是它的结构设计使得它只能检测水平方向的文字，虽然修改它的结构可以使其也能检测竖直方向的文字，但是对于任意方向或是弧形的文字检测，CTPN 就显得有些力不从心了。

7.3 RRPN

在本节中，先验知识包括：
- Faster R-CNN（1.4 节）。

在场景文字检测中的一个常见问题便是倾斜文本的检测，现在基于候选区域的场景文字检测方法（如 CTPN、DeepText 等）的检测框均是与坐标轴平行的矩形区域，根本原因在于检测框的标签采用了 (x, y, w, h) 的形式。文字检测的另一种方法基于语义分割，例如 HMCP、EAST 等，但是基于分割算法的场景文字检测效率较低且并不擅长检测长序列文本。

本节要介绍的 RRPN 可以归到基于候选区域的类别当中，算法的主要贡献是提出了带旋转角度的锚点，并结合锚点的角度特征重新设计了 IoU、NMS 以及 ROI 池化等方法。RRPN 的角度特征使其非常适合对倾斜文本进行检测,并使其不仅可以应用到场景文字检测,在一些存在明显角度特征的场景(例如建筑物检测)中也非常适用。

7.3.1 RRPN 详解

1. RRPN 网络结构

RRPN 网络结构如图 7.4 所示,检测过程可以分成 3 步:

(1)使用 CNN 产生特征图,论文中使用的是 VGG-16,也可以替换成目标检测的主流框架,如 FPN 等;

(2)使用 RRPN 产生带角度的候选区域;

(3)使用 RROI 池化产生长度固定的特征向量,之后使用由两层全连接组成的分类器来判断 RROI 池化产生的特征向量对应的区域是文本还是背景。

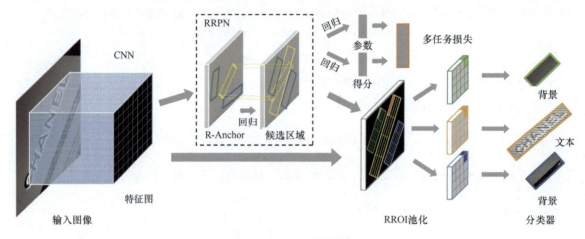

图 7.4 RRPN 网络结构

2. R-Anchor

传统的基于 RPN 改进算法的锚点均是与坐标轴平行的矩形,而 RRPN 最大的不同是它添加了角度信息,我们将这样的锚点叫作 R-Anchor。R-Anchor 由 (x, y, w, h, θ) 五要素组成:(x, y) 表示矩形框的几何中心,(w, h) 分别表示矩形框的长边和短边,θ 表示锚点的旋转角度,在 RRPN 中的范围是 $\left[-\frac{\pi}{4}, \frac{3\pi}{4}\right]$。

对比另一种用 4 个点 $(x_1, y_1, x_2, y_2, x_3, y_3, x_4, y_4)$ 表示任意四边形的策略,R-Anchor 有以下 3 个优点:

- 两个四边形的相对角度更好计算;
- 回归的值更少,模型更好训练;
- 更容易进行图像增强。

R-Anchor 的锚点由 3 个尺寸、3 个比例以及 6 个角度组成:3 个尺寸分别是 8、16、32;3 个比例分别是 1:2、1:5、1:8;6 个角度分别是 $-\frac{\pi}{6}$、0、$\frac{\pi}{6}$、$\frac{\pi}{3}$、$\frac{\pi}{2}$、$\frac{2\pi}{3}$。因此在 RRPN 中每个特征向量共有 3×3×6=54 个锚点,锚点如图 7.5 所示。

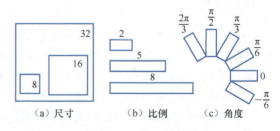

图 7.5 RRPN 的锚点

3. RRPN 的图像增强

为了缓解过拟合并增加模型对选择区域的检测能力,RRPN 使用了数据增强的方法增加样本的数量。RRPN 使用的增强策略之一是将输入图像旋转 α。

对于一幅尺寸为 $I_W \times I_H$ 的输入图像,设其中一个真值框为 (x, y, w, h, θ),旋转 α 后得到的真值框为 $(x', y', w', h', \theta')$,其中真值框的尺寸并不会改变,即 $w'=w$, $h'=h$。$\theta'=\theta+\alpha+k\pi$,$k\pi$ 用于将 θ' 的范围控制到 $\left[-\dfrac{\pi}{4}, \dfrac{3\pi}{4}\right)$。$(x', y')$ 的计算方式为:

$$\begin{bmatrix} x' \\ y' \\ 1 \end{bmatrix} = \boldsymbol{T}\left(\dfrac{I_W}{2}, \dfrac{I_H}{2}\right) \boldsymbol{R}(\alpha) \boldsymbol{T}\left(-\dfrac{I_W}{2}, -\dfrac{I_H}{2}\right) \begin{bmatrix} x \\ y \\ 1 \end{bmatrix} \tag{7.6}$$

$\boldsymbol{T}(\delta_x, \delta_y)$ 和 $\boldsymbol{R}(\alpha)$ 的定义分别为:

$$\boldsymbol{T}(\delta_x, \delta_y) = \begin{bmatrix} 1 & 0 & \delta_x \\ 0 & 1 & \delta_y \\ 0 & 0 & 1 \end{bmatrix} \tag{7.7}$$

$$\boldsymbol{R}(\alpha) = \begin{bmatrix} \cos\alpha & \sin\alpha & 0 \\ -\sin\alpha & \cos\alpha & 0 \\ 0 & 0 & 1 \end{bmatrix} \tag{7.8}$$

4. RRPN 中正负锚点的判断规则

由于 RRPN 中引入了夹角标签,传统 RPN 的正负锚点的判断方法是不能应用到 RRPN 中的。RRPN 的正锚点须同时满足下面两点:

- 锚点与真值框的 IoU 大于 0.7;
- 锚点与真值框的夹角小于 $\dfrac{\pi}{12}$。

RRPN 的负锚点须满足下面两点中的一点:

- 锚点的 IoU 小于 0.3;
- 锚点的 IoU 大于 0.7,锚点与真值框的夹角大于 $\dfrac{\pi}{12}$。

在训练时,只有判断为正锚点和负锚点的样本参与训练,其他样本不会参与训练。

5. RRPN 中 IoU 的计算方法

RRPN 中 IoU 的计算思路和 RPN 中的相同,但是由于引入了夹角信息,两个旋转矩形的交集比较复杂。如图 7.6 所示,两个相交旋转矩形的交集可根据交点的个数分为 3 种情况,分别是 4 个、6 个、8 个交点。

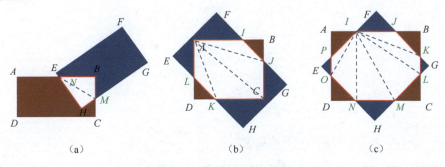

图 7.6 旋转矩形交集情况

两个旋转矩形的 IoU 计算方式如算法 5。

算法 5　IoU 计算

输入：矩形集合：$R_1, R_2, \cdots, R_n$
输出：矩形对之间的 IoU: IoU
1: **for** 每个矩形对 $[R_i, R_j](i<j)$ **do**
2: 　　初始化点集合 PSet $\leftarrow \varnothing$
3: 　　将 R_i 和 R_j 相交的点加入点集合 PSet
4: 　　将 R_i 的在 R_j 内部的点加入点集合 PSet
5: 　　将 R_j 的在 R_i 内部的点加入点集合 PSet
6: 　　将 PSet 中的点按顺时针排列
7: 　　使用三角公式计算 PSet 中点的交集 I
8: 　　计算 IoU： $\text{IoU}[i,j] \leftarrow \dfrac{\text{Area}(I)}{\text{Area}(R_i)+\text{Area}(R_j)-\text{Area}(I)}$
9: **end for**

首先根据矩形 4 条边的带定义域的一元一次方程求出所有交点，然后补充完整交集的顶点（添加位于矩形 B 中的矩形 A 的所有顶点），按顺时针排序之后根据三角形的 3 个顶点计算相交区域的面积。

6. RRPN 的损失函数

RRPN 的损失函数由分类任务和回归任务组成：

$$\mathcal{L}(p,l,v^*,v) = \mathcal{L}_{\text{cls}}(p,l) + \lambda \cdot l \cdot \mathcal{L}_{\text{reg}}(v^*,v) \tag{7.9}$$

在式（7.9）中，l 表示前景或者背景的指示值，表示前景（文本区域）指示值时 $l=1$，表示背景指示值时 $l=0$。$p=(p_0, p_1)$ 表示样本为前景或者背景的概率。$v=(v_x, v_y, v_w, v_h, v_\theta)$ 表示预测框，它计算的是检测框和锚点的相对关系，因此对尺度不敏感。$v^*=(v_x^*, v_y^*, v_w^*, v_h^*, v_\theta^*)$ 表示真值框，计算的也是和锚点的相对关系。λ 表示两个任务之间的平衡参数。

$\mathcal{L}_{\text{cls}}(p,l)$ 使用的是 log 损失：

$$\mathcal{L}_{\text{cls}}(p,l) = -\log p_l \tag{7.10}$$

$\mathcal{L}_{\text{reg}}(v^*,v)$ 使用的是 Smooth L1 损失：

$$\mathcal{L}_{\text{reg}}(v^*,v) = \sum_{i \in \{x,y,h,w,\theta\}} \text{Smooth L1}(v_i^*, v_i) \tag{7.11}$$

尺度不敏感是通过对 v 进行归一化实现的，设 $(x_a, y_a, w_a, h_a, \theta_a)$ 为当前锚点，$v=(v_x, v_y, v_w, v_h, v_\theta)$ 的计算方式为：

$$\begin{aligned} v_x &= \frac{x-x_a}{w_a}, v_y = \frac{y-y_a}{h_a} \\ v_h &= \log\frac{h}{h_a}, v_w = \log\frac{w}{w_a} \\ v_\theta &= \theta^* \ominus \theta_a \end{aligned} \tag{7.12}$$

其中 $a \ominus b = a - b + k\pi$，$k$ 用于控制 $a \ominus b$ 的取值范围为 $\left[-\dfrac{\pi}{4}, \dfrac{3\pi}{4}\right]$。

和 RPN 相比，RRPN 的最大变化在于在回归任务中添加了对相对角度 θ 的预测。θ 的变化范围

是 $\left[-\frac{\pi}{4}, \frac{3\pi}{4}\right]$，而锚点的 6 个角度分别是 $-\frac{\pi}{6}$、0、$\frac{\pi}{6}$、$\frac{\pi}{3}$、$\frac{\pi}{2}$、$\frac{2\pi}{3}$。结合正负锚点的判断规则，我们可以知道每个锚点都有一个对应的匹配范围，论文中将其命名为匹配域（fit domain），匹配域有两个重要特征：

- 不同角度的锚点的匹配域是不相交的；
- 同一个向量的不同角度的锚点的并集是全集。

上面两个特征产生了一个非常重要的性质：当 (x, y, w, h) 确定且 IoU>0.7 时，一个真值框有且只有一个正锚点与之匹配。

图 7.7 所示是对 RRPN 损失值的可视化，线段的角度代表预测的矩形框的旋转角度，长度代表置信度。

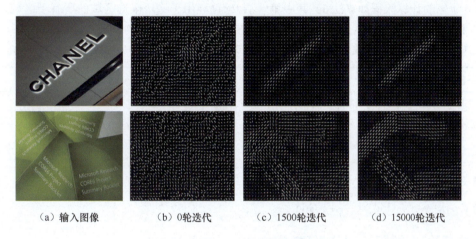

（a）输入图像　（b）0 轮迭代　（c）1500 轮迭代　（d）15000 轮迭代

图 7.7　对 RRPN 损失值的可视化

7.3.2　位置精校

1．倾斜 NMS

传统的 NMS 只考虑 IoU 一个因素，而这点在 RRPN 中是行不通的。考虑一个倾斜了 $\frac{\pi}{12}$ 的矩形，虽然 IoU 只有 0.31，但是由于偏移角度比较小，因此也应该考虑进去。

倾斜 NMS（skew-NMS）在 NMS 的基础上加入了旋转角度的指标：

- 保留 IoU 大于 0.7 的最大的候选框；
- 如果所有的候选框的 IoU 均位于 [0.3, 0.7]，那么保留小于 $\frac{\pi}{12}$ 的最小候选框。

2．RROI 池化

RRPN 得到的候选区域是旋转矩形，而传统的 ROI 池化只能处理与坐标轴平行的候选区域，因此论文作者提出了将 RROI 池化用于 RRPN 中的旋转矩形的池化。如图 7.8 所示，首先需要设置超参数 H_r 和 W_r，分别表示池化后得到的特征图的高和宽；然后将 RRPN 得到的候选区域等分成 $H_r \times W_r$ 个子区域，每个子区域的大小是 $\frac{w}{W_r} \times \frac{h}{H_r}$，这时每个区域仍然是带角度的，如图 7.8（a）所示；接着通过仿射变换将子区域转换成平行于坐标轴的矩形；最后通过最大池化得到长度固定的特征向量，如图 7.8（b）所示。

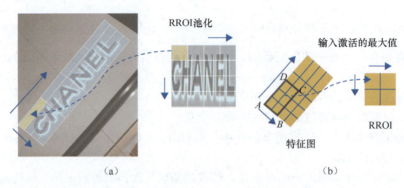

图 7.8 RROI 池化

RROI 池化的计算流程如算法 6。其中第一层 for 循环用于遍历候选区域的所有子区域，第 3～5 行通过仿射变换将子区域转换成标准矩形，第二层 for 循环用于取得每个子区域的最大值，第 8～9 行对标准矩形中元素的插值使用了向下取整的方式。

算法 6　RROI 池化

输入：候选区域 (x, y, h, w, θ)，池化步长 (H_r, W_r)，输入特征图 InFeatMap，空间尺度 SS
输出：输出特征图 OutFeatMap

1: $\text{Grid}_w, \text{Grid}_h \leftarrow \dfrac{w}{W_r}, \dfrac{h}{H_r}$

2: **for** $\langle i, j \rangle \in \{0, \cdots, H_r - 1\} \times \{0, \cdots, W_r - 1\}$ **do**

3: 　　$L, T \leftarrow x - \dfrac{w}{2} + j \cdot \text{Grid}_w, y - \dfrac{h}{2} + i \cdot \text{Grid}_h$

4: 　　$L_{\text{rotate}} \leftarrow (L - x)\cos\theta + (T - y)\sin\theta + x$

5: 　　$T_{\text{rotate}} \leftarrow (T - y)\cos\theta + (L - x)\sin\theta + y$

6: 　　value $\leftarrow 0$

7: 　　**for** $\langle k, l \rangle \in \{0, \cdots, \lfloor \text{Grid}_h \cdot \text{SS} - 1 \rfloor\} \times \{0, \cdots, \lfloor \text{Grid}_w \cdot \text{SS} - 1 \rfloor\}$ **do**

8: 　　　　$P_x \leftarrow \left\lfloor L_{\text{rotate}} \cdot \text{SS} + l\cos\theta + k\sin\theta + \dfrac{1}{2} \right\rfloor$

9: 　　　　$P_y \leftarrow \left\lfloor T_{\text{rotate}} \cdot \text{SS} - l\sin\theta + k\cos\theta + \dfrac{1}{2} \right\rfloor$

10: 　　　　**if** InFeatMap$[P_y, P_x] >$ value **then**

11: 　　　　　　value $\leftarrow$ InFeatMap$\left[P_y, P_x\right]$

12: 　　　　**end if**

13: 　　**end for**

14: 　　OutFeatMap$[i, j] \leftarrow$ value

15: **end for**

在 RROI 池化之后，模型接了两个全连接层，用于判断待检测区域是前景区域还是背景区域。

7.3.3　小结

RRPN 创新地提出了使用带角度的锚点来处理场景文字检测中最常见的倾斜问题，为了配合

R-Anchor，论文中对 ROI、NMS 的计算也做了针对性的修改。另外，RROI 池化的提出使池化的目标区域不局限于标准矩形。结合目标检测中的一些技巧，应该能将检测精度进一步提高，使 RRPN 在特定场景的应用中也非常有用。

7.4 HED

这里穿插介绍用于边缘检测的算法 HED（holistically-nested edge detection），HED 为之后的基于分割的文字检测算法奠定了理论基础。在 holistically-nested edge detection 中，holistically 表示该算法是一个图像翻译（image2image）的网络；nested 强调在输出过程中通过不断地集成和学习得到更精确的边缘预测图的过程。从图 7.9 中 HED 与传统 Canny 算法的边缘检测效果对比中我们可以看到，HED 的效果要明显优于 Canny 算法。

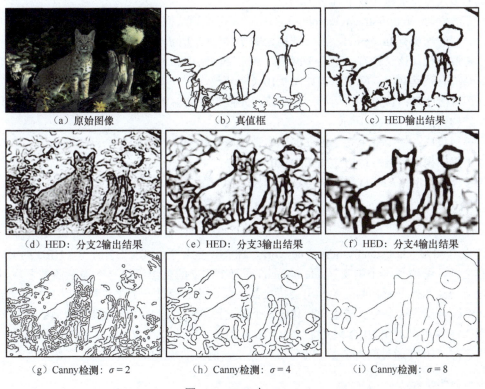

（a）原始图像　　　　（b）真值框　　　　（c）HED输出结果

（d）HED：分支2输出结果　（e）HED：分支3输出结果　（f）HED：分支4输出结果

（g）Canny检测：$\sigma=2$　（h）Canny检测：$\sigma=4$　（i）Canny检测：$\sigma=8$

图 7.9　HED 与 Canny

由于 HED 是一个图像翻译的算法，因此该算法也很容易扩展到语义分割等方向。此外，在 OCR 的文字检测中，文本区域往往具有比较强的边缘特征，因此 HED 也可以扩展到场景文字检测中，HMCP 和 EAST 算法就是得到了 HED 的启发。

7.4.1 HED 的骨干网络

HED 于 2015 年被提出,它使用当时主流的 VGG-16 作为骨干网络,并且使用迁移学习初始化网络权重。HED 使用多尺度的特征,使用类似多尺度特征思想的还有 Inception、SSD、FPN 等方法,对比如图 7.10 所示。

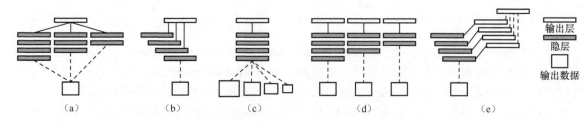

图 7.10 几种提取多尺度特征的算法的网络结构

经典的多尺度特征包含以下几种情况。
- 多流学习(multi-stream learning)结构:使用不同结构、不同参数的网络训练同一幅图像,类似的结构有 Inception,网络结构如图 7.10(a)所示。
- 跨层结构:该结构有一个主干网络,在主干网络中添加若干到输出层的跨层连接,类似的结构有残差网络,网络结构如图 7.10(b)所示。
- 图像金字塔:该方法使用同一个网络,不同尺寸的输入图像得到不同尺度的特征图,网络结构如图 7.10(c)所示。
- 模型集成:使用多个完全独立的网络训练同一幅图像,得到多个尺度的结果,该方法类似于集成模型,网络结构如图 7.10(d)所示。
- 整体嵌套网络:HED 采用的方法,网络结构如图 7.10(e)所示,下面详细介绍。

7.4.2 整体嵌套网络

整体嵌套网络(holistically-nested network,HNN)的结构如图 7.11 所示。HED 的 HNN 在每次降采样之前,都添加一个侧支(side branch),每个侧支的输出经过一个激活函数之后,作为网络的输出之一。此外,所有侧支的输出会拼接到一起,然后经过一个 1×1 卷积以及一个 sigmoid 函数得到一个融合层,这个融合层也会和其他 5 个侧支拼接到一起共同作为模型的输出。

从图 7.11 中可以看出 HED 采用了 VGG-16 作为骨干网络,在 VGG-16 的 5 个网络块的最大池化降采样之前,HED 通过侧支函数产生了 5 个分支,侧支的定义如下:

```
def side_branch(x, factor):
    x = Conv2D(1, (1, 1), activation=None, padding='same')(x)
    kernel_size = (2*factor, 2*factor)
    x = Conv2DTranspose(1, kernel_size, strides=factor, padding='same', use_bias=False,
        activation=None)(x)
    return x
```

其中,Conv2DTranspose是反卷积操作,HED的侧支层是由5个侧支的输出通过拼接操作合并而成的。网络的5个侧支和1个融合分支(fuse branch)经过sigmoid激活函数后共同作为网络的输出,每个输出的尺寸均和输入图像相同。

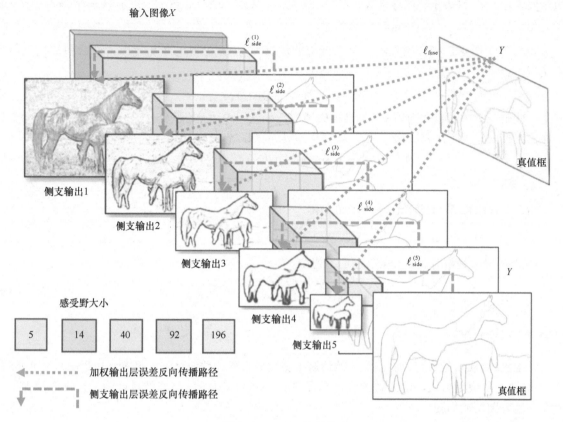

图 7.11 HNN 的结构

7.4.3 HED 的损失函数

1. 训练

设 HED 的训练集为 $S=\{(X_n,Y_n),n=1,\cdots,N\}$，其中 $X_n=\{x_j,j=1,\cdots,|X_n|\}$ 表示原始输入图像，$Y_n=\{y_j,j=1,\cdots,|X_n|\}$ 表示 X_n 的二进制边缘的标签，故 $y_j \in \{0,1\}$，$|X_n|$ 是一幅图像的像素数。

假设 VGG-16 网络的所有参数值为 W，网络有 M 个侧支，定义侧支的参数值为 $w=(w^{(1)},\cdots,w^{(M)})$，则 HED 关于侧支的目标函数定义为：

$$\mathcal{L}_{\text{side}}(W,w)=\sum_{m=1}^{M}\alpha_m \cdot \ell_{\text{side}}^{(m)}(W,w^{(m)}) \tag{7.13}$$

其中，α_m 表示每个侧支的损失函数的权值，可以根据训练时的收敛情况进行调整或者均为 0.2。$\ell_{\text{side}}^{(m)}(W,w^{(m)})$ 是每个侧支的损失函数，该损失函数是一个类别平衡的交叉熵损失函数：

$$\begin{aligned}\ell_{\text{side}}^{(m)}(W,w^{(m)})=&-\beta\sum_{j\in Y_+}\log\Pr(y_j=1\mid X;W,w^{(m)})\\&-(1-\beta)\sum_{j\in Y_-}\log\Pr(y_j=0\mid X;W,w^{(m)})\end{aligned} \tag{7.14}$$

其中，β 是用于平衡边缘检测不均衡的正负样本的类别平衡权值，$\beta=\dfrac{|Y_-|}{|Y|}$，$1-\beta=\dfrac{|Y_+|}{Y}$。$|Y_+|$ 表示非

边缘像素数，|Y| 则表示边缘像素数。$\hat{Y}_{\text{side}}^{(m)} = \Pr(y_j = 1 | X; W, w^{(m)}) = \sigma(a_j^{(m)})$ 表示第 m 个侧支在第 j 像素处预测的边缘值，σ 是 sigmoid 激活函数。

如图 7.11 所示，融合层表示为 m 个侧支的加权和，即 $\hat{Y}_{\text{fuse}} \equiv \sigma\left(\sum_{m=1}^{M} h_m \hat{A}_{\text{side}}^{(m)}\right)$，融合层的损失函数定义为：

$$\mathcal{L}_{\text{fuse}}(W, w, h) = \text{Dist}(Y, \hat{Y}_{\text{fuse}}) \tag{7.15}$$

其中，Dist($\cdot, \cdot$) 是类别平衡的交叉熵损失函数，$h = (h_1, \cdots, h_m)$ 是融合权值。模型训练的目标是最小化侧支损失 $\mathcal{L}_{\text{side}}(W, w)$ 以及融合损失 $\mathcal{L}_{\text{fuse}}(W, w, h)$ 的和：

$$(W, w, h)^\star = \arg\min(\mathcal{L}_{\text{side}}(W, w) + \mathcal{L}_{\text{fuse}}(W, w, h)) \tag{7.16}$$

2. 测试

给定一幅图像 X，HED 预测 M 个侧支和一个融合层：

$$\left(\hat{Y}_{\text{fuse}}, \hat{Y}_{\text{side}}^{(1)}, \cdots, \hat{Y}_{\text{side}}^{(M)}\right) = \text{CNN}(X, (W, w, h)^\star) \tag{7.17}$$

HED 的输出是所有侧支和融合层的均值：

$$\hat{Y}_{\text{HED}} = \text{Average}\left(\hat{Y}_{\text{fuse}}, \hat{Y}_{\text{side}}^{(1)}, \cdots, \hat{Y}_{\text{side}}^{(M)}\right) \tag{7.18}$$

7.4.4 小结

从 HED 的实验结果可以看出，它的边缘检测的效果要比传统算法好很多，且测试速度非常快。HED 的缺点是模型略大，因为它的融合层合并了 VGG-16 每个网络块的特征图，且每个侧支的尺寸均与输入图像的相同。

7.5 HMCP

在本节中，先验知识包括：
- HED（7.4 节）。

本节要介绍的 HMCP 基于边缘检测算法 HED。HED 虽然是一个边缘检测算法，但是由于文本区域具有很强的边缘特征，因此 HED 也可以在一定程度上检测文字。图 7.12 所示是 HED 在身份证上进行边缘检测得到的掩码图，可以看出，HED 在文字检测场景中也是有一定效果的。那么如何改进 HED，能让其更准确地检测文字呢？这就是我们要介绍的 HMCP。

HMCP 的全称为 holistic multi-channel prediction

图 7.12 掩码图

（整体多通道预测），其中 holistic 表示该算法基于 HED 的整体嵌套网络的结构。multi-channel 表示该算法使用多个通道的输出。也就是说，为了提升 HED 检测文字的精度，HMCP 做的改进是将模型任务由单任务模型变成由文本行分割、字符分割和字符间连接角度构成的多任务系统。由于 HMCP 采用的是语义分割的形式，因此其检测框可以扩展到多边形或带旋转角度的四边形，这也更符合具有严重仿射变换以及弧形文字的场景。HMCP 的流程如图 7.13 所示，其中图 7.13（a）所示是输入图像，图 7.13（b）所示是预测的 3 个掩码，分别是文本行掩码、字符掩码和字符间连接角度掩码，图 7.13（c）所示是根据图 7.13（b）所示的 3 个掩码得到的检测框。

图 7.13　HMCP 的流程

那么问题来了——
- 如何构建 3 个通道掩码的标签值？
- 如何根据预测的掩码构建文本行？

7.5.1　HMCP 的标签值

在文本检测数据集中，常见的标签类型有 QUAD 和 RBOX 两种形式。其中，QUAD 是指标签值包含 4 个点 $G = \{(x_i, y_i) | i \in \{1,2,3,4\}\}$，由这 4 个点构成的不规则四边形（quadrangle）便是文本区域；RBOX 则由一个矩形 R 和其旋转角度 θ 构成，即 $G = \{R, \theta\}$。QUAD 和 RBOX 是可以相互转换的。

HMCP 的数据的真值框有两个，分别是基于文本行和基于字符的标签（QUAD 或 RBOX），如图 7.14（b）和图 7.14（c）。数据集中只有基于文本行的真值框，其基于单词的真值框是通过笔画宽度变换（stroke width transform，SWT）得到的。图 7.14（d）所示是基于文本行真值框得到的二进制掩码图，文本区域的值为 1，非文本区域的值为 0。图 7.14（e）所示是基于单词的二进制掩码图，掩码也是 0 或者 1。由于字符间的距离往往比较小，为了能区分不同字符之间的掩码，正样本掩码的尺寸被压缩到了真值框的一半。图 7.14（f）所示是字符间连接角度掩码，其值为 $[-\pi/2, \pi/2]$，然后通过归一化映射到 $[0, 1]$。角度的值是由 RBOX 形式的真值框得到的。

图 7.14　HMCP 的真值框以及 3 种掩码

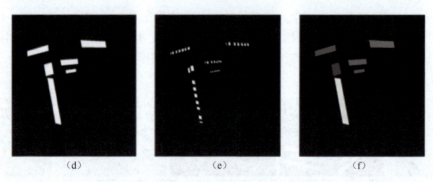

(d)　　　　　　　　　　　(e)　　　　　　　　　　　(f)

图 7.14　HMCP 的真值框以及 3 种掩码（续）

7.5.2　HMCP 的骨干网络

HMCP 的骨干网络继承自 HED，如图 7.15 所示。HMCP 的主干网络使用的是 VGG-16，在每个网络块降采样之前通过反卷积得到与输入图像大小相同的特征图，最后通过融合层将 5 个侧支的特征图拼接起来并得到预测值。HMCP 和 HED 的不同之处是 HMCP 的输出节点有 3 个通道。

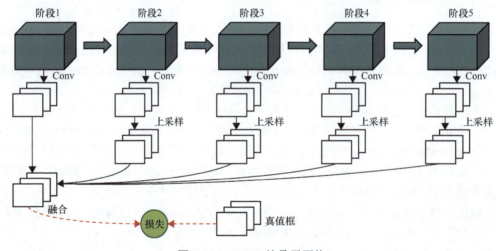

图 7.15　HMCP 的骨干网络

7.5.3　训练

设 HMCP 的训练集为 $S = \{(X_n, Y_n), n=1,\cdots,N\}$，其中 N 是样本的数量。标签 Y_n 由 3 个掩码图构成，即 $Y_n = \{R_n, C_n, \Theta_n\}$，其中 $R_n = \{r_j^{(n)} \in \{0,1\}, j=1,\cdots,|R_n|\}$ 表示文本区域的二进制掩码图，$C_n = \{c_j^{(n)} \in \{0,1\}, j=1,\cdots,|C_n|\}$ 是字符的二进制掩码图，$\Theta_n = \{\theta_j^{(n)} \in \{0,1\}, j=1,\cdots,|\Theta_n|\}$ 是相邻字符的连接角度。注意，只有当 $r_j^{(n)}=1$ 时 $\theta_j^{(n)}$ 才有效。

与 HED 不同的是，HMCP 的损失函数没有使用侧支，即损失函数仅由融合层构成：

$$\mathcal{L} = \mathcal{L}_{\text{fuse}}(W, w, Y, \hat{Y}) \tag{7.19}$$

其中，W 为 VGG-16 部分的参数，w 为融合层部分的参数。$\hat{Y} = \{\hat{R}, \hat{C}, \hat{\Theta}\}$ 是预测值：

$$\hat{Y} = \text{CNN}(X, W, w) \tag{7.20}$$

$\mathcal{L}_{\text{fuse}}(W, w, Y, \hat{Y})$ 由 3 个子任务构成：

$$\begin{aligned}\mathcal{L}_{\text{fuse}}(W, w, Y, \hat{Y}) = &\lambda_1 \mathcal{L}_r(W, w, R, \hat{R}) + \\ &\lambda_2 \mathcal{L}_c(W, w, C, \hat{C}) + \\ &\lambda_3 \mathcal{L}_o(W, w, \Theta, \hat{\Theta}, R)\end{aligned} \tag{7.21}$$

其中 $\lambda_1 + \lambda_2 + \lambda_3 = 1$。$\mathcal{L}_r(W, w, R, \hat{R})$ 表示基于文本掩码的损失值，$\mathcal{L}_c(W, w, C, \hat{C})$ 表示基于字符掩码的损失值，两个均是 HED 采用过的类别平衡交叉熵损失函数。基于文本掩码的损失值如式（7.22）。

$$\mathcal{L}_r(W, w, R, \hat{R}) = -\beta_R \sum_{j=1}^{|R|} R_j \log \Pr(\hat{R}_j = 1; W, w) - (1 - \beta_R) \sum_{j=1}^{|R|} (1 - R_j) \log \Pr(\hat{R}_j = 0; W, w) \tag{7.22}$$

式（7.22）中的平衡因子 $\beta_R = \dfrac{|R_-|}{|R|}$，$|R_-|$ 为真值框中负样本的个数，$|R|$ 为所有样本的个数。

基于字符掩码的损失值与 $\mathcal{L}_r(W, w, R, \hat{R})$ 类似：

$$\mathcal{L}_c(W, w, C, \hat{C}) = -\beta_C \sum_{j=1}^{|C|} C_j \log \Pr(\hat{C}_j = 1; W, w) - (1 - \beta_C) \sum_{j=1}^{|C|} (1 - C_j) \log \Pr(\hat{C}_j = 0; W, w) \tag{7.23}$$

$\mathcal{L}_o(W, w, \Theta, \hat{\Theta}, R)$ 的计算方式如式（7.24）：

$$\mathcal{L}_o(W, w, \Theta, \hat{\Theta}, R) = \sum_{j=1}^{|R|} R_j (\sin(\pi |\hat{\Theta}_j - \Theta_j|)) \tag{7.24}$$

7.5.4 检测

1. 预测掩码

HMCP 预测的 3 个热图均是由融合层得到的，因为作者发现侧支的引入反而会降低模型的性能。

2. 检测框生成

HMCP 的检测框生成流程如图 7.16 所示。给定输入图像（图 7.16（a））得到图 7.16（b）、图 7.16（c）、图 7.16（d）所示的 3 组掩码。通过自适应阈值，我们可以得到图 7.16（e）以及图 7.16（f）所示的分别基于文本区域和基于字符的检测框。图 7.16（g）是德劳内三角化（Delaunay triangulation）（见参考附录 D）的情况。图 7.16（h）是图划分，其中灰线是保留的连接，黑线是删除的连接。图 7.16（i）是最终得到的文本行。需要注意的是，我们在制作字符掩码的时候掩码区域被压缩了一半，所以在这里我们需要将它们还原回来。

对于一个文本区域，假设其中有 m 个字符区域 $U = \{u_i, i = 1, \cdots, m\}$，通过德劳内三角化得到的三角形 T，我们可以得到一个由相邻字符间连接构成的图 $G = \{U, E\}$，如图 7.16（g）所示。德劳内三角化能够有效去除字符区域之间不必要的连接，它是一种三角剖分 $DT(P)$，使得在 P 中没有点严格处于 $DT(P)$ 中任意一个三角形外接圆的内部。德劳内三角化最大化了此三角剖分中三角形的最小角，换句话说，德劳内三角化会尽量避免出现"极瘦"的三角形。

通过德劳内三角化得到带权值的无向图之后，使用 Kruskal 等方法生成最大生成树 M。由图到树的生成过程是一个剪枝的过程，若在树的基础上再进行剪枝，此时树便会分裂成由若干棵树组成的森林。在最大生成树的基础上剪枝 $K-1$ 次会生成 K 棵树，$K \geq 1$。如图 7.16（a）所示，文本区域由两行文本构成，显然我们需要在 M 的基础上进行一次剪枝才能生成两棵树，从而通过两棵树分别确定一个文本区域。那么，给定一幅图像，我们如何确定其文本行的棵数（树的棵数）K 呢？

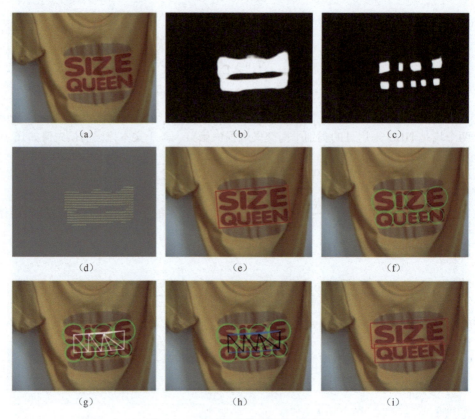

图 7.16　HMCP 的检测框生成流程

论文给出的策略是最大化 S_{vm}，S_{vm} 的计算方式为：

$$S_{vm} = \sum_{i=1}^{K} \frac{\lambda_{i1}}{\lambda_{i2}} \tag{7.25}$$

其中，λ_{i1} 和 λ_{i2} 分别是协方差矩阵 $\boldsymbol{C}_i$ 最大和第二大的两个特征值。而 $\boldsymbol{C}_i$ 是由一个文本区域（论文中叫作簇，cluster）的字符中心点坐标构成的矩阵。

在一些样本中，会存在如图 7.17 所示的弧形文本区域，而传统的方法是基于一条直线上的文本行进行设计。为了解决这个问题，HMCP 引入了阈值 τ，权值大于 τ 的边既不会被删除，也不会被选中。

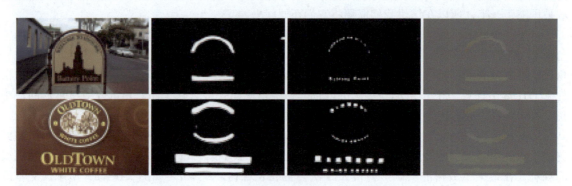

图 7.17　HMCP 用于弧形文本区域检测

7.5.5 小结

这篇论文巧妙地将实例分割用于场景文字检测方向，其 3 个掩码图的多任务模型的设计非常"漂亮"，最后通过 3 个掩码图生成检测框的算法技术性非常高，是一篇非常值得学习的论文。

7.6 EAST

在本节中，先验知识包括：
- HED（7.4 节）；
- FPN（4.1 节）。
- IoU Loss（5.2 节）；

场景文字检测基本分成基于锚点类和基于像素类的，基于锚点类的有 RRPN、CTPN 等，它们都是在 Faster R-CNN 的基础上根据场景文字检测的特点修改得到的。本节要介绍的 EAST 的思想是基于 7.5 节介绍的 HMCP 的，HMCP 预测的目标有 3 个，分别是文本行掩码、字符掩码和字符间角度掩码。EAST（efficient and accurate scene text detector）也是一个基于像素类的场景文字检测算法，但是它要比 HMCP 更直观一些，它可以预测两类不同的检测框：一类是 RBOX（rotated box），它直接预测中心点到 4 条边的距离（这一点和 FCOS 思想类似）以及文本框的旋转角度；另一类是QUAD，即预测不规则像素到四边形的 4 个顶点的相对偏移。因此，EAST 是一个可以检测旋转或者不规则四边形的文本框，但是不能检测弧形的文本区域。

此外，EAST 的论文中还提出了一种新的 NMS——局部感知 NMS（locality aware NMS, LANMS），它是一种基于行合并检测框的策略，将 NMS 的复杂度从 $O(n^2)$ 降到了最优的 $O(n)$，大幅提升了检测的后处理速度。

针对 EAST 不擅长检测长文本的问题，Advanced-EAST 提出了添加对文本框两侧的边界的预测，有效地解决了这个问题。

7.6.1 网络结构

EAST 的网络结构如图 7.18 所示，其中左侧的骨干网络是 PVANet[1]，而之后的实践中，VGG 或者残差网络效果更好。骨干网络用于特征提取，通过步长为 2 的池化或者卷积操作将特征图分成不同尺寸的大小。图 7.18 中从阶段 1 到阶段 4，它们相对于输入图像的采样步长依次是 $(\frac{1}{4}, \frac{1}{8}, \frac{1}{16}, \frac{1}{32})$。

在特征融合的时候，EAST 使用了 FPN 的自顶向下的融合策略。它的第 $i-1$ 层的特征图先通过双线性插值将大小扩大 2 倍（尺寸为第 i 层特征图的大小）。然后通过拼接操作将两个不同阶段的特征融合到一起，最后通过 1×1 卷积和 3×3 卷积将两个阶段的特征进行融合。EAST 的特征计算过程可以表示为式（7.26），而特征融合过程表示为式（7.27）：

$$g_i = \begin{cases} \text{unpool}(h_i) & i \leqslant 3 \\ \text{conv}_{3\times 3}(h_i) & i = 4 \end{cases} \quad (7.26)$$

---
[1] 参见 Kye-Hyeon Kim、Sanghoon Hong、Byungseok Roh 等人的论文"PVANET: Deep but Lightweight Neural Networks for Real-time Object Detection"。

第 7 章 场景文字检测

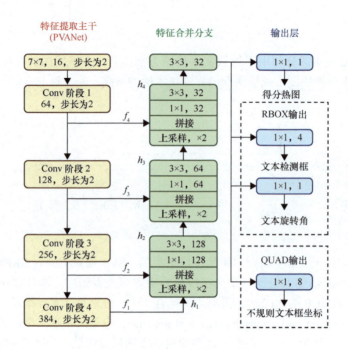

图 7.18　EAST 的网络结构

$$h_i = \begin{cases} f_i & i = 1 \\ \text{Conv}_{3\times 3}(\text{Conv}_{1\times 1}([g_{i-1}; f_i])) & \text{其他} \end{cases} \quad (7.27)$$

　　EAST 共有两个输出，一个输出是得分热图，用于评估该像素为前景点（文本区域）还是背景点，另一个输出是文件的检测框。对于文本框，EAST 提供了 RBOX 或者 QUAD 两种不同的表示方式。RBOX 将文本框表示为一个旋转矩阵，表示为 $(\boldsymbol{R}, \theta)$，其中 $\boldsymbol{R}$ 表示矩形框内像素到 4 条边的距离，θ 表示矩形框的旋转角度，范围为 $\left[-\dfrac{\pi}{4}, \dfrac{\pi}{4}\right]$，因此使用 RBOX 方式的检测分支的输出通道数为 5。而 QUAD 则将检测框表示为一个不规则四边形，它的 8 个通道分别是该像素与四边形的 4 个顶点的坐标偏移 $(\Delta x, \Delta y)$。在一些数据集中，它们的标签标注的不规则四边形很可能是这个四边形的 4 个顶点的坐标。为了和上面的 EAST 的两种方式进行区分，这里我们将其命名为 AABB 的形式。

　　下面我们详细介绍 EAST 的得分热图、两种不同的检测框的生成方式，以及 RBOX 和 QUAD 之间相互转换的计算方式。

7.6.2　EAST 的标签生成

　　EAST 的 RBOX 的标签的计算方式如图 7.19 所示。在图 7.19（a）中，黄色虚线是数据集给出的文本框的真值框，绿色的是该检测框缩减（shrink）之后的结果。图 7.19（b）所示是得分热图对应的标签值，它需要计算当前像素是否在缩减的文本框内部。图 7.19（c）中的粉色框是我们根据数据集扩充的标准旋转矩形。我们根据图 7.19（c）中的点到粉色矩形的 4 条边的垂直距离得到了图 7.19（d）的 4 个对于点到边距离的分割图。图 7.19（e）所示则是旋转角的特征图，它的正样本的每像素的值都是相同的。注意，通过 EAST 的骨干网络得到的特征图的尺寸是原图的 $\dfrac{1}{4}$，因此我们需要将标签值的大小调整为数据集的 $\dfrac{1}{4}$。

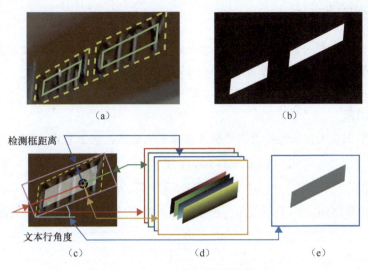

图 7.19 RBOX 的标签的计算方式

1. 标签缩减

标签缩减是在密集文本检测中经常使用的技巧。对于密集文本的场景，如果我们按照标准的方式来标注检测框，那么可能会导致邻近的文本框之间的距离很小，造成文本行之间的像素缺乏语义信息来将其分开，从而导致检测的结果容易出现上下两行文本检测成单行的问题。

其实对于文本行中靠近文本框边界的像素，它并不具备特别明显的文本行信息，例如文字的中心往往也出现在文本行的中心，因此靠近边界的像素具有比较强的歧义性。EAST 提出的标签缩减便基于这个现象，它通过将边界歧义像素丢弃来减少这些歧义像素对分割模型的负面影响。注意，在 EAST 中，点到 4 条边的距离并没有进行缩减，我们影响的只是得分热图中正样本的比例，因此我们依旧可以通过 EAST 的点到边的距离还原出标准的文本框。

具体地讲，对于一个不规则四边形 Q，它可以表示为 $Q = \{p_i | i \in \{1, 2, 3, 4\}\}$，其中 $p_i = \{x_i, y_i\}$表示四边形按顺时针遍历得到的 4 个点。在缩减之前我们需要先计算一个叫作参考长度（reference length）的变量 r_i，某像素的参考长度指的是连接它的两条边中更短的那一条，表示为式（7.28）：

$$r_i = \min(D(p_i, p_{(i \bmod 4)+1}), D(p_i, p_{((i+3) \bmod 4)+1})) \tag{7.28}$$

其中，$D(p_i, p_j)$ 表示 p_i 和 p_j 两个点之间的欧氏距离。EAST 的缩减策略是将该点沿着两条边分别向内移动 $0.3r_i$ 和 $0.3r_{(i \bmod 4)+1}$。而在 Advanced-EAST 中，这个值被设置为 0.2。

2. RBOX 的计算

RBOX 可以由 AABB 直接转换得到，它的转换分成以下 4 步。

（1）首先计算不规则四边形的最小外接旋转矩形，这一步可以通过 OpenCV 的 minAreaRect 函数实现。

（2）然后以这个旋转矩形为基础，取缩减之后的四边形内部的正像素，计算其中每像素到 4 条边的距离。

（3）所有正像素到上、下、左、右 4 条边的距离便构成了一组新的标签值，如图 7.19（d）所示。

（4）矩形的选择角度则构成正像素的角度的特征图的标签值，如图 7.19（e）所示。

3. QUAD 的计算

QUAD 直接计算正像素到 4 个顶点的相对偏移，表示为 $Q = \{(\Delta x_i, \Delta y_i) | i \in \{1, 2, 3, 4\}\}$，正样本区域也是标签缩减之后的部分。

7.6.3 EAST 的损失函数

EAST 的损失函数由得分热图损失 $\mathcal{L}_s$ 和边界框的几何损失 $\mathcal{L}_g$（QUAD 或者 RBOX）组成，并通过参数 λ_g 控制两个损失的权重，表示为式（7.29）：

$$\mathcal{L} = \mathcal{L}_s + \lambda_g \mathcal{L}_g \tag{7.29}$$

1. 得分热图损失

EAST 的得分热图损失使用的是类别平衡交叉熵损失函数，表示为式（7.30）：

$$\begin{aligned}\mathcal{L}_s &= \text{balanced-xent}(\hat{Y}, Y^*) \\ &= -\beta Y^* \log \hat{Y} - (1-\beta)(1-Y^*)\log(1-\hat{Y})\end{aligned} \tag{7.30}$$

其中，$\hat{Y}$ 是预测的得分热图，Y^* 是标签值。β 是用来调整正负样本的参数，计算方式为：

$$\beta = 1 - \frac{\sum_{y^* \in Y^*} y^*}{|Y^*|} \tag{7.31}$$

在应用中，我们也可以使用 V-Net 提出的 Dice 损失，它会比论文中的类别平衡交叉熵收敛得更快。

2. 检测损失

对于 RBOX，$\mathcal{L}_g$ 由矩形框的 AABB 损失 $\mathcal{L}_{\text{AABB}}$ 和 $\mathcal{L}_\theta$ 组成，其中 $\mathcal{L}_{\text{AABB}}$ 计算的是两个矩形框的 IoU 损失，$\mathcal{L}_\theta$ 计算的是两个角之间的余弦损失，表示为式（7.32）：

$$\begin{aligned}\mathcal{L}_g &= \mathcal{L}_{\text{AABB}} + \lambda_\theta \mathcal{L}_\theta, \\ \mathcal{L}_{\text{AABB}} &= -\log \text{IoU}(\hat{R}, R^*) = -\log \frac{|\hat{R} \cap R^*|}{|\hat{R} \cup R^*|}, \\ \mathcal{L}_\theta &= 1 - \cos(\hat{\theta} - \theta^*)\end{aligned} \tag{7.32}$$

对于 QUAD，损失函数可以转换为对 4 个偏移，共 8 个值的 Smooth L1 损失的和，假设这 8 个值表示为 $C_Q = \{x_1, y_1, x_2, y_2, x_3, y_3, x_4, y_4\}$，那么 QUAD 的损失函数可以表示为式（7.33）：

$$\mathcal{L}_g = \mathcal{L}_{\text{QUAD}}(\hat{Q}, Q^*) = \min_{\hat{Q} \in P_{Q^*}} \sum_{\substack{c_i \in C_Q \\ \hat{c}_i \in C_{\hat{Q}}}} \frac{\text{Smooth L1}(c_i - \hat{c}_i)}{8 \times N_{Q^*}} \tag{7.33}$$

其中，N_{Q^*} 是不规则四边形的短边，如式（7.34）。P_{Q^*} 是 Q^* 的所有可能的遍历顺序，EAST 使用 P_Q 的原因是在数据集中，它们的顺序不是固定的。

$$N_{Q^*} = \min_{i=1}^{4} D(p_i, p_{(i \bmod 4)+1}) \tag{7.34}$$

7.6.4 局部感知 NMS

文字检测在获取若干检测框之后，也需要对重复度高的检测框进行合并。但是对 EAST 来说，它需要合并的检测框往往有成千上万个。传统 NMS 的时间复杂度是 $O(n^2)$，这对 EAST 来说是非常耗时的。

为了解决这个问题，EAST 提出了时间复杂度为 $O(n)$ 的局部感知 NMS（locality aware NMS）。局部感知 NMS 的假设是因为在文字检测中，邻近的几何体是高度相关的，所以可以先对同一行的边界框进行合并，再对合并后的矩形框进行标准的 NMS 合并。它的主要步骤如下：

（1）先对所有预测的在同一行的矩形框集合根据阈值进行加权合并，得到合并后的矩形框；

（2）对合并后的矩形框进行标准的 NMS 操作。

局部感知 NMS 的伪代码如算法 7。

算法 7　局部感知 NMS

1: **function** 局部 NMS
2: 　　$S \leftarrow \varnothing, p \leftarrow \varnothing$
3: 　　**for** $g \in$ geometries **do**　//行优先遍历
4: 　　　　**if**　$p \neq \varnothing \wedge$ 应该合并(g, p) **then**
5: 　　　　　　$p \leftarrow$ 加权合并(g, p)
6: 　　　　**else**
7: 　　　　　　**if** $p \neq \varnothing$ **then**
8: 　　　　　　　　$S \leftarrow S \cup \{p\}$
9: 　　　　　　**end if**
10: 　　　　　$p \leftarrow g$
11: 　　　　**end if**
12: 　　**end for**
13: 　　**if** $p \neq \varnothing$ **then** $S \leftarrow S \cup \{p\}$
14: 　　**end if**
15: 　　**return** 标准 NMS(S)
16: **end function**

7.6.5　Advanced–EAST

在很多场景文字检测中，文本通常都是以长文本行的形式出现的，但是 EAST 并没有针对这个情况进行优化，因此 EAST 在长文本检测中并不令人满意。在介绍 Faster R-CNN 论文时我们提到 VGG-16 的感受野是 228，这也就限制了 EAST 边界的像素没有办法预测长度大于 228 的文本行。

为了解决 EAST 对长文本预测不理想的问题，Advanced-EAST 被提出，其网络结构如图 7.20 所示。Advanced-EAST 的输出特征图的通道数为 7，输出层分别是 1 位得分热图，表示是否在文本框内；2 位顶点编码（vertex code），表示是否属于文本框边界像素以及是头还是尾；4 位几何编码（geometry code），表示边界像素可以预测的 2 个顶点坐标。所有像素构成了文本框形状，然后只用边界像素去预测顶点坐标。边界像素定义为黄色和绿色框内部所有像素，是用所有的边界像素预测值的加权平均来预测的头或尾的短边的两个顶点。头和尾边界像素分别预测 2 个顶点，最后得到 4 个顶点坐标。

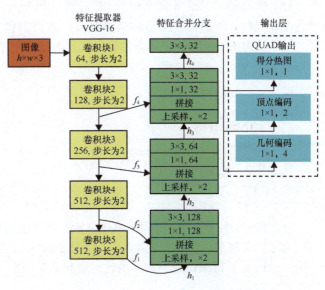

图 7.20　Advanced-EAST 网络结构

Advanced-EAST 的后处理（见图 7.21）流程如下：

（1）由预测矩阵根据配置阈值得出激活像素集合；

（2）左右邻接像素集合生成区域列表（region list）集合；

（3）上下邻接区域列表组成区域组（文本框激活区域）集合；

（4）遍历每个区域组，生成其头部和尾部边界像素集合；

（5）遍历区域组的头部和尾部元素预测的几何编码，然后加权计算最终的顶点坐标，每个顶点的所有预测值的加权平均值作为最后的预测坐标值，并输出得分。

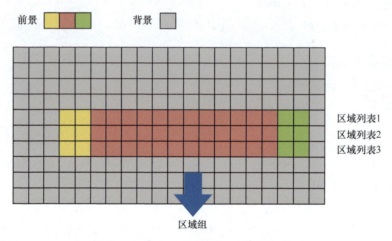

图 7.21　Advanced-EAST 的后处理

7.6.6　小结

EAST 是继 HMCP 之后又一个基于分割进行场景文字检测的算法，由于场景文字检测的密集性和紧密性，此类基于分割的算法无疑比基于锚点的算法更适用于场景文字检测。对比 HMCP，EAST 将输出任务拆分成了多组不同的属性，这一操作对提高模型的属性至关重要。最初版本的 EAST 检测的效果会非常"碎"，有时候会把一行文字检测成好几块。而出现这个问题的原因是基于 VGG-16 的骨干网络感受野有限，使当前像素不可能预测距离它非常远的边界框的信息。Advanced-EAST 的基于边界的输出值预测它自己这一侧的边界，大幅提升了它对边界的检测能力。

7.7　PixelLink

在本节中，先验知识包括：
- EAST（7.6 节）；
- U-Net（6.2 节）。

这里我们介绍一下另一个基于实例分割的文字检测算法：PixelLink。根据 PixelLink 算法的名字我们也可以推测到，它有两个重点，一个是 Pixel（像素），一个是 Link（像素之间的连接），这两个重点也构成了 PixelLink 的网络的输出层和损失函数优化的目标值。下面我们来看一下 PixelLink 的详细内容。

7.7.1 骨干网络

PixelLink 是一个基于分割的场景文字检测算法，它的核心思想有两点：
- 判断图中的点是否为文本区域；
- 该点是否和其附近 8 个点（左中、左上、正上、右上、右中、右下、正下、左下）是同一个实例。

根据上面的分析，我们可以得到 PixelLink 的两个输出（见图 7.22 右上角）。一个是用于文本/非文本区域的预测（1×2=2），另一个是用于连接的预测（8×2=16），由于它们都是基于像素的预测，因此它们的输出有 2+16=18 个。因为 PixelLink 要分别预测正连接（positive link）和负连接（negative link），所以它要对 8 个方向乘 2。

有的读者可能会产生一个疑问：既然文本区域和非文本区域以及正连接和负连接是互斥的，那么为什么要使用正负两个功能重叠的头？正如在 SegLink[①] 中所介绍的，正连接用于表示两像素是否属于同一个实例，而负连接用来判断两像素是否为不同的连接。

如图 7.22 的左侧部分所示，PixelLink 的左侧是 VGG-16 的网络结构。有比较大变化的是 VGG-16 的最后一个网络块，也就是图 7.22 的左下角，它的改变有两点：
- Pool5 的步长是 1；
- 为了保证像素上下左右之间的顺序，Conv 阶段 6 和 Conv 阶段 7 两个全连接换成了卷积操作。

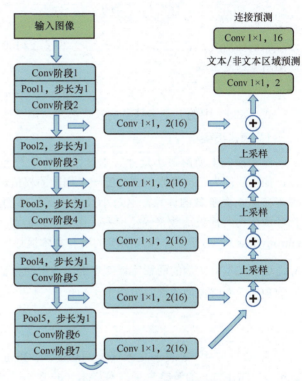

图 7.22　PixelLink 网络结构

PixelLink 右侧是一个上采样的过程，采用的上采样方法是双线性插值。PixelLink 采用了广泛使用的 U-Net 架构进行两侧特征的融合，两侧融合使用的是单位加的操作。PixelLink 提供了两种融合方式，图 7.22 所示融合的是 Conv 阶段 2、Conv 阶段 3、Conv 阶段 4、Conv 阶段 5、Conv 阶段 7，论文中管这种结构叫作 **PixelLink+VGG-16 2s**，其中 2s 表示融合之后的尺寸是输入图像的 $\frac{1}{2}$；PixelLink 的另一种融合方式融合的是 Conv 阶段 3、Conv 阶段 4、Conv 阶段 5、Conv 阶段 7，它的尺寸是输入图像的 $\frac{1}{4}$，所以它被叫作 **PixelLink+VGG-16 4s**。

7.7.2 PixelLink 的标签

不同于基于边界框回归的检测算法，PixelLink 有其特有的标签，我们应当将 ICDAR 等数据集转化成 PixelLink 所需要的格式。

如果该像素位于文本标注框之内，则该像素的文本区域标注为正样本，当有覆盖存在时，不重

---

① 参见 Baoguang Shi、Xiang Bai、Serge Belongie 的论文 "Detecting Oriented Text in Natural Images by Linking Segments"。

叠的区域标注为正样本，剩余的所有像素均标注为负样本。关于连接正负的判断，论文中讲解得不够详细，我们分析代码之后才能弄明白：

- 如果一像素在文本区域中，则需要判断这个像素与其 8 个邻居的正负关系，其实我们只需要判断文本区域边界的像素即可，因为非边界像素的 8 个邻居的连接肯定为正；
- 判断一个像素与其邻居的连接的正负时，只需要判断它的邻居是否也在该像素的文本框内，如果在的话，则它们的连接为正，否则为负。

7.7.3 PixelLink 的损失函数

如前面所介绍的，PixelLink 是由文本区域和非文本区域构成的双任务模型，所以它的损失函数由两个部分组成：

$$\mathcal{L} = \lambda \mathcal{L}_{\text{pixel}} + \mathcal{L}_{\text{link}} \tag{7.35}$$

式（7.35）中的 λ 是多任务的权值参数，论文作者发现像素损失更为重要，所以在论文中 $\lambda=2$。

1. 像素损失 $\mathcal{L}_{\text{pixel}}$

像素损失主要解决小尺寸文本区域的准确率问题。对一张文本区域尺寸变化非常大的图片来说，如果我们为每一像素值都分配一个相同的权值，那么大尺寸的目标会有比小尺寸的目标更多的像素参与损失函数的计算，这对小尺寸目标的检测是非常不利的，因此我们需要设计一个权值和尺寸成反比的损失函数来优化模型。作者将之命名为实例平衡交叉熵损失（instance-balanced cross-entropy loss），对于一个输入图像的所有文本区域，首先计算一个对每个区域都相等的值 B。S_i 是这个文本框实例的面积，该文本框中像素的权值与该文本框的面积成反比，即 $w_i = \dfrac{B}{S_i}$，也就是小面积的文本区域的像素会得到更大的权值。

$$B = \frac{S}{N}, S = \sum_i^N S_i, \forall i \in \{1, \cdots, N\} \tag{7.36}$$

式（7.36）中，S 表示文本区域的总面积。PixelLink 采用在线难样本挖掘（online hard example mining，OHEM）的策略来采样负样本（非文本区域），其中 $r \times S$ 个损失值最大的负样本被采样用作 PixelLink 的负样本来优化。所有正负样本的像素的权值构成矩阵 W。像素损失 $\mathcal{L}_{\text{pixel}}$ 为：

$$\mathcal{L}_{\text{pixel}} = \frac{1}{(1+r)S} W \mathcal{L}_{\text{pixel-CE}} \tag{7.37}$$

其中，$\mathcal{L}_{\text{pixel-CE}}$ 表示文本区域/非文本区域的交叉熵损失函数。

2. 连接损失 $\mathcal{L}_{\text{link}}$

连接损失由正连接损失和负连接损失组成，分别为：

$$\begin{aligned}\mathcal{L}_{\text{link-pos}} &= W_{\text{pos-link}} \mathcal{L}_{\text{link-CE}} \\ \mathcal{L}_{\text{link-neg}} &= W_{\text{neg-link}} \mathcal{L}_{\text{link-CE}}\end{aligned} \tag{7.38}$$

其中，$\mathcal{L}_{\text{link-CE}}$ 是连接的交叉熵损失，$W_{\text{pos-link}}$ 和 $W_{\text{neg-link}}$ 是两个权值，它是根据像素损失的权值矩阵 W 计算得到：

$$\begin{aligned}W_{\text{pos-link}} &= W(i,j) \times (Y_{\text{link}}(i,j,k) == 1) \\ W_{\text{neg-link}} &= W(i,j) \times (Y_{\text{link}}(i,j,k) == 0)\end{aligned} \tag{7.39}$$

那么，关于连接的类别平衡交叉熵损失函数为：

$$\mathcal{L}_{\text{link}} = \frac{\mathcal{L}_{\text{link-pos}}}{\text{rsum}(W_{\text{pos-link}})} + \frac{\mathcal{L}_{\text{link-neg}}}{\text{rsum}(W_{\text{neg-link}})} \tag{7.40}$$

其中，rsum 表示 reduce-sum 操作。

7.7.4 后处理

1．像素合并

在得到网络的输出结果后，PixelLink 需要将像素合并为文本框，整个流程的关键环节有 3 个：

（1）当两像素都是正像素且它们之间至少有一个连接是正的时候，那么这两像素构成一个连通域；

（2）使用并查集的方式确定所有的连接；

（3）使用 OpenCV 的 minAreaRect 方式确定文本区域，文本区域可以是矩形，也可以是多边形。

2．检测框后处理

由于 PixelLink 是基于实例分割的算法，因此会产生很多小的区域，我们可以根据数据集的特点对这些误检进行过滤。

7.7.5 小结

与传统的基于回归框的文字检测算法对比，PixelLink 这种基于实例分割的算法有以下两个优点。

- 更擅长小尺寸目标的检测：因为使用的是像素连通域拼接的方式形成的文本框，这种自底向上的方法使得 PixelLink 非常善于检测小尺寸目标。
- 对训练数据的数量依赖更小：基于像素的方法保证了 PixelLink 的样本数量，它对复杂背景更鲁棒，这使得 PixelLink 对训练数据的数量依赖更小。

但是 PixelLink 有以下缺点。

- PixelLink 的自底向上的方法使得大尺寸目标的检测的困难程度远大于小尺寸目标，可能会导致大尺寸目标的检测不准确。
- 这种只看该像素与其邻居而忽略了更多的上下文信息的方式可能会使 PixelLink 产生一些误检。
- 过分依赖后处理的操作来去掉误检会有人工干预的痕迹，在有些场景中这些后处理的参数值很难确定，这会使 PixelLink 产生一些误检和漏检。

第 8 章　场景文字识别

传统的 OCR 是指对文本资料的图像文件进行分析和处理,以获取图像中的文字和版面信息的过程。在深度学习中,OCR 通常由场景文字检测和场景文字识别组成,在介绍完场景文字检测后,我们将在本章介绍基于深度学习的场景文字识别算法。场景文字识别与目标分类的最大不同点是场景文字是一个文本序列,我们要识别的目标不是某一类而是一个字符序列。

在进行文字识别之前,我们往往需要对输入识别模型的数据进行校正,其中最经典的两个算法是用于仿射变换校正的空间变形网络(spatial transformer network,STN)[1]和用于非刚性校正的 RARE[2]。STN 的核心是学习一个仿射变换矩阵,然后使用该仿射变换矩阵对输入图像进行校正。STN 不仅可以用于仿射变换矩阵,还可以起到类似注意力机制的作用。

RARE 则是一个端到端的校正和识别的文字模型,它由理论上可以对任意图形变化进行校正的空间网络和基于注意力机制的序列识别网络(sequence recognition network,SRN)组成。RARE 的 SRN 与经典的 OCR 算法 CRNN 相比,增加了一个介于编码器和解码器之间的注意力机制。

因为 OCR 任务的序列特征,使用更擅长进行序列识别的 Transformer 构建文字识别模型是比较火热的科研方向,本章要介绍的 Bi-STET[3]便是一个经典的使用 Transformer 进行文字识别的算法。它的整体架构基于 Transformer 的编码器 - 解码器,它的编码器用于对输入图像的特征图进行编码,它的解码器用于对识别的文本序列进行解码。

我们最后要介绍的是 OCR、语音识别等序列生成任务中极为重要的一个算法:CTC[4]。传统的 OCR 算法在识别文字序列时,它们的策略通常是先使用图像特征将输入数据拆分成字符单位,然后对每个字符进行识别。CTC 的核心目的便是解决输入图像和识别结果需要人工对齐的问题,使得识别模型可以直接预测一个文本序列。

8.1　STN

自 LeNet-5 的结构被提出之后,其"卷积 + 池化 + 全连接"的结构被广泛应用到各个方向,但

---

[1] 参见 Max Jaderberg、Karen Simonyan、Andrew Zisserman 等人的论文 "Spatial Transformer Networks"。
[2] 参见 Baoguang Shi、Xinggang Wang、Pengyuan Lyu 等人的论文 "Robust Scene Text Recognition with Automatic Rectification"。
[3] 参见 Maurits Bleeker、Maarten de Rijke 的论文 "Bidirectional Scene Text Recognition with a Single Decoder"。
[4] 参见 Alex Graves、Santiago Fernández、Faustino Gomez 等人的论文 "Connectionist Temporal Classification: Labelling Unsegmented Sequence Data with Recurrent Neural Networks"。

是传统的池化方式所带来 CNN 的位移不变性和旋转不变性只是局部的和固定的，而且池化并不擅长处理其他形式的仿射变换。

STN 的提出动机源于对池化的改进，即与其让网络抽象地学习位移不变性和旋转不变性，不如设计一个显式的模块，让网络显性地学习这些不变性，甚至将其范围扩展到所有仿射变换乃至非仿射变换。更加通俗地讲，STN 可以学习一种变换，这种变换可以对仿射变换的目标进行校正。这就是我把 STN 放在了 OCR 这一篇的原因，因为在 OCR 场景中，仿射变换是最为常见的变换情况。

基于这个动机，STN 设计了空间变形模块（spatial transformer module，STM），STM 具有显式学习仿射变换的能力，并且 STM 是可导的，因此可以直接整合到 CNN 中进行端到端的训练。插入 STM 的 CNN 叫作 STN。下面根据 STN 的 Keras 源码来详细介绍 STN 的算法细节。

8.1.1 空间变形模块

STN 由 3 个模块组成（见图 8.1）。

- 定位网络（localization network）：该模块学习仿射变换矩阵，仿射变换矩阵的介绍见附录 F。
- 栅格生成器：参数化栅格采样（parameterised sampling grid），根据仿射变换矩阵得到输出特征图和输入特征图之间的位置映射关系。
- 采样器：可微图像采样（differentiable image sampling），计算输出特征图的每像素的值。

STM 使用的插值方式属于"后向插值"，即给定输出特征图上的一个点 $G_i(x_i^t, y_i^t)$，我们通过某种变换反向找到其在输入特征图中对应的位置 (x_i^s, y_i^s)，如果 (x_i^s, y_i^s) 为整数，则输出特征图在 (x_i^t, y_i^t) 处的值和输入特征图在 (x_i^s, y_i^s) 处的值相同，否则需要通过插值的方法得到输出特征图在 (x_i^t, y_i^t) 处的值。说了后向插值，当然还有一种插值方式叫作前向插值，例如我们在 Mask R-CNN 中介绍的双线性插值。

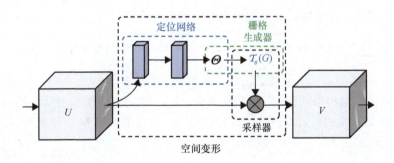

图 8.1 STM 的框架

1. 定位网络

定位网络是一个小型的 CNN，表示为 $\Theta = f_{\text{loc}}(U)$，其输入是特征图（$U \in \mathcal{R}^{W \times H \times C}$），输出是仿射变换矩阵 Θ 的 6 个值。因此，输出层是一个有 6 个节点的回归器，可以用一个有 6 个输出节点的全连接实现。

$$\Theta = \begin{bmatrix} \theta_{11} & \theta_{12} & \theta_{13} \\ \theta_{21} & \theta_{22} & \theta_{23} \end{bmatrix} \tag{8.1}$$

2. 栅格生成器

参数化栅格采样利用定位网络产生的仿射变换矩阵 Θ 进行仿射变换，即由输出特征图上的某一位置 $G_i(x_i^t, y_i^t)$ 根据变换参数 Θ 得到输入特征图的某一位置 (x_i^s, y_i^s)：

$$\begin{pmatrix} x_i^s \\ y_i^s \end{pmatrix} = \mathcal{T}_\theta(G_i) = \Theta \begin{pmatrix} x_i^t \\ y_i^t \\ 1 \end{pmatrix} = \begin{bmatrix} \theta_{11} & \theta_{12} & \theta_{13} \\ \theta_{21} & \theta_{22} & \theta_{23} \end{bmatrix} \begin{pmatrix} x_i^t \\ y_i^t \\ 1 \end{pmatrix} \quad (8.2)$$

图 8.2 展示了普通卷积的直接映射和 STM 的仿射变换的区别。

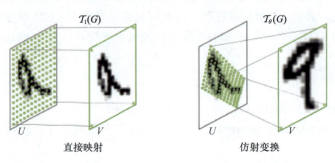

图 8.2 普通卷积的直接映射和 STM 的仿射变换

这里需要注意以下两点。

- Θ 可以是一个更通用的矩阵，并不局限于仿射变换，甚至不局限于 6 个值。
- 映射得到的 (x_i^s, y_i^s) 一般不是整数，因此 (x_i^t, y_i^t) 不能使用 (x_i^s, y_i^s) 的值，而是根据它进行插值，也就是我们接下来要介绍的内容。

3. 采样器

如果 (x_i^s, y_i^s) 取值均为整数，那么输出特征图的 (x_i^t, y_i^t) 处的值便可以从输入特征图上直接映射过去。然而我们讲到，(x_i^s, y_i^s) 往往不是整数，这时我们需要进行插值才能确定其值，这个过程叫作一次插值，或者一次采样（sampling）。插值过程可以表示为式（8.3）：

$$V_i^c = \sum_n^H \sum_m^W U_{nm}^c k(x_i^s - m; \Phi_x) k(y_i^s - m; \Phi_y), \quad 其中 \forall i \in [1,\cdots,H'W'], \quad \forall c \in [1,\cdots,C] \quad (8.3)$$

在式（8.3）中，函数 $k(\cdot)$ 表示插值函数，Φ 为 $k(\cdot)$ 中的参数，U_{nm}^c 为输入特征图上点 (n, m, c) 处的值，V_i^c 便是插值后输出特征图的 (x_i^t, y_i^t) 处的值，H'、W' 分别为输出特征图的高和宽。当 $H'=H$ 且 $W'=W$ 时，STM 是正常的仿射变换；当 $H'=H/2$ 且 $W'=W/2$ 时，STM 可以起到和池化类似的降采样的功能。以双线性插值为例，插值过程表示为式（8.4）：

$$V_i^c = \sum_n^H \sum_m^W U_{nm}^c \max(0, 1-|x_i^s - m|) \max(0, 1-|y_i^s - m|) \quad (8.4)$$

上式可以这么理解：遍历整个输入特征图，如果遍历到特征图上某一点 (x_i^s, y_i^s) 到点 (n, m) 的距离大于 1，即 $|x_i^s - m| > 1$，那么 $\max(0, 1-|x_i^s - m|) = 0$（$n$ 同理），即只有距离 (x_i^s, y_i^s) 最近的 4 个点参与计算。同时，距离与权重成反比，也就是距离越小，权值越大。双线性插值示例如图 8.3 所示，其中 $(x_i^s, y_i^s) = (1.2, 2.3)$，$U_{12}=1$，$U_{13}=2$，$U_{22}=3$，$U_{23}=4$，则插值之后像素的值为 1.8，如式（8.5）：

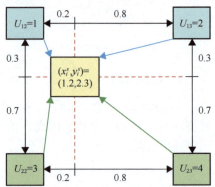

图 8.3 STN 中的双线性插值示例

$$V_{(x_i^s, y_i^s)} = 0.8 \times 0.7 \times 1 + 0.2 \times 0.7 \times 2 + 0.8 \times 0.3 \times 3 + 0.2 \times 0.3 \times 4 = 1.8 \tag{8.5}$$

式（8.4）中的几个值都是可偏导的：

$$\frac{\partial V_i^c}{\partial U_{nm}^c} = \sum_n^H \sum_m^W \max(0, 1-|x_i^s - m|) \max(0, 1-|y_i^s - m|)$$

$$\frac{\partial V_i^c}{\partial x_i^s} = \sum_n^H \sum_m^W U_{nm}^c \max(0, 1-|y_i^s - m|) \begin{cases} 0 & |m - x_i^s| > 1 \\ 1 & m \geq x_i^s \\ -1 & m < x_i^s \end{cases} \tag{8.6}$$

$$\frac{\partial V_i^c}{\partial y_i^s} = \sum_n^H \sum_m^W U_{nm}^c \max(0, 1-|x_i^s - n|) \begin{cases} 0 & |n - y_i^s| > 1 \\ 1 & n \geq y_i^s \\ -1 & n < y_i^s \end{cases}$$

再对式（8.2）中的 θ 求导为：

$$\frac{\partial V_i^c}{\partial \theta} = \begin{pmatrix} \frac{\partial V_i^c}{\partial x_i^s} \cdot \frac{\partial x_i^s}{\partial \theta} \\ \frac{\partial V_i^c}{\partial y_i^s} \cdot \frac{\partial y_i^s}{\partial \theta} \end{pmatrix} \tag{8.7}$$

STM 的可导带来的好处是其可以和整个 CNN 一起进行端到端的训练，能够以网络模块的形式直接插入 CNN。

8.1.2　STN

8.1.1 节介绍过，将 STM 插入 CNN 便得到了 STN。但是在插入 STM 的时候，需要注意以下几点。

（1）在输入图像之后接一个 STM 是最常见的操作，也是最容易理解的操作，即自动进行图像仿射变换校正。

（2）理论上讲，STM 可以以任意数量插入网络的任意位置，STM 可以起到裁剪的作用，是一种高级的注意力机制。但多个 STM 无疑增加了网络的深度，其带来的收益值得讨论。

（3）STM 虽然可以起到降采样的作用，但一般不这么使用，因为基于 STM 的降采样会产生对齐的问题。

（4）可以在同一个 CNN 中并行使用多个空间变形，但是一般空间变形和图像中的目标是 1∶1 的关系，因此并不具有非常广泛的通用性。

8.1.3　STN 的应用场景

1. 并行 STM

在这个场景中，输入是两幅有仿射变换的 MNIST 的图像，然后直接输出这两幅图像上的数字的和（是一个 19 类的分类任务，不是两个 10 类的分类任务），如图 8.4 所示。

具体地讲，给定两幅图像，初始化两个 STM，将两个 STM 分别作用于两幅图像，得到 4 个特征图，将这个具有 4 个通道的特征图作为 CNN 的输入，预测一个 0～18 的整数值。实验结果显示了两个并行 STM 的效果明显强于单个 STM。

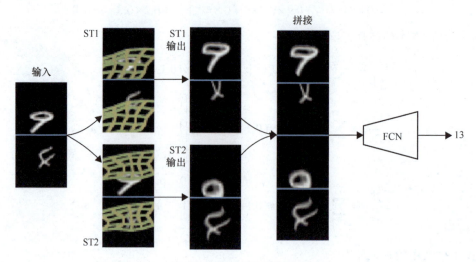

图 8.4 并行空间变形（ST）

在鸟类分类的任务上，STN 并行使用了 2 个 STM（图 8.5 上面一行）和 4 个 STM（图 8.5 下面一行），得到了图 8.5 所示的实验结果。在这里 STN 可以理解为一种注意力机制，即不同的特征图"关注"小鸟的不同部分，例如上面一排明显可以看出红色特征图比较注意小鸟的头部，而绿色特征图则比较注重小鸟的身体。

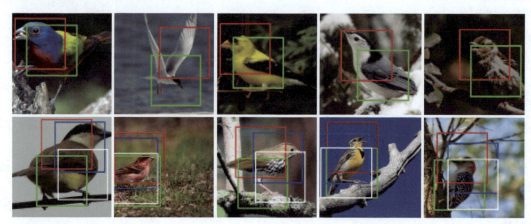

图 8.5　STN 用于鸟类分类

2. STN 用于半监督学习的自定位算法

在自定位（co-localisation）算法中，给出一组图像，这些图像中包含一些公共部分，但是这些公共部分在什么地方、是什么样子我们都不知道，我们的任务是定位这些公共部分。

STN 解决这个任务的方案是 STN 在图像 I_m 中检测到的部分与在图像 I_n 中检测到的部分的相似性应该小于 STN 在 I_n 中随机采样的部分，如图 8.6 所示。

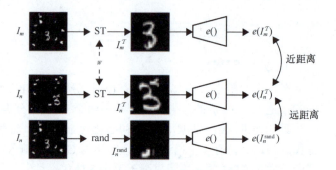

图 8.6　STN 用于半监督学习的自定位算法

损失函数使用的是 Hinge 损失：

$$\sum_{n}^{N}\sum_{n\neq m}^{M}\max\left(0,\left\|e\left(\boldsymbol{I}_{n}^{T}\right)-e\left(\boldsymbol{I}_{m}^{T}\right)\right\|_{2}^{2}-\left\|e\left(\boldsymbol{I}_{n}^{T}\right)-e\left(\boldsymbol{I}_{n}^{\text{rand}}\right)\right\|_{2}^{2}+\alpha\right) \quad (8.8)$$

其中，$\boldsymbol{I}_n^T$ 和 $\boldsymbol{I}_m^T$ 是 STN 裁剪得到的图像，$\boldsymbol{I}_n^{\text{rand}}$ 是随机采样的图像，$e()$ 是编码函数，α 是 Hinge 损失的边界。

3. 高维 STM

STN 也可扩展到三维，此时的仿射变换矩阵是 3 行 4 列的，由式（8.2）的二维仿射变换可以推出三维仿射变换的表达式，表示为式（8.9）：

$$\begin{pmatrix} x_i^s \\ y_i^s \\ z_i^s \end{pmatrix} = \begin{bmatrix} \theta_{11} & \theta_{12} & \theta_{13} & \theta_{14} \\ \theta_{21} & \theta_{22} & \theta_{23} & \theta_{24} \\ \theta_{31} & \theta_{32} & \theta_{33} & \theta_{34} \end{bmatrix} = \begin{pmatrix} x_i^t \\ y_i^t \\ z_i^t \\ 1 \end{pmatrix} \quad (8.9)$$

此时定位网络需要回归预测 12 个值，插值则使用的是三线性插值。

STN 的另一个有趣的方向是通过将图像在一个维度上展开，将三维物体压缩到二维，即高维映射到低维，如图 8.7 所示。

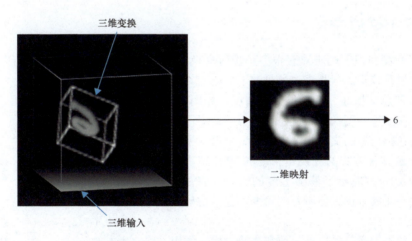

图 8.7 STN 用于高维映射到低维

8.1.4 小结

STN 作为一个独立的模块可以便捷地插入所有的网络模型，而且不会增加太多的计算负担，并且在一定程度上起到了注意力机制的作用。STN 在 OCR 的文本存在仿射变换的情况下可以取得可观的效果。

8.2 RARE

在本节中，先验知识包括：
- STN（8.1 节）。

8.1 节介绍的 STN 是对仿射变换进行自动校正的，而这里要介绍的自动校正识别（recognition with automatic rectification，RARE）则实现了对不规则文本的端到端的校正和识别，算法包括两部分。

- 类似 STN 的不规则文本区域的校正：与 STN 不同的是，RARE 在定位部分预测的并不是仿射变换矩阵，而是 K 个 TPS（thin plate spine）的基准点，其中 TPS 基于样条（spline）的数据插值和平滑技术，被广泛地应用到非刚性变换的校正。
- 基于 SRN 的文字识别：SRN 是基于注意力机制[①]的序列模型，包括由 CNN 和 LSTM 构成的编码器模块、基于注意力机制和 GRU[②]的解码器模块。

在测试阶段，RARE 使用了基于贪心或光束搜索的方法寻找最优输出结果。RARE 的算法框架如图 8.8 所示，其中实线表示预测流程，虚线表示反向迭代过程。

图 8.8　RARE 的算法框架

8.2.1　基于 TPS 的 STN

场景文字检测和识别的难点有很多，仿射变换是其中一种，STN 通过预测仿射变换矩阵的方式对输入图像进行校正。但是真实场景的不规则文本要复杂得多，可能包括扭曲、弧形排列等情况，如图 8.9 所示，其中左侧是输入图像，右侧是校正后的效果，其中涉及的变换包括松散的文本、多向文本、仿射变换文本和曲线文本。这种方式的变换是传统的 STN 解决不了的，因此 RARE 中提出了基于 TPS 的 STN。TPS 非常强大的一点在于其可以近似所有的形变，包括仿射变换和非刚性变换。

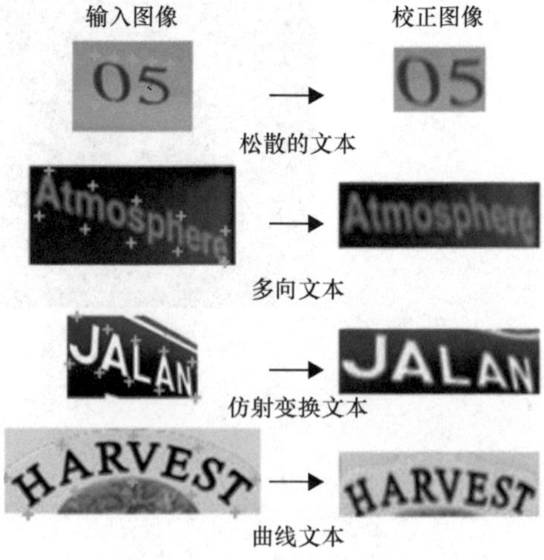

TPS 是一种基于样条的数据插值和平滑技术，常用于对扭曲图像进行矫正。对于 TPS 可以这样简单理解，给我们一块光滑的薄铁板，我们弯曲这块铁板使其穿过空间中固定的几个点，TPS 得到的便是我们弯曲铁板所做的最小的功。

图 8.9　真实场景中的变换

全览整个校正算法，RARE 的校正模块分成 3 部分。

- 定位网络（localization network）：预测 TPS 校正所需要的 K 个基准点（fiducial point）。
- 栅格生成器（grid generator）：基于基准点进行 TPS 变换，生成输出特征图的采样栅格。
- 采样器（sampler）：对每个栅格执行双线性插值。

---

① 参见 Dzmitry Bahdanau、Kyunghyun Cho、Yoshua Bengio 的论文 "Neural Machine Translation by Jointly Learning to Align and Translate"。

② 参见 Kyunghyun Cho、Bart Van Merriënboer、Caglar Gulcehre 等人的论文 "Learning Phrase Representations using RNN Encoder-Decoder for Statistical Machine Translation"。

STN 的算法流程如图 8.10 所示。

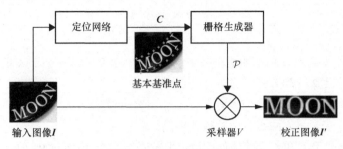

图 8.10　STN 的算法流程

1. 定位网络

定位网络是一个由卷积层、池化层和全连接构成的 CNN（见表 8.1）。由于一个点由 (x, y) 定义，因此一个要预测 K 个基准点的 CNN 需要有 $2K$ 个输出，在论文的实验部分给出 $K=20$。为了将基准点的范围控制到 $[-1, 1]$，输出层使用 tanh 作为激活函数。如图 8.9 和图 8.10 所示的绿色 "+" 即定位网络预测的基准点。

表 8.1　定位的结构，其中卷积均为步长为 1 的 same 卷积

类型	通道数	卷积核大小	输出特征图大小
卷积	64	3×3	100×32
卷积	128	3×3	100×32
卷积	256	3×3	100×32
卷积	512	3×3	100×32
最大池化	512	2×2	50×16
全连接	—	—	1000
全连接	—	—	1000
输出层	—	—	40

得到网络的输出后，它被 reshape 成一个 $2 \times K$ 的矩阵 C，即 $C = [c_1, c_2, \cdots, c_K]$。RARE 的输入图像的尺寸是 100×32。在 RARE 的实现中，STN 的输出层的特征图的尺寸同样使用了 100×32。

2. 栅格生成器

当给定了输出特征图的时候，我们可以在其顶边和底边分别均匀地生成 K 个点，如图 8.11 所示，这些点便被叫作基本基准点（base fiducial point），表示为 $C' = [c'_1, c'_2, \cdots, c'_K]$，在 RARE 的 STN 中，输出的特征图的尺寸是固定的，所以 C' 中包含的是常量。

图 8.11　TPS 的变形关系

那么栅格生成器是如何利用 C 和 C'，得到图 8.11 中的图像 I 和图像 I' 的 TPS 的变形关系 T 的呢？

在从定位网络得到基准点 C 和固定基本基准点 C' 后，变形矩阵 $T \in \mathbb{R}^{2 \times (K+3)}$ 的值已经可以确定：

$$T = \left(\Delta_{C'}^{-1} \begin{bmatrix} C^\top \\ \mathbf{0}^{3 \times 2} \end{bmatrix} \right)^\top \tag{8.10}$$

式（8.10）中，$\Delta_{C'} \in \mathbb{R}^{(K+3) \times (K+3)}$ 是一个只由 C' 计算得到的矩阵：

$$\Delta_{C'} = \begin{bmatrix} \mathbf{1}^{K\times 1} & C'^{\top} & R \\ 0 & 0 & \mathbf{1}^{1\times K} \\ 0 & 0 & C' \end{bmatrix} \tag{8.11}$$

式（8.11）中，$\mathbf{1}^{K\times 1}$ 是一个 $K\times 1$ 的值全是 1 的列向量，$\mathbf{1}^{1\times K}$ 则是一个 $1\times K$ 的值全是 1 的行向量。$R \in \mathbb{R}^{K\times K}$ 是一个由 $r_{i,j}$ 组成的 $K\times K$ 的矩阵，$r_{i,j}$ 表示为：

$$r_{i,j} = d_{i,j}^2 \ln(d_{i,j}^2) r_{i,j} = d_{i,j}^2 \ln(d_{i,j}^2) \tag{8.12}$$

式（8.12）中 $d_{a,b}$ 表示 a, b 两点之间的欧氏距离。

由此可见，仅仅使用 C 和 C' 我们便可以得到变形矩阵 T。那么对 RARE 这个反向插值的算法来说，对于校正图像中 $I' = \{p'_i\}_{i=1,2,\cdots,N}$（$N=W\times H$，即输出图像的像素数）的任意一点 $p'_i = [x'_i, y'_i]^{\top}$，我们怎样才能找到其在原图 I 中对应的点 $p_i = [x_i, y_i]^{\top}$ 呢？这就需要用到我们上面得到的 T 了。

$$\begin{aligned} r'_{i,k} &= d_{i,k}^2 \ln(d_{i,k}^2) \\ \hat{p}'_i &= \left[1, x'_i, y'_i, r'_{i,1}, r'_{i,2}, \cdots, r'_{i,3}\right] \\ p_i &= T\hat{p}'_i \end{aligned} \tag{8.13}$$

式（8.13）中 $d_{i,k}$ 表示第 i 像素 p'_i 和第 k 个基准点 c'_k 之间的欧氏距离。

3. 采样器

在前文中，我们得到了输出特征图上一点 $p'_i = [x'_i, y'_i]^{\top}$ 与输入特征图上像素的坐标 $p_i = [x_i, y_i]^{\top}$ 的对应关系。在 RARE 中，使用了双线性插值得到了输出特征图在 $[x'_i, y'_i]$ 上的值。

RARE 中的校正模块是一个可微分的模型，这也就意味着 RARE 也是一个可端到端训练的模型。不同点在于 RARE 将仿射变换矩阵变成了 TPS，从而使模型拥有校正任何变换的能力，包括但不仅限于仿射变换。图 8.9 右侧部分所示是 RARE 的校正模块得到的实验结果。

8.2.2 序列识别网络

如图 8.8 的后半部分所示，RARE 的 SRN 的输入是校正图像，输出则是识别的字符串。SRN 是一个基于注意力的序列到序列（seq-to-seq）的模型，包含编码器和解码器两部分，编码器用于将输入图像 I' 编码成特征向量 h，解码器则负责将特征向量 h 解码成字符串 $\hat{y}$。RARE 的 SRN 的结构如图 8.12 所示。

1. 编码器

RARE 的编码器（encoder）非常简单，由一个 7 层的 CNN 和一个两层的双向 LSTM 组成，如表 8.2 所示。

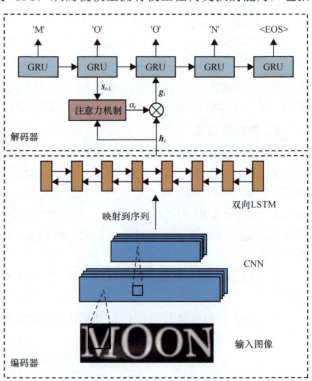

图 8.12　RARE 的 SRN 的结构

表 8.2　SRN 编码器网络结构以及输出特征图的尺寸

类型	通道数	大小	加边大小	步长	输出
卷积	64	3×3	1	(1,1)	100×32
最大池化	64	2×2	0	(2,2)	50×16
卷积	128	3×3	1	(1,1)	50×16
最大池化	128	2×2	0	(2,2)	25×8
卷积	256	3×3	1	(1,1)	25×8
卷积	256	3×3	1	(1,1)	25×8
最大池化	256	1×2	0	(1,2)	25×4
卷积	512	3×3	1	(1,1)	25×4
卷积	512	3×3	1	(1,1)	25×4
最大池化	512	1×2	0	(1,2)	25×2
卷积	512	2×2	0	(1,1)	24×1
全连接	—	—	—	—	25×512
双向 LSTM	—	—	—	—	24×256×2
双向 LSTM	—	—	—	—	24×256×2

注意，SRN 的最后两层只对高度进行降采样。在卷积层之后，编码器设置了两个双向 LSTM，每个 LSTM 的隐层节点的数量都是 256，记第 t 个时间片的输出特征为 x_t，第 t 个时间片的正向 LSTM 的隐层节点为 h_t^f，反向 LSTM 的隐层节点为 h_t^b，则正向和反向传播可分别表示为：

$$h_t^f = \text{LSTM}(x_t, h_{t-1}^f)$$
$$h_t^b = \text{LSTM}(x_t, h_{t+1}^b)$$
（8.14）

上式中的 h_0 以及 h_T 可以自己定义或者用默认的 0 值。编码器的输出是正反向两个隐层节点拼接的结果，这样每个时间片的特征向量的个数便是 512：

$$h = \left[h_t^f; h_t^b \right]$$
（8.15）

卷积之后 $W_{\text{Conv}}=6$，编码器的输出特征序列 h 由所有时间片拼接而成，因此 $h = (h_1, \cdots, h_L) \in \mathbb{R}^{512 \times L}$，其中 $L = W_{\text{Conv}} = 6$。

2．解码器

解码器（decoder）是基于单向 GRU 的序列模型，其在第 t 个时间片的特征 s_t 表示为：

$$s_t = \text{GRU}(l_{t-1}, g_t, s_{t-1})$$
（8.16）

其中，$t = [1, 2, \cdots, T]$，T 是输出标签的长度。

l_{t-1} 在训练时是第 t 个时间片的标签，在测试时则是第 t 个时间片的预测结果。α 是通过注意力计算的一个权重系数，g 是特征 h 的各个时间片的特征的加权和：

$$g_t = \sum_{i=1}^{L} \alpha_{ti} h_i$$
$$\alpha_{ti} = \frac{\exp(\tanh(s_{i-1}, h_t))}{\sum_{k=1}^{T} \exp(\tanh(s_{i-1}, h_k))}$$
（8.17）

RARE 的输出向量有 37 个节点，包括 26 个字母、10 个数字和 1 个终止符，输出层使用 softmax 作激活函数，每个时间片预测一个值：

$$\hat{y}_t = \text{softmax}(W^\top s_t)$$
（8.18）

8.2.3 训练

RARE 是一个端到端训练的模型，损失函数仅是 log 极大似然：

$$\mathcal{L} = \sum_{i=1}^{N} \log \prod_{t=1}^{T} p(l_t^{(i)} | I^{(i)}; \theta) \tag{8.19}$$

为了提高 STN 的收敛速度，RARE 使用了图 8.13 所示的 3 种随机初始化的方式初始化基准点，其中图 8.13（a）所示的收敛效果最好。

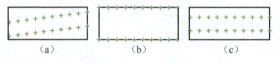

图 8.13　初始化基准点

8.2.4 基于字典的测试

在测试时一个最简单的策略就是在每个时间片都选择概率最高的作为输出。另一种方式是根据字典构建一棵先验树来缩小字符的搜索范围。使用字典时有贪心搜索和光束搜索两个思路，在实验中，RARE 选择了宽度为 7 的光束搜索。

8.2.5 小结

RARE 的特点是将 STN 和 TPS 结合起来，使 STN 理论上具有校正任何形变的能力，这在创新性和技术性上都非常值得参考。但是结合了 TPS 的 STN 带来的效果提升并没有设想的那么好，实验结果可以参考论文中给出的几个图，原因可能是问题本身的复杂性。但是有一点校正效果总比没有强，毕竟 RARE 带来的速度损失还是很小的。

8.3　Bi-STET

Transformer 被提出以来，几乎"刷榜"了自然语言处理的所有任务，自然而然地大家会想到使用 Transformer 来做场景文字的识别。而 Transformer 的全局感受野特点使其具有了识别弧形文字、二维文字的天然优势。这里要介绍的 Bi-STET 算法便在卷积特征之后加入了 Transformer 同时作为编码器和解码器的网络结构，并且加入了位置编码和方向编码来作为额外的输入特征。Bi-STET 大幅提高了主流的识别算法的识别准确率，尤其是长文本的识别准确率。

Bi-STET 的网络结构如图 8.14 所示，从图 8.14 左侧的高层架构我们可以看出它由 3 个主要部分组成。

- 残差网络，用于将图像编码成尺寸更小的特征图。
- 由 N 个编码层组成的编码器。
- N 个解码层组成的解码器，解码器有两个输出，分别是从右向左（rtl）和从左向右（ltr）。

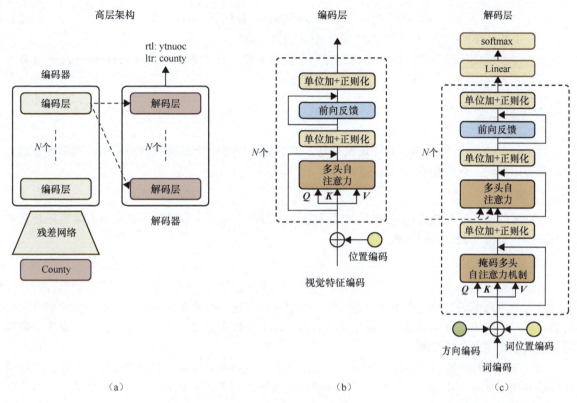

图 8.14 Bi-STET 网络结构

8.3.1 残差网络

残差网络被广泛应用于计算机视觉各个任务的骨干网络，Bi-STET 采用的是一个 45 层的残差网络。通过这个网络，我们可以得到输入图像的特征表示，这里表示为 $Q \in \mathbb{R}^{W \times C \times H}$，或者表示为长度为 W 的特征序列，即 $v_1, \cdots, v_W$，其中 $v_i \in \mathbb{R}^{C \times H}$。

8.3.2 编码层

从图 8.14（b）我们可以看出，残差网络得到的特征 Q 加上位置编码信息直接给到由自注意力机制组成的 Transformer 编码层，这里使用的是多头的自注意力。这里我们只对网络流程做一下梳理。

- 使用不同的 3 个特征矩阵乘图像特征 Q，我们得到 3 个不同的向量，它们分别是 Query 向量（Q）、Key 向量（K）和 Value 向量（V）。
- 根据 Q、K、V 我们可以得到自注意力的矩阵表示：

$$\text{Attention}(Q, K, V) = \text{softmax}\left(\frac{QK^\top}{\sqrt{d}}\right)V \qquad (8.20)$$

- 多头自注意力机制是由多个单头自注意力拼接而成的，表示为：

$$\text{head}_i = \text{Attention}(QW_i^Q, KW_i^K, VW_i^V) \qquad (8.21)$$

多头自注意力表示为：
$$\text{MultiHeadSelfAttention}=\text{Concat}(\text{head}_1,\cdots,\text{head}_h)W^O \tag{8.22}$$
其中，W_i^Q、W_i^K、W_i^V 以及 W^O 是 4 个不同的参数矩阵。
- 与特征图一起提供给编码器的还有一个位置向量，它的计算方式和 Transformer 的计算方式相同。

8.3.3 解码层

图 8.14（c）所示的是 Bi-STET 的解码层，它的输入中有一个是编码器的输出，其余 3 个输入分别是方向编码、词位置编码和词编码。

1. 编码

方向编码是为了模拟双向 RNN 结构引入的编码器，作用是告知模型是从左向右编码还是从右向左编码。另两个编码比较简单，不赘述。

2. 解码层模型

解码器可以拆分成两个主要模块，第一个模块是掩码多头自注意力，也叫作解码器自注意力，它的输入是方向编码、词编码和词位置编码。它之所以叫掩码是因为输入的只有已经解码的序列的内容。解码器的第二个模块是一个多头自注意力，也叫作解码器交叉注意力，它的输入是上个解码器的输出以及图像的特征图。

Bi-STET 的解码器自注意力和解码器交叉注意力分别侧重于对文本和图像编码，而不像其他的解码器笼统地把文本和图像一起输入。这种解耦的结构使得不同的模块侧重于不同的内容，更有利于网络学习不同的特征。

8.3.4 小结

本节介绍了使用 Transformer 来完成文字识别，通过添加不同的嵌入层来保证模型和任务的适配性，但遗憾的是对于几个编码器的细节论文作者并没有给出特别详细的解释。我之前也尝试过使用 Transformer 来进行二维文字的识别，但是 Transformer 的自回归的特性会导致预测时间非常长。所以目前主流的方法是用 Transformer 作为编码器生成特征，再使用更快速的算法作为自回归解码器。

8.4 CTC[①]

在 OCR 中，我们的数据集是图像文件和其对应的文本，遗憾的是，图像文件很难和预测文本逐字符对齐。除了 OCR，在语音识别等任务中，都存在类似的序列到序列的结构，同样也需要在预处理操作时进行对齐，但是这种对齐有时候是非常困难的。如果不使用对齐而直接训练模型，人的语速的不同或者字符间距离的不同，都可能导致模型很难收敛。

CTC（connectionist temporal classification）是一种避开输入与输出手动对齐的算法，是非常适合 OCR、文本生成或者语音识别这类应用的，如图 8.15 所示。

---
① 本节主要参考 Hannun 等人在 distill.pub 发表的文章，感谢他们对 CTC 的梳理。

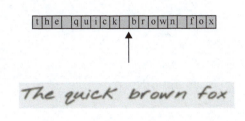

图 8.15　CTC 用于 OCR 和语音识别

给定输入序列 $X=[x_1,x_2,\cdots,x_T]$ 以及对应的标签数据 $Y=[y_1,y_2,\cdots,y_U]$，例如 OCR 中的图像文件和文本文件。我们的工作是找到 X 到 Y 的一个映射。对时序数据进行分类的算法叫作时序分类（temporal classification）。对比传统的分类方法，时序分类有如下难点：

- X 和 Y 的长度都是变化的；
- X 和 Y 的长度是不相等的；
- 对于一个端到端的模型，我们并不希望手动设计 X 和 Y 之间的对齐。

CTC 提供了解决方案，对于一个给定的输入序列 X，CTC 给出所有可能的 Y 的输出分布。根据这个分布，我们输出最可能的结果或者给出某个输出的概率。CTC 有以下两个重要的知识点。

- **损失函数**：给定输入序列 X，我们希望最大化 Y 的后验概率 $P(Y|X)$，$P(Y|X)$ 应该是可导的，这样我们能执行梯度下降算法。
- **测试**：给定一个训练好的模型和输入序列 X，我们希望输出概率最高的 Y：$Y^* = \mathrm{argmax}_Y P(Y|X)$。

当然，在测试时，我们希望 Y^* 能够尽快地被搜索到。

8.4.1　算法详解

给定输入 X，CTC 输出每个可能的输出结果及其条件概率。解决问题的关键是 CTC 的输出概率是如何考虑 X 和 Y 之间的对齐的，这种对齐也是构建损失函数的基础。所以，首先我们分析 CTC 的对齐方式，然后我们分析 CTC 的损失函数的构造。

1. 对齐

首先我们需要知道 X 的输出路径和最终输出结果的对应关系，因为在 CTC 中，多个输出路径可能对应一个输出结果。举例来理解，例如在 OCR 的任务中，输入 X 是含有"CAT"的图像，输出 Y 是文本 [C, A, T]。将 X 分割成若干时间片，每个时间片得到一个输出，一个最简单的解决方案是合并连续重复出现的字母，如图 8.16 所示。

这种对齐方式有两个问题：

- 几乎不可能将 X 的每个时间片都和输出 Y 对应上，例如 OCR 中字符的间隔、语音识别中的停顿；
- 不能处理有连续重复字符出现的情况，例如单词"HELLO"，按照上面的算法，输出的是"HELO"而非"HELLO"。

图 8.16　CTC 的一种原始对齐策略

为了解决上面的问题，CTC 引入了空字符 ϵ，例如 OCR 中的字符间隔、语音识别中的停顿均表示为 ϵ。所以，CTC 的对齐涉及去除重复字符和去除 ϵ 两部分，如图 8.17 所示。

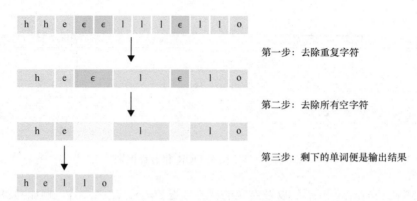

图 8.17　CTC 的对齐策略

这种对齐方式有 3 个特征：
- X 与 Y 之间的时间片映射是单调的，即如果 X 向前移动一个时间片，Y 保持不动或者也向前移动一个时间片；
- X 与 Y 之间的映射是多对一的，即多个输出可能对应一个映射，反之则不成立，所以才有了第三个特征；
- X 的长度大于或等于 Y 的长度。

2．损失函数

CTC 的流程如图 8.18 所示，其中包括 CTC 的时间片的输出和输出结果的分布。

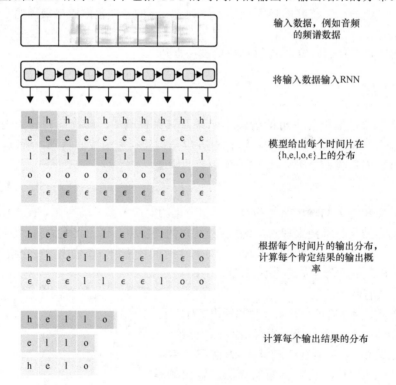

图 8.18　CTC 的流程

也就是说，对于标签 Y，其关于输入 X 的后验概率可以表示为所有映射为 Y 的路径之和，我们的目标就是最大化 Y 关于 X 的后验概率 $P(Y|X)$。假设每个时间片的输出是相互独立的，则路径的后

验概率是每个时间片概率的连乘，用 a_t 表示第 t 个时间片的内容，公式及其详细含义如图 8.19 所示。

$$P(Y|X) = \sum_{A \in A_{X,Y}} \prod_{t=1}^{T} P_t(a_t|X)$$

CTC条件概率　　边缘化所有有效对齐　　一步一步地计算每个对齐的概率

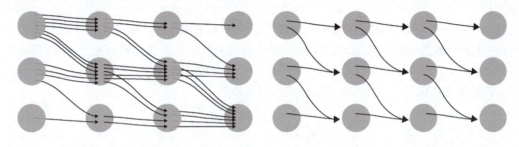

图 8.19　CTC 的公式及其详细含义

CTC 算法存在性能问题，对于一个时间片长度为 T 的 N 分类任务，所有可能的路径数为 T^N，在很多情况下，这个指数级别的计算用于计算损失值几乎是不现实的。在 CTC 中采用了动态规划的思想来对查找路径进行剪枝，算法的核心思想是如果路径 π_1 和路径 π_2 在时刻 t 之前的输出均相等，我们就可以提前合并它们，如图 8.20 所示。

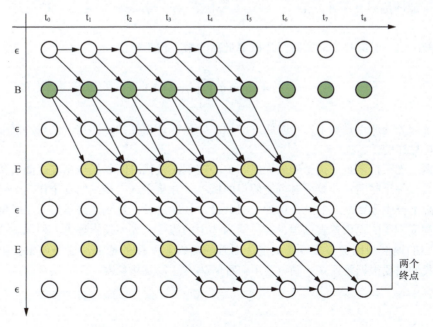

图 8.20　CTC 的动态规划计算输出路径

在图 8.21 中，横轴的单位是 X 的时间片，纵轴的单位是 Y 插入 ϵ 的序列 Z。例如对于单词“BEE”，插入 ϵ 后 $Z=\{\epsilon, B, \epsilon, E, \epsilon, E, \epsilon\}$。我们用 $\alpha_{s,t}$ 表示路径中已经合并的横轴单位为 t、纵轴单位为 s 的节点。输入有 9 个时间片，标签内容是“BEE”，$P(Y|X)$ 的所有可能的合法路径如图 8.21 所示。

图 8.21　CTC 中单词“BEE”的所有合法路径

图8.21分成两种情况。

情况1：如果 $\alpha_{s,t}=\epsilon$，则 $\alpha_{s,t}$ 只能由前一个空格 $\alpha_{s-1,t-1}$ 或者其本身 $\alpha_{s,t-1}$ 得到。但如果 $\alpha_{s,t}$ 不等于 ϵ 且为连续字符的第二个，即 $\alpha_s=\alpha_{s-2}$，则 $\alpha_{s,t}$ 只能由前一个空格 $\alpha_{s-1,t-1}$ 或者其本身 $\alpha_{s,t-1}$ 得到，而不能由前一个字符得到。因为这样做会将连续两个相同的字符合并成一个。$P_t(z_s|X)$ 表示在时间片 t 输出字符 z_s 的概率。$\alpha_{s,t}$ 表示为式（8.23）：

$$\alpha_{s,t} = (\alpha_{s,t-1} + \alpha_{s-1,t-1}) \cdot P_t(z_s|X) \tag{8.23}$$

情况2：如果 $\alpha_{s,t}$ 不等于 ϵ，则 $\alpha_{s,t}$ 可以由 $\alpha_{s,t-1}$、$\alpha_{s-1,t-1}$ 和 $\alpha_{s-2,t-1}$ 得到，可以表示为式（8.24）：

$$\alpha_{s,t} = (\alpha_{s,t-1} + \alpha_{s-1,t-1} + \alpha_{s-2,t-1}) \cdot P_t(z_s|X) \tag{8.24}$$

从图8.21中我们可以看到，合法路径有两个起始点，合法路径的概率 $P(Y|X)$ 是两个最终节点的概率之和。

现在，我们已经可以高效地计算损失函数，下一步的工作便是计算梯度用于训练模型。由于 $P(Y|X)$ 的计算只涉及加法和乘法，因此其一定是可导函数，进而我们可以使用 SGD 等策略优化模型。

对于数据集 D，模型的优化目标是最小化负对数似然：

$$\sum_{(X,Y)\in D} -\log P(Y|X) \tag{8.25}$$

3. 预测

当我们训练好一个 RNN 模型时，给定一个输入序列 X，我们需要找到最可能的输出，也就是求解：

$$Y^* = \arg\max_Y P(Y|X) \tag{8.26}$$

求解最可能的输出有两种方案，一种是贪心搜索（greedy search），另一种是光束搜索（beam search）。

贪心搜索：每个时间片均取该时间片概率最高的节点作为输出：

$$A^* = \arg\max_A \prod_{t=1}^{T} P_t(a_t|X) \tag{8.27}$$

这个方法最大的缺点是基于每个时间片的预测结果都是相互独立的这一假设，然而这在实际场景中并不总是存在的。

光束搜索：光束搜索是寻找全局最优值和贪心搜索在查找时间和模型精度之间的折中。一次简单的光束搜索在每个时间片计算所有可能假设的概率，并从中选出最高的几个作为一组。然后从这组假设的基础上产生概率最高的几个作为一组假设，依次进行，直到达到最后一个时间片。图8.22 所示是光束宽度为3的光束搜索过程，红色圆为选中的假设。光束搜索理论上要比贪心搜索的效果要好，但是它的速度却比贪心搜索慢很多，而且随着搜索宽度的增加，这个现象会更加明显。所以更多时候我们需要根据验证集来确定使用何种解码方法以及超参数。

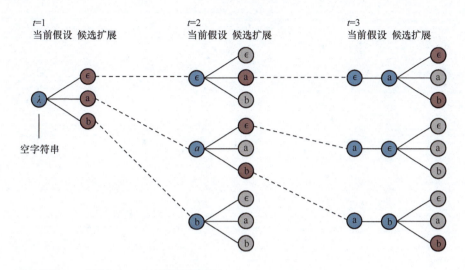

图 8.22 光束搜索过程

8.4.2 小结

虽然 CTC 是一个目前被广泛使用的损失函数,但它有以下缺点。

- 条件独立:CTC 的一个非常不合理的假设是每个时间片都是相互独立的,这是一个非常不好的假设。在 OCR 或者语音识别中,各个时间片之间是含有一些语义信息的,所以如果能够在 CTC 中加入语言模型的话效果应该会有所提升。
- 单调对齐:CTC 的另一个约束是输入 X 与输出 Y 之间的单调对齐,在 OCR 和语音识别中,这种约束是成立的。但是在一些场景中,例如机器翻译,这个约束便不成立了。
- 多对一映射:CTC 的又一个约束是输入序列 X 的长度大于标签数据 Y 的长度,但是对于 Y 的长度大于 X 的长度的场景,CTC 便失效了。

第三篇 其他算法与应用

"科学就是那些我们能够对计算机说明的东西,其余的都叫艺术。"

——Donald E. Knuth

第三篇　其他算法与应用

在前文中，我介绍了大量的深度学习的基础知识。深度学习能够在 21 世纪掀起巨大的波澜绝不是因为其高深的知识，更多是因为它对生活和工作带来的显著变化。可以说深度学习的基础知识为它的算法落地提供了理论基础，而它的广泛使用促进了它的基础理论的发展。

本篇中介绍的是我在工作过程中接触过的一些具有代表性的、前沿的深度学习落地方向。在本篇中，首先会对前面介绍的内容做重点补充，介绍尤其重要的两个算法：生成对抗网络（generative adversarial network，GAN）以及图神经网络（graph neural network，GNN）。其次我将结合前面所介绍的基础知识以及自己的工作经验，对这一部分涉及的内容进行详细的讲解，并给出在工作中遇到的一些问题以及学到的重要经验。

本篇共有 6 章。在第 9 章中，我将介绍深度学习中以 GAN 为代表的生成模型（或者叫作图像翻译模型），这一章的核心内容是 GAN 及其后续有代表性的优化策略。在第 10 章中，我将介绍最近几年颇为流行的图神经网络算法，图是一种广泛存在的数据类型，其在社会科学、生物学、化学等领域都得到了广泛应用。在第 11 章中，我将介绍 OCR 扩展到图像二维信息的识别，其中两个重要的方向分别是图像文本生成以及公式识别，这两个也是工业界极具业务价值的方向。在第 12 章中，我将介绍的人像抠图算法则是对分割算法的进一步扩展，人像抠图算法通过对 Alpha 通道信息的预测，可以达到比分割算法更加平滑且自然的效果。在第 13 章中，我将介绍图像预训练算法，它们借鉴了语言模型 BERT 的思想并根据图像的数据特点做了微调。在第 14 章中，我将介绍最近非常火热的多模态预训练算法，多模态是一个十分具有发展潜力的方向，这里将介绍几篇具有里程碑意义的多模态预训练算法。

截至本书定稿，有更多的深度学习算法实现了更好的价值或效果，而这些内容将在本书的同名专栏中持续更新，也希望各位读者前去跟进最新的工作。

第 9 章 图像翻译

图像翻译旨在通过模型将源域图像作为输入,然后生成目标域图像。图像分割就是经典的图像翻译任务,它的输入是实景图,生成的是以像素为分类单位的分割图。图像翻译任务也可以将语义分割任务的源域和目标域反过来,即根据分割图生成实景图。

GAN[1][2][3]的生成对抗思想是非常适用于没有标签数据的图像翻译任务的,一方面它的生成器用于实现源域图像到目标域图像的转化,另一方面它的判别器用于评估生成器生成的图像质量。在 9.1 节,我将介绍 GAN 的原理并对 GAN 的数学理论进行推导。

因为 GAN 生成内容的不可控性,GAN 并不能直接用来进行图像翻译。使用 GAN 生成可控内容最先在条件 GAN 中被提出。这里要介绍的 Pix2Pix[4]便是条件 GAN 的高阶应用,是一个可以生成高分辨率图像的算法。它在诸如实景生成、日景转夜景等方向上都取得了令人瞩目的效果。

从 Pix2Pix 的实验效果来看,它能生成的图像分辨率达到了 286×286,人眼看起来仍显模糊。为了生成更高分辨率的图像,Pix2PixHD[5]引入了从粗到细(coarse-to-fine)的生成器,此外它将实例边界加入输入数据,丰富了同一语义不同实例的生成样式,最后它支持通过编辑风格图的方式来调整生成图的内容,增加了图像翻译的应用场景。

最后要介绍的图像风格迁移(image style transfer,IST)[6]是一个不同于 GAN 的图像翻译算法,它的逻辑基础是 CNN 的不同深度擅长提取图像不同层级信息的能力。它的输入一般由实景图和风格图组成,通过实景图的语义信息以及风格图的纹理信息,来生成一个具有特定风格的图像。

9.1 GAN

GAN 是当前非常火热的生成类任务算法之一,由 Ian Goodfellow、Yoshua Bengio 等人在 2014 年提出,Yann LeCun 表示:"对抗训练是有史以来最酷的东西。"GAN 的核心是两个互相对抗又互

---

[1] 参见 Ian J. Goodfellow、Jean Pouget-Abadie、Mehdi Mirza 等人的论文 "Generative Adversarial Nets"。
[2] 参见 Martin Arjovsky、Léon Bottou 的论文 "Towards Principled Methods for Training Generative Adversarial Networks"。
[3] 参见 Yang Wang 的论文 "A mathematical introduction to generative adversarial nets (gan)"。
[4] 参见 Phillip Isola、Jun-Yan Zhu、Tinghui Zhou 等人的论文 "Image-to-Image Translation with Conditional Adversarial Networks"。
[5] 参见 Ting-Chun Wang、Ming-Yu Liu、Jun-Yan Zhu 等人的论文 "High-Resolution Image Synthesis and Semantic Manipulation with Conditional GANs"。
[6] 参见 Leon A. Gatys、Alexander S. Ecker、Matthias Bethge 的论文 "Image Style Transfer using Convolutional Neural Networks"。

相促进的神经网络：一个是生成神经网络，另一个是判别神经网络。通过 GAN 我们可以生成以假乱真的图像。GAN 被广泛地应用在图像生成、语音生成等场景中，例如经典的换脸应用 DeepFakes 背后的技术便是 GAN。

在了解 GAN 之前，我们有必要先了解什么是判别算法和生成算法。判别算法是指给定实例的一些特征，我们根据这些特征来判断它所属的类别，它建模的是特征和标签之间的关系。例如在 MNIST 数据集中，我们需要判断图片上的是哪个数字。我们可以用后验概率来建模判别算法，假设一个数据的特征是 x，它的标签是 y，判别算法指的是在给定 x 的前提下标签是 y 的概率，表示为 $P(y\mid x)$。而生成算法并不关心数据的标签是什么，它关心的是能否生成和 x 同一个分布的特征。评价生成算法生成的样本的质量往往比较主观，没有很明确的指标来评估生成样本的好坏。

9.1.1 逻辑基础

GAN 是一个由判别器（D）和生成器（G）两个模型组成的系统，网络结构如图 9.1 所示。判别器一般使用二分类的神经网络来构建，我们将取自数据集的样本视为正样本，而生成的样本标注为负样本，判别器的任务是判断输入图像源自数据集还是由机器生成的。生成器的任务是接收随机噪声作为输入，然后使用生成网络来创建一幅图像。生成器的随机输入可以看作一个种子，相同的种子会得到相同的生成图像，不同的种子则得到不同的图像，大量种子的作用是保证生成图像的多样性。在最原始的 GAN 论文中，都是使用 MLP 搭建判别器和生成器。

GAN 的双模型的目的是让生成器尽量去迷惑判别器，同时让判别器尽可能地对输入图像的来源进行准确的判断。两个模型之间是互相对抗的关系，它们都会试图通过击败对方来使自己变得更好。生成器可以通过判别器得到它生成的图像和数据集图像分布是否一致的反馈，而判别器则可以通过生成器得到更多的训练样本。

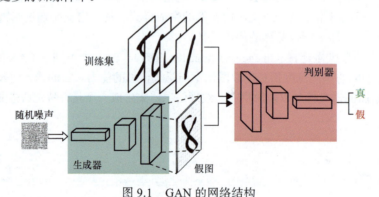

图 9.1 GAN 的网络结构

9.1.2 GAN 的训练

GAN 的生成器和判别器通过博弈的手段来不断地对两个模型进行迭代优化，它的基本流程如下。

- 初始化判别器的参数 $\boldsymbol{\theta}_D$ 和生成器的参数 $\boldsymbol{\theta}_G$。
- 从分布为 $p_{\text{data}}(\boldsymbol{x})$ 的数据集中采样 m 个真实样本 $\{\boldsymbol{x}^{(1)},\cdots,\boldsymbol{x}^{(m)}\}$。同时从噪声先验分布 $p_g(\boldsymbol{z})$ 中采样 m 个噪声样本 $\{\boldsymbol{z}^{(1)},\cdots,\boldsymbol{z}^{(m)}\}$，并将噪声数据输入生成器，得到 m 个生成样本 $\{\tilde{\boldsymbol{x}}^{(1)},\cdots,\tilde{\boldsymbol{x}}^{(m)}\}$。
- 固定生成器，使用梯度上升策略训练判别器使其能够更好地判断样本是真实样本还是生成样本，梯度上升如式（9.1）。

$$\nabla_{\theta_D} \frac{1}{m} \sum_{i=1}^{m} [\log D(x^{(i)}) + \log(1 - D(G(z^{(i)})))] \tag{9.1}$$

- 循环多次对判别器的训练后，对生成器进行优化，生成器使用梯度下降策略进行优化，如式（9.2）。

$$\nabla_{\theta_G} \frac{1}{m} \sum_{i=1}^{m} \log(1 - D(G(z^{(i)}))) \tag{9.2}$$

- 多次更新之后，我们的理想状态是生成器生成一个判别器无法分辨的样本，即最终判别器的分类准确率是 0.5。

这里之所以先循环多次优化判别器，再优化生成器，是因为我们想要先拥有一个有一定效果的判别器，它能够比较正确地区分真实样本和生成样本，这样我们才能够根据判别器的反馈来对生成器进行优化。更形象的说明如图 9.2 所示。

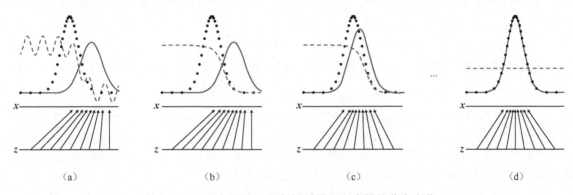

图 9.2　GAN 在训练过程中判别器和生成器的分布变化

图 9.2 中的黑色虚线是真实样本的分布情况，绿色实线是生成样本的分布，蓝色虚线是判别器判别概率的分布情况，z 是噪声，z 到 x 的变化是生成器将噪声数据映射到生成数据的过程，也就是生成器生成样本的过程。从图 9.2 中可以看出，图 9.2（a）所示处于初始状态，此时生成样本和真实样本的差距比较大，而且判别器也不能对它们进行很好的区分，因此我们需要先对判别器进行优化。在对判别器优化了若干轮后，来到了图 9.2（b）所示的状态，此时判别器已能够很好地区分生成样本和真实样本。但此时生成样本和真实样本的分布差异还是非常明显的，因此我们需要对生成器进行优化。经过训练后生成样本和真实样本的差异缩小了很多，也就是图 9.2（c）所示的状态。最后经过若干轮对判别器和生成器的训练后，我们希望生成样本和真实样本的分布已经完全一致，而此时判别器无法再区分它们了，也就是图 9.2（d）所示。

9.1.3　GAN 的损失函数

GAN 的一个难点是它的损失函数及其背后的数学原理，对于这一部分，论文中介绍的并不是非常清楚。现在很多人在推导论文中的公式时容易犯一个严重的错误，即假设生成器 G 是可逆的。然而这个假设并不成立，因此这样的证明是存在漏洞的。这里将给出 GAN 的损失函数的正确证明方式。

GAN 的目标是让生成器生成足以欺骗判别器的样本。从数学角度讲，我们希望生成样本和真实样本拥有相同的概率分布，也可以说生成样本和真实样本拥有相同的概率密度函数，即 $p_G(x)=p_{data}(x)$。这个结论很重要，因为它是 GAN 的理论基础，也是我们之后要讨论的 GAN 的证明策略，即定义一个优化问题，寻找一个 G，使其满足 $p_G(x)=p_{data}(x)$。如果我们知道如何判断生成样本是否满足这个关系，那么便可以使用 SGD 策略来对生成器进行优化。

GAN 的损失函数源自二分类对数似然函数的交叉熵损失函数，如式（9.3）。式中第一项的作用是使正样本的识别结果尽量为 1，第二项的作用是使负样本的预测值尽量为 0。y_i 是样本标签值。

$$\mathcal{L} = -\frac{1}{N}\sum_i [y_i \log p_i + (1-y_i)\log(1-p_i)] \tag{9.3}$$

根据前面介绍的 GAN 的原理，首先，我们要求判别器 D 能够将满足 $p_{\text{data}}(x)$ 分布的样本识别为正样本，因此有式（9.4），其中 $\mathbb{E}$ 表示期望。这一项取自于对数似然函数的"正类"，最大化这一项能够使判别器将真实样本 $\boldsymbol{x}$ 预测为 1，即当 $\boldsymbol{x} \sim p_{\text{data}}(\boldsymbol{x})$ 时，有 $D(\boldsymbol{x})=1$。

$$\mathbb{E}_{x \sim p_{\text{data}}(x)} \log(D(\boldsymbol{x})) \tag{9.4}$$

损失函数的另一项与生成器有关。这一项来自对数似然函数的"负类"，如式（9.5）。通过最大化式（9.5），我们可以使 $D(G(z))$ 的值趋近于 0，也就是希望判别器能够将生成样本预测为负样本。

$$\mathbb{E}_{z \sim p_z(z)} \log(1-D(G(z))) \tag{9.5}$$

结合式（9.4）和式（9.5），判别器的优化目标便是最大化两项之和，表示为 $V(G,D)$，如式（9.6）。

$$V(G,D) = \mathbb{E}_{x \sim p_{\text{data}}(x)} \log(D(\boldsymbol{x})) + \mathbb{E}_{z \sim p_z(z)} \log(1-D(G(z))) \tag{9.6}$$

在给定 G 的前提下，假设此时我们得到的最优判别器表示为 D_G^*，我们可以通过最大化式（9.6）得到最优判别器，表示为式（9.7）。注意，在实际场景中，我们其实是无法得到 D 的全局最优解 D_G^* 的，但是在推导 GAN 时，假设这个全局最优解的存在是至关重要的。它的存在使得我们需要去无限接近这个全局最优解，只有这样才可以得到最优的生成器。

$$D_G^* = \text{argmin}_D V(G,D) \tag{9.7}$$

生成器的目标则是生成尽量真实的样本以混淆判别器，使其无法判别样本是真实的还是生成的。换句话说，在判别器优化到它的全局最优值之后，即 $D = D_G^*$，接着要对生成器进行优化，目的是要最小化式（9.7）。由此得到最优生成器 G^* 的优化方式，表示为式（9.8）：

$$G^* = \text{argmin}_G V(G, D_G^*) \tag{9.8}$$

综上，我们便可以得到论文中使用的 G 和 D 的极大极小博弈的损失函数，如式（9.9）。

$$\min_G \max_D V(D,G) = \mathbb{E}_{x \sim p_{\text{data}}(x)}[\log D(\boldsymbol{x})] + \mathbb{E}_{z \sim p_z(z)}[\log(1-D(G(z)))] \tag{9.9}$$

9.1.4 理论证明

为了证明 GAN 最终的收敛结果是我们需要的，我们必须证明 GAN 满足两个性质：
- 对于任意给定的 G，可以找到最优的判别器 D_G^*；
- 对于全局最优的 G^*，它生成数据的分布和真实样本的分布一致，即 $p_G = p_{\text{data}}$。

1. 最优判别器

命题 9.1　最优判别器

对于任意固定的生成器 G，最优的判别器 D_G^* 满足式（9.10）。

$$D_G^* = \frac{p_{\text{data}}}{p_{\text{data}} + p_G} \tag{9.10}$$

证明：对于式（9.6）中的期望，我们将其改写为积分的形式，表示为式（9.11）：

$$V(G,D) = \int_x p_{\text{data}}(x)\log D(x)\mathrm{d}x + \int_z p(z)\log(1-D(G(z)))\mathrm{d}z \tag{9.11}$$

根据 LOTUS（law of the unconscious statistician）定理，我们可以得到 $V(G,D)$ 的另一种表达形式，如式（9.12）。

$$V(G,D) = \int_x p_{\text{data}}(x)\log D(x) + p_G(x)\log(1-D(x))\mathrm{d}x \tag{9.12}$$

笔记 对于式（9.11）到（9.12）的转化我们需要着重说明一下，因为在很多论文中认为之所以能够进行这一转化是因为微积分的变量变化公式，但是这一解释是错误的。GAN 与其他生成算法不同的是，生成器 G 不需要是可逆的，而且 G 在 GAN 中确实是不可逆的。既然 G 不可逆，我们就无法有 $x=G(z) \Rightarrow z=G^{-1}(x)$ 这样的推论，因此所有以 G^{-1} 为假设前提的证明都是不正确的。

事实上，能这么转化的依据是 LOTUS 定理，如式（9.13）。从定理中可以看出，当计算一个函数的期望时，我们可以不知道这个函数的分布，知道一个简单的分布以及从这个简单分布到当前分布的映射即可。

$$\mathbb{E}_{p(x;\theta)}[f(x)] = \mathbb{E}_{p(\epsilon)}[f(g(\epsilon;\theta))] \tag{9.13}$$

根据 LOTUS 定理，我们可以将 z 使用式（9.13）的映射方式进行替换，然后将式（9.13）的期望形式转化为积分形式，如式（9.14）。将式（9.14）代入式（9.11）中便可以得到式（9.12）。

$$\begin{aligned}\mathbb{E}_{z\sim p_z(z)}\log(1-D(G(z))) &= \mathbb{E}_{x\sim p_G(x)}\log(1-D(x)) \\ &= \int_x p_G(x)\log(1-D(x))\mathrm{d}x\end{aligned} \tag{9.14}$$

接着，式（9.12）往后证明，为简洁起见，我们将积分的内部写成式（9.15）的形式，然后找出式（9.15）的上界。

$$f(y) = a\log y + b\log(1-y) \tag{9.15}$$

为了找到最大值，我们对式（9.15）进行求导，并得到导数等于 0 的点。

$$\begin{aligned}f'(y) &= 0 \\ \Rightarrow \frac{a}{y} - \frac{b}{1-y} &= 0 \\ \Rightarrow y &= \frac{a}{a+b}\end{aligned} \tag{9.16}$$

如果 $a+b \neq 0$，我们继续求式（9.15）的二阶导数。

$$\begin{aligned}f''(y) &= \left(\frac{a}{y} - \frac{b}{1-y}\right)' \\ &= -\frac{a}{y^2} - \frac{b}{(1-y)^2}\end{aligned} \tag{9.17}$$

因为 $a,b \in (0,1)$，式（9.15）的二阶导数恒为负数，式（9.15）是一个凸函数，所以它的一阶导数值为 0 的点便是它唯一的最大值点，此时 $y = \frac{a}{a+b}$。

根据上面的推导，我们可以知道对于式（9.12），在 $D(x) = \dfrac{p_{\text{data}}}{p_{\text{data}} + p_G}$ 时达到了最大值，即最优的判别器 D_G^* 需要满足 $D_G^* = \dfrac{p_{\text{data}}}{p_{\text{data}} + p_G}$。证毕！

一方面，虽然在实际场景中，我们不知道 p_{data} 和 p_G，无法得到判别器的全局最优解，但是只要能够在训练过程中逐渐向这个全局最优解逼近就可以了。另一方面，判别器的全局最优解的存在也使得我们证明了 GAN 的训练目标 $p_G = p_{\text{data}}$ 是可以达到的。

2．最优生成器

> **命题 9.2　最优生成器**
>
> 当且仅当 $p_G = p_{\text{data}}$ 时，能得到 $C(G) = \max_D V(G, D)$ 的全局最优解。

证明： 因为命题 9.2 中是"当且仅当"，所以我们需要从正向和反向两个方向来证明它是成立的。

首先从正向证明，即假设当 $p_G = p_{\text{data}}$ 时，它是候选的最优解之一。将 $p_G = p_{\text{data}}$ 代入式（9.10），得到最优判别器 D_G^* 的值，如式（9.18）。此时，无论输入判别器的是真实样本还是生成样本，判别器的预测结果始终为 $\dfrac{1}{2}$，这意味着它完全被混淆了。

$$D_G^* = \frac{p_{\text{data}}}{p_{\text{data}} + p_G} = \frac{1}{2} \tag{9.18}$$

将最优判别器的值 $\dfrac{1}{2}$ 代入式（9.11）中，有：

$$\begin{aligned}V(G, D_G^*) &= \int_x p_{\text{data}}(\boldsymbol{x}) \log \frac{1}{2} + p_G(\boldsymbol{x}) \log\left(1 - \frac{1}{2}\right) d\boldsymbol{x} \\ &= -\log 2 \left(\int_x p_G(\boldsymbol{x}) d\boldsymbol{x} + \int_x p_{\text{data}}(\boldsymbol{x}) d\boldsymbol{x} \right)\end{aligned} \tag{9.19}$$

根据概率密度的定义，p_G 和 p_{data} 在定义域上的积分为 1，即 $\int_x p_G(\boldsymbol{x}) d\boldsymbol{x} = \int_x p_{\text{data}}(\boldsymbol{x}) d\boldsymbol{x} = 1$。因此可以得到 $V(G, D_G^*)$ 的值恒为 $-\log 4$，如式（9.20）。可以看出，当 $p_G = p_{\text{data}}$ 时，$V(G, D_G^*)$ 的值恒为 $-\log 4$。这个值是候选的最优解之一，那么它是否为唯一的最优解需要我们反向进行证明。

$$V(G, D_G^*) = -2 \cdot \log 2 = -\log 4 \tag{9.20}$$

当证明"仅当"时，$p_G = p_{\text{data}}$ 的假设便不成立了，对于任意的 G，将 D_G^* 代入 $C(G) = \max_D V(G, D)$。

$$\begin{aligned}C(G) &= \int_x p_{\text{data}}(\boldsymbol{x}) \log\left(\frac{p_{\text{data}}(\boldsymbol{x})}{p_G(\boldsymbol{x}) + p_{\text{data}}(\boldsymbol{x})} \right) + p_G(\boldsymbol{x}) \log\left(1 - \frac{p_{\text{data}}(\boldsymbol{x})}{p_G(\boldsymbol{x}) + p_{\text{data}}(\boldsymbol{x})}\right) d\boldsymbol{x} \\ &= \int_x p_{\text{data}}(\boldsymbol{x}) \log\left(\frac{p_{\text{data}}(\boldsymbol{x})}{p_G(\boldsymbol{x}) + p_{\text{data}}(\boldsymbol{x})} \right) + p_G(\boldsymbol{x}) \log\left(\frac{p_G(\boldsymbol{x})}{p_G(\boldsymbol{x}) + p_{\text{data}}(\boldsymbol{x})}\right) d\boldsymbol{x}\end{aligned} \tag{9.21}$$

向式（9.21）中插入两个值为 0 的变量，$C(G)$ 的值并不会变。

$$\begin{aligned}C(G) = \int_x &(\log 2 - \log 2) p_{\text{data}}(\boldsymbol{x}) + p_{\text{data}}(\boldsymbol{x}) \log\left(\frac{p_{\text{data}}(\boldsymbol{x})}{p_G(\boldsymbol{x}) + p_{\text{data}}(\boldsymbol{x})}\right) + \\ &(\log 2 - \log 2) p_G(\boldsymbol{x}) + p_G(\boldsymbol{x}) \log\left(\frac{p_G(\boldsymbol{x})}{p_G(\boldsymbol{x}) + p_{\text{data}}(\boldsymbol{x})}\right) d\boldsymbol{x}\end{aligned} \tag{9.22}$$

接着，对式（9.22）进行调整。

$$C(G) = -\log 2 \int_x p_G(x) + p_{\text{data}}(x) \mathrm{d}x +$$
$$\int_x p_{\text{data}}(x) \left(\log 2 + \log \left(\frac{p_{\text{data}}(x)}{p_G(x) + p_{\text{data}}(x)} \right) \right)$$
$$p_G(x) \left(\log 2 + \log \left(\frac{p_G(x)}{p_G(x) + p_{\text{data}}(x)} \right) \right) \mathrm{d}x \quad (9.23)$$

根据 $\int_x p_G(x) + p_{\text{data}}(x) \mathrm{d}x = \int_x p_G(x) \mathrm{d}x + \int_x p_{\text{data}}(x) \mathrm{d}x = 2$，有：

$$-(\log 2) \int_x p_G(x) + p_{\text{data}}(x) \mathrm{d}x = -(\log 2) \times (1+1) = -2\log 2 = -\log 4 \quad (9.24)$$

因此，式（9.23）等价于：

$$C(G) = -\log 4 + \int_x p_{\text{data}}(x) \left(\log 2 + \log \left(\frac{p_{\text{data}}(x)}{p_G(x) + p_{\text{data}}(x)} \right) \right) +$$
$$p_G(x) \left(\log 2 + \log \left(\frac{p_G(x)}{p_G(x) + p_{\text{data}}(x)} \right) \right) \mathrm{d}x$$
$$= -\log 4 + \int_x p_{\text{data}}(x) \log \left(2 \cdot \frac{p_{\text{data}}(x)}{p_G(x) + p_{\text{data}}(x)} \right) \mathrm{d}x + \quad (9.25)$$
$$\int_x p_G(x) \log \left(2 \cdot \frac{p_G(x)}{p_G(x) + p_{\text{data}}(x)} \right) \mathrm{d}x$$
$$= -\log 4 + \int_x p_{\text{data}}(x) \log \left(\frac{p_{\text{data}}(x)}{(p_G(x) + p_{\text{data}}(x))/2} \right) \mathrm{d}x +$$
$$\int_x p_G(x) \log \left(\frac{p_G(x)}{(p_G(x) + p_{\text{data}}(x))/2} \right) \mathrm{d}x$$

根据式（9.26）的 KL 散度（Kullback-Leibler divergence）的定义，可以将式（9.25）写成散度的形式，如式（9.27）。

$$\mathrm{KL}(p \| q) = -\int p(x) \ln q(x) \mathrm{d}x - \left(-\int p(x) \ln p(x) \mathrm{d}x \right)$$
$$= -\int p(x) \ln \left[\frac{q(x)}{p(x)} \right] \mathrm{d}x \quad (9.26)$$

$$C(G) = -\log 4 + \mathrm{KL}\left(p_{\text{data}} \Big| \frac{p_{\text{data}} + p_G}{2} \right) + \mathrm{KL}\left(p_G \Big| \frac{p_{\text{data}} + p_G}{2} \right) \quad (9.27)$$

因为 KL 散度的值总是非负的，所以可以得到 $-\log 4$ 是 $C(G)$ 的全局最小值，换句话说，$p_G = p_{\text{data}}$ 将是 $C(G) = -\log 4$ 的唯一解。证毕！

除了非负性，KL 散度的另一个特征是不对称性，即 $\mathrm{KL}(p \| q) \neq \mathrm{KL}(q \| p)$。由于这个不对称性，可能导致模型在训练过程中的不稳定，为了解决这个问题，在深度学习中一般使用 JS 散度（Jenson-Shannon divergence）来代替 KL 散度。JS 散度的定义如式（9.28）。

$$\mathrm{JSD}(p\|q) = \mathrm{KL}(p\|\frac{p+q}{2}) + \mathrm{KL}(q\|\frac{p+q}{2}) \tag{9.28}$$

因此，$C(G)$ 也可以用 JS 散度来表示，如式（9.29）。

$$C(G) = -\log 4 + 2 \cdot \mathrm{JSD}(p_{\mathrm{data}}|p_G) \tag{9.29}$$

9.1.5 小结

GAN 是深度学习领域最重要的生成模型之一，GAN 对深度学习的贡献，可以从 3 点出发：生成（G）、对抗（A）、网络（N）。

G：机器学习大抵可分为判别模型和生成模型两类。在深度学习领域，判别模型得到了充分的发展，例如在计算机视觉领域的物体分类、人脸识别，自然语言处理领域的主成分分析、文本分类等，都是经典的判别模型。对于判别模型，损失函数是非常容易构建的，我们以损失函数为目标，模型优化起来也不那么困难。而对于生成模型，它的目标构建起来就非常困难，因为衡量生成样本的质量不能简单地依靠它和训练集的某个数值的关系。一个高质量的生成样本必然在各方面都是非常优秀的，例如我们要生成一只猫，它从整体的轮廓到具体毛发的细节，每个环节都非常重要。而要做到这一点，GAN 正是采用了生成与判别互相对抗的思想。

A：我们对一个生成样本质量的评估，往往是一个很难量化的指标。但是对于这种无法量化的任务深度学习就无能为力了吗？GAN 给出了否定的答案。GAN 提出了把评估生成样本的质量的任务也交给一个模型去做，这个模型就是判别器。判别器和生成样本的生成器通过对抗的方式不断地通过对方的反馈来提升自己，这种亦敌亦友的关系正是 GAN 最具创新性的地方。

N：GAN 的理论基础是生成对抗，GAN 的模型基础则是神经网络。比起传统方法，GAN 拥有更强的建模能力，尤其是在处理非结构化数据上，GAN 远胜于传统机器学习方法。正是依赖于 GAN 强大的建模能力，它的生成器和判别器才能通过不断地迭代，无限地逼近全局最优解。

在 2014 年之后，GAN 得到了蓬勃的发展。在计算机视觉领域，诞生了 BigGAN、CycleGAN 等经典算法，也诞生了 AI 换脸、高清重建、黑白电影上色等重要应用。此外，GAN 在自然语言处理和语音领域也取得了比较重要的进展，例如自然语言处理领域的 SeqGAN、NDG，语音领域的 WaveGAN 等。

9.2 Pix2Pix

在本节中，先验知识包括：
- GAN（9.1 节）；
- U-Net（6.2 节）。

在 9.1 节中，我们介绍了 GAN 可用于图像的生成，它在 MNIST 数据集上取得了非常好的效果。GAN 的一个问题是它无法对生成模型生成的图像进行控制，为了解决这个问题，条件 GAN（Conditional GAN，CGAN）[1]提出了在生成模型和判别模型中都加入条件信息来引导模型的训练，实现生成内容的可控。这里要介绍的 Pix2Pix 是一个以条件 GAN 为基础、用于图像翻译（image translation）的通用框架，它实现了在图像翻译上的模型结构和损失函数的通用化，并在诸多图像翻译任务上取得了令人瞩目的效果（见图 9.3）。Pix2Pix 的论文是进阶 GAN、入门图像翻译必读的一篇经典论文。

---

[1] 参见 Mehdi Mirza、Simon Osindero 的论文 "Conditional Generative Adversarial Nets"。

图 9.3 Pix2Pix 在诸多图像翻译任务上的效果

9.2.1 背景知识

1. 图像翻译

在介绍图像翻译的概念前,我们需要先理解图像内容(image content)和图像域(image domain)这两个概念。图像内容指的是图像的固有内容,它是区分不同图像的依据。图像域指的是具有某些共同属性的图像。例如图 9.3 所示的最后一个例子,我们看到一个皮包的照片,那么图像内容就是那个皮包。我们可以绘制这个包的轮廓,也可以绘制这个皮包的彩色图,于是我们就得到了不同域的皮包。

图像翻译是将一个物体的图像表征转换为该物体的另一个表征,例如根据皮包的轮廓图得到皮包的彩色图。也就是找到一个函数,能让域 A 的图像映射到域 B,从而实现图像的跨域转换。

2. 条件 GAN

我们知道,GAN 通过生成器 G 和判别器 D 之间的博弈来达到同时优化两个模型的目的,它的损失函数可以定义为对 G 和 D 的极大极小博弈,如式(9.30)。

$$\mathcal{L}_{\text{GAN}}(G,D) = \mathbb{E}_{x \sim p_{\text{data}}(x)}[\log D(x)] + \mathbb{E}_{z \sim p_z(z)}[\log(1-D(G(z)))] \tag{9.30}$$

在传统的 GAN 中,模型的生成内容仅由生成器的参数和随机噪声 z 来决定,因此我们无法控制生成器生成的内容。为了控制生成器的输出,在 CGAN 中,生成器和判别器的输出层中都添加了一个条件 y。这个条件信息可以是生成目标的分类标签,也可以是其他模型产生的特征。在 CGAN 的生成器中,我们把随机噪声 z 和条件 y 同时作为输入送给生成器来生成一个跨模态特征,然后通过一个非线性的 MLP 得到生成器的生成结果。在 CGAN 的判别器中,我们把数据 x 和条件 y 作为输入同时送给判别器来生成跨模态向量,然后通过判别器判断 x 是真实数据还是生成数据,CGAN 的网络结构如图 9.4 所示。

对于 CGAN 的损失函数,我们只需要使用图 9.4 所示的 $G(z|y)$ 和 $D(x|y)$ 替代式(9.30)中的 $G(z)$ 和 $D(x)$ 即可,如式(9.31)。

$$\mathcal{L}_{\text{CGAN}}(G,D) = \mathbb{E}_{x \sim p_{\text{data}}(x)}[\log D(x|y)] + \mathbb{E}_{z \sim p_G(z)}[\log(1-D(G(z|y)))] \tag{9.31}$$

在图像翻译任务中,我们并不希望生成器使用随机噪声来生成一个不可控的数据,而希望给定某个图像域下的数据,生成另一个图像域的数据,因此 Pix2Pix 采用了 CGAN 作为基础损失函数。

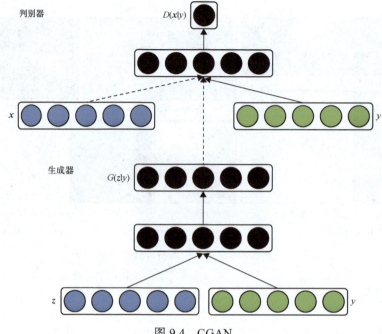

图 9.4 CGAN

3. U-Net

U-Net 是一个用于医学图像分割的全卷积模型（见图 6.6）。它分为两个部分，其中左侧是由卷积和降采样操作组成的压缩路径，右侧是由卷积和上采样组成的扩展路径，扩展的每个网络块的输入由上一层上采样的特征和压缩路径部分的特征拼接而成。网络模型整体是一个 U 形的结构，因此被叫作 U-Net。

分割任务是图像翻译任务的一个分支，因此 U-Net 也可以被用于其他的图像翻译任务，这里要介绍的 Pix2Pix 也借鉴了 U-Net 的 U 形结构。

9.2.2 Pix2Pix 解析

在 Pix2Pix 中，图像翻译任务可以建模为给定一个输入数据 x 和随机噪声 z，生成目标图像 y，即 $G:\{x,z\} \to y$。与传统的 CGAN 不同的是，在 Pix2Pix 中判别器的输入是生成图像 $G(x)$（或者是目标图像 y）和源图像 x，而生成器的输入是源图像 x 和随机噪声 z。Pix2Pix 的训练过程如图 9.5 所示。

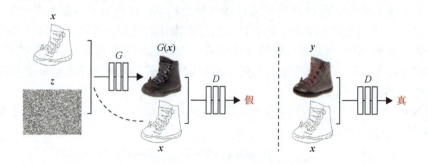

图 9.5 Pix2Pix 的训练过程

下面我们从 Pix2Pix 的损失函数和模型结构两个方面来介绍 Pix2Pix。

1. 损失函数

因为 Pix2Pix 和 CGAN 的输入数据不同了，所以它们的损失函数也要对应调整，根据前面的定义，CGAN 的损失表示为式（9.32）：

$$\mathcal{L}_{\text{CGAN}}(G,D) = \mathbb{E}_{x,y}[\log D(x,y)] + \mathbb{E}_{x,z}[\log(1-D(x,G(x,z)))] \tag{9.32}$$

如 Context encoder[①] 论文中介绍的，我们可以在损失函数中加入正则项来提升生成图像的质量，不同的是 Pix2Pix 使用的是 L1 正则而不是 Context encoder 论文中使用的 L2 正则，如式（9.33）。使用 L1 正则有助于使生成的图像更清楚。

$$\mathcal{L}_{\text{L1}}(G) = \mathbb{E}_{x,y,z}[\|y-G(x,z)\|_1] \tag{9.33}$$

我们的最终目标是在正则约束情况下实现生成器和判别器的极大极小博弈，如式（9.34）。

$$G^* = \arg\min_G \max_D \mathcal{L}_{\text{CGAN}}(G,D) + \lambda \mathcal{L}_{\text{L1}}(G) \tag{9.34}$$

在生成数据中加入随机噪声 z，是为了使生成模型生成的数据具有一定的随机性，但是实验结果表明完全随机的噪声并不会产生特别好的效果。在这里，Pix2Pix 是通过在生成器的模型层中加入 Dropout 来引入随机噪声的，但是 Dropout 带来输出内容的随机性也没有很大。至于如何产生更大以及更合理的随机性，Pix2Pix 的论文中没有给出解决方案。

2. 模型结构

不同于传统的 GAN 使用 MLP 作为模型结构，Pix2Pix 使用了 CNN 中常用的卷积+BN+ReLU 的模型结构，它们的具体细节介绍如下。

生成器：对于图像翻译这类任务，经典的编码器-解码器结构是最优的选择。Pix2Pix 的官方源码是使用 Lua 实现的，这里我们通过它的官方源码给出 Pix2Pix 的生成器的网络结构，如图 9.6 所示。

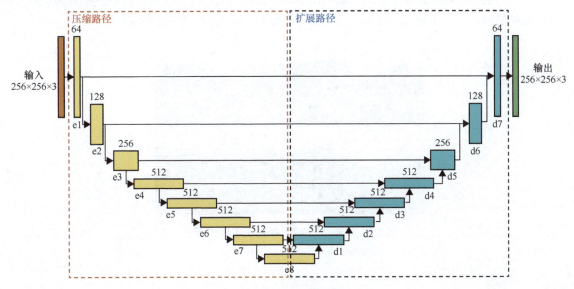

图 9.6 Pix2Pix 的生成器的网络结构

对于图 9.6 中的细节，我们强调下面几点：
- Pix2Pix 使用的是以 U-Net 为基础的结构，即在压缩路径和扩展路径之间添加一个跳跃连接；

[①] 参见 Deepak Pathak、Philipp Krähenbühl、Jeff Donahue 等人的论文 "Context Encoders: Feature Learning by Inpainting"。

- Pix2Pix 的输入图像的大小是 256×256；
- 每个操作仅进行 3 次降采样，每次降采样的通道数均乘 2，初始的通道数是 64；
- 在压缩路径中，每个向下的箭头表示的操作是卷积核大小为 4×4 的 same 卷积 +BN+ReLU 激活函数，它根据是否降采样来控制卷积的步长；
- 在扩展路径中，每个向上的箭头表示的是反卷积上采样；
- 压缩路径和扩展路径使用拼接操作进行特征融合。

判别器（PatchGAN）：传统 GAN 的一个棘手的问题是生成的图像普遍比较模糊，一个重要的原因是它使用了整图作为判别器的输入。不同于传统的将整图作为判别器判别的目标（输入），Pix2Pix 提出了将输入图像分成 $N×N$ 个图像补丁（patch），然后将这些图像补丁依次提供给判别器，因此这个方法被命名为 PatchGAN，PatchGAN 可以看作针对图像纹理的损失。表 9.1 的实验结果表明，当 $N = 70$ 时模型的表现最好，从图 9.7 的生成图像来看，N 越大，生成的图像质量越高。其中 1×1 大小的图像补丁的判别器又被叫作 PixelGAN。

表 9.1　不同的图像补丁大小 N 在 FCN 模型下的准确率表现

图像补丁的大小	像素准确率	类别准确率	分类 IoU
1×1	0.39	0.15	0.10
16×16	0.65	0.21	**0.17**
70×70	**0.66**	**0.23**	**0.17**
286×286	0.42	0.16	0.11

对于不同的 N，我们需要根据 N 的值来调整判别器的层数，进而得到最合适的模型感受野，我们可以根据层数计算出模型的感受野，进而选择图像补丁的大小、个数和层数的关系。

图 9.7　不同大小的图像补丁生成的图像

9.2.3　小结

Pix2Pix 是图像翻译研究者必读的算法之一，它的核心技术有 3 点：基于条件 GAN 的损失函数、基于 U-Net 的生成器和基于 PatchGAN 的判别器。Pix2Pix 能够在诸多图像翻译任务上取得令人惊艳的效果，但它的输入是图像对，因此它得到的模型还是有偏的。这里的"有偏"指的是模型能够在与数据集近似的 x 的情况下得到令人满意的生成内容，但是如果输入 x 与训练集的偏差过大，Pix2Pix 得到的结果便不那么理想了。如图 9.3 所示，Pix2Pix 使用的是语义级别的掩码，这样生成的图像很难将不同目标区分开来，对于根据掩码生成实景的任务，使用实例分割掩码无疑将会更好。此外从生成的内容来看，Pix2Pix 生成的图像的清晰度和图像细节还有很大的提升空间。

9.3 Pix2PixHD

在本节中，先验知识包括：
- GAN（9.1 节）；
- Pix2Pix（9.2 节）。

Pix2Pix 比传统的 GAN 生成的图像的质量已经高了很多，但是它的清晰度仍然不好，人眼看起来模糊。这里要介绍的 Pix2PixHD 是 Pix2Pix 的升级版，顾名思义，Pix2PixHD 最主要的提升是能够生成更高分辨率（高达 2048×1024）的图像，同时 Pix2PixHD 还提供了对象编辑的功能，它能够灵活地调整掩码图的内容，然后生成对应的实景照片。Pix2PixHD 在模型结构和损失函数上都有大量创新，但是论文阅读起来难度非常大，我们这里结合论文和官方源码对其进行详细的梳理。图 9.8 所示是 Pix2Pix 和 Pix2PixHD 的效果对比，放大后看 Pix2Pix 生成的图片无论是在清晰度上还是在真实性上都有很多可见的问题，而 Pix2PixHD 的效果相比 Pix2Pix 得到了很大的提升。

（a）输入掩码图

（b）Pix2Pix

（c）Pix2PixHD

图 9.8　Pix2Pix 和 Pix2PixHD 效果对比

9.3.1　网络结构

正如前面所介绍的，GAN 最核心的两个结构是生成器和判别器。Pix2PixHD 的目的是生成高分辨率的实景图像，所以它的生成器的输出特征图的尺寸应该非常大。同时生成器应该具备生成浅层纹理和深层语义的特征的能力，所以特征融合也是必不可少的模块。同理，Pix2PixHD 的判别器应该具备判断生成的样本是否在语义上和纹理上都合理的能力。最后，为了让模型具备生成能力，Pix2PixHD 也使用了一个网络来生成噪声数据。所以 Pix2PixHD 核心模块有 3 个：

- 从粗到细的生成器 G；
- 多尺度的判别器 D；
- 用来产生随机输出的特征编码器 E。

下面我们详细介绍这 3 个模块。

1．生成器

生成器 G 的整体结构如图 9.9 和图 9.10 所示，它由图 9.9 所示的全局生成器网络和图 9.10 所示的局部强化器网络组成。其中，全局生成器网络的输入是图像的分割图①，输出是等尺度的特征图；局部强化器网络的输出是一个比输入的分割图大 4 倍的实景图。如果你想得到更大尺度的输出结构，那么可以接多个局部强化器网络。

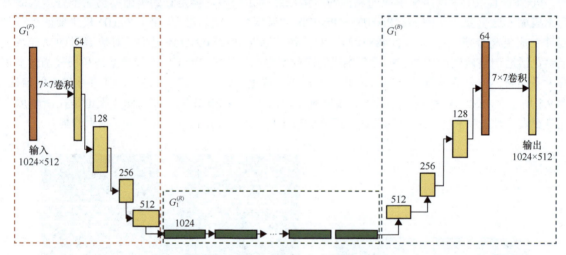

图 9.9　Pix2PixHD 的生成器的 GGN

全局生成器网络：Pix2PixHD 的全局生成器网络（global generator network，GGN）是一个没有跨层连接的 U 形的网络结构，它的输入是一个大小为 1024×512 的掩码图，网络的 3 个模块依次是降采样模块 $G_1^{(F)}$、由残差块组成的特征加工模块 $G_1^{(R)}$ 和上采样模块 $G_1^{(B)}$。降采样模块的第一层是一个大小为 7×7 的 same 卷积，之后是 4 个连续的降采样层。特征加工模块是由若干步长始终为 1 的残差块组成的，源码中残差块的个数是 9。上采样模块包括 4 个连续的反卷积上采样。GGN 的输出层由 3 个操作组成，从前往后依次是大小为 3 的镜像加边、7×7 卷积和 tanh 激活函数，输出层用于将图像还原到 1024×512 的大小。

GGN 的核心代码片段如下。

```
class GlobalGenerator(nn.Module):
    def __init__(self, input_nc, output_nc, ngf=64, n_downsampling=3, n_blocks=9,
        norm_layer=nn.BatchNorm2d, padding_type='reflect'):
        assert (n_blocks >= 0)
        super(GlobalGenerator, self).__init__()
        activation = nn.ReLU(True)
        model = [nn.ReflectionPad2d(3), nn.Conv2d(input_nc, ngf, kernel_size=7,
            padding=0), norm_layer(ngf), activation]
```

---

① Pix2PixHD 的输入比较复杂，具体内容稍后展开，这里为了方便理解，可以先暂时理解为只有分割图。

```python
### 降采样
for i in range(n_downsampling):
    mult = 2 ** i
    model += [nn.Conv2d(ngf * mult, ngf * mult * 2, kernel_size=3, stride=2,
        padding=1), norm_layer(ngf * mult * 2), activation]
### 特征加工
mult = 2 ** n_downsampling
for i in range(n_blocks):
    model += [ResnetBlock(ngf * mult, padding_type=padding_type, activation=
        activation, norm_layer=norm_layer)]
### 上采样
for i in range(n_downsampling):
    mult = 2 ** (n_downsampling - i)
    model += [nn.ConvTranspose2d(ngf * mult, int(ngf * mult / 2), kernel_size=3,
        stride=2,padding=1,output_padding=1),norm_layer(int(ngf*mult/2)),activation]
### 上采样输出层
model += [nn.ReflectionPad2d(3), nn.Conv2d(ngf, output_nc, kernel_size=7,
    padding=0), nn.Tanh()]
self.model = nn.Sequential(*model)

def forward(self, input):
    return self.model(input)
```

局部强化器网络：局部强化器网络（local enhancer network，LEN）的结构更复杂一些，我们根据它的 forward 函数来分析局部强化器网络的结构，forward 函数的定义如下面的代码。LEN 的输入是图像金字塔，下面代码的第一个 for 循环便用于创建图像金字塔。这里的图像降采样是使用大小为 3、步长为 2 的平均池化实现的。

```python
def forward(self, input):
    ### 创建输入图像金字塔
    input_downsampled = [input]
    for i in range(self.n_local_enhancers):
        input_downsampled.append(self.downsample(input_downsampled[-1]))
    ### 使用GGN计算特征
    output_prev = self.model(input_downsampled[-1])
    ### 合并输入图像金字塔的生成结构，输出最终生成内容
    for n_local_enhancers in range(1, self.n_local_enhancers + 1):
        model_downsample = getattr(self, 'model' + str(n_local_enhancers)+'_1')
        model_upsample = getattr(self, 'model' + str(n_local_enhancers) + '_2')
        input_i = input_downsampled[self.n_local_enhancers - n_local_enhancers]
        output_prev = model_upsample(model_downsample(input_i) + output_prev)
    return output_prev
```

LEN 的 self.model 的输入是图像金字塔的最低分辨率的图像，变量直接复用了 GGN 的结构，但是没有取 GGN 最后的输出层（最后 3 个操作），代码片段如下。它最终产生的输出变量是 output_prev。

```python
###### GGN #####
ngf_global = ngf * (2 ** n_local_enhancers)
model_global = GlobalGenerator(input_nc, output_nc, ngf_global, n_downsample_global,
    n_blocks_global, norm_layer).model
### 去除最后的输出层，这里舍弃了GGN的最后3个运算，它们是组成输出层的加边、卷积和tanh激活函数
model_global = [model_global[i] for i in range(len(model_global) - 3)]
self.model = nn.Sequential(*model_global)
```

LEN 的最后一个 for 循环是对输入图像金字塔的输出的合并，其中 output_prev 是一个不断迭代的变量，它的初始值是 model 类产生的输出。在这个 for 循环中，最重要的两个变量分别是 model_downsample 和 model_upsample。model_downsample 的定义非常简单，仅由一个步长为 1 的 7×7 的 same 卷积和一个步长为 2 的 3×3 卷积组成，具体细节见下面代码片段。

```python
# 降采样模块
model_downsample = [nn.ReflectionPad2d(3), nn.Conv2d(input_nc, ngf_global, kernel_size=7,
    padding=0), norm_layer(ngf_global), nn.ReLU(True), nn.Conv2d(ngf_global, ngf_global * 2,
    kernel_size=3, stride=2, padding=1), norm_layer(ngf_global * 2), nn.ReLU(True)]
```

model_upsample 由 3 部分组成，分别是残差模块、上采样模块和输出模块，其中残差模块是由若干个不改变特征图分辨率的残差块组成的。上采样是使用卷积核大小为 3、步长为 2 的反卷积实现的。model_upsample 最后的输出层由 3 个操作组成，从前往后依次是大小为 3 的镜像加边、7×7 卷积和 tanh 激活函数。

```python
### 残差模块
model_upsample = []
for i in range(n_blocks_local):
    model_upsample += [ResnetBlock(ngf_global * 2, padding_type=padding_type,
        norm_layer=norm_layer)]
### 上采样模块
model_upsample += [ nn.ConvTranspose2d(ngf_global * 2, ngf_global, kernel_size=3,
    stride=2, padding=1, output_padding=1),norm_layer(ngf_global), nn.ReLU(True)]
### 输出模块
if n == n_local_enhancers:
    model_upsample += [nn.ReflectionPad2d(3), nn.Conv2d(ngf, output_nc,
        kernel_size=7, padding=0), nn.Tanh()]
```

在进行图像金字塔的不同输出的融合时，LEN 采用的策略是先使用 model_downsample 将图像金字塔的第 i-1 层的图像进行降采样，然后让其与第 i 层的 output_prev 进行单位加融合，最后通过 model_upsample 层得到第 i-1 层的 output_prev。以此类推，直到得到和输入图像相同尺度的生成结果。图 9.10 反映的是单层图像金字塔的 LEN 的计算流程：①将输入图像进行缩放；②通过 GGN 得到初始化的 output_prev；③LEN 的输入图像降采样；④LEN 的降采样和 GGN 的输出进行特征融合；⑤使用 LEN 的残差块进行特征加工；⑥LEN 的上采样；⑦LEN 的输出层。

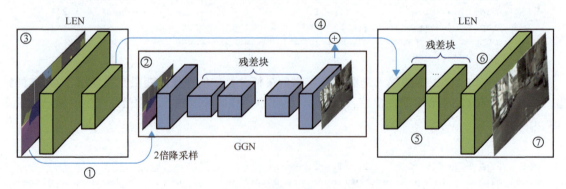

图 9.10　LEN 的计算流程

既然 LEN 包含 GGN，那么它们是如何训练的呢？在训练 Pix2PixHD 的生成器时，我们首先使用低分辨率的输入图像训练 GGN，然后将 LEN 添加到 GGN 中，并在高分辨率图像上联合训练这两个网络。

2. 判别器

因为 Pix2PixHD 生成的是高分辨率的图像，为了获得整图的感受野，增加网络层数或者增加卷积核的大小都将大大增加模型的参数数量，可能会有过拟合的风险。Pix2PixHD 采用多尺度判别器（multi-scale discriminator）来进行大尺度图像的判别训练。

具体来讲，我们首先使用平均池化构建一个 3 层的图像金字塔。然后将这 3 个不同尺度的图像输入 3 个不同的网络中，每个网络生成一个预测结果。最终判别器的结果是由这 3 个尺度的输出共同组成的。在 Pix2PixHD 中，判别器的模型是由 3 个步长为 2 的卷积操作组成的，那么这个网络在图像金字塔上 3 个尺度的图像的感受野从小到大依次是 8×8、16×16 和 32×32。其中小尺度感受野的模型用来判断材质、纹理的合理性，大尺度感受野的模型用来判断语义的合理性。

3. 特征编码器

给定一幅输入图像，我们希望模型拥有能够得到多个样式差异巨大但都非常真实的生成结果的能力。传统的 GAN 的策略使用随机噪声作为输入，9.2 节介绍的 Pix2Pix 是通过向网络中添加 Dropout 层来引入随机噪声的。但是通过这两个策略得到的生成结果差异并不是非常明显，而且这些方法调整的是生成图像的颜色和纹理，并不具备对生成的内容进行控制的能力。

这里要介绍的 Pix2PixHD 的特征编码器 E 输出的是一个基于实例分割的特征掩码图，这个特征掩码图会和语言掩码图一起提供给生成器，通过这个噪声数据我们可以生成不同的数据并且允许实例级别的生成内容控制。如图 9.11 所示，它首先将原始图像输入特征编码器，然后通过实例平均池化来获得实例级别的统一特征，最后将（标签）分割图和特征图共同提供给图像生成网络。Pix2PixHD 添加特征编码器的目的是解决语义分割中同类的实例都拥有相同的标签，容易导致它们生成的同一类别的不同实例在材质上十分接近，甚至可能无法区分的问题。当特征编码器的输入为真实照片时，它的输出是这张照片的基于实例的特征分割图。但不同于普通的实例分割图的是，这个生成的特征图的每个实例是一个代表其特征的浮点数。在这个特征图中，每个实例的标签值都不相同，因此我们可以让类别相同但实例不同的目标有不同的底层特征。

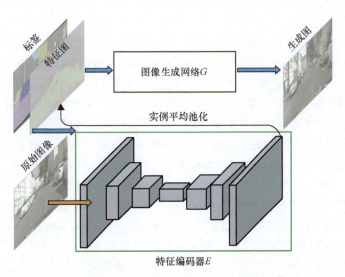

图 9.11 Pix2PixHD 的特征编码器和生成器的联合训练过程

生成器基于上采样 - 降采样的结构，和 GGN 基本保持一致。它们第一个不同点是生成器没有添加残差模块,第二个不同点便是引入了实例平均池化(instance average pooling)的结构。实例平均池化通过以模型预测的实例为单位进行归一化,最终得到输入图像的实例分割图,它的代码如下。

```python
def forward(self, input, inst):
    '''
    变量:
            input: 输入的真实场景图像(标签值);
            inst: 实例分割图
    返回:
        outputs_mean: 真实场景图像的特征掩码图
    '''
    outputs = self.model(input)  # 将图像输入特征编码器,得到生成特征
    # 使用分割图对预测图进行实例平均池化
    outputs_mean = outputs.clone()
    inst_list = np.unique(inst.cpu().numpy().astype(int))  # 求实例分割图中所有的实例编号
    for i in inst_list:  # 每个实例
        for b in range(input.size()[0]):  # 每个批次
            indices = (inst[b:b+1] == int(i)).nonzero()  # 取第i个实例的位置坐标
            for j in range(self.output_nc):
                output_ins = outputs[indices[:,0] + b, indices[:,1] + j, indices[:,2],
                    indices[:,3]]  # 取输出图像中实例坐标的所有像素
                mean_feat = torch.mean(output_ins).expand_as(output_ins)  # 求得该实例的
                    所有生成特征的平均值
                outputs_mean[indices[:,0] + b, indices[:,1] + j, indices[:,2],
                    indices[:,3]] = mean_feat  # 将平均值赋值回生成特征中
    return outputs_mean
```

特征编码器和生成器是一起进行端到端训练的,因为生成器的生成目标是向着不同实例、不同材质的目标优化,所以最后生成器也会趋向于不同实例生成不同的特征。经过实例平均池化我们可以得到一个类似实例掩码图的特征,而通过手动调整这个掩码图的内容,我们便可以快速编辑生成图像,实现生成图像的实例级的调整。

9.3.2 输入数据

之前的生成模型都使用语义级的分割数据作为模型的输入,如果没有实例分割图,那么我们只能将语义分割图作为输入。但是当我们拥有实例分割图时,更好的策略是将这个实例分割信息利用起来,因为它能将同一类别不同实例区分开来。但是如何将实例分割图有效地输入模型成为一个问题。那么能否将分割图转换成彩色图输入呢?答案是否定的。因为实例分割图的实例编号是从0开始的,这个编号只是一个标志,它本身并没有语义特征。可能在这幅图像中行人的编号是1,汽车的编号是2,到了那幅图像中行人的编号变成了2,而汽车的编号变成了1。同理,one-hot编码等也有类似的问题,并且当使用one-hot编码时,编码长度也很难确定。当图像的实例数大于编码长度时,这个编码便失效了。当编码长度比较长时,初始输入的数据的通道数过多,会占用过多的计算资源。

对于实例分割图,我们最想要的是其区分不同实例的能力,最能反映这个能力的便是实例之间的边界。因此Pix2PixHD提出的方案是使用实例目标边界(instance object boundary)作为输入。实例目标边界示意及其带来的收益如图9.12所示,可以看出实例目标边界是一个二值图。如果一像素与它4个邻居任意一像素的实例类别不同,那么该像素便被定义为边界像素,否则不是。

在进行模型训练时,训练生成器时的输入是实例边界图、one-hot编码的语义分割图。当训练判别器时,模型的输入是实例边界图、语义分割图以及生成的样本。输入图像的大小均为512×1024。

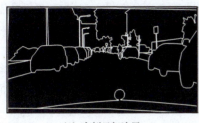  

（a）实例目标边界　　　　　　（b）未使用目标边界的生成结果　　　　　（c）使用目标边界的生成结果

图 9.12　实例目标边界示意及其带来的收益

9.3.3　损失函数

Pix2PixHD 也采用了 CGAN 的思想。在 9.2 节中，CGAN 表示为式（9.35）。其中 s 是输入图像，x 是目标图像。这里我们根据上面介绍的网络结构来推导 Pix2PixHD 的损失函数。

$$\mathcal{L}_{\text{CGAN}}(G,D) = \mathbb{E}_{(s,x)}[\log D(s,x)] + \mathbb{E}_s[\log(1-D(s,G(x)))] \tag{9.35}$$

Pix2PixHD 使用的是多尺度判别器，在计算优化目标时，我们可以将任务转化为一个多目标的训练任务，此时的优化目标变为：

$$\min_G \max_{D_1,D_2,D_3} \sum_{k=1,2,3} \mathcal{L}_{\text{GAN}}(G,D_k) \tag{9.36}$$

Pix2PixHD 引入了特征匹配（feature matching，FM）损失 $\mathcal{L}_{\text{FM}}$ 作为正则项，用来增强判别器的判别效果。FM 损失的动机是希望生成图像和真实图像在不同的网络层都具备类似的特征，因此它的一个输入是真实图像，另一个输入是生成图像。$\mathcal{L}_{\text{FM}}$ 是感知损失（perceptual loss）[1]，它计算的是 T 个不同的网络层的特征图的 L_1 损失，表示为式（9.37）：

$$\mathcal{L}_{\text{FM}}(G,D_k) = \mathbb{E}_{(s,x)} \sum_{i=1}^{T} \frac{1}{N_i}[\|D_k^{(i)}(s,x) - D_k^{(i)}(s,G(s))\|_1] \tag{9.37}$$

此时，Pix2PixHD 的优化目标如式（9.38）。

$$\min_G \left(\left(\max_{D_1,D_2,D_3} \sum_{k=1,2,3} \mathcal{L}_{\text{GAN}}(G,D_k) \right) + \lambda \sum_{k=1,2,3} \mathcal{L}_{\text{FM}}(G,D_k) \right) \tag{9.38}$$

当引入特征编码器进行训练时，生成器的输入变为原图像 s 和目标图像 x 编码之后的特征 $E(x)$，因此式（9.35）和式（9.37）的 $G(s)$ 应调整为 $G(s,E(x))$。

另外，使用最小二乘 GAN（LSGAN）[2]可以得到更稳定的输出。LSGAN 的本质是将传统 GAN 的交叉熵损失替换为最小二乘损失函数，它能够解决传统 GAN 生成的图像清晰度不高以及训练过程不稳定的问题。

9.3.4　图像生成

在进行图像生成（推理）时，Pix2PixHD 会根据是否使用编码特征以及是否有真实场景图调整不同的生成流程。当不使用编码特征时，模型的输入只有分割图。但是在使用分割图时，我们需要

---

[1] 参见 Justin Johnson、Alexandre Alahi、Li Fei-Fei 的论文"Perceptual Losses for Real-Time Style Transfer and Super-Resolution"。
[2] 参见 Xudong Mao、Qing Li、Haoran Xie 等人的论文"Least Squares Generative Adversarial Networks"。

判断是否有实例分割图。如果没有实例分割图，则模型的输入只有语义分割图，如果有实例分割图的话，那么我们会将实例分割图转换为边缘图，然后将语义分割图和边缘图以通道为单位拼接起来，一并提供给模型。

当我们想生成多种类型的数据时，我们需要将特征图添加到输入层中。当我们有真实场景图时，我们需要将真实场景图输入训练好的特征编码器 E，从而得到这个图像的实例级的掩码特征图，它会和上面的数据一起提供给模型。

但是当我们没有真实场景图又想使用特征编码时，Pix2PixHD 采用的策略是根据训练集的聚类特征随机生成一个特征图。具体地讲，我们将训练集输入训练好的特征编码器中，得到每幅图像的特征编码。然后对每个语义类别进行 K-均值聚类，其中聚类数是一个超参数（源码中默认的值是10），那么这样我们便可以得到每个语义类别 10 种不同的特征形态。然后当我们进行图像生成时，我们随机为每个实例随机采样一个在该语义下的特征形态，共同组成特征编码图。最后我们将这个特征编码图和其他输入数据拼接到一起作为模型的输入。

当知道聚类的每个特征倾向于生成何种材质的目标时，我们也可以自行设置每个实例的特征编码图，来得到我们想要的生成结果。而且我们也可以对分割图进行增、删、改等操作，来调整生成图的实例个数、大小等。

9.3.5 小结

为了生成高质量的图像，Pix2PixHD 做了很多算法上的创新和应用上的实现，主要包括：
- 为了提高生成器的输出质量，设计了由 GGN 和 LEN 构成的从粗到细的生成器；
- 设计了多尺度的判别器来同时提高判别器对语义特征和纹理特征判别的能力；
- 设计了特征生成器，用来产生可控且真实的多种类型的输出结果；
- 通过边界分割图将实例分割掩码引入模型，增加了同语义不同实例的样式差异；
- 设计了一系列通过编辑分割图来生成不同图像的应用，并且生成的图像效果都非常清晰且逼真。

9.4 图像风格迁移

在训练 CNN 分类器时，接近输入层的特征图包含更多的图像纹理等细节信息，而接近输出层的特征图则包含更多的内容信息。这可以通过数据处理不等式（data processing inequality，DPI）解释：越接近输入层的特征图经过的处理（卷积和池化）越少，这时候损失的图像信息还不会很多。随着网络层数的增加，图像经过的处理会增多，根据 DPI 中每次处理信息会减少的原理，靠后的特征图包含的输入图像的信息是不会多于其之前的特征图的。同理，当使用标签值进行参数更新时，越接近损失层的特征图会包含越多的内容信息，越远则包含越少的内容信息。这里要介绍的图像风格迁移（image style transfer，IST）正是利用 CNN 的天然特征实现图像的风格迁移的。

具体地讲，当要在图像 P 的内容（content）上应用图像 A 的风格（style）时，我们会使用梯度下降等算法更新目标（target）图像 X 的内容，使其在较浅的层有和图像 A 类似的响应值，同时在较深的层和 P 有类似的响应值，这样就保证了 X 和 A 有类似的风格，而且和 P 有类似的内容，这样生成的图像 X 就是我们要的风格迁移的图像。IST 效果如图 9.13 所示。Keras 官方源码提供了图像风格迁移的源码，这里对算法的讲解将结合源码进行。

图 9.13　IST 效果

9.4.1　算法概览

IST 是基于上面提到的网络的不同层会响应不同类型特征的特点实现的。所以我们事先需要有一个训练好的 CNN，例如源码中使用的是 VGG-19。

```
model = vgg19.VGG19(input_tensor=input_tensor,
            weights='imagenet', include_top=False)
```

论文中有两点在源码中并没有体现，一个是对权值进行了归一化，使用的方法是权值归一化[①]，另一个是使用了平均池化代替最大池化，使用这两点 IST 会有更快的收敛速度。

图 9.14 有 3 个部分，最左侧的输入是风格图像 A，将其输入训练好的 VGG-19 中，会得到一批它对应的特征图；最右侧则是内容图像 P，它也会输入 VGG-19 中得到它对应的特征图；中间是目标图像 X，它的初始值是随机白噪声图像，它的值会通过 SGD 进行更新，SGD 的损失值是通过 X 在 VGG-19 中得到的特征图、A 的特征图以及 P 的特征图计算得到的。图 9.14 中所有的细节会在后文中进行介绍。

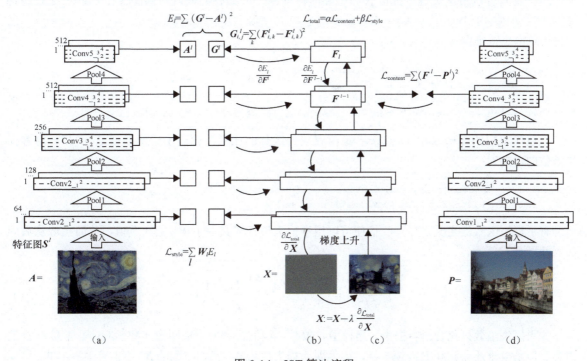

图 9.14　IST 算法流程

---

① 参见 Tim Salimans、Diederik P. Kingma 的论文 "Weight Normalization: A Simple Reparameterization to Accelerate Training of Deep Neural Networks"。

传统的深度学习方法是根据输入数据更新网络的权值，而 IST 的算法是固定网络的参数，更新输入的数据。固定权值更新数据还有几个经典案例，如材质学习、卷积核可视化等。

9.4.2 内容表示

内容表示是图 9.14（c）（d）所示的过程。我们先看图 9.14（d），P 输入 VGG-19 中，我们提取其在第四个网络块中第二层的特征图，表示为 Conv4_2（源码中提取的是 Conv5_2）。假设其层数为 l，N_l 是特征图的数量，M_l 是特征图的像素的个数。那么我们得到的特征图 P^l 可以表示为 $P^l \in \mathbb{R}^{N_l \times M_l}$，$P_{ij}^l$ 则是第 l 层的第 i 个特征图在位置 j 处的像素的值。根据同样的定义，我们可以得到白噪声数据 X 在 Conv4_2 处的特征图 F^l。

如果 X 的 F^l 和 P 的 P^l 非常接近，那么我们可以认为 X 和 P 在内容上比较接近，因为越接近输出的层包含越多的内容信息。这里我们可以定义 IST 的内容损失函数为：

$$\mathcal{L}_{\text{content}}(P, X, l) = \frac{1}{2} \sum_{i,j} (F_{i,j}^l - P_{i,j}^l)^2 \tag{9.39}$$

下面我们来看一下源码，其中的 `input_tensor` 是由 P、A、X 拼接而成的：

```
input_tensor = K.concatenate([base_image, style_reference_image, combination_image], axis=0)
```

通过对 `model` 的遍历我们可以得到每一层的特征图的名字以及内容，然后将其保存在字典中。

```
outputs_dict = dict([(layer.name, layer.output) for layer in model.layers])
```

这样我们可以根据关键字提取我们想要的特征图，例如我们提取两幅图像在 Conv5_2 处的特征图 P^l（源码中的 `base_image_features`）和 F^l（源码中的 `combination_features`），然后使用这两个特征图计算损失值：

```
layer_features = outputs_dict['block5_conv2']
base_image_features = layer_features[0, :, :, :]
combination_features = layer_features[2, :, :, :]
loss += content_weight * content_loss(base_image_features, combination_features)
```

上述代码中的 `content_weight` 是内容损失函数的比重，源码中给出的值是 0.025，内容损失函数的定义为：

```
def content_loss(base, combination):
    return K.sum(K.square(combination - base))
```

有了损失函数的定义之后，我们便可以根据损失值计算其关于 $F_{i,j}$ 的梯度值，从而实现从后向前的梯度更新。

$$\frac{\partial \mathcal{L}_{\text{content}}}{\partial F_{i,j}^l} = \begin{cases} (F^l - P^l)_{i,j} & F_{i,j} > 0 \\ 0 & F_{i,j} < 0 \end{cases} \tag{9.40}$$

如果损失函数只包含内容损失，当模型收敛时，我们得到的生成图像（X'）应该非常接近 P 的内容。但是很难还原到和 P 一模一样，因为即使损失值为 0，我们得到的 X' 值也有多种形式。

为什么说 X' 具有 P 的内容呢？因为在 X' 经过 VGG-19 的处理后，它的 Conv5_2 层的输出与 P 几乎一样，而较深的层具有较多的内容信息，这也就说明了 X' 和 P 具有非常类似的内容信息。

9.4.3 风格表示

风格表示的计算过程如图 9.14（a）(b) 所示。和计算 F^l 相同，我们将 A 输入模型中便可得到它对应的特征图 S^l。不同于内容表示的直接运算，风格表示使用的是特征图展开成一维向量的 Gram 矩阵的形式。这里使用 Gram 矩阵是因为考虑到纹理特征和图像的具体位置是没有关系的，所以可以通过打乱纹理的位置信息来保证这个特征。Gram 矩阵的定义为：

$$G^l_{i,j} = \sum_k F^l_{i,k} F^l_{j,k} \tag{9.41}$$

另一点和内容表示不同的是，风格表示使用了每个网络块的第一个卷积来计算损失函数，通过这种方式得到的纹理特征更为光滑，因为仅仅使用底层特征图得到的图像较为精细但是比较粗糙，而使用高层特征图得到的图像则含有更多的内容信息，损失了一些纹理信息，但它的材质更为光滑。所以，综合了所有层的风格表示的损失函数为：

$$\mathcal{L}_{\text{style}} = \sum_l W_l E_l \tag{9.42}$$

其中，E_l 是 S^l 的 Gram 矩阵 A^l 和 F^l 的 Gram 矩阵 G^l 的均方误差，如式（9.43）。

$$E_l = \frac{1}{4N_l^2 M_l^2} \sum_{i,j} (G^l_{i,j} - A^l_{i,j})^2 \tag{9.43}$$

E_l 关于 $F^l_{i,j}$ 的梯度的计算方式为：

$$\frac{\partial E_l}{\partial F^l_{i,j}} = \begin{cases} \frac{1}{N_l^2 M_l^2} ((F^l)^\top (G^l - A^l))_{ji} & F^l_{i,j} > 0 \\ 0 & F^l_{i,j} < 0 \end{cases} \tag{9.44}$$

上面的更新同样使用 SGD。下面我们继续来学习源码，从源码中我们可以看出风格表示使用了 5 个网络块的特征图：

```
feature_layers = ['block1_conv1', 'block2_conv1','block3_conv1', 'block4_conv1',
    'block5_conv1']
for layer_name in feature_layers:
    layer_features = outputs_dict[layer_name]
    style_reference_features = layer_features[1, :, :, :]
    combination_features = layer_features[2, :, :, :]
    sl = style_loss(style_reference_features, combination_features)
    loss += (style_weight / len(feature_layers)) * sl
loss += total_variation_weight * total_variation_loss(combination_image)
```

从上面的代码中我们可以看出，风格表示使用了 `feature_layers` 中所包含的特征图，并且最后损失函数的计算中对它们进行了相加。`style_loss` 的定义如下：

```
def style_loss(style, combination):
    assert K.ndim(style) == 3
    assert K.ndim(combination) == 3
    S = gram_matrix(style)
    C = gram_matrix(combination)
    channels = 3
    size = img_nrows * img_ncols
    return K.sum(K.square(S - C)) / (4.0 * (channels ** 2) * (size ** 2))
```

从上面的代码中我们可以看出损失函数的计算使用的是两个特征图的 Gram 矩阵，Gram 矩阵的计算如下：

```python
def gram_matrix(x):
    assert K.ndim(x) == 3
    if K.image_data_format() == 'channels_first':
        features = K.batch_flatten(x)
    else:
        features = K.batch_flatten(K.permute_dimensions(x, (2, 0, 1)))
    gram = K.dot(features, K.transpose(features))
    return gram
```

`batch_flatten` 验证了特征图要先展开成向量，最后进行 Gram 矩阵的计算。

9.4.4 风格迁移

明白了如何计算内容损失函数 $\mathcal{L}_{\text{content}}$ 和风格损失函数 $\mathcal{L}_{\text{style}}$ 之后，整个风格迁移任务的损失函数就是两个损失值的加权和：

$$\mathcal{L}_{\text{total}}(P,A,X) = \alpha \mathcal{L}_{\text{content}}(P,X) + \beta \mathcal{L}_{\text{style}}(A,X) \tag{9.45}$$

其中，α 和 β 就是我们在 9.4.2 节和 9.4.3 节介绍的 `content_weight` 和 `total_variation_weight`。通过调整这两个超参数的值我们可以设置生成的图像更偏向于 P 的内容还是 A 的风格，在源码中这两个超参数的值均是 1。$\dfrac{\partial \mathcal{L}_{\text{total}}}{\partial X}$ 的值用来更新输入图像 X 的内容，推荐使用 L-BFGS 更新梯度。

另外，对于 X 的初始化，论文中推荐使用白噪声进行初始化，这样虽然计算的时间要更长一些，但是得到的图像的风格具有更强的随机性。而源码的策略是使用 P 初始化 X，这样得到的生成图像更加稳定。

下面继续学习这一部分的源码。`fmin_l_bfgs_b` 函数说明了计算梯度使用了 L-BFGS 算法，它是 SciPy 提供的：

```
x, min_val, info = fmin_l_bfgs_b(evaluator.loss, x.flatten(), fprime=evaluator.grads,
    maxfun=20)
```

`fmin_l_bfgs_b` 是 SciPy 包中的一个函数，其第一个参数是定义的损失函数，第二个参数是输入数据；`fprime` 通常用于计算第一个损失函数的梯度；`maxfun` 是函数执行的次数。`fmin_l_bfgs_b` 函数的第一个返回值是更新之后的 x 的值，这里使用了递归的方式反复更新 x，第二个返回值是损失值。其中 x 的初始化使用的是内容图像 P：

```
x = preprocess_image(base_image_path)
```

损失函数定义如下：

```python
def loss(self, x):
    assert self.loss_value is None
    loss_value, grad_values = eval_loss_and_grads(x)
    self.loss_value = loss_value
    self.grad_values = grad_values
    return self.loss_value
```

其中，最重要的函数是 `eval_loss_and_grads`，它的定义如下：

```python
def eval_loss_and_grads(x):
    if K.image_data_format() == 'channels_first':
        x = x.reshape((1, 3, img_nrows, img_ncols))
    else:
        x = x.reshape((1, img_nrows, img_ncols, 3))
```

```
        outs = f_outputs([x])
        loss_value = outs[0]
        if len(outs[1:]) == 1:
            grad_values = outs[1].flatten().astype('float64')
        else:
            grad_values = np.array(outs[1:]).flatten().astype('float64')
        return loss_value, grad_values
```

f_outputs 是实例化的 Keras 函数，作用是使用梯度更新 X 的内容，代码如下：

```
grads = K.gradients(loss, combination_image)
outputs = [loss]
if isinstance(grads, (list, tuple)):
    outputs += grads
else:
    outputs.append(grads)
f_outputs = K.function([combination_image], outputs)
```

9.4.5 小结

IST 是一个非常有趣但是很难对其效果进行量化的算法，我们可以得到和一些著名画家风格看起来非常类似的画作，但是很难从数学的角度去衡量一个画作的风格，我们得出的结论往往是非常主观的。但是算法的设计基于 **CNN 的底层特征图接近图像纹理而高层特征图接近图像内容**的天然特性，也对神经网络这个黑盒子从另一个角度给出了解释。IST 产生的结果非常有趣，由此诞生了一批商用的软件，例如 Prisma 等。

将 IST 迁移到语音领域是一个非常有价值的方向，例如在文本转语音的场景中，如果可以将合成语音的内容应用真实人类语音的风格，也许可以得到更为平滑的语音，或者如果我们将音频内容应用某个人说话的风格，也许我们可以得到和这个人说话风格非常类似的音频输出。

该算法另一个缺点是对噪声比较敏感，尤其是当参与合成的风格图像和内容图像都是真实照片的时候。

第 10 章 图神经网络

图数据被广泛地应用到社会科学、生物学、化学等诸多领域,社交网络的朋友推荐、蛋白质性质分析等都是图数据的经典应用。为了利用机器学习建模图数据和图任务,有效地表示图数据非常重要。表示图数据的方式一般分为**特征工程**和**表示学习**两种。特征工程依赖人工设计的特征,不仅费时、费力,而且人工设计的特征往往也不是最优选择。相对而言,表示学习是自动从图数据中学习特征,不需要过多的人工干预便可以根据下游任务灵活地调整学习到的特征,目前得到了广泛的应用。

过去几十年,图表示取得了巨大的进展。目前一般认为图表示分成 3 个阶段:第一个阶段是传统图嵌入,例如 IsoMap、LLE 等;第二个阶段是现代图嵌入,经典算法有 node2vec、LINE 等;第三个阶段是图表示学习,即以深度学习和图神经网络(graph neural network,GNN)为基础的图表示学习。GNN 为图表示带来了革命性的进展,被广泛地应用在推荐系统、社交网络分析等领域,也不断地被应用在新领域,例如生物化学、组合优化等。

图神经网络旨在将深度学习算法应用到图数据中,它的最大难点是图数据的不规则性。目前,图神经网络的算法分为两类:基于频域的图算法和基于空域的图算法。基于频域的图算法的核心思想是利用频谱理论来设计频域中的滤波操作,基于空域的图算法则是显式地利用图结构来执行图域中的特征提取操作。本章作为图神经网络的入门章,将介绍图神经网络最经典的 3 个算法:GraphSAGE[1]、GAT[2]以及 HAN[3]。

GraphSAGE 率先引入了基于空间的滤波器,它将相邻节点的邻居进行聚合得到中心节点的特征向量,并且节点之间的聚合模块是共享的。GraphSAGE 的滤波器在空间上是局部聚合的,因此它是一个和网络整体无关的算法,也可以迁移到其他结构的网络中。GAT 和 GraphSAGE 的相同之处在于,当为中心节点生成特征时,它也需要聚合来自相邻节点的邻居信息。两者的不同之处在于 GAT 在进行邻居聚合时,需要考虑不同节点不同的重要性。GraphSAGE 和 GAT 都基于图模型中只有一种类型的节点和边,但是有时候图可能有多种类型的节点或者边,这时候的图叫作异构图(heterogeneous graph)。所以本章我们介绍了一个基于异构图的算法 HAN,HAN 的特点是不同类型的节点和不同类型的边都有不同的注意力权值。

---

[1] 参见 William L. Hamilton、Rex Ying、Jure Leskovec 的论文 "Inductive Representation Learning on Large Graphs"。
[2] 参见 Petar Veličković、Guillem Cucurull、Arantxa Casanova 等人的论文 "Graph Attention Networks"。
[3] 参见 Xiao Wang、Houye Ji、Chuan Shi 等人的论文 "Heterogeneous Graph Attention Network"。

10.1 GraphSAGE

GNN 的计算可以分为基于频域（spectural）和基于空域（spatial）两种方法。这里要介绍的 GraphSAGE 是一个经典的基于空域的算法，它从两个方面对传统的 GNN 做了改进：一是在训练时，将 GNN 的全图采样优化到以节点为中心的部分邻居采样，这使得大规模图数据的分布式训练成为可能，并且使得网络可以学习没有见过的节点，即 GraphSAGE 可以做归纳学习（inductive learning）；二是 GraphSAGE 研究了若干种邻居聚合的方式，并通过实验和理论分析对比了不同聚合方式的优缺点。在本节，我们将根据论文和源码对 GraphSAGE 进行详细的分析。

10.1.1 背景知识

1. 频域方法和空域方法

频域方法：图的频域卷积是在傅里叶空间完成的，我们对图的拉普拉斯矩阵进行特征值分解，特征值分解更有助于我们理解图的底层特征，能够更好地找到图中的簇或者子图，典型的频域方法有 ChebNet[1]、GCN[2]等。但是图的特征值分解是一个特别耗时的操作，拥有 $O(n^3)$ 的复杂度，很难扩展到海量节点的场景中。

空域方法：空域方法作用于节点的邻居节点，使用 K 个邻居节点来计算当前节点的属性。空域方法的计算量要比频域方法的小很多，时间复杂度约为 $O(|E|d)$，这里要介绍的 GraphSAGE 就是经典的基于空域的图模型。

很多图网络的初学者往往最先接触的算法是频域方法的，如果你感到各种矩阵的计算非常抽象且难以理解，长篇大论的推导看得你头疼，不妨先看一些基于空域方法的文章，而 GraphSAGE 的论文非常适合入门。

2. 归纳学习和转导学习

归纳学习：我们刚提到了 GraphSAGE 是一个可以做归纳学习的算法，所谓归纳学习是指可以对训练过程中见不到的数据直接计算，而不需要重新对整个图进行学习。

直推学习：与归纳学习对应的是直推学习（transductive learning，也称为转导学习），它是指所有的数据都可以在训练的时候拿到，学习的过程是在这个固定的图上进行的，一旦图中的某些节点发生变化，则需要对整个图重新进行训练和学习。

对比转导学习，归纳学习无疑拥有更大的应用价值，一是改变节点后归纳学习不需要对整幅图像进行重新学习，大大减少了计算量；二是归纳学习能够对没有见过的数据进行推测，这大大增大了其应用价值。

10.1.2 算法详解

GraphSAGE 算法的核心是将整幅图像的采样优化到当前邻居节点的采样，因此我们从邻居采样和邻居聚合两个方面来对 GraphSAGE 进行解释。GraphSAGE 算法流程如图 10.1 所示。

在 GraphSAGE 之前的 GNN 模型中，都是采用的全图的训练方式，也就是说每一轮的迭代都

---

[1] 参见 Michaël Defferrard、Xavier Bresson、Pierre Vandergheynst 的论文 "Convolutional Neural Networks on Graphs with Fast Localized Spectral Filtering"。
[2] 参见 Thomas N. Kipf、Max Welling 的论文 "Semi-Supervised Classification with Graph Convolutional Networks"。

要对全图的节点进行更新，当图的规模很大时，这种训练方式无疑是很耗时甚至是无法更新的。小批次（mini-batch）的训练是深度学习一个非常重要的特点，那么能否将小批次的思想应用到 GraphSAGE 中呢？ GraphSAGE 提出了一个解决方案，它的流程大致分为 3 步。

（1）对邻居进行随机采样，每一跳采样的邻居数不多于 S_k 个。其中第一跳采集了 3 个邻居，第二跳采集了 5 个邻居。

（2）先聚合二跳邻居的特征，生成一跳邻居的特征嵌入，再聚合一跳邻居的特征，生成目标节点的特征嵌入。

（3）将目标节点的特征嵌入输入全连接网络得到目标节点的预测值。

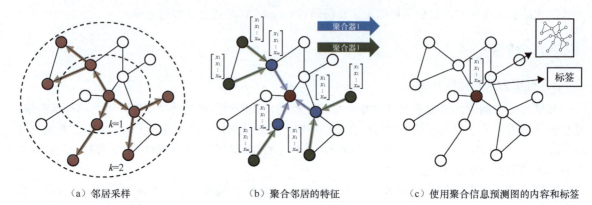

（a）邻居采样　　　　　　　　（b）聚合邻居的特征　　　　　　（c）使用聚合信息预测图的内容和标签

图 10.1　GraphSAGE 算法流程

从上面的介绍中我们可以看出，GraphSAGE 的思想就是不断地聚合邻居信息，然后进行迭代更新。随着迭代次数的增加，每个节点聚合的信息几乎都是全局的，这点和 CNN 中感受野的思想类似。GraphSAGE 小批次前向算法的伪代码如算法 8。

算法 8　GraphSAGE 小批次前向算法

输入：图 $\mathcal{G}(\mathcal{V}, \mathcal{E})$

　　　输入特征 $\{\boldsymbol{x}_v, \forall v \in \mathcal{B}\}$

　　　深度 K；权值矩阵 $\boldsymbol{W}^k, \forall k \in \{1, \cdots, K\}$

　　　非线性激活函数 σ

　　　可微聚合函数 $\text{AGGREGATE}_k, \forall k \in \{1, \cdots, K\}$

　　　邻居采样函数 $\mathcal{N}_k : v \to 2^{\mathcal{V}}, \forall k \in \{1, \cdots, K\}$

输出：特征向量 z_v for all $v \in \mathcal{B}$

1:　$\mathcal{B}^K \leftarrow \mathcal{B}$
2:　**for** $k = K, \cdots, 1$ **do**
3:　　　$\mathcal{B}^{k-1} \leftarrow \mathcal{B}^k$
4:　　　**for** $u \in \mathcal{B}^k$ **do**
5:　　　　　$\mathcal{B}^{k-1} \leftarrow \mathcal{B}^{k-1} \cup \mathcal{N}_k(u)$
6:　　　**end for**
7:　**end for**
8:　$\boldsymbol{h}_u^0 \leftarrow \boldsymbol{x}_v, \forall v \in \mathcal{B}^0$
9:　**for** $k = 1, \cdots, K$ **do**

10:     **for** $u \in \mathcal{B}^k$ **do**

11:         $h_{\mathcal{N}(u)}^k \leftarrow \text{AGGREGATE}_k\left(\left\{h_{u'}^{k-1}, \forall u' \in \mathcal{N}_k(u)\right\}\right)$

12:         $h_u^k \leftarrow \sigma\left(W^k \cdot \text{CONCAT}\left(h_u^{k-1}, h_{\mathcal{N}(u)}^k\right)\right)$

13:         $h_u^k \leftarrow h_u^k / \| h_u^k \|_2$

14:     **end for**

15: **end for**

16: $z_u \leftarrow h_u^K, \forall u \in \mathcal{B}$

1. 邻居采样

上面伪代码的第 1～7 行对应采样过程，在算法 8 的伪代码中，K 是聚合的层数，因为采样是从内到外的，而聚合是从外到内的，因此在第 2 行的 k 的遍历顺序是从 K 到 1。这个过程可以这么理解，首先我们确定当前节点的一跳的邻居节点，然后在这些一跳邻居的基础上再遍历二跳节点，以此类推。

采样过程对应的源码在 model.py 的 sample 函数，函数的入参 layer_infos 是由 SAGEInfo 元组组成的列表，SAGEInfo 中的 neigh_sampler 表示采样算法，源码中使用的是均匀采样，因为每一层都会选择一组 SAGEInfo，所以每一层是可以使用不同的采样器的。num_samples 是当前层采样的邻居数。

```
def sample(self, inputs, layer_infos, batch_size=None):
    if batch_size is None:
        batch_size = self.batch_size
    samples = [inputs]
    # 每个节点每层卷积支持的大小
    support_size = 1
    support_sizes = [support_size]
    for k in range(len(layer_infos)):
        t = len(layer_infos) - k - 1
        support_size *= layer_infos[t].num_samples
        sampler = layer_infos[t].neigh_sampler
        node = sampler((samples[k], layer_infos[t].num_samples))
        samples.append(tf.reshape(node, [support_size * batch_size,]))
        support_sizes.append(support_size)
    return samples, support_sizes
SAGEInfo = namedtuple("SAGEInfo",
    ['layer_name', # 层的名称（用于获取层嵌入等）
     'neigh_sampler', # 调用 neigh_sampler 构造器
     'num_samples',
     'output_dim' # 输出维度（隐藏层）
    ])
```

在源码中有两个索引，其中 k 遍历的顺序是从 1 到 K，用来拼接各层采样的节点组成的列表，t 是 k 的逆序，用于确定采样函数和样本数等超参数。变量 support_size 是当前层要采样的样本数，第 $k-1$ 层是在第 k 层的基础上发散得到的，因此需要进行乘法的叠加。最终函数返回的是采样点的 samples 数组和各层的节点数 support_sizes 数组。图 10.2 是非常好的 GraphSAGE 采样的可视化。

2. 邻居聚合

算法 8 的第 8～15 行是聚合过程，我们从外到内依次聚合节点特征，最后得到中心节点的特征向量。其核心代码是代码中的第 11～13 行，第 11 行是对该节点的邻居节点使用聚合函数进行

聚合，得到这些节点的整合输出；第 12 行是将这些聚合的邻居特征与中心节点的上一层的特征进行拼接，然后送到一个单层 MLP 中得到新的特征向量；第 13 行是对特征向量进行归一化处理。

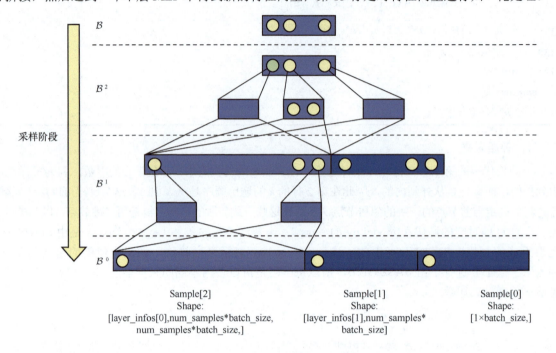

图 10.2　GraphSAGE 采样可视化

对应的源码是 model.py 中的 aggregate 函数。

```python
def aggregate(self, samples, input_features, dims, num_samples, support_sizes,
    batch_size=None, aggregators=None, name=None, concat=False, model_size="small"):
    if batch_size is None:
        batch_size = self.batch_size
    # 长度：层数 + 1
    hidden = [tf.nn.embedding_lookup(input_features, node_samples) for node_samples
        in samples]
    new_agg = aggregators is None
    if new_agg:
        aggregators = []
    for layer in range(len(num_samples)):
        if new_agg:
            dim_mult = 2 if concat and (layer != 0) else 1
            # 聚合当前层
            if layer == len(num_samples) - 1:
                aggregator = self.aggregator_cls(dim_mult*dims[layer], dims[layer+1],
                    act=lambda x : x, dropout=self.placeholders['dropout'], name=
                    name, concat=concat, model_size=model_size)
            else:
                aggregator = self.aggregator_cls(dim_mult*dims[layer], dims[layer+1],
                    dropout=self.placeholders['dropout'], name=name, concat=concat,
                    model_size=model_size)
            aggregators.append(aggregator)
        else:
            aggregator = aggregators[layer]
        # 当前层所有支持节点的隐藏表示
        next_hidden = []
```

```
    # 随着层数的增加，所需的支持节点数量减少
    for hop in range(len(num_samples) - layer):
        dim_mult = 2 if concat and (layer != 0) else 1
        neigh_dims = [batch_size * support_sizes[hop], num_samples[len
            (num_samples) - hop - 1], dim_mult*dims[layer]]
        h = aggregator((hidden[hop], tf.reshape(hidden[hop + 1], neigh_dims)))
        next_hidden.append(h)
    hidden = next_hidden
return hidden[0], aggregators
```

在源码中，aggregator 是用于聚合的聚合函数，可以选择的聚合函数有平均聚合、池化聚合以及 LSTM 聚合。当变量 layer 是最后一层时，需要接输出层，即源码中的 act 参数（激活函数），源码中普遍使用的激活函数是 ReLU。上面代码的最后一个 for 循环用于特征向量的聚合，变量 hop 表示当前层的一个节点，通过聚合它的下一跳的邻居的特征得到这个节点的特征向量。

GraphSAGE 也对聚合函数的性质进行了分析，并提出了聚合函数需要满足下面的条件：

- 聚合函数需要对聚合节点的数量进行自适应，也就是说无论聚合节点的数量是多少，进行聚合操作后得到的特征向量的维度必须是相同的；
- 聚合函数需要具有排列不变性，也就是说得到的特征向量的顺序应该与数据的输入顺序无关，即满足 $\text{AGGREGATE}(v_1, v_2) = \text{AGGREGATE}(v_2, v_1)$；
- 聚合函数必须是可导的。

论文中给出了以下几个聚合函数。

（1）**平均聚合**：先对邻居的嵌入按维度进行平均，再对得到的平均值进行非线性变换。

$$h_v^k \leftarrow \sigma\left(W \cdot \text{MEAN}\left(\{h_v^{k-1}\} \bigcup \{h_u^{k-1}, \forall u \in \mathcal{N}(v)\}\right)\right) \tag{10.1}$$

（2）**池化聚合**：先对上一层每个节点的嵌入进行非线性变换，然后对得到的结果进行平均或者最大池化。其中 W_{Pool} 是权值矩阵，b 是偏置向量。

$$\text{AGGREGATE}_k^{\text{Pool}} = \max\left(\left\{\sigma\left(W_{\text{Pool}} h_{u_i}^k + b\right), \forall u_i \in \mathcal{N}(v)\right\}\right) \tag{10.2}$$

（3）**LSTM 聚合**：LSTM 聚合并不满足排列不变性，并且计算量非常大，但是由于 LSTM 聚合拥有非常大的容量，因此有时候也被考虑用作聚合函数。

从上面的采样和聚合过程我们可以看出，GraphSAGE 算法的计算过程仅和当前节点的 k 阶邻居节点相关，而不需要考虑图的全局信息，这也使得 GraphSAGE 具有归纳学习的能力。

3. 模型训练

GraphSAGE 支持无监督学习和有监督学习两种方式。

无监督学习：GraphSAGE 的无监督学习的理论基于假设"节点 u 与其邻居 v 具有相似的特征嵌入，而与没有邻居关系的节点 v_n 不相似"，损失函数为：

$$\mathcal{J}_g(z_u) = -\log(\sigma(z_u^\top z_v)) - Q \cdot \mathbb{E}_{v_n \sim P_n(v)} \log(\sigma(-z_u^\top z_{v_n})) \tag{10.3}$$

其中，z_u 为节点 u 通过 GraphSAGE 得到的特征嵌入，v 是节点 u 通过随机游走得到的邻居，$v_n \sim P_n(v)$ 表示负采样，Q 为样本数。

有监督学习：有监督学习比较简单，使用满足预测目标的任务作为损失函数，例如交叉熵等。

4. 推导学习

GraphSAGE 的一个强大之处是它在一个子集学到的模型也可以应用到其他模型上，因为 GraphSAGE 的参数是共享的。如图 10.3 所示，节点 A 和节点 B 特征嵌入计算的过程中两层节点计算使用的参数相同，其中 B^k 表示偏差。

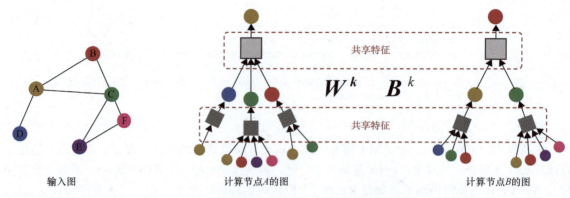

图 10.3 GraphSAGE 的归纳学习得益于它的参数共享

当有一个新的图或者节点加入已训练的图中时，我们只需要知道这个新图或者新节点的结构信息，通过共享的参数，便可以得到它们的特征向量。

10.1.3 小结

GraphSAGE 的论文是学习 GCN 绕不过的一篇经典论文，它最大的贡献在于给图模型赋予了归纳学习的能力，从而大范围地扩大了 GCN 的落地场景。另外，GraphSAGE 的预测速度非常快，因为它只需要选择若干跳的若干个邻居即可，而若干跳的若干个邻居可以选择的参数往往也比较小，往往取两跳邻居就能得到不错的学习效果。GraphSAGE 还非常好理解，不需要复杂的图理论基础，对学习图神经网络的读者来说也是非常好的入门读物。

不可否认，GraphSAGE 仍然有很多可以提升的地方，例如更加高效的聚合器、更加合理的采样方法等。在之后的章节中，我们将继续分享其他的 GCN 系列的算法，让我们一起进入一个新的深度学习方向。

10.2 GAT

在本节中，先验知识包括：
- GraphSAGE（10.1 节）。

在 10.1 节介绍的 GraphSAGE 中，它通过融合当前节点的邻居节点来获得这个节点的特征表示，从而赋予了图神经网络归纳学习的性质。在 GraphSAGE 中，各个邻居节点被同等看待，然而在实际场景中，不同的邻居节点可能对核心节点起不同的作用。本节要介绍的 GAT（Graph Attention Network，图注意力网络）就是通过自注意力（self-attention）机制来对邻居节点进行聚合的，它实现了对不同邻居权值的自适应匹配，从而提高了模型的准确率。GAT 在归纳学习和转导学习的任务中均取得了非常好的效果。

10.2.1 GAT 详解

和很多深度学习方法类似，GAT 由若干功能相同的网络块组成，这个网络块叫作图注意力层

（graph attention layer），首先我们介绍图注意力层的结构。

1. 图注意力层

图注意力层的输入是节点的特征值的集合 $\boldsymbol{h} = \{\boldsymbol{h}_1, \boldsymbol{h}_2, \cdots, \boldsymbol{h}_N\}, \boldsymbol{h}_i \in \mathbb{R}^F$，其中 N 是节点的个数，F 是节点特征的维度。经过一个图注意力层后输出一个新的特征向量，假设这个特征向量的节点特征的维度为 F'（可以为任意值），这个节点的特征值的集合可以表示为 $\boldsymbol{h}' = \{\boldsymbol{h}'_1, \boldsymbol{h}'_2, \cdots, \boldsymbol{h}'_N\}, \boldsymbol{h}'_i \in \mathbb{R}^{F'}$。GAT 中的图注意力层如图 10.4 所示。

这里使用自注意力的目的就是提高 $\boldsymbol{h}'$ 的表达能力。在图注意力层中，首先使用一个权值矩阵 $\boldsymbol{W} \in \mathbb{R}^{F' \times F}$ 作用到每个节点，然后对每个节点使用自注意力来计算一个权值系数，这里使用共享的自注意力机制，表示为 a，e_{ij} 表示节点 j 对于节点 i 的重要性。

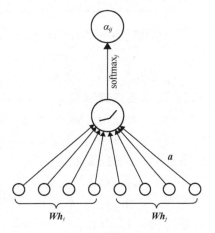

$$e_{ij} = a(\boldsymbol{W}\boldsymbol{h}_i, \boldsymbol{W}\boldsymbol{h}_j) \tag{10.4}$$

理论上我们可以计算图中任意一个节点到中心节点的权值。GAT 中为了简化计算，将节点限制在了中心节点的一跳邻居内，另外中心节点也将自身作为邻居节点考虑了进去。

图 10.4　GAT 中的图注意力层

自注意力机制的聚合方式 a 的选择有多种，论文中作者选择了一个参数为 $\boldsymbol{a} \in \mathbb{R}^{2F'}$ 的单层前馈神经网络，然后使用了 LeakyReLU 做非线性化，因此 e_{ij} 可以写作：

$$e_{ij} = \text{LeakyReLU}\left(\boldsymbol{a}^\top \left[\boldsymbol{W}\boldsymbol{h}_i \| \boldsymbol{W}\boldsymbol{h}_j\right]\right) \tag{10.5}$$

再使用 softmax 对中心节点的邻居节点的权值做了归一化。其中，$\mathcal{N}_i$ 是图中节点 i 的邻居节点。

$$\alpha_{ij} = \text{softmax}_j(e_{ij}) = \frac{\exp(e_{ij})}{\sum_{k \in \mathcal{N}_i} \exp(e_{ik})} \tag{10.6}$$

最终通过对输入特征的加权得到输出特征 $\boldsymbol{h}'_i$：

$$\boldsymbol{h}'_i = \sigma\left(\sum_{j \in \mathcal{N}_i} \alpha_{ij} \boldsymbol{h}_j\right) \tag{10.7}$$

```
1  def attn_head(seq, out_sz, bias_mat, activation, in_drop=0.0, coef_drop=0.0,
       residual=False):
2      with tf.name_scope('my_attn'):
3          if in_drop != 0.0:
4              seq = tf.nn.dropout(seq, 1.0 - in_drop)
5          seq_fts = tf.layers.conv1d(seq, out_sz, 1, use_bias=False)
6          # 计算自注意力
7          f_1 = tf.layers.conv1d(seq_fts, 1, 1)
8          f_2 = tf.layers.conv1d(seq_fts, 1, 1)
9          logits = f_1 + tf.transpose(f_2, [0, 2, 1])
10         coefs = tf.nn.softmax(tf.nn.leaky_relu(logits) + bias_mat)
11         if coef_drop != 0.0:
12             coefs = tf.nn.dropout(coefs, 1.0 - coef_drop)
13         if in_drop != 0.0:
14             seq_fts = tf.nn.dropout(seq_fts, 1.0 - in_drop)
15         vals = tf.matmul(coefs, seq_fts)
16         ret = tf.contrib.layers.bias_add(vals)
17         # 残差连接
```

```
18        if residual:
19            if seq.shape[-1] != ret.shape[-1]:
20                ret = ret + conv1d(seq, ret.shape[-1], 1)
21            else:
22                ret = ret + seq
23        return activation(ret)    # 激活函数
```

上面代码的第 5 行是对原始的节点特征 seq 利用卷积核大小为 1 的一维卷积得到维度为 [num_graph, num_node, out_sz] 的特征向量。

接着第 7、8 行对得到的 seq_fts 分别使用两个独立的、大小为 1 的卷积核进行一维卷积，得到节点本身的投影 f_1 及其邻居的投影 f_2。这里对应的是式（10.4）中的 $a(Wh_i, Wh_j)$。

第 9 行是使用广播机制将 f_2 转置后与 f_1 叠加，得到注意力矩阵 $a^\top \left[Wh_i \| Wh_j \right]$。

最后通过第 10 行的 softmax 进行归一化便得到注意力的权重。需要注意的是，在计算 softmax 之前加了一个 bias_mat 矩阵，它的作用是让非邻居节点的注意力 e_{ij} 不要进入 softmax 计算。

当加权时，最简单的思想便是使用一个只有 0、1 的邻接矩阵和得到的矩阵进行单位乘的运算。但是因为 softmax 有指数运算，这种运算方式会有问题。例如一个节点的邻接向量为 [1, 1, 0]，权值向量为 [0.5, 1.2, 0.1]，经过掩码得到 [0.5, 1.2, 0]，再送入 softmax 进行归一化，变为 $[e^{0.5}, e^{1.2}, e^0]$，这里需要被掩码掉的 0.1 变成了 $e^0=1$。这个非邻居节点还是参与到了权值的计算中。所以我们需要将非邻居节点的权值变为 0，即加上 bias_mat 矩阵。

bias_mat 矩阵是通过 utils/process.py 的 adj_to_bias 函数生成的，这个函数的解析见下面代码的注释部分：

```
def adj_to_bias(adj, sizes, nhood=1):
    nb_graphs = adj.shape[0]    # num_graph个图
    mt = np.empty(adj.shape)    # 输出矩阵的形状和adj相同
    # 图g的转换
    for g in range(nb_graphs):
        mt[g] = np.eye(adj.shape[1])    # 与g形状相同的对角矩阵
        for _ in range(nhood):    # 通过self-loop构建K阶邻接矩阵，这里K=1
            mt[g] = np.matmul(mt[g], (adj[g] + np.eye(adj.shape[1])))
        # 大于0的置1，小于或等于0的保持不变
        for i in range(sizes[g]):
            for j in range(sizes[g]):
                if mt[g][i][j] > 0.0:
                    mt[g][i][j] = 1.0
    # mt中1的位置为0，返回很小的负数-1e9
    return -1e9 * (1.0 - mt)
```

2. 多头注意力层

为了提高注意力机制的泛化能力，GAT 选择使用了多头注意力层，即使用 K 组相互独立的单头注意力层，然后将它们的结果拼接在一起，如图 10.5 所示。

$$h_i' = \|_{k=1}^K \sigma\left(\sum_{v_j \in \widetilde{\mathcal{N}(v_i)}} \alpha_{ij}^{(k)} W^k h_j \right) \quad (10.8)$$

式（10.8）中的 ∥ 表示拼接操作，$\alpha_{ij}^{(k)}$ 表示第 k 组注意力机制计算出来的权重系数，$W^{(k)}$ 是第 k

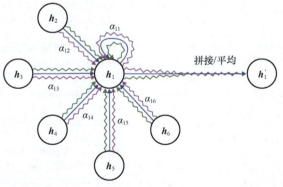

图 10.5　GAT 中的多头注意力层

组自注意力模块的权重系数。为了减少特征向量的维度，我们也可以使用平均操作代替拼接操作，如式（10.9）。在图 10.5 中，不同颜色的箭头代表了不同的注意力头，从图中我们可以看出 $K=3$。为了增加多头注意力层的表达能力，我们可以使用不同形式的注意力机制。

$$h_i' = \sigma\left(\frac{1}{K}\sum_{k=1}^{K}\sum_{j\in\mathcal{N}_i}\alpha_{ij}^k W^k h_j\right) \tag{10.9}$$

在注意力机制的权重系数 α_{ij} 上施加 Dropout 将大大提升模型的泛化能力，尤其是在数据集比较小的时候。这种方式本质上就是对邻居节点的随机采样。

10.2.2 GAT 的推理

推理模块由 3 个循环组成，第一个循环是对注意力头的聚合，输入维度是 [batch_size, num_node, fea_size]，每个注意力头的输出维度为 [batch_size, num_node, out_sz]，将所有的节点聚合，得到的输出特征维度为 [batch_size, num_node, out_sz * 8]；第二个循环是中间层的更新，层数是 len(hid_units)-1，第 i 层有 n_heads[i] 个注意力头；第三个循环是输出层，为了使输出维度是 [batch_size, num_node, nb_classes]，使用了平均的聚合方式。GAT 的推理代码的核心片段如下：

```
def inference(inputs, nb_classes, nb_nodes, training, attn_drop, ffd_drop, bias_mat,
    hid_units, n_heads, activation=tf.nn.elu, residual=False):
    attns = []
    # GAT中预设了8个注意力头
    for _ in range(n_heads[0]):
        attns.append(layers.attn_head(inputs, bias_mat=bias_mat,
            out_sz=hid_units[0], activation=activation,
            in_drop=ffd_drop, coef_drop=attn_drop, residual=False))
    h_1 = tf.concat(attns, axis=-1)
    # 隐层,hid_units表示每一个注意力头中的隐藏单元个数
    for i in range(1, len(hid_units)):
        h_old = h_1
        attns = []
        for _ in range(n_heads[i]):
            attns.append(layers.attn_head(h_1, bias_mat=bias_mat,
                out_sz=hid_units[i], activation=activation,
                in_drop=ffd_drop, coef_drop=attn_drop, residual=residual))
        h_1 = tf.concat(attns, axis=-1)
    out = []
    # 输出层
    for i in range(n_heads[-1]):
        out.append(layers.attn_head(h_1, bias_mat=bias_mat,
            out_sz=nb_classes, activation=lambda x: x,
            in_drop=ffd_drop, coef_drop=attn_drop, residual=False))
    logits = tf.add_n(out) / n_heads[-1]
    return logits
```

10.2.3 GAT 的属性

根据我们对 GAT 算法的分析，可以总结出 GAT 的下述属性。

- **高效**：因为注意力层的参数对于整幅图像是共享的，所以注意力机制的权值可以并行计算，同样节点的属性值也可以并行计算。同时因为计算中心节点的特征只需要遍历其一阶邻居节点，这也大幅减少了搜索节点需要的时间。
- **低存储**：可以使用稀疏矩阵对 GAT 的图进行存储，因此需要的最大存储空间为 $O(V+E)$。同时因为 GAT 使用了参数共享的方式，也大幅减少了存储计算参数需要占用的存储空间。
- **归纳学习**：因为 GAT 基于邻居节点的计算方式，所以也是可归纳的。
- **全图访问**：GraphSAGE 采样固定数量的邻居，而 GAT 采样所有的邻居节点，得到的特征更稳定且更具表征性。

10.2.4 小结

这篇论文介绍了一个基于注意力机制的图神经网络，GAT 的注意力是非常直观的，就是为不同的节点配置不同的权值。同 GraphSAGE 一样，GAT 也是一个基于空域的 GNN，而且是可以进行归纳学习的。GAT 的一个问题是因为只归纳了一阶邻居，导致 GAT 的感受野必须依赖非常深的网络才能扩展到很大，为了解决这个问题，GAT 的作者在源码中添加了一个残差机制。

10.3 HAN

在本节中，先验知识包括：
- GraphSAGE（10.1 节）；
- GAT（10.2 节）。

之前介绍的 GraphSAGE 和 GAT 都是针对同构图（homogeneous graph）的模型，它们也确实取得了不错的效果。然而在很多场景中图并不总是同构的，例如图可能有多种类型的节点或者节点之间拥有多种类型的边，这种图叫作异构图（heterogeneous graph）。因为异构图含有更多的信息，往往也比同构图有更好的表现。这里介绍的异构图注意力网络（heterogeneous graph attention network，HAN）便是经典的异构图模型，它的思想是不同类型的边应该有不同的权值，而在同一个类型的边中，不同的邻居节点又应该有不同的权值，因此它使用了节点级别的注意力（node level attention）和语义级别的注意力（semantic level attention），其中节点级别的注意力用于学习中心节点与其不同类型的邻居节点之间的重要性，语义级别的注意力用于学习不同元路径（meta path）的重要性。HAN 也是一个可归纳的模型。

10.3.1 基本概念

1. 异构图

异构图是指不止有一种类型的节点或者边，因此允许不同类型的节点或者边拥有不同维度的特征或者属性。例如论文中列举的 IMDB 数据（见图 10.6），节点的类型包含演员、电影和导演，假如同一个演员参演了两部电影，则可以建立一条电影 - 演员 - 电影（MAM）的元路径，或者两部电影由同一个导演执导，则可以建立一条电影 - 导演 - 电影（MDM）的元路径。

论文中给出异构图的定义为 $\mathcal{G}=(\mathcal{V},\mathcal{E})$，由节点的集合 $\mathcal{V}$ 和节点之间的边 $\mathcal{E}$ 组成。异构图也与节点类型的映射函数 $\phi:\mathcal{V}\rightarrow\mathcal{A}$ 以及连接类型的映射函数 $\psi:\mathcal{E}\rightarrow\mathcal{R}$ 相关联。$\mathcal{A}$ 和 $\mathcal{R}$ 是预先定义好的节点

的类型和连接的类型，其中$|\mathcal{A}|+|\mathcal{R}| \geq 2$。

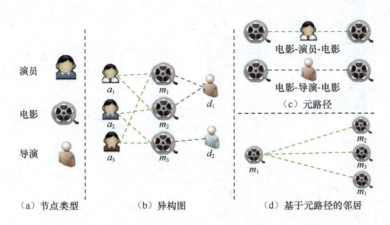

图 10.6 异构图中的多种节点类型以及多种元路径类型

2. 元路径

元路径 Φ 的格式为 $A_1 \xrightarrow{\mathcal{R}_1} A_2 \xrightarrow{\mathcal{R}_2} \cdots \xrightarrow{\mathcal{R}_l} A_{l+1}$，它描述了节点 A_1 和 A_{l+1} 之间的一个组合关系 $\mathcal{R} = \mathcal{R}_1 \circ \mathcal{R}_2 \circ \cdots \circ \mathcal{R}_l$。$\circ$ 代表节点之间的组合操作。例如在图 10.6（c）中，两个电影之间可以有"电影 - 演员 - 电影"和"电影 - 导演 - 电影"两种关联方式。

3. 基于元路径的邻居

给定异构图中的一个节点 i 和一个元路径 Φ，基于元路径的邻居 $\mathcal{N}_i^{\Phi}$ 定义为通过元路径为 Φ 与节点 i 相连的节点，这里节点的邻居包含它自己。例如图 10.6（d）中，m_1 有 3 个基于"电影 - 演员 - 电影"的元路径的邻居。

上面介绍了异构图中非常重要的 3 个概念，下面我们详细介绍论文中提出的 HAN 算法。

10.3.2 HAN 详解

HAN 是一个两层的注意力架构，分别是节点级别的注意力和语义级别的注意力，图 10.7 展示了 HAN 的两层注意力架构的细节。图 10.7（a）是节点级别的注意力，聚合后得到每个类型节点的嵌入向量；图 10.7（b）是语义级别的注意力，聚合后得到中心节点的嵌入向量；图 10.7（c）通过 MLP 得到预测结果。首先固定元路径的类别 Φ_i，通过节点级别的注意力将中心节点的基于 Φ_i 的邻居节点进行聚合，得到每个元路径的特征向量 $\mathbf{Z}_{\Phi_i}$。然后通过语义级别的注意力将特征向量 $\mathbf{Z}_{\Phi}$ 进行聚合，得到最终的特征向量 $\mathbf{Z}$。最后通过一个 MLP 得到这个节点的预测值 $\tilde{y}_i$。

1. 节点级别的注意力

在具体的任务中，一个节点对于同一个元路径的邻居有不同的重要性，而同一个中心节点的邻居可能有多个类别，每个类别的节点 Φ_i 都有不同维度的特征向量。因此我们的第一步便是通过转换矩阵 $\mathbf{M}_i$ 将它们映射到相同的维度。设转换之前的特征向量为 h_i，转换之后的特征向量为 h_i'，它们之间的计算方式为：

$$h_i' = \mathbf{M}_{\Phi_i} \cdot h_i \tag{10.10}$$

有了维度相同的特征向量，下一步便是计算每个节点的权值，HAN 使用自注意力来学习这个权值。

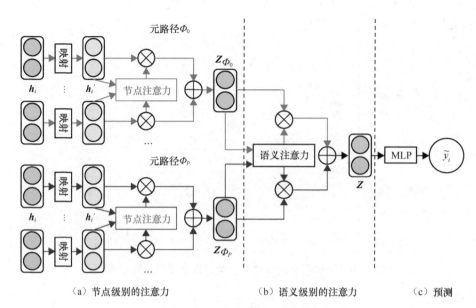

图 10.7　HAN 中的总体框架

对于一个给定的节点对 (i,j)，它们之间通过元路径 Φ 连接，它们之间的节点注意力值 e_{ij}^{Φ} 表示节点 j 对节点 i 的重要性，计算方式为：

$$e_{ij}^{\Phi} = \text{att}_{\text{node}}(\boldsymbol{h}_i', \boldsymbol{h}_j'; \Phi) = \sigma(\boldsymbol{a}_{\Phi}^{\top} \cdot [\boldsymbol{h}_i' \| \boldsymbol{h}_j']) \tag{10.11}$$

其中，att_{node} 表示节点级别的注意力，对于同一个元路径 Φ，基于这个元路径的不同邻居节点的权值是共享的。σ 表示 sigmoid 激活函数，$\|$ 是拼接操作，$\boldsymbol{a}_{\Phi}$ 是节点级别的注意力向量。然后通过 softmax 操作得到每个特征向量的权值系数：

$$\alpha_{ij}^{\Phi} = \text{softmax}(e_{ij}^{\Phi}) = \frac{\exp(\sigma(\boldsymbol{a}_{\Phi}^{\top} \cdot [\boldsymbol{h}_i' \| \boldsymbol{h}_j']))}{\sum_{k \in \mathcal{N}_i^{\Phi}} \exp(\sigma(\boldsymbol{a}_{\Phi}^{\top} \cdot [\boldsymbol{h}_i' \| \boldsymbol{h}_k']))} \tag{10.12}$$

最后，节点 i 最终的嵌入的计算方式为：

$$z_i^{\Phi} = \sigma\left(\sum_{j \in \mathcal{N}_i^{\Phi}} \alpha_{ij}^{\Phi} \cdot \boldsymbol{h}_j'\right) \tag{10.13}$$

在很多场景中，节点的类别有可能会非常多，这无疑增大了自注意力学习的困难程度。为了解决这个问题，HAN 中使用了多头自注意力机制，其中头的个数设置为 8。

$$z_i^{\Phi} = \|_{k=1}^{K} \sigma\left(\sum_{j \in \mathcal{N}_i^{\Phi}} \alpha_{ij}^{\Phi} \cdot \boldsymbol{h}_j'\right) \tag{10.14}$$

对于给定的元路径集合 $\{\Phi_1, \Phi_2, \cdots, \Phi_P\}$，经过这个节点级别的注意力之后，得到 P 组语义相关的嵌入，表示为 $\{\boldsymbol{Z}_{\Phi_1}, \boldsymbol{Z}_{\Phi_2}, \cdots, \boldsymbol{Z}_{\Phi_P}\}$。

2．语义级别的注意力

异构图除了有多个类别的节点，还有多个类别的边，语义级别的注意力便是将不同类别的连接的嵌入组合起来，如图 10.7（b）所示。假设每个类别的权值为 β，它的计算方式抽象为：

$$(\beta_1, \beta_2, \cdots, \beta_P) = \text{att}_{\text{sem}}(\boldsymbol{Z}_{\Phi_1}, \boldsymbol{Z}_{\Phi_2}, \cdots, \boldsymbol{Z}_{\Phi_P}) \tag{10.15}$$

这里 att_{sem} 表示语义级别的注意力操作，它的目的是学习每个边类别的重要性。它首先通过计算语义级别的注意力向量 $\boldsymbol{q}$ 和转换之后的每个边类别的嵌入得到 w_{Φ}，计算方式为：

$$w_\Phi = \frac{1}{|\mathcal{V}|} \sum_{i \in \mathcal{V}} q^\top \cdot \tanh(W \cdot z_i^\Phi + b) \tag{10.16}$$

其中 q 是语义级别的注意力向量，W 是权值矩阵，b 是偏置向量，它们都是需要学习的向量，并且对于所有的元路径都是共享的。通过将 softmax 作用到式（10.16）得到的 w_Φ，我们便可以得到每个元路径类别的注意力权值：

$$\beta_\Phi = \frac{\exp(w_{\Phi_i})}{\sum_{i=1}^P \exp(w_{\Phi_i})} \tag{10.17}$$

最终，根节点的嵌入表示为：

$$Z = \sum_{i=1}^P \beta_{\Phi_i} \cdot Z_{\Phi_i} \tag{10.18}$$

一个更形象的对这两个注意力的说明如图 10.8 所示。

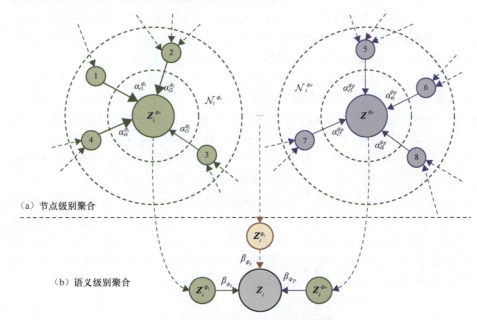

图 10.8 节点级别的注意力和语义级别的注意力

3. 损失函数

HAN 是一个半监督模型，我们根据数据集中的有标签数据，使用反向传播对模型进行训练。使用交叉熵损失函数得到这个算法的损失函数：

$$\mathcal{L} = -\sum_{l \in \mathcal{Y}_L} Y^l \ln(C \cdot Z^l) \tag{10.19}$$

其中，C 是分类器的参数，$\mathcal{Y}_L$ 是有标签的节点，Y^l 和 Z^l 是有标签数据的标签值和预测值。

10.3.3 小结

这篇论文将注意力机制应用到异构图领域，因为异构图存在节点的多样性和边的多样性，所以 HAN 将注意力机制分成了节点级别的注意力和语义级别的注意力，整体思路非常清晰。按照论文作者的思路进一步深入，当学习一个节点的特征时，不同的特征应该扮演不同的角色，也许给特征层再加一层注意力，或者根据图的结构的不同（出入度、邻居类别数等）赋予不同的权值，会有更好的效果。

第 11 章 二维结构识别

二维结构识别是以图像作为输入，然后通过算法，根据图像的内容信息、位置信息等生成图像的文本化表示，经典的应用有图像描述（image caption，IC，也被叫作看图说话等）和公式识别等，是经典的跨越计算机视觉领域和自然语言处理领域的应用场景。模型的编码器一般采用卷积神经网络作为基础结构，而用于生成描述文本的解码器一般是循环神经网络。

在早期的基于深度学习的 IC 算法中，一种策略是根据目标检测器（Faster R-CNN 等）的检测结果生成描述文本，另一种更经典的策略是基于编码器 - 解码器的模型结构，其中最经典的要数在 2015 年就提出的 Show and Tell（ST）。Show and Tell[①]使用 GoogLeNet 作为编码器，使用 LSTM 作为解码器，它的策略虽然简单，但是对 IC 方向来说是具有里程碑意义的。之后提出的 Show Attend and Tell（SAT）将注意力机制引入了 IC 方向，它使用了软注意力和硬注意力两种不同的机制，其中软注意力相当于对图像特征的加权，而硬注意力相当于在图像上的像素采样。

自 IC 被提出以来，它最大的问题便是没有落地场景，问题的原因在于很难评估 IC 算法生成的文本是否可用。在 11.3 节，我们将介绍 IC 的一个非常好的落地场景：公式识别。公式识别的一个传统策略是先使用检测器检测公式中的各个符号以及符号在图像中的位置，然后根据检测的内容以及 LaTeX 语法规则构建生成内容。我们这里要介绍的策略是基于 IC 的一个端到端的公式识别模型，它也是由 CNN 编码器、RNN 解码器以及注意力机制组成的。

11.1 Show and Tell

在本节中，先验知识包括：
- CTC（8.4 节）。

神经图像描述（neural image caption，NIC）是一个非常经典的图像二维信息识别的应用。类似的还有表格识别、公式识别等。NIC 的基本流程如图 11.1 所示，它的输入是一幅 RGB 图像，输出是对这个图像的文本描述。NIC 的难点有二：
- 模型不仅要能够对图像中的每一个物体进行分类和检测，还要能够理解和描述它们的空间关系；
- 描述的生成要考虑语义信息，即当前的时间片输出高度依赖之前已经生成的内容。

Show and Tell 这篇论文提供了一个 NIC 的基础框架，即用 CNN 作为特征提取器（编码器）将图像转换为特征向量，之后用 RNN 作为解码器（生成器）生成对图像的描述。

---
① 参见 Oriol Vinyals、Alexander Toshev、Samy Bengio 等人的论文 "Show and Tell: A Neural Image Caption Generator"。

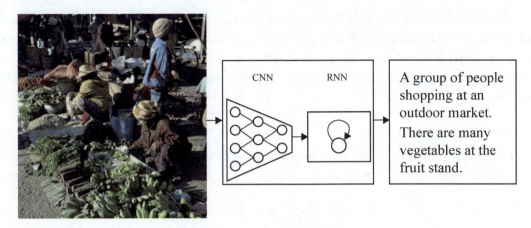

图 11.1　NIC 的基本流程

11.1.1　网络结构

Show and Tell 这篇论文采用的是编码器 - 解码器的架构，Show and Tell 的作者当初设计这个算法的时候，也借鉴了神经机器翻译的思想，故而采用了类似的网络架构。论文中给出的网络结构如图 11.2 所示，为了便于理解，这里将 RNN 按时间片展开了，它实际上是一个 LSTM。图 11.2 的左侧所示是编码器，由 CNN 组成，图中给的是 GoogLeNet，在实际场景中我们可以根据自己的需求选择其他任意 CNN。图 11.2 的右侧所示是单向 LSTM。

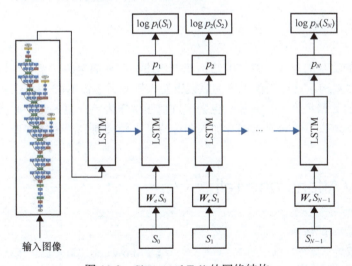

图 11.2　Show and Tell 的网络结构

在训练时，输入图像编码的特征图只在最开始的 t_0 时间片输入，实验结果表明，如果每个时间片都输入容易造成训练过拟合且对噪声非常敏感。在预测第 $t+1$ 时间片的内容时，我们会将 t 时间片的输出的词编码作为特征输入，整个过程表示为式（11.1）：

$$\begin{aligned}
x_{-1} &= \mathrm{CNN}(I) \\
x_t &= W_e S_t, t \in \{0, \cdots, N-1\} \\
p_{t+1} &= \mathrm{LSTM}(x_t)
\end{aligned} \tag{11.1}$$

其中，I 是输入图像的特征图。在训练时 S_t 是 t 时间片的标签真值，在测试时这个值则是上一个时间片的预测结果。另外，S_0 和 S_N 表示的是两个特殊字符，表示句子的开始与结束。W_e 是词向量的编码矩阵，p_{t+1} 是预测结果的概率分布，通过最大化概率分布可以得到该时间片的输出内容。

和机器翻译类似，NIC 的目标函数也是最大化标签值的概率，这里的标签即训练集的描述内容 S，表示为：

$$\theta^* = \arg\max_{\theta} \sum_{(I,\theta)} \log p(S \mid I; \theta) \tag{11.2}$$

其中，I 是输入图像，θ 是模型的参数。$\log p(S \mid I; \theta)$ 表示 N 个输出的概率和，t 时间片的内容是 0 到 $t-1$ 时间片以及图像编码的后验概率：

$$\log p(S \mid I; \theta) = \sum_{t=0}^{N} \log p(S_t \mid I, S_0, \cdots, S_{t-1}) \tag{11.3}$$

所以模型的损失函数是所有时间片的负 log 似然之和，表示为：

$$\mathcal{L}(I, S) = -\sum_{i=1}^{N} \log p_t(S_t) \tag{11.4}$$

11.1.2 解码

NIC 得到的结果是一个时间片长度乘字典大小的矩阵，NIC 的最终结果是在这个矩阵上解码得到的。NIC 的解码有两种策略，一种是贪心搜索，另一种则是光束搜索。这两个算法在 8.4 节中有介绍。

11.1.3 小结

作为一个方向的奠基的论文，算法的结构和思想还是非常简单的，整个结构几乎照搬了机器翻译的编码器-解码器架构。这样简简单单的照搬也能大幅刷新主流 NIC 算法的结果，可见深度学习的厉害。由于当时的数据集太小，该算法也尝试过把图像作为特征输入每个时间片，但是导致了过拟合。随着数据集的增大，给每个时间片加入图像特征无疑会得到泛化能力更好的模型。

11.2 Show Attend and Tell

在本节中，先验知识包括：
- CTC（8.4 节）;
- Show and Tell（11.1 节）。

11.1 节介绍的 NIC 使用了编码器-解码器的结构：首先使用 CNN 将输入图像编码为特征向量，再使用 RNN 将编码的特征向量解码为输出序列。这里要介绍的算法名为 Show Attend and Tell（SAT），顾名思义是在 Show and Tell 的基础上加入了注意力机制。SAT 的算法流程如图 11.3 所示，其核心是引入了注意力机制。

这里介绍了两个都作用在输入图像上的不同形式的注意力，分别是软注意力（soft attention）和硬注意力（hard attention）。其中**软注意力**便是最经典的使用 softmax 为特征图上每像素学一个权值，而**硬注意力**是将特征图上唯一的像素置 1，其他的都置 0，它本质上是在特征图上的伯努利采样，因为采样的不可导性，所以硬注意力的训练需要采用伯努利采样的策略。

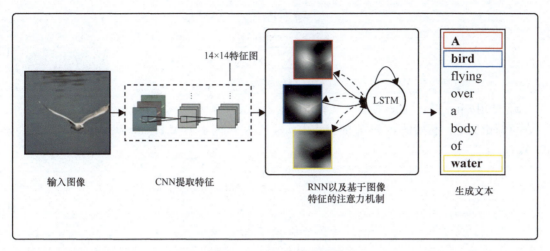

图 11.3　SAT 的算法流程

在详细介绍这两个注意力之前,我们应该先对 SAT 的整体框架有一个了解,然后了解这两个注意力是如何嵌入模型的。

11.2.1　整体框架

1. 编码器

SAT 的输入是一幅 224×224 的图像,它的编码器是 VGG[①],因为 VGG 有 4 个步长为 2 的最大池化,也就是进行了 4 次降采样,所以得到的特征图的尺度是 14×14×512。我们在这里将这个特征图定义为 $a = \{a_1, \cdots, a_L\}, a_i \in \mathbb{R}^D$,其中 $L=14 \times 14=196$ 是特征图的像素数,$D=512$ 是特征的维度。输入数据的标签定义为 $y = \{y_1, \cdots, y_C\}, y_i \in \mathbb{R}^K$,其中 K 是字典的大小,C 是标签的长度。

2. 解码器

这里使用的解码器是 LSTM,通过将 a 的每个时间片依次输入 LSTM 节点得到每个时间片的预测结果。LSTM 节点由输入门、输出门和遗忘门组成,它的计算方式为:

$$\begin{pmatrix} i_t \\ f_t \\ o_t \\ \tilde{c}_t \end{pmatrix} = \begin{pmatrix} \sigma \\ \sigma \\ \sigma \\ \tanh \end{pmatrix} T_{D+m+n, n} \begin{pmatrix} Ey_{t-1} \\ h_{t-1} \\ \hat{z}_t \end{pmatrix} \tag{11.5}$$

$$c_t = f_t \odot c_{t-1} + i_t \odot \tilde{c}_t$$

$$h_t = o_t \odot \tanh(c_t)$$

其中,i_t、o_t 以及 f_t 分别是输入门、输出门以及遗忘门。对于式(11.5)的 3 个输入,首先 h_{t-1} 是上一个时间片的隐层节点的状态。y_{t-1} 是上一个时间片的预测结果,$E \in \mathbb{R}^{m \times K}$ 是嵌入向量,其中 m 是嵌入向量的维度,K 依旧是字典的大小。

这里最重要的点是 $\hat{z}_t \in \mathbb{R}^D$ 的计算。它的物理意义是当前时间片对编码器的编码结果加权之后的结果。这个权值的计算依赖于图像的内容以及解码器的上个时间片的隐层节点的状态,我们将其定义为 $f_{\text{att}}(\cdot, \cdot)$。根据注意力的定义,我们可以得到 $\hat{z}_t$ 的计算方式:

---

① 参见 Karen Simonyan、Andrew Zisserman 的论文 "Very Deep Convolutional Networks for Large-Scale Image Recognition"。

$$e_{ti} = f_{\text{att}}(\boldsymbol{a}_i, \boldsymbol{h}_{t-1})$$
$$\alpha_{ti} = \frac{\exp(e_{ti})}{\sum_{k=1}^{L}\exp(e_{tk})} \quad (11.6)$$
$$\hat{\boldsymbol{z}}_t = \phi(\{\boldsymbol{a}_i\},\{\alpha_i\})$$

其中，ϕ 是使用 $\boldsymbol{a}_i$ 和 α_i 得到 $\hat{\boldsymbol{z}}_t$ 的转换方式（有软注意力和硬注意力两种），我们将在下面详细介绍。

在这篇论文中，初始的 $\boldsymbol{c}_0$ 和 $\boldsymbol{h}_0$ 的值均由 $\boldsymbol{a}$ 经过两个不同的 MLP（init.c 和 init.h）得到，如式（11.7）。

$$\boldsymbol{c}_0 = f_{\text{init.c}}\left(\frac{1}{L}\sum_{i}^{L}\boldsymbol{a}_i\right)$$
$$\boldsymbol{h}_0 = f_{\text{init.h}}\left(\frac{1}{L}\sum_{i}^{L}\boldsymbol{a}_i\right) \quad (11.7)$$

综上，解码器可以定义为使用编码器的编码结果、上个时间片的预测结果、当前时间片的隐层节点状态计算当前时间片的结果的概率分布，表示为式（11.8）：

$$p(\boldsymbol{y}_t \mid \boldsymbol{a}, \boldsymbol{y}_{t-1}) \propto \exp(\boldsymbol{L}_o(\boldsymbol{E}\boldsymbol{y}_{t-1} + \boldsymbol{L}_h\boldsymbol{h}_t + \boldsymbol{L}_z\hat{\boldsymbol{z}}_t)) \quad (11.8)$$

其中 $\boldsymbol{L}_o \in \mathbb{R}^{K \times m}$、$\boldsymbol{L}_h \in \mathbb{R}^{m \times n}$、$\boldsymbol{L}_z \in \mathbb{R}^{m \times D}$ 是 3 个可以训练的权值矩阵。

3. SAT 的注意力

软注意力和硬注意力的目的都是想办法选出对当前时间片的预测结果更有帮助的图像中的局部区域。软注意力是对整个特征图上的像素进行加权求和，而硬注意力方式是为了采样出特征图中的一像素，因此通过软注意力得到的注意力是基于全图的，要发散一些（图 11.4 上方），而通过硬注意力得到的注意力是基于像素的，更"聚焦"（图 11.4 下方）。

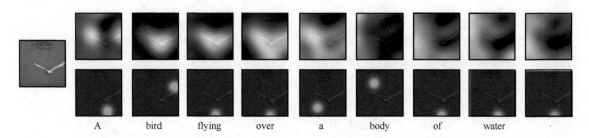

图 11.4　软注意力得到的注意力（上方）和硬注意力得到的注意力（下方）

（1）软注意力。

软注意力便是经典的注意力中的加权求和的策略，因此是确定性（deterministic）算法，内容向量 $\hat{\boldsymbol{z}}_t$ 的期望可以表示为式（11.9）。因为式（11.9）是处处可导的，所以可以直接使用 SGD 优化整个模型。

$$\mathbb{E}_{p(s_t|a)}[\hat{\boldsymbol{z}}_t] = \sum_{i=1}^{L}\alpha_{t,i}\cdot\boldsymbol{a}_i \quad (11.9)$$

我们使用 $\boldsymbol{n}_t \in \mathbb{R}^K$ 来表示第 t 个时间片输出的特征向量，即 $\boldsymbol{n}_t = \boldsymbol{L}_o(\boldsymbol{E}\boldsymbol{y}_{t-1} + \boldsymbol{L}_h\boldsymbol{h}_t + \boldsymbol{L}_z\hat{\boldsymbol{z}}_t)$。对其使用 softmax 可以得到输出的概率分布，如式（11.10），这里使用的是归一化加权几何平均（normalized weighted geometric mean，NWGM）。

$$\text{NWGM}[p(\pmb{y}_t = k|\pmb{a})] = \frac{\prod_i \exp(n_{t,k,i})^{p(s_{t,i}=1|a)}}{\sum_j \prod_i \exp(n_{t,j,i})^{p(s_{t,i}=1|a)}}$$
$$= \frac{\exp(\mathbb{E}_{p(s_t|a)}[n_{t,k}])}{\sum_j \exp(\mathbb{E}_{p(s_t|a)}[n_{t,j}])} \quad (11.10)$$

在 NIC 任务中，字典大小 K 往往是一个很大的值，这就造成了每个时间片的概率值 p 都非常接近于 0，这一部分再计算指数是非常不划算的。为了减少计算量，这里使用了 p 值本身来替代指数算式 e^p，即使用了式（11.11）来替换。

$$\lim_{x \to 0} e^x \approx x \quad (11.11)$$

那么式（11.10）的 softmax 可以近似用式（11.12）来近似：

$$\text{NWGM}[p(\pmb{y}_t = k|\pmb{a})] \approx \mathbb{E}[p(\pmb{y}_t = k|\pmb{a})] \quad (11.12)$$

这时 $\pmb{n}_t$ 的期望 $\mathbb{E}[\pmb{n}_t]$ 也非常好计算了，将 $\pmb{h}_t$ 和 $\hat{\pmb{z}}_t$ 两个变量分别求期望即可，如式（11.13）。

$$\mathbb{E}[\pmb{n}_t] = \pmb{L}_o(\pmb{E}\pmb{y}_{t-1} + \pmb{L}_h \mathbb{E}[\pmb{h}_t] + \pmb{L}_z \mathbb{E}[\hat{\pmb{z}}_t]) \quad (11.13)$$

在这篇论文中，SAT 向损失函数中加入了 $\sum_t \alpha_{t,i} \approx 1$ 的 L2 正则来提升模型的效果，这种方式叫作**双重注意力机制**，这个正则项的作用是鼓励模型能够看到图像中的所有像素，实验结果也表明这个正则项有助于模型得到更好以及更多的描述结果。另一个修改是在软注意力中加入了门控张量 β，它的使用方式为 $\phi(\{\pmb{a}_i\}, \{\alpha_i\}) = \beta \sum_i^L \alpha_i \pmb{a}_i$，其中 $\beta_t = \sigma(f_\beta(\pmb{h}_{t-1}))$。在这里，$\beta$ 的作用是鼓励模型更加关注物体所在的区域。

综上，结合了正则项的软注意力的损失函数可以表示为式（11.14）：

$$\mathcal{L}_d = -\log(P(\pmb{y}|\pmb{x})) + \lambda \sum_i^L \left(1 - \sum_t^C \alpha_{t,i}\right)^2 \quad (11.14)$$

（2）硬注意力。

硬注意力期待在当前时间片上进行预测时，只对输入特征图上一点给予响应，相当于产生一个特征图的独热编码，因此是统计性（statastic）算法。假设这个响应的点是 $s_{t,i}$，其中 t 是时间片，$\pmb{a}_i$ 是特征图上一点。这时 $\hat{\pmb{z}}_t$ 的计算方式如式（11.15）。

$$p(s_{t,i} = 1 | s_{j<t}, \pmb{a}) = \alpha_{t,i}$$
$$\hat{\pmb{z}}_t = \sum_{i=1}^L s_{t,i} \pmb{a}_i \quad (11.15)$$

硬注意力是不可导的，因此不能直接在网络中进行优化，它采取的是类似于强化学习的多次采样的优化策略。首先它通过多次伯努利采样得到图像上的一些点，如式（11.16）。

$$s \sim \text{Multinoulli}_L(\{\alpha_i\}) \quad (11.16)$$

记模型中的参数集合为 W，我们的目标是求：

$$\arg\max_W p(\pmb{y}|\pmb{a}) \quad (11.17)$$

假设采样结果是 s，根据琴生不等式和贝叶斯定理，我们有：

$$\log p(\pmb{y}|\pmb{a}) = \log \sum_s p(s|\pmb{a}) p(\pmb{y}|s, \pmb{a}) \geq$$
$$\sum_s p(s|\pmb{a}) \log p(\pmb{y}|s, \pmb{a}) \quad (11.18)$$
$$= L_s$$

最大化 $p(\mathbf{y}|\mathbf{a})$ 就等价于最大化其对数的下界 L_s，L_s 对参数 W 求偏导的过程如式（11.19）。

$$\begin{aligned}\frac{\partial L_s}{\partial W} &= \sum_s \left[p(s|\mathbf{a}) \frac{\partial \log p(\mathbf{y}|s,\mathbf{a})}{\partial W} + \frac{\partial p(s|\mathbf{a})}{\partial W} \log p(\mathbf{y}|s,\mathbf{a}) \right] \\ &= \sum_s \left[p(s|\mathbf{a}) \frac{\partial \log p(\mathbf{y}|s,\mathbf{a})}{\partial W} + p(s|\mathbf{a}) \frac{1}{p(s|\mathbf{a})} \frac{\partial p(s|\mathbf{a})}{\partial W} \log p(\mathbf{y}|s,\mathbf{a}) \right] \\ &= \sum_s p(s|\mathbf{a}) \left[\frac{\partial \log p(\mathbf{y}|s,\mathbf{a})}{\partial W} + \frac{\partial \log p(s|\mathbf{a})}{\partial W} \log p(\mathbf{y}|s,\mathbf{a}) \right] \\ &= \mathbb{E}_{s \sim p(s|\mathbf{a})} \left[\frac{\partial \log p(\mathbf{y}|s,\mathbf{a})}{\partial W} + \frac{\partial \log p(s|\mathbf{a})}{\partial W} \log p(\mathbf{y}|s,\mathbf{a}) \right] \end{aligned} \quad (11.19)$$

可以看出该导数是一个期望的形式，因为括号内的部分都是可以计算的，所以可以采用蒙特卡罗采样的方法来求解这个偏导数。因为采取了蒙特卡罗采样的方法，而采用该方法可能会导致奖励波动过大，造成算法的不稳定，所以这个算法中使用了移动平均。

$$b_k = 0.9 \times b_{k-1} + 0.1 \times \log p(\mathbf{y}|s,\mathbf{a}) \quad (11.20)$$

因为在强化学习中，当模型达到某一状态时可能会长时间停留在这个状态，所以为了鼓励模型探索更多的结果，算法中加入熵 $H[s]$，如式（11.21）。

$$\frac{\partial L_s}{\partial W} \approx \mathbb{E}_{s \sim p(s|\mathbf{a})} \left[\frac{\partial \log p(\mathbf{y}|s,\mathbf{a})}{\partial W} + \lambda_r (\log p(\mathbf{y}|s,\mathbf{a}) - b) \frac{\partial \log p(s|\mathbf{a})}{\partial W} + \lambda_e \frac{\partial H[s]}{\partial W} \right] \quad (11.21)$$

式（11.21）中，λ_r 和 λ_e 是通过验证集得到的两个参数。

11.2.2 小结

SAT 也是 NIC 方向必读的经典论文之一，它创新性地将注意力作用到输入图像的像素之上，模拟了人类在进行 NIC 时的策略。注意力的引入不仅使得模型的效果大幅提升，还启发了后续的二维内容分析的算法。SAT 的学术性很强，无论是软注意力还是硬注意力，都有着大量的推导过程。随着硬件性能的提升，些许的速度浪费已不再重要，导致有的硬注意力和软注意力策略已被丢弃，有的使用了更粗暴但更直接的方案，反而使这篇论文的这些技巧显得弥足珍贵。

11.3 数学公式识别

在本节中，先验知识包括：
- CTC（8.4 节）；
- Show Attend and Tell（11.2 节）；
- Show and Tell（11.1 节）。

公式识别是 OCR 方向一项非常有挑战性的工作，工作的难点在于书写公式自身是二维的数据，因此无法用传统的一维文字识别算法进行识别。而且公式的 LaTeX 表达式有着比较高的语法要求，因此对生成内容的准确率有更高的要求。这里介绍的公式识别算法源自 Guillaume Genthial 的在 GitHub 上的一份公式识别源码及其相关的博客，这篇源码的水平很高，使用的技巧都非常巧妙，我也是基于这份源码并结合工作经验得到了一个准确率非常高的公式识别模型。下面我们就这份公式识别源码以及我在研发公式识别模型时的一些经验来进行介绍，如图 11.5 所示。

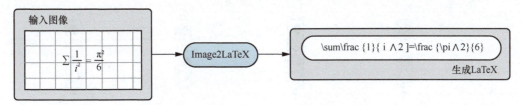

图 11.5　预测图片中公式的 LaTeX 表示

11.3.1　基础介绍

在这里我们先以机器翻译为例子介绍一个经典 Seq2Seq 模型，示例为英法翻译，英语原文为"how are you"，翻译的法文为"comment vas tu"。

1. Seq2Seq 模型

编码器：Seq2Seq 模型是在机器翻译中最先引入的概念，这个模型由编码器和解码器组成。首先，我们通过 Word2Vec 将单词编码成特征向量：$w \in \mathbb{R}^d$。在这个例子中，我们有 3 个单词，它们被编译成一个向量 $[w_0, w_1, w_2] \in \mathbb{R}^{d \times 3}$。然后我们将这 3 个特征向量依次输入 LSTM 得到 3 个特征编码 $[e_0, e_1, e_2]$，最终得到整体的特征编码 $e=e_2$。上述整体过程如图 11.6 所示。

解码器：解码器的作用是将上面得到的 e 解码成对应的识别结果，它是通过将单词的编码结果自回归输入解码器得到的。具体地讲，解码器使用了另一组 LSTM 作为网络模型，e 作为隐藏状态。首先它使用起始字符 w_{sos} 作为输入，然后通过 LSTM 计算下一个隐层状态 $h_0 \in \mathbb{R}^h$，最后通过激活函数 $g: \mathbb{R}^h \mapsto \mathbb{R}^V$ 得到时间片的输出 $s_0 = g(h_0) \in \mathbb{R}^V$，其中 s_0 的大小是和字典相同的。接着使用 softmax 作用于 s_0 得到一个概率向量 $p_0 \in \mathbb{R}^V$，其中 p_0 表示预测结果为标签值的概率，那么时间片最终的预测结果就是 p_0 对应的单词，即 $i_0 = \text{argmax}(p_0)$。上述过程表示为式（11.22）：

$$\begin{aligned} h_0 &= \text{LSTM}(e, w_{sos}) \\ s_0 &= g(h_0) \\ p_0 &= \text{softmax}(s_0) \\ i_0 &= \text{argmax}(p_0) \end{aligned} \quad (11.22)$$

接着，下个时间片取上个时间片的输出内容的编码的特征向量作为输入，h_0 作为隐层节点的状态输入下一个 LSTM 时间片中得到概率向量 p_1，剩下的时间片以此类推。解码器的结构如图 11.7 所示。解码器旨在通过编码器的编码结果和已经解码的之前时间片的结果建模当前时间片的输出的概率分布，表示为式（11.23）：

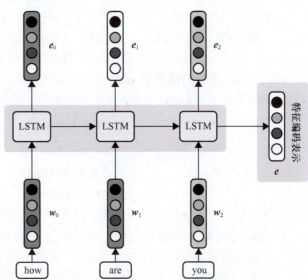

图 11.6　Seq2Seq 模型中的编码器

$$P[\boldsymbol{y}_{t+1} \mid \boldsymbol{y}_1, \cdots, \boldsymbol{y}_t, \boldsymbol{x}_0, \cdots, \boldsymbol{x}_n] \tag{11.23}$$

在上面介绍的编码器-解码器架构中,它可以写作式(11.24):

$$P[\boldsymbol{y}_{t+1} \mid \boldsymbol{y}_t, \boldsymbol{h}_t, \boldsymbol{e}] \tag{11.24}$$

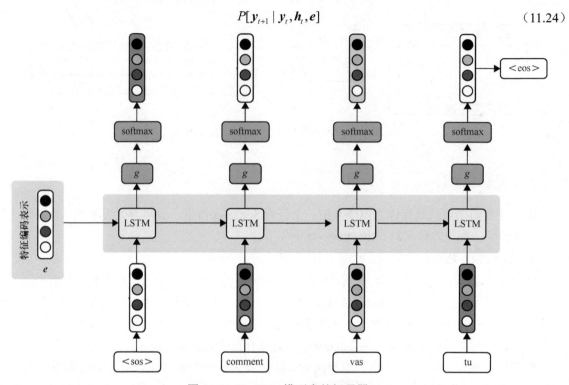

图 11.7 Seq2Seq 模型中的解码器

2. 带注意力的 Seq2Seq 模型

注意力的本质是通过一个模块为每个特征学习一个权值,特征既可以按空间划分,也可以按时间划分。通过注意力机制学习到的权值,往往在较为重要的部分拥有较高的值,而在次要的部分拥有较低的值,而选择将注意力加在哪个部分的哪个维度是一件非常有意思的事情。一种比较常见的方式是将注意力作用在编码器的特征部分,而划分方式则以时间片为单位。它的物理意义是告诉解码器,当我们解码一个时间片的内容时,究竟编码器的哪部分的特征更重要。例如机器翻译中与当前时间片对应的要翻译的单词的原文,或是公式识别中要解码的符号在输入图像中的原始区域。根据上面的介绍,当我们解码时,最好也将编码器加权之后的结果输入解码器,假设编码器的特征加权之后的结果表示为 c_t,那么加入注意力的解码过程可以表示为式(11.25):

$$\begin{aligned}
\boldsymbol{h}_t &= \text{LSTM}\left(\boldsymbol{h}_{t-1}, \left[\boldsymbol{w}_{i_{t-1}}, \boldsymbol{c}_t\right]\right) \\
\boldsymbol{s}_t &= g(\boldsymbol{h}_t) \\
\boldsymbol{p}_t &= \text{softmax}(\boldsymbol{s}_t) \\
\boldsymbol{i}_t &= \text{argmax}(\boldsymbol{p}_t)
\end{aligned} \tag{11.25}$$

其中,$\boldsymbol{w}_{i_{t-1}}$ 是上个时间片预测的结果的嵌入向量(训练时的 $\boldsymbol{w}_{i_{t-1}}$ 则是标签值中上个时间片的标志的嵌入向量)。那么问题就剩下如何计算加权之后的特征向量 $\boldsymbol{c}_t$ 了,它的通用计算方式分成 3 步:首先我们使用编码器编码的每个时间片的嵌入向量 $\boldsymbol{e}_{t'}, \forall t'$ 以及解码器上一个时间片的隐层节点的状态向量 $\boldsymbol{h}_{t-1}$ 为编码器的每个时间片计算一个得分,这里表示为 $f(\boldsymbol{h}_{t-1}, \boldsymbol{e}_{t'}) \mapsto \alpha_{t'} \in \mathbb{R}$,其中 f 是计算注意力得分的函数;然后通过 softmax 对注意力得分进行归一化,得到 $\bar{\alpha} = [\bar{\alpha}_0, \bar{\alpha}_1, \bar{\alpha}_2]$;最后使用得分

对所有的 $e_{t'}$ 进行加权求和，得到最终的 c_t。综上，c_t 的计算过程表示为式（11.26）：

$$\alpha_{t'} = f(h_{t-1}, e_{t'}) \in \mathbb{R}, \quad t' = [0,1,2]$$
$$\bar{\alpha} = \text{softmax}(\alpha) \tag{11.26}$$
$$c_t = \sum_{t'=0}^{n} \bar{\alpha}_{t'} e_{t'}$$

带注意力的解码器的完整流程可以表示为图 11.8。对于上面的英法翻译的例子，当我们翻译到第二个时间片时，最理想的结果是第一个时间片得到的结果是"comment"，并且学到的编码器的注意力的权值接近 [0, 1, 0]。

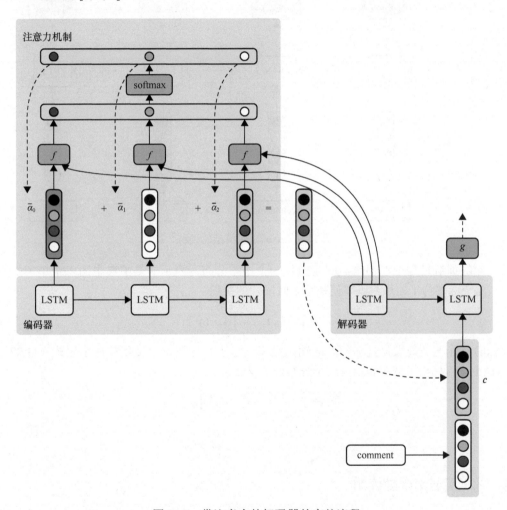

图 11.8　带注意力的解码器的完整流程

3. Seq2Seq 模型的训练

因为在模型最开始的训练阶段每个时间片的预测都很不稳定，如果使用上一个时间片的预测作为新的时间片的输出，将导致模型难以收敛。在 Seq2Seq 模型的训练中，一个技巧是使用标签句子的当前时间片的内容作为训练过程的下个时间片的输入，如图 11.9 所示。在实现时，一个实现技巧是我们提供给解码器的输出向量是 [< sos >, comment, vas, tu]，预测结果的值为 [comment, vas, tu, < eos >]。

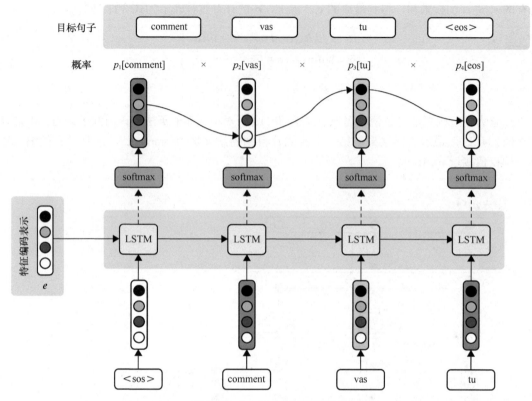

图 11.9　Seq2Seq 模型的训练

在上面的训练过程中，解码器的输出是一个概率分布，表示的是字典中的每个单词的输出概率，那么这个标签句子的预测概率便是每个时间片的乘积。

$$P(y_1,\cdots,y_m) = \prod_{i=1}^{m} p_i(y_i) \tag{11.27}$$

训练的目标便是最大化目标句子的输出概率，这个目标往往会转化成最小化式（11.27）的负 log，即最小化目标句子分布和预测句子分布的交叉熵。

$$\begin{aligned}-\log P(y_1,\cdots,y_m) &= -\log\prod_{i=1}^{m} p_i(y_i) \\ &= -\sum_{i=1}^{n} \log p_i(y_i)\end{aligned} \tag{11.28}$$

11.3.2　公式识别模型详解

LaTeX 是公式的一种文本化的表示形式，目前主流的公式识别模型都是将图片格式或者手写公式的笔迹信息转化成其对应的 LaTeX 表示形式，如图 11.5 所示。公式识别和上面介绍的机器翻译技术非常类似，不同的是输入数据由文本变成了公式图像，编码器由 RNN 变成了 CNN。而且因为公式数据是一个二维的数据，所以不能采用机器翻译的 Seq2Seq 架构，而是采用 NIC 中的 CNN 作编码器、RNN 作解码器的架构。

1. 数据预处理

归一化：公式的 LaTeX 表示形式往往不是唯一的，这种数据和标签的一对多问题导致模型在训

- LaTeX 符号的归一化：在 LaTeX 语法中，很多公式符号的 LaTeX 表示并不是唯一的，例如 "\rightarrow" 和 "\to" 都解码成 "→" 等。这种类似的多对一的符号需要归一化到一种，使每个符号有且仅有一种表示形式。
- LaTeX 语法的归一化：一个公式的 LaTeX 的表示形式也不是唯一的，例如方程组既可以用 "\begin{array}" 表示，也可以用 "\begin{matrix}" 表示。另外，LaTeX 中花括号的使用也比较随意，这也是需要归一化的一点。原则上讲，所有的 LaTeX 标签的使用方式均保持统一且长度最短是最好的归一化方式。

字典：在源码中，字典是根据训练集样本构建的。首先遍历训练集，统计训练集中每个标志出现的频数，频数高于阈值的加入字典，频数低于阈值的统一设为未知字符 _UNK。另外，源码中增加了两个字符 _PAD 和 _END 分别用于表示填充字符和结束字符。

图像数据：这里的图像是使用 LaTeX 文本生成的，因此在生成的时候我们可以通过控制公式的字体、间距等方式合成更多样式的公式图像。结合公式识别的应用场景，例如拍照识别、手写公式识别等，我们往往也需要采集一些特定场景下的公式数据，然后对公式图像进行仿射变换等形式的图像扩增。

公式图像数据的最大特点是不同内容的公式图像的尺寸变化很大，这里我们可以使用图像分桶的策略来将不同大小的图像分配到不同的训练批次中。分桶策略指的是根据公式图像的尺寸匹配与其对应的桶，并通过加边的形式将图像扩充到桶的大小。使用图像分桶训练时每个批次抽样的图像的大小保持相同。分桶策略的优点有两点：

- 使用尽可能小的桶可以尽可能地避免过分缩放引发的图像拉伸的问题，而对加边来说则可以减少空白区域的大小，这些对模型的收敛都是很有帮助的；
- 大小不同的批次可以提升模型的训练速度，并在测试的时候提升预测的准确率。

2. 模型

编码器：Image2LaTeX 模型将 Seq2Seq 模型中的编码器由 RNN 换成了 CNN，即使用 CNN 将公式的图像数据转换成一个向量序列 $[e_1,\cdots,e_n]$，每个特征向量表示公式图像的某个区域，这些向量将作为特征送到解码器中。假设公式图像的大小是 $H \times W$，经过若干组卷积核池化操作后，得到了 $H' \times W' \times 512$ 的特征向量，这些特征向量经过展开，得到一个特征数为 512、时间片个数为 $H' \times W'$ 的向量序列，如图 11.10 所示。

为了更好地编码特征向量的位置信息，算法添加了 Transformer 中使用的位置编码。位置编码的维度采用了和特征向量相同的维度，以便于拼接或者单位加的操作。位置 p 处的位置编码的第 $2i$ 个和第 $2i+1$ 个特征 v_{2i} 及 v_{2i+1} 表示为：

$$v_{2i} = \sin\left(\frac{p}{f^{2i}}\right)$$
$$v_{2i+1} = \cos\left(\frac{p}{f^{2i}}\right) \quad (11.29)$$

其中，f 是一个常量，在 Transformer 中，这个值为 10 000。在 TensorFlow 中，这个位置编码仅需要一个 add_timing_signal_nd 函数便可完成。

```
out = add_timing_signal_nd(out)
```

编码器最终的输出便是叠加了对图像的卷积之后的特征图以及加入了位置编码的嵌入向量，特征图表示为 $e = [e_0,\cdots,e_{W' \times H'}]$，它的每个元素是最后的特征上的一个点，顺序为 CNN 的滑窗操作的顺序。

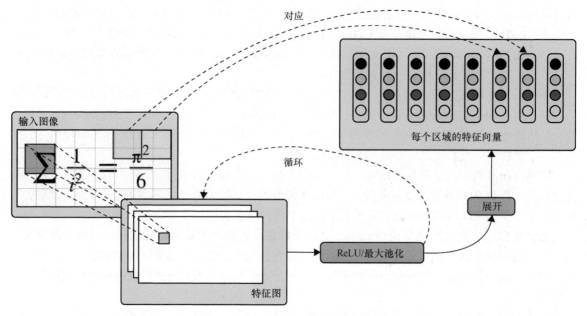

图 11.10 公式识别模型中的编码器

解码器：在基于 LSTM 的 Seq2Seq 模型中，解码器的第一个隐层节点的输入往往采用基于 LSTM 的编码器的最后一个时间片的输出。在公式识别中，它的编码器是 CNN，没有 LSTM，所以使用了对特征图（$e=[e_1,\cdots,e_n]$）计算后得到的结果，这里可以用一个全连接来完成。

$$h_0 = \tanh\left(w \cdot \left(\frac{1}{n}\sum_{i=1}^{n} e_i\right) + b\right) \tag{11.30}$$

解码器的当前时间片的输入是上个时间片的输出，这里的输出和传统的机器翻译略有不同，它使用了 LSTM 的输出向量 o_{t-1} 和输出标志的嵌入向量 w_{t-1}，计算方式为：

$$h_t = \text{LSTM}(h_{t-1},[w_{t-1},o_{t-1}]) \tag{11.31}$$

注意，这里存在 o_0 的情况，它的计算方式和 h_0 的计算方式相同，只是使用了不同的权值矩阵。

解码器中的注意力机制：公式识别模型中的注意力采用了 SAT 的软注意力机制，即为编码器的输出 e 的每像素计算一个权值。它的物理意义为当前要预测的标志寻找特征图中更重要的像素，因此需要为每个 $e_{t'}$ 计算一个权值 $\alpha_{t'}$，计算方式为：

$$\begin{aligned}\alpha'_t &= f(h_{t-1},e_{t'}) = \beta^\top \tanh(w_1 \cdot e_{t'} + w_2 \cdot h_{t-1}) \\ \bar{\alpha} &= \text{softmax}(\alpha) \\ c_t &= \sum_{i=1}^{n} \bar{\alpha}_{t'} e_{t'}\end{aligned} \tag{11.32}$$

解码器的输出：解码器最终的输出是通过 LSTM 的隐层状态 h_t 和注意力的输出 c_t 得到的，它使用一个 w_3 乘 $[h_t,c_t]$ 得到新的 o_t，再通过一个 softmax 得到最终的概率分布，如式（11.33）。

$$\begin{aligned}o_t &= \tanh(w_3 \cdot [h_t,c_t]) \\ p_t &= \text{softmax}(w_4 \cdot o_t)\end{aligned} \tag{11.33}$$

综上，公式识别模型中的解码器如图 11.11 所示。

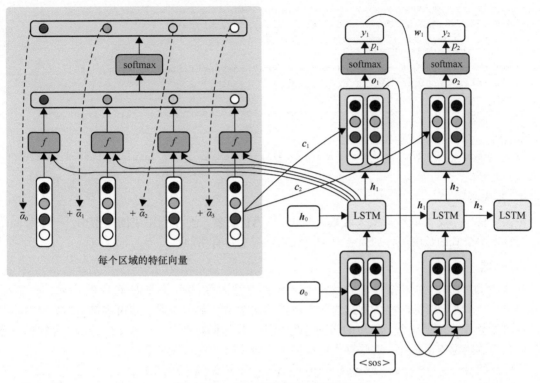

图 11.11　公式识别模型中的解码器

3. 训练

和 Seq2Seq 模型类似，公式识别模型的训练和预测也使用了两个不同的输出序列，因此需要保存两个不同的计算图。在训练的时候使用标签值提供当前时间片的输入，推理的时候贪心地使用上个时间片的输出作为当前时间片的输入。因为 TensorFlow 自带的 RNNCell 是不支持上面两种操作的，因此需要对其进行重新封装。我们需要做的是将 LSTM 的状态和上个时间片的结果 o_t 合并，这里使用了 namedtuple 数据结构。

```
AttentionState = collections.namedtuple("AttentionState", ("lstm_state", "o"))
class AttentionCell(RNNCell):
    def __init__(self):
        self.lstm_cell = LSTMCell(512)
    def __call__(self, inputs, cell_state):
        lstm_state, o = cell_state
        h, new_lstm_state = self.lstm_cell(tf.concat([inputs, o], axis=-1), lstm_state)
        # 应用前面的逻辑
        c = ...
        new_o = ...
        logits = ...
        new_state = AttentionState(new_lstm_state, new_o)
        return logits, new_state
```

计算动态序列的时候，初始的输入使用初始字符状态编码的结果，这一部分的实现可以使用 start_token 和标签值拼接作为数据序列，然后使用 dynamic_rnn 反复计算 atten_cell 即可。这里同样采用了输入的序列和标签值的序列错一位的操作，即添加一个 start_tokens，并去掉 end_tokens。

```python
# 1. 计算标志的嵌入向量
E = tf.get_variable("E", shape=[vocab_size, 80], dtype=tf.float32)
tok_embeddings = tf.nn.embedding_lookup(E, formula)
# 2. 在序列的前端添加起始字符 <sos>
start_token = tf.get_variable("start_token", dtype=tf.float32, shape=[80])
start_token_ = tf.reshape(start_token, [1, 1, dim])
start_tokens = tf.tile(start_token_, multiples=[batch_size, 1, 1])
tok_embeddings = tf.concat([start_tokens, tok_embeddings[:, :-1, :]], axis=1)
# 3. 解码
attn_cell = AttentionCell()
seq_logits, _ = tf.nn.dynamic_rnn(attn_cell, tok_embeddings, initial_state=AttentionState
    (h_0, o_0))
```

4. 损失函数

论文中使用了交叉熵作为损失函数，Adam 作为优化器。在序列生成的模型中，一个经验是根据一个批次中公式的长度进行加权会对长公式的学习非常有帮助。

5. 推理

在推理过程中，并不推荐将 AttentionCell 修改为读取上个时间片的预测，然后使用 dynamic_rnn 进行计算，这个方式的一个巨大的问题是直到预测到了结束字符 _END 程序才会停止，这可能会导致预测一个无限长的序列。另一种方式是重新实现 dynamic_rnn，并根据预测内容和步长阈值确定停止条件，这些操作可以用 tf.while_loop 来实现。

下面介绍 GreedyDecoderCell 和 dynamic_decode 是如何实现的。

贪心解码单元（greedy decode cell）的核心思路有两点：
- 使用上个时间片的预测结果作为下个时间片的输入；
- 使用预测长度阈值和是否预测到 _END 来决定循环是否终止。

```python
def step(self, time, state, embedding, finished):
    logits, new_state = self._attention_cell.step(embedding, state)
    new_ids = tf.cast(tf.argmax(logits, axis=-1), tf.int32)
    new_embedding = tf.nn.embedding_lookup(self._embeddings, new_ids)
    new_output = DecoderOutput(logits, new_ids)
    new_finished = tf.logical_or(finished, tf.equal(new_ids,
        self._end_token))
    return (new_output, new_state, new_embedding, new_finished)
```

光束搜索解码单元（beam search decode cell）：光束搜索解码单元的实现比贪心解码单元要复杂很多，它需要根据搜索的宽度获取前 k 个概率和（路径），因此需要保存查询路径的预测概率，这里使用的是 log_probs。

```python
def step(self, time, state, embedding, finished):
    logits, new_cell_state = self._attention_cell.step(embedding, state.cell_state)
    step_log_probs = tf.nn.log_softmax(new_logits)
    # 为新的假设计算 score
    log_probs = state.log_probs + step_log_probs
    # 计算 top_k 置信度的假设
    new_probs, indices = tf.nn.top_k(log_probs, self._beam_size)
    new_ids = ...
    new_parents = ...
    new_embedding = tf.nn.embedding_lookup(self._embeddings, new_ids)
```

动态解码（dynamic decode）：在这里使用 tf.while_loop 循环地调用贪心解码或者光束搜索

解码的 step 函数，直到遇到 _END 或者超出时间片的长度使得循环停止，并给出最终的预测结果。

```
def dynamic_decode(decoder_cell, maximum_iterations):
    def condition(time, unused_outputs_ta, unused_state, unused_inputs, finished):
        return tf.logical_not(tf.reduce_all(finished))
    def body(time, outputs_ta, state, inputs, finished):
        new_output, new_state, new_inputs, new_finished = decoder_cell.step(
            time, state, inputs, finished)
        new_finished = tf.logical_or(tf.greater_equal(time, maximum_iterations),
            new_finished)
        return (time + 1, outputs_ta, new_state, new_inputs, new_finished)
    with tf.variable_scope("rnn"):
        res = tf.while_loop(
            condition,
            body,
            loop_vars=[initial_time, initial_outputs_ta, initial_state, initial_inputs,
                initial_finished])
```

11.3.3 小结

公式识别是比普通的文字识别更有挑战性的一项工作，原因是公式是二维的数据。前文介绍的公式识别源码基于 NIC 的思想，提供了一个端到端的公式识别模型，并取得了非常不错的识别准确率。它的主要特点有两个：

- 使用分桶的思想对图像进行归并，减轻了公式识别中数据尺寸差异过大的学习难度；
- 解码器的实现设计得比较精巧，基本上是围绕公式的数据特征进行设计的。

除了上面介绍的内容，我也尝试了一些优化，对于提升模型的准确率和泛化能力也非常有用，主要优化点如下：

- 数据：合成数据时加入更多随机性，例如公式字体的随机性、字符间距的随机性，生成图像数据之后加入一些常见的数据增强策略。
- 模型：模型的编码器过于简单，一个复杂的 CNN 对于提升识别准确率非常有帮助，例如 Inception、ResNet 等。
- 后处理：LaTeX 语法是有规范要求的，根据 LaTeX 语法树对识别的内容进行修复，将在很大程度上解决预测的 LaTeX 公式无法编译的问题。

第 12 章 人像抠图

使用人工智能技术实现类似 PhotoShop 等工具的抠图（matting）功能是一个非常有商业价值和科研前景的方向。抠图算法可以看作一种更高级的分割算法，它们的共同点是它们都是像素级别的预测，不同点是分割算法是一个像素级别的分类算法，输出是每像素的类别标签，而抠图算法是像素级别的回归算法，输出的是像素的透明度，因此抠图算法得到的边缘更加平滑和自然，且包含透明通道信息。抠图方法可以概括为：$I = \alpha F + (1-\alpha) B$。其中 I 是输入图像，F 表示图像 I 的前景，B 表示背景，α 表示该像素为前景的概率，抠图算法通常是由图像内容和用户提供的先验信息来推测 F、B 以及 α。从技术角度来讲，抠图有传统方法和深度学习方法两种。从交互方式来看，抠图包括有交互和无交互两种，有交互的抠图通常需要用户手动提供一个草图（sketch）或者一个三元图（trimap），而无交互的抠图则不需要用户提供手动绘制的草图。

有交互的抠图的一个重要的问题是处理速度较慢，手动绘制草图或者交互图往往都需要数分钟的时间，根本无法扩充到视频数据。无交互的抠图往往效果并不理想，它最核心的问题是缺少先验输入，基于整个图的高精确的像素回归对模型的容量要求非常大。那么有没有一种既无交互，又能提供交互类型的抠图算法呢？这就是我们要介绍的 Background Matting 系列的两个算法。

Background Matting 系列的核心思想是通过空屏图来代替三元图或者草图作为先验输入，主要应用于比较容易获取到基本一致的人像图和空屏图的环境。本章要介绍的第一个算法是 Background Matting v1[1]，它的核心思想有两点，一是充分利用现有条件自动获取先验图，然后将先验图处理后的特征整合到一起作为编码结果；二是利用生成对抗的思想，通过训练一个判别器来优化生成器的生成质量。Background Matting v2[2] 是一个多阶段的模型，它由粗糙的基础网络以及基于难样本的精校网络组成，两个网络的结构均基于 DeepLab v3。

12.1 Background Matting

在本节中，先验知识包括：
- GAN（9.1 节）；
- Pix2Pix（9.2 节）。
- DeepLab（6.4 节）；

---

[1] 参见 Soumyadip Sengupta、Vivek Jayaram、Brian Curless 等人的论文"Background Matting: The World is Your Green Screen"。
[2] 参见 Shanchuan Lin、Andrey Ryabtsev、Soumyadip Sengupta 等人的论文"Real-Time High-Resolution Background Matting"。

12.1　Background Matting

本节要介绍的是基于深度学习的无交互的抠图算法 Background Matting（后文简称 BG Matting），在 2020 年前后，BG Matting 是无交互的抠图算法中效果最好的一个。BG Matting 的特点是要求用户手动提供一幅待抠图像（人像图），以及一幅无前景的纯背景图（空屏图），如图 12.1 所示。这个方法往往比人工绘制三元图更为简单，尤其是在视频抠图方向。无前景的纯背景图的要求虽然不适用于所有场景，但在很多场景中无前景的纯背景图还是很容易获得的。

（a）在同样的环境下拍摄两张照片，　　（b）拍摄的人像图和空屏图　　（c）预测的 α 通道图　　（d）合成效果
　　有人像图和空屏图

图 12.1　BG Matting 的使用流程

在训练模型时，首先使用 Adobe 开源的包含透明通道（Alpha 通道，或称 α 通道）数据的数据集进行数据合成，然后在合成数据上进行有监督的训练。为了提升模型在真实场景中的泛化能力，我们往往需要采集一些真实场景的数据进行模型微调，但是真实场景的 α 通道数据标注的成本非常高，所以 BG Matting 增加了一个判别器来对模型进行训练，这个判别器的输入使用了预测的透明通道作为输入之一。如图 12.2 所示，BG Matting 的创新点有 3 个：

- 输入使用了背景图、分割结果、连续帧（视频）作为先验信息；
- 提出了上下文切换块（context switching block）用于整合输入数据；
- 提出了对抗学习的方式来提升模型的泛化能力。

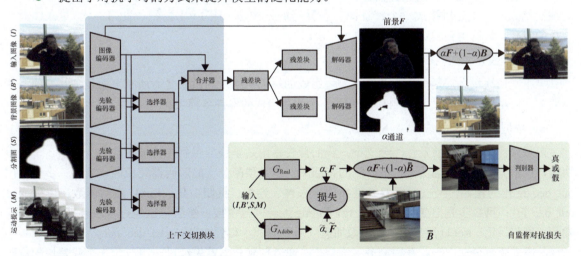

图 12.2　BG Matting 的生成模型和判别模型

12.1.1　输入

从图 12.2 中我们可以看出，BG Matting 共有 4 个输入，其中输入图像（I）和背景图像（B'）是使用同一台拍摄设备在同一个环境下拍摄的有人和空屏的两张照片。为了保证生成的效果，在拍摄照片时，要尽量保证人像图和空屏图的拍摄环境一致，且要尽可能地避免阴影、反射以及动态背

景等现象的出现。软分割（soft segmentation，分割图用 S 表示）先由分割算法得到只有"Person"类别的分割图（论文中的分割算法使用的是 DeepLab v3+），接着使用 10 次腐蚀、5 次膨胀以及 1 次高斯模糊得到软分割的最终结构。运动提示（motion cues，用 M 表示）指的是当前图像的前后帧的信息，例如在处理视频时当前帧的前后各两帧，这些帧转化为灰度图后合成一个批次，形成 M。当图像没有前后帧时，我们使用输入图像的灰度图来近似它的前后帧。

12.1.2 生成模型

BG Matting 是一个基于编码器 - 解码器的结构，其中编码器在论文中被叫作上下文切换块，它是由编码器、选择器（selector）以及合并器（combinator）组成。

1. 上下文切换块

编码器：在编码器中，4 幅输入图像将会被编码成不同的特征图。它是由一个镜像加边（ReflectionPad2d，用于提升模型在边界处的抠图效果），连续 3 组步长为 2 的 3×3 卷积、批归一化、ReLU 激活函数组成的，最终得到的特征图的尺寸是 $256 \times \frac{W}{4} \times \frac{H}{4}$，这个特征图即源码中的 img_feat 变量。另 3 幅图像 B、S、M 和输入图像的编码器的结构相同，它们编码之后的特征图依次是变量 back_feat、seg_feat 以及 multi_feat。

选择器：上下文切换块的另一个重要的结构是选择器，它依次把 back_feat、seg_feat 以及 multi_feat 分别和 img_feat 拼接成一个特征图，然后经过 3 个结构相同但参数不共享的选择器得到 3 组和输入图像特征混合的特征图。合并器的核心结构是步长为 1 的 1×1 卷积、批归一化以及 ReLU 激活函数。合并器输出的 3 个变量是 comb_back、comb_seg 以及 comb_multi。

合并器：合并器将 3 组选择器得到的结果 comb_back、comb_seg 以及 comb_multi 与输入图像的编码结果 img_feat 拼接成一个特征图，合并器的结构是 1 组 1×1 卷积、批归一化、ReLU 激活函数的组合，最终得到的结果是 model_res_dec。

2. 共享残差

上下文切换块之后是一组由 7 个残差块组成的解码网络，该模块是对所有下游任务共享的。共享残差之后是一个由前景 F 预测和概率通道 α 预测组成的多任务模块。

3. 模型输出

前景预测分支：在前景预测分支中，我们首先将由共享残差得到的特征图输入一组由 3 个残差块构成的解码器，得到名为 out_dec_fg 的特征图。前景预测分支的解码器完成两步，第一步先使用 out_dec_fg 作为输入，经过一组双线性插值上采样、卷积、批归一化、ReLU 激活函数，得到变量 out_dec_fg1；第二步先把变量 out_dec_fg1 和 img_feat 进行拼接，然后依次经过双线性插值上采样、卷积、批归一化、ReLU 激活函数、镜像加边、7×7 卷积，得到变量 model_dec_fg2。

α 通道预测分支：和前景预测分支类似，α 通道预测分支首先经过一组包含 3 个残差块的解码器进行继续解码；然后经过两组双线性插值上采样、卷积、批归一化、ReLU 激活函数进行解码；最后经过一组镜像池化、7×7 卷积以及 tanh 激活函数得到最终预测的 α 通道的值。tanh 激活函数保证了预测的 α 通道的每像素的值介于 0 和 1 之间。

12.1.3 判别模型

为了提升在真实场景的抠图效果，BG Matting 使用了 Pix2PixHD 中提出的多尺度判别器[①]的对抗训练的思想对真实场景的无标签数据进行训练。如图 12.3 所示，BG Matting 使用无监督的 GAN 进行微调，这里将前景结果合成到一个新的背景之上，让判别器区分是真样本还是假样本。

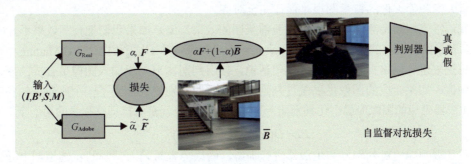

图 12.3　BG Matting 的判别器

在这里我们只对判别器模型结构进行介绍，判别器的训练见损失函数部分。多尺度判别器有 3 个不同的尺度，3 个尺度分别为原图大小、原图大小的 1/2 以及原图大小的 1/4。每个尺度又使用了 3 个独立的线性判别器。每个线性判别器都是一个全卷积网络，由若干组卷积、批归一化和 Leaky ReLU 激活函数组成。不同尺度的判别器的优点在于越粗糙的尺度感受野越大，越容易判别全局一致性，而越精细的尺度感受野越小，越容易判别材质、纹理等细节信息。

12.1.4　模型训练

BG Matting 使用了基于 Adobe Matting 数据集制作的合成数据和无标签的真实数据的对抗训练方式进行模型训练，所以模型训练也分为有监督学习部分和对抗训练部分。

1. 有监督学习

正如在 12.1.1 节中介绍的，网络的输入 X 由输入图像 I、无人像背景 B'、软分割效果 S 以及运动提示 M 构成，即 $X \equiv \{I, B', S, M\}$。因此这个模型可以表示为式（12.1）：

$$(F, \alpha) = G(X; \Theta) \tag{12.1}$$

其中，Θ 是有监督学习需要学习的参数，G 就是 12.1.2 节中介绍的生成模型。

Adobe Matting 数据集由 450 个前景图 F^* 以及对应的 Alpha 掩码 α^* 组成，这里选取了和人类比较类似的 280 个样本用于数据合成。背景则取自于 COCO 数据集。为了避免模型过于偏向学习 I 和 B 的差值，这里对 B 进行了一些变换得到 B'，例如 γ 矫正、高斯模糊等。

有监督学习的目标由 4 部分组成，分别是预测透明通道与真实值的差异、透明通道与阶梯度的差异、预测前景图的差异以及合成样本的差异，模型的训练目标是最小化这 4 个差异之和，表示为式（12.2）：

$$\min_{\theta_{\text{Adobe}}} \mathbb{E}_{X \sim p_X} \left[\| \alpha - \alpha^* \|_1 + \| \nabla(\alpha) - \nabla(\alpha^*) \|_1 + 2 \| F - F^* \|_1 + \| I - \alpha F - (1-\alpha) B \|_1 \right] \tag{12.2}$$

2. 对抗训练

前面介绍的有监督学习的训练数据都是基于 Adobe 数据集合成的，但是只基于这些数据并无法得到非常好的人像抠图模型，难点有 4 个：

- 人像的头发、边缘等细节非常难以处理；

[①] 论文中给出的是使用 Pix2Pix 中提出的 PatchGAN，源码的实现是基于多尺度判别器，两个算法大同小异，不影响 BG Matting 的整体框架，这里以源码为准。

- 分割效果如果不好的话对抠图的准确率影响很大；
- 前景和背景颜色接近时抠图很难；
- 有人像和无人像的背景图很难保证完全对齐。

虽然我们很难判断预测的 α 通道图以及前景图的效果，但是如果我们把预测效果不好的 α 通道用于前景与背景的合成，就得到一个非常不真实的合成图像。基于这个思想，BG Matting 中提出了使用对抗的思想来进行网络参数的微调。换句话说，使用判别器来判断输入图像是合成的图像还是真实拍摄的图像，如果合成的图像足以骗过判别器，就表明判别器优化到了一个比较好的参数值。也就是说，生成器生成的图像应最小化判别器判别的结果，这也就是对抗训练损失的第一个部分。

$$\mathcal{L}_1 = D(\alpha F + (1-\alpha)\bar{B} - 1)^2 \tag{12.3}$$

如果只是端到端地对判别器和生成器进行训练，网络会容易陷入预测的 α 通道图上处处为 1 的局部最优解。也就是说，生成网络只需要生成和输入图像完全一致的人像抠图，这时候判别器是无法判断一幅图像是生成器生成的还是原始图像。因此，BG Matting 通过将在 Adobe 数据集上得到的模型作为指引进行 Teacher-Student 学习来解决这个问题，如图 12.3 所示。具体地讲，对于一幅输入图像 I 以及与其对应的全体输入数据 X，我们首先使用基于 Adobe 数据集训练的模型得到"伪标签"：$(F, \alpha) = G(X; \theta_\text{Real})$。然后使用真实数据训练一个基于真实数据的抠图模型 $(F, \alpha) = G(X; \theta_\text{Real})$。对抗训练的损失函数便是最小化 Adobe 数据集和真实数据集的差距，通过基于 Adobe 数据集训练的模型来引导真实数据生成的模型，避免真实数据的模型优化到产生处处为 1 的局部最优解。损失函数的最后便是根据预测的 α 和前景区域合成新的图像，然后最小化这个图像与输入图像的差值。

$$\mathcal{L}_2 = 2\|\alpha - \tilde{\alpha}\|_1 + 4\|\nabla(\alpha) - \nabla(\tilde{\alpha})\|_1 + \|F - \tilde{F}\|_1 + \|I - \alpha - (1-\alpha)B'\|_1 \tag{12.4}$$

综上，对抗训练的损失函数可以表示为最小化 $\mathcal{L}_1$ 和 $\mathcal{L}_2$ 之和：

$$\min_{\theta_\text{Real}} \mathbb{E}_{X, \tilde{B} \sim p_{X,\tilde{B}}} (\mathcal{L}_1 + \mathcal{L}_2) \tag{12.5}$$

12.1.5 模型推理

模型推理过程分成以下几步：

（1）根据输入图像 I，准备对应的背景图像 B'、软分割的分割图 S，以及运动提示 M；

（2）根据场景或者效果选择对应的抠图模型，BG Matting 提供了 syn-comp-adobe、real-fixed-cam 以及 real-hand-held 共 3 个模型。

（3）根据模型的输出生成对应的效果图。

12.1.6 小结

根据论文中的消融实验，算法核心的每一个部分都起着非常重要的作用，似乎少了其中任何一个模块抠图效果都会大打折扣。模型的上下文切换模块的设计非常巧妙，利用 GAN 来进行对抗学习提升模型在真实场景的效果也非常有意思，整个模型的设计非常精妙。为了更好地使用该模型，论文作者在自己的博客中给出了若干建议，首先是不要在生成的背景图和前景图区别过于大的环境下使用，包括动态的背景、会产生影子的区域、影响曝光的场景。这一根本原因在于输入的 B' 和要预测的 B 差距过大，变化的区域会被误识为前景区域；然后在进行拍摄时，建议关闭自动曝光和自动对焦，且使用摄影模式来拍摄有无人像区域，无背景的区域靠人离开拍摄区域来取得。所有这些的目的都是保持背景图片的一致性。

经过我的尝试，虽然 BG Matting 要求提供的数据最多，但它的最大优点是无交互，而拍摄背景图的方式远比手动绘制草图或者三元图的方式容易得多。在抠图效果上，它可以说是所有无交互模型中效果最好的，就算和绝大多数有交互的模型相比，它的效果也能排在前列。BG Matting 的另一个好处是它提供了无监督的训练方式，使得用户可以根据自己的场景来训练自己的模型。这使它有了更广泛的应用前景。

12.2 Background Matting v2

在本节中，先验知识包括：
- Background Matting（12.1 节）；
- DeepLab（6.4 节）。

BG Matting 在人像抠图方向（尤其是在理想的拍摄环境下）取得了令人惊艳的效果。但是它的计算量是非常大的，在 512×512 的输入图像下只能达到 8 帧/秒的速度。这里要介绍的是一篇不仅效果依旧惊艳，而且能够在 4K 视频上实现实时的抠图算法——BG Matting v2。

从算法角度讲，BG Matting v2 和 BG Matting v1 除了输入图像都包含空屏图，几乎没有任何相同点。BG Matting v1 的特点在于除了包含空屏图，还增加了分割图、前后帧作为先验，并使用 GAN 的策略对抠图效果进行对抗优化。而 BG Matting v2 只增加了空屏图作为先验，它的核心在于提出了两个网络：基础网络（base network）和微调网络（refine network）。其中，基础网络用于快速在降采样的图像上得到一个低分辨率的结果，微调网络是在基础网络的基础上，在高分辨率下对选定的补丁（patch）块进行进一步优化。BG Matting v2 的算法流程如图 12.4 所示。注意，BG Matting v2 并没有 BG Matting v1 中的对抗思想。

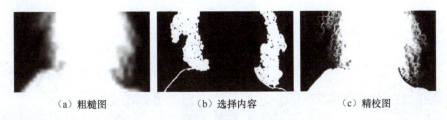

(a) 粗糙图　　　　　(b) 选择内容　　　　　(c) 精校图

图 12.4　BG Matting v2 的算法流程

此外，BG Matting v2 还制作了两个庞大的高清人像抠图数据集：VideoMatte240K 和 PhotoMatte13K/85。这两个数据集对提升模型性能也起到了非常重要的作用。

12.2.1　问题定义

给定输入图像 I 和背景图像 B，根据抠图问题的定义 $I = \alpha F + (1-\alpha)B$，传统的算法会通过其他变量求得输入图像 I 的前景 F 和概率通道 α。BG Matting v2 并没有直接求前景 F，而是求前景残差 $F^R = F - I$，前景 F 可以通过 F^R 由式（12.6）得到。

$$F = \max(\min(F^R + I, 1), 0) \tag{12.6}$$

之前的方案是直接预测前景概率 α 或者再加上前景 F，通过这种方式合成的新图片会有比较明显的**颜色溢出**问题。例如，在绿幕抠图中，人像的边缘或者头发处容易出现绿色毛边现象。而使用前景残差作为预测目标，不仅可以加速收敛，还可以解决颜色溢出问题。如图 12.5 所示，它展示的是模型的输入输出以及要预测的前景概率和前景残差。

（a）输入图像 I

（b）输入背景 B

（c）预测的前景概率 α

（d）预测的前景残差 F^R

图 12.5　使用前景残差作为预测目标

抠图问题存在难易样本不均衡的问题，其中重要且难分的像素往往只存在于前景的边缘，非边缘部分的像素往往是纯粹的前景或者背景，因此值往往非 0 即 1。而边缘部分的像素不仅数量少，而且往往是一个介于 0 和 1 之间的浮点值，它的准确率的高低往往才最能反映抠图算法的精细度。

为了解决这个问题，BG Matting v2 提出了由基础网络 G_{base} 和微调网络 G_{refine} 组成的结构。它的思想是难样本挖掘，即先通过 G_{base} 得到一个在低分辨率上的抠图效果，然后提取一些难区分的补丁块使用 G_{refine} 进行微调。

12.2.2　网络结构

BG Matting v2 的网络分成两个模块：G_{base} 和 G_{refine}。给定一幅输入图像 I 和背景图像 B，首先将它们降采样 c 倍，得到 I_c 和 B_c。G_{base} 取 I_c 和 B_c 作为输入，输出同样是降采样尺寸的前景概率 α_c、前景残差 F_c^R、误差图（error map）E_c 以及隐层节点特征 H_c。然后 G_{refine} 根据 E_c 中值较大的像素取 H_c、I 以及 B 中对应的补丁块（难样本）来优化 F^R 和 α，整个过程如图 12.6 所示。

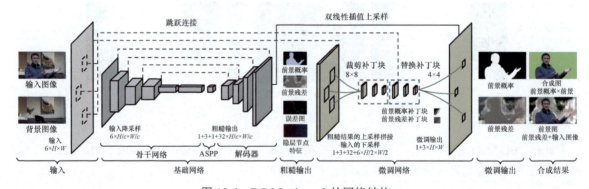

图 12.6　BG Matting v2 的网络结构

1．基础网络

BG Matting v2 借鉴了 DeepLab v3 的网络结构，包含骨干网络、空洞空间金字塔池化（ASPP）和解码器 3 部分。

- 骨干网络可以采用主流的 CNN，开源的模型包括 ResNet-50、ResNet-101 以及 MobileNetV2，用户可以根据速度和精度的不同需求选择不同的模型。
- ASPP 是由 DeepLab v3 提出并在实例分割任务得到广泛应用的结构，人像抠图和实例分割是非常相似的应用，因此抠图模型也可以通过 ASPP 来提升模型准确率。

- 解码器由一系列的双线性插值上采样和跳跃连接组成，每个卷积块由 3×3 卷积、批归一化以及 ReLU 激活函数组成。

如前文介绍的，G_{base} 的输入是 I_c 和 B_c，输出是 α_c、F_c^R、E_c 以及 H_c，其中误差图 E_c 的定义是 $E^* = |\alpha - \alpha^*|$，误差图是一个人像轮廓的边缘图，如图 12.7 所示。通过对误差图的优化，可以使得 BG Matting v2 有更好的边缘抠图效果。

2．微调网络

G_{refine} 的输入是在根据 E_c 提取的 k 个补丁块上进行精校，我们可以提前选择前 k 个或是根据阈值提取若干个，也可以根据速度和精度的权衡自行设置 k 或者阈值的具体值。对于缩放到原图 $\frac{1}{c}$ 的 E_c，我们先将其上采样到原图的 $\frac{1}{4}$，那么 E_4 中的一个点便相当于原图上一个 4×4 的补丁块，相当于我们要优化的像素个数总共有 $16k$ 个。

图 12.7　BG Matting v2 的误差图

G_{refine} 的网络分成两个阶段：在原图 $\frac{1}{2}$ 的分辨率进行精校和在原图补丁块的分辨率上进行精校。

- 阶段 1：先将 G_{base} 的输出上采样到原图的 $\frac{1}{2}$，然后根据 E_4 选择出的补丁块，从其周围提取 8×8 的补丁块；再依次经过两组 3×3 的**有效卷积**、批归一化、ReLU 激活函数将特征图的尺寸依次降为 6×6 和 4×4。
- 阶段 2：将阶段 1 得到的 4×4 的特征图上采样到 8×8，再依次经过两组 3×3 的**有效卷积**、批归一化、ReLU 激活函数将特征图的最终尺寸降为 4×4。而这个尺寸的特征图对应的标签值就是上面根据 E_4 得到的补丁块。

最后，我们将降采样的 α_c 和 F_c^R 上采样到原图大小，再将微调优化过后的补丁块替换到原图中便得到最终的结果，如图 12.8 所示。

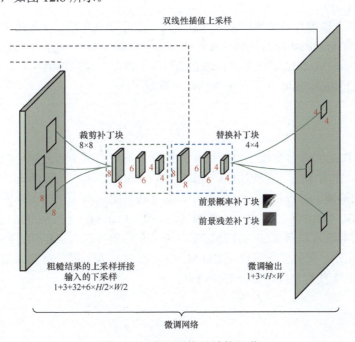

图 12.8　微调网络的结构细节

12.2.3 训练

1. 损失函数

根据上面介绍的输入输出,我们可以把基础网络抽象为 $G_{\text{base}}(I_c, B_c) = (\alpha_c, F_c^R, E_c, H_c)$,它的损失函数由 $\mathcal{L}_{\alpha_c}$、$\mathcal{L}_{F_c}$、$\mathcal{L}_{E_c}$ 共 3 部分组成,表示为式(12.7):

$$\mathcal{L}_{\text{base}} = \mathcal{L}_{\alpha_c} + \mathcal{L}_{F_c} + \mathcal{L}_{E_c} \tag{12.7}$$

微调网络可以抽象为 $G_{\text{refine}}(\alpha_c, F_c^R, E_c, H_c, I, B) = (\alpha, F^R)$,它的损失函数由 $\mathcal{L}_\alpha$ 和 $\mathcal{L}_F$ 组成,表示为式(12.8):

$$\mathcal{L}_{\text{refine}} = \mathcal{L}_\alpha + \mathcal{L}_F \tag{12.8}$$

其中,$\mathcal{L}_\alpha$ 是由前景概率 α 计算得到的特征向量。$\mathcal{L}_\alpha$ 包含 α 本身的 L_1 损失和 α 的 Sobel 梯度 $\nabla\alpha$ 的 L_1 损失,表示为式(12.9):

$$\mathcal{L}_\alpha = \|\alpha - \alpha^*\|_1 + \|\nabla\alpha - \nabla\alpha^*\|_1 \tag{12.9}$$

其中,α^* 为 α 通道的标签值。图像梯度是指图像强度或者颜色的方向变化率,能够更好地衡量图像边缘的清晰度,关于图像梯度的计算方法见附录 E。

损失函数的第二项 $\mathcal{L}_F$ 计算的是前景损失,它先使用式(12.6)由 F^R 得到 F,然后在 $\alpha^* > 0$ 的地方计算 L_1 损失,表示为式(12.10)。其中,$(\alpha^* > 0)$ 表示二值操作。

$$\mathcal{L}_F = \|(\alpha^* > 0) \odot (F - F^*)\| \tag{12.10}$$

$\mathcal{L}_{\text{base}}$ 的第三项是关于误差图的 L_2 损失,它的作用是鼓励模型放大 α 和 α^* 之间的插值,其中 $E^* = |\alpha - \alpha^*|$,表示为式(12.11):

$$\mathcal{L}_E = \|E - E^*\|_2 \tag{12.11}$$

2. 训练方式

由于论文包含多个模型和多个不同特征的数据集,因此这里介绍一下它的训练步骤:

(1)先使用 VideoMatte240K 数据集单独训练 G_{base},再联合训练 G_{base} 和 G_{refine};

(2)然后使用 PhotoMatte13K/85 数据集联合训练两个模型以提高模型在高分辨率图像上的表现;

(3)最后使用 Distinctions-646 数据集训练两个模型。

12.2.4 小结

BG Matting v2 性能的提升得益于重新设计的模型和采集的两个高分辨率数据集。G_{base} 的结构参考了 DeepLab v3。单看 G_{base},它的性能已超过了 BG Matting v1,可见 DeepLab v3 强大的泛化能力。而 G_{refine} 则在此基础上进行了进一步的提升,通过误差图选取了一些困难的像素样本,再对其进行精校,提升了 BG Matting v2 在细节上的表现力。BG Matting v2 的网络结构设计思想像极了早期的 R-CNN 系列的双阶段检测算法的设计思想,我们非常期待在人像抠图方向也能像目标检测方向那样硕果累累。此外,在某些场景使用 BG Matting v2 时,为了提升抠图效果,也应该尽量保持 BG Matting v1 提出的那些对光线、曝光等的约束。

第 13 章　图像预训练

继 2017 年 Transformer 被提出之后，将其作为预训练的核心结构成了自然语言处理领域主流的研究方向，经典算法有 GPT、BERT 等。GPT 是经典的自回归（Auto-Regressive）预训练模型，而 BERT 是经典的去噪自编码（Denosing AutoEncoder）语言模型。在卷 1 中，我们介绍的 DeepMind 的 image GPT（iGPT）将预训练任务迁移到计算机视觉领域，它的预训练任务借鉴了 GPT 系列，即通过自回归保留的图像上半部分来逐像素地预测图像下半部分，并且通过微调和线性探测两个方法验证 iGPT 在图像分类任务上可以明显地提升效果。iGPT 表明自回归预训练任务是可以迁移到计算机视觉领域的，那么自编码语言模型是否也能迁移到计算机视觉领域呢？

除了卷 1 中的 iGPT，这里额外介绍近年来比较重要的 3 个图像预训练算法。掩码自编码器（Masked AutoEncoder，MAE）[1]是何恺明团队完成的一个图像预训练算法，它通过非常高的图像掩码率来对图像归一化后的像素信息进行恢复。BEiT v1 是在 BEiT 系列的第一篇论文中介绍的，它指出恢复图像的像素信息容易造成模型在图像细节上的过度训练而忽略了图像的全局信息，因此它采用了离散自编码器来将图像编码成一系列的视觉标志。BEiT v2 则使用了知识蒸馏系统中提炼的视觉标志来指导分词器的学习，使得学习到的视觉标志具有更强的语义特征和可解释性。

13.1　MAE

对于自编码语言模型是否也能迁移到计算机视觉领域这个问题，这里要介绍的 MAE 给出了肯定的答案。MAE 的核心思想是对图片中的图像块进行随机掩码，然后通过未被掩码的区域预测被替换为掩码的区域，帮助模型学习图像的通用特征。

13.1.1　算法动机

虽然预训练在自然语言处理领域发展得如火如荼，但是在计算机视觉领域鲜有进展，究其原因，MAE 的论文中给出了 3 个重要的原因。
- **模型架构不同**：在过去的十几年，计算机视觉领域的模型基本都是以卷积操作为核心的，卷积是一个基于滑窗的算法，它和其他嵌入（位置编码等）的融合比较困难，直到 Transformer 的提出才解决了这个问题。

---

[1] 参见 Kaiming He、Xinlei Chen、Saining Xie 等人的论文 "Masked Autoencoders Are Scalable Vision Learners"。

- **信息密度不同**：文本数据是经过人类高度抽象之后的一种信息载体，它的信息是密集的，所以仅仅预测文本中的几个被替换为掩码的单词就能很好地捕捉文本的语义特征。而图像数据信息密度非常小，包含大量冗余信息，图像的像素和它周围的像素在纹理上有非常大的相似性，恢复被替换为掩码的像素信息并不需要太多的全局信息。
- **解码器的作用不同**：在 BERT 的掩码语言模型（Mask Language Model，MLM）中，预测被替换为掩码的单词是需要解码器了解文本的语义信息的。但是在计算机视觉领域的掩码预测任务中，预测被替换为掩码的像素信息往往对图像语义信息的依赖并不严重。

基于这 3 个重要原因，作者设计了基于 MAE 的图像预训练任务。MAE 先对图像块进行掩码，然后通过模型还原这些掩码，从而实现模型的预训练。MAE 的核心是**通过 75% 的高掩码率来对图像添加噪声，这样图像便很难通过周围的像素来对被替换为掩码的像素进行重建，迫使编码器去学习图像中的语义信息**。

13.1.2　掩码机制

在 ViT[①]中，输入图像被分成若干互不覆盖的图像块，然后每个图像块使用 Transformer 独立地计算嵌入。在 MAE 中，论文作者也是以图像块为单位对图像进行掩码的。MAE 的掩码的生成方式是先对图像块进行随机排列，然后根据掩码率来对这个随机排列的图像块列表进行掩码替换。对于掩码率，论文作者在微调和线性探测上实验了若干组值，实验结果表明 75% 左右的掩码率在微调和线性探测上都表现得比较突出，如图 13.1 所示。

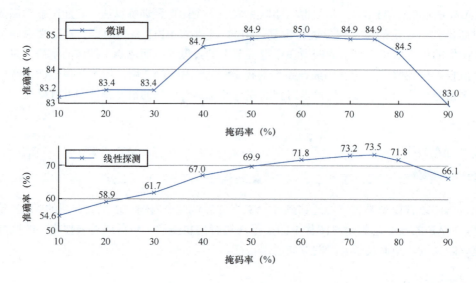

图 13.1　不同掩码率在微调和线性探测上的对照实验结果

生成掩码的实现方式如下：

```
class RandomMaskingGenerator:
    def __init__(self, input_size, mask_ratio):
        if not isinstance(input_size, tuple):
            input_size = (input_size,) * 2
```

---

① 参见 Alexey Dosovitskiy、Lucas Beyer、Alexander Kolesnikov 等人的论文"An Image is Worth 16×16 Words: Transformers for Image Recognition at Scale"。

```
        self.height, self.width = input_size
        self.num_patches = self.height * self.width
        self.num_mask = int(mask_ratio * self.num_patches)

    def __call__(self):
        mask = np.hstack([np.zeros(self.num_patches - self.num_mask), np.ones(self.num_mask), ])
        np.random.shuffle(mask)
        return mask # [196]
```

对于掩码方式，论文作者实验了随机掩码、按块掩码和栅格掩码 3 种策略，从图 13.2 的实验结果来看，随机掩码的效果最稳定。

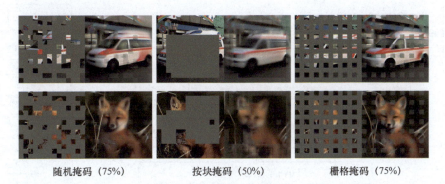

图 13.2　MAE 在 3 种掩码策略上的模型效果（子图中左侧是不同的掩码策略，右侧是还原的效果）

13.1.3　模型介绍

MAE 的网络结构如图 13.3 所示，它是一个**非对称**的编码器 - 解码器架构的模型，编码器借鉴了 ViT 提出的以 Transformer 为基础的骨干网络，它的基于图像块的输入正好可以拿来作为掩码的基本单元。MAE 的解码器采用了一个轻量级的结构，它在深度和宽度上都比编码器小很多。MAE 非对称的另一个表现是编码器仅将未被替换为掩码的部分作为输入，而解码器将整个图像的图像块（包含掩码标志和编码器编码后未被替换为掩码的图像块的图像特征）作为输入。下面我们详细介绍这两个模块。

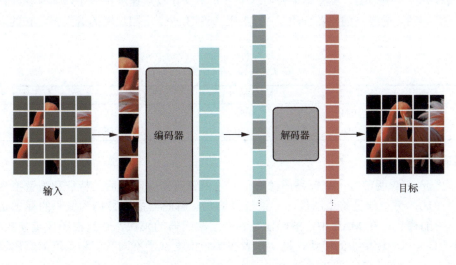

图 13.3　MAE 的网络结构

1. 编码器

MAE 的编码器结构借鉴了 ViT，ViT 的算法流程如图 13.4 所示。它先将图片转换成一系列不重合的图像块，假设每个图像块的大小为 (P, P, C)，那么我们可以使用 D 个大小为 (P, P, C)、步长为 P 的卷积核来将图像转换成长度为 D 的特征向量，这便实现了图像块的线性映射（Linear Projection）。除了图像块编码，ViT 还引入了一维位置编码来表示每个图像块在图像中的实际位置。ViT 的骨干网络是一系列 Transformer 堆叠而成的结构，最后接一个 softmax 激活函数作为输出层。

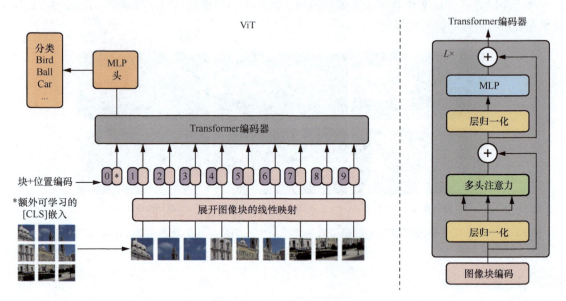

图 13.4 ViT 的算法流程

MAE 的编码器的输入不是整幅图像，而是只有未被替换为掩码的部分，此外 MAE 的编码器会为每一个未被替换为掩码的图像块计算一个特征向量。因为掩码率为 75%，所以训练速度提高了 3 倍。我们也可以在保持相同训练速度的同时引入更多的参数来获得更好的表现效果。论文作者尝试了在编码器中加入掩码图，实验结果表明这个方式不仅让收敛速度更慢了，而且在线性探测上的准确率下降了 14%。最终，编码器使用了 ViT-L 和 ViT-H 两个不同尺度的编码器，它的参数细节如表 13.1 所示。

表 13.1 ViT 的参数细节

模型	层数	隐层节点数	MLP 节点数	Trasnformer 头数	参数数量
ViT-L	24	1024	4096	16	3.7 亿
ViT-H	32	1280	5120	16	6.32 亿

2. 解码器

MAE 的输入包含两部分：一部是图像编码，它由编码器编码之后的特征和被替换为掩码的标志特征组合而成；另一部是整个图像的一维位置编码。解码器的被替换为掩码的标志是一个共享的且可以学习的模块。在 MAE 中，解码器是独立于编码器的模块，它只在图像重建的时候使用。MAE 的解码器是一个轻量级的模块，论文作者在实验中尝试了不同宽度和深度的解码器，最终选择了块数为 8、节点数为 512 的 Transformer。实验结果表明，这一组参数效果最好，无论增加还是减少参数数量，模型的效果都会变差，如图 13.5 所示。

块数	微调	线性探测	节点数	微调	线性探测
1	84.8	65.4	128	**84.9**	69.1
2	**84.9**	70.0	256	84.9	71.3
4	**84.9**	71.9	512	**84.9**	**73.5**
8	**84.9**	**73.5**	768	84.4	73.1
12	84.4	73.3	1024	84.3	73.1

图 13.5　MAE 的解码器的参数对照实验

同时，从图 13.5 中我们可以看出解码器的参数数量对模型的微调的效果影响并不十分显著，即使参数数量很小，得到的模型和最好的模型表现也差距不大。这表明 MAE 的编码器已经提取到足够解码器还原图像所需的语义特征。

3．其他优化

重构目标：论文作者尝试了比较重建原始图像和重建归一化后的图像，实验结果表明重建归一化后的图像可以带来 0.5% 的准确率的提升。

数据增强：MAE 只使用随机裁剪和水平翻转的数据增强策略。实验结果表明颜色抖动（Color Jitter）相关的增强会导致准确率下降。因为 MAE 的随机掩码已经引入很大的随机性，过度的数据增强可能会增加模型的训练难度。

13.1.4　小结

这是一篇经典的"何恺明风格"的论文，简单且有效。它告诉了我们通过图像重建进行图像预训练的可行性。MAE 简单且有效的一个重要原因是论文作者对图像和文本的深刻洞察力，他在论文中指出了文本和图像在信息密度上的不同以及 BERT 的 MLM 用在图像上的问题，进而提出了解决这些问题的方案。MAE 这篇论文开启了使用重建图像进行图像预训练的新篇章。

13.2　BEiT v1

在本节中，先验知识包括：
- MAE（13.1 节）。

Transformer 被广泛地应用到自然语言处理领域的预训练语言模型和计算机视觉领域的预训练模型中，这里介绍的是微软的 BEiT 系列的第一篇论文：BEiT v1[1]。不同于之后 BEiT v3 的多模态模型，BEiT v1 还是只进行图像预训练的算法，它是基于 BERT[2] 改造的，有两个创新点：
- 使用 dVAE 将图像块编码成视觉标志（Visual Token）；
- 使用 BERT 的架构预测图像掩码部分对应的视觉标志。

BEiT v1 是 dVAE 和根据 BERT 的 MLM 改造的掩码图像模型（Mask Image Model，MIM）两个无监督模型的结合体。BEiT v1 旨在通过被替换为掩码的图像恢复图像的视觉标志来实现图像的预训练，所以该方法主要涉及的背景知识有两个：dVAE[3] 和 BERT。

---
[1] 参见 Hangbo Bao、Li Dong、Songhao Piao、Furu Wei 等人的论文"BEiT：BERT Pre-Training of Image Transformers"。
[2] 参见 Jacob Devlin、Ming-Wei Chang、Kenton Lee 等人的论文"BERT：Pre-Training of Deep Bidirectional Transformers for Language Understanding"。
[3] 参见 Jason Tyler Rolfe 的论文"Discrete Variational Autoencoders"。

13.2.1 背景介绍

BERT 的核心架构是 Transformer 的编码器部分。它通过 MLM 和下一句预测模型（Next Sentence Prediction，NSP）两个模型实现了模型在无标签数据上的训练。通过这种训练方式，我们可以得到每个句子或者单词在通用语料上的特征向量，这个特征向量具有通用的语义特征，能大幅提升下游任务的训练效率。MLM 是 BERT 最为重要的预训练任务，它通过预测被替换为掩码的单词实现了模型的训练。MLM 应用到文本数据上是非常自然且合理的，就像我们在做完形填空时的思考一样，我们和 BERT 都是通过掩码单词的上下文来分析被替换为掩码的内容的。但是，MLM 很难直接迁移到图像上来，如果我们只将一像素替换为掩码，那么我们根本不用分析全局特征，很容易根据被替换为掩码的像素周围的几像素还原出它。MLM 直接应用到图像会使我们陷入对图像细节的学习以及对短期依赖的建模，而忽略被替换为掩码的图像块的全局特征。所以，BEiT v1 要解决的第一个问题是：如何改造 MLM 以将其应用到图像预训练上来。

关于 dVAE 的详细介绍可以参考 14.3 节，这里只对它做简单的介绍。离散变分自编码器（discrete Variance Auto-Encoder，dVAE）是一个在 2016 年就被提出的无监督模型，它的核心是一个自编码器，由编码器和解码器组成，其中编码器的作用是将图像编码成一个特征向量，解码器的作用是使用这个特征向量对图像进行重建。dVAE 正是通过这种图像的编码和解码实现模型的预训练的。dVAE 一般是通过让模型逼近它的证据下界（Evidence Lower Bound，ELBO）来进行训练的，它的损失函数由两部分组成，表示为式（13.1）：

$$\mathcal{L} = \mathbb{E}_{q_\phi(z|x)}(\log p_\theta(x|z) - \beta D_{\mathrm{KL}}(q_\phi(z|x), p_\psi(z))) \tag{13.1}$$

其中，x 是输入图像，z 是图像编码的特征向量，q_ϕ 是输入图像编码后得到的大小为 32×32、通道数为 8192 的标志的分布，p_θ 是解码器根据标志生成的 RGB 图像的分布，p_ψ 是位于码本（codebook）向量之上初始化的均匀分布。所以，BEiT v1 要解决的第二个问题是：如何将 dVAE 和 MLM 结合起来，共同完成图像的预训练。

13.2.2 BEiT v1 全览

BEiT v1 的流程如图 13.6 所示，它的上侧是一个 dVAE 模型，下侧是一个类似 BERT 的编码器。dVAE 由分词器（Tokenizer）和解码器组成，其中分词器的作用是将图像的每个图像块编码成一个视觉标志，解码器的作用将视觉标志恢复成输入图像。BERT 的输入是含有被替换为掩码的图像的所有图像块，预测的是 dVAE 生成的视觉标志，这一部分借鉴了 MAE 的思想，不同的是 MAE 预测的是归一化后的图像细节。

在我们训练 BEiT v1 的编码器时，它的输入分别是图像块（image patch）和视觉标志（visual token），而 BEiT v1 的作用便是实现了图像的这两个不同视角的转换。

图像块的思想最先是在 ViT 中提出的，它将一个图像以图像栅格的形式分成若干个不同的图像块，然后这些图像块会被作为以 Transformer 为核心的模型的训练数据。对于一个图像 $x \in \mathbb{R}^{H \times W \times C}$，其中（$H, W, C$）分别是图像的高、宽和通道数。图像 x 可以被分成 N 个图像块，其中 $N = HW/P^2$，（P, P）是图像块的分辨率。这时我们可以用图像块组成的向量 $x^P = \{x_i^P\}_{i=1}^N \in \mathbb{R}^{N \times (P^2 C)}$ 来表示输入图像。x^P 作为一个由图像块组成的向量，自然可以输入 Transformer 进行训练。在 BEiT v1 中，图像块使用的是原始图像，图像的大小是 224×224，图像块的大小是 16×16，因此每个图像被分成了 14×14=196 个图像块。

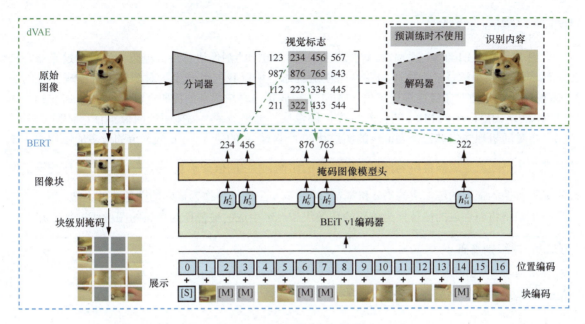

图 13.6 BEiT v1 的流程

图像和文本的不同在于文本是信息密集的数据载体。BEiT v1 通过 dVAE 将图像抽象为一个信息密集的数据载体,即视觉标志。具体地讲,每个图像 x 可以表示为由 N 个时间标志组成的向量,表示为 $z=[z_1,\cdots,z_N] \in \mathcal{V}^{h \times w}$,其中 $\mathcal{V}=\{1,\cdots,|\mathcal{V}|\}$,$h$ 和 w 分别是每一行和每一列的图像块数。在 BEiT v1 中,字典的大小 $|\mathcal{V}|=8192$。

BEiT v1 的视觉标志的计算是通过 dVAE 完成的,其中分词器用于将图像编码成视觉标志,解码器用于将视觉标志还原成输入图像。BEiT v1 的分词器可以表示为 $q_\phi(z|x)$,即将输入图像 x 转码成视觉标志 z。同理,BEiT v1 的解码器可以表示为 $p_\psi(x|z)$,即将视觉标志 z 还原为输入图像 x,因此 dVAE 的重建目标可以表示为式(13.2):

$$\mathbb{E}_{z \sim q_\phi(z|x)}[\log p_\psi(x|z)] \tag{13.2}$$

在训练 dVAE 时,我们也需要考虑生成数据分布和输入数据分布的一致性,所以一般会在目标函数中加入 KL 散度,表示为式(13.3):

$$\mathbb{E}_{z \sim q_\phi(z|x)}[\log p_\psi(x|z)] + D_{\mathrm{KL}}(q_\phi(z|x) \| p_\psi(x|z)) \tag{13.3}$$

式(13.3)也可以通过 dVAE 的证据下界推导得到,具体推导请参考 14.3 节。

13.2.3 BEiT v1 的模型结构

BEiT v1 的 dVAE 采用和 DALL-E 相同的模型结构,即均是根据残差网络调整后的结果,关于模型的具体细节请参考 14.3 节。

BEiT v1 直接使用 Transformer 作为网络结构,它的输入是图像块组成的序列 $x^p = \{x_i^p\}_{i=1}^N$,然后通过一个线性层得到图像块的嵌入向量 Ex_i^p,其中 $E \in \mathbb{R}^{(P^2 C) \times D}$,此外输入序列中还添加了一个 $e_{[s]}$ 表示起始符。为了捕获图像块的位置信息,BEiT v1 也添加了位置嵌入 E_{pos}。最终 BEiT v1 的输入表示为 $H_0 = [e_{[s]}, Ex_1^p, \cdots, Ex_N^p] + E_{\mathrm{pos}}$。

13.2.4 掩码图像模型

在图 13.6 中，BEiT v1 的 MIM 需要将图像的近 40% 的图像块替换为掩码，然后通过未被替换为掩码的图像预测被替换为掩码的图像的视觉标志，所以我们第一步是对图像进行掩码。不同于 MAE 的完全随机地对图像块进行掩码，MIM 的掩码策略是块级别的掩码（blockwise masking）。如算法 9 所示，BEiT v1 的 MIM 的输入是 N 个图像块，输出被替换为掩码的图像集合。MIM 的循环的第一步是随机地生成被替换为掩码的图像块的大小 s，它的值介于 16 到剩余的最多的图像块；循环的第二步是随机生成被替换为掩码的图像块的比例 r，它的值介于 0.3 到 $\frac{1}{0.3}$ 之间；循环的第三步是生成被替换为掩码的图像块的高 a 和宽 b；第四步是生成被替换为掩码的图像块的上边 t 和左边 l；最后一步则是将新生成的被替换为掩码的图像块和已经生成的被替换为掩码的图像块进行合并。

算法 9　块级别掩码

输入：$N(=h \times w)$ 个图像块

输出：掩码区域 $\mathcal{M}$

1: $\mathcal{M} \leftarrow \{\}$
2: **while** $|\mathcal{M}| \leqslant 0.4\ N$ **do** //掩码率小于 40%
3: 　　$s \leftarrow \text{Rand}(16, 0.4\ N-|\mathcal{M}|)$ //被替换为掩码的图像块的面积
4: 　　$r \leftarrow \text{Rand}(0.3, \frac{1}{0.3})$ //被替换为掩码的图像块的比例
5: 　　$a \leftarrow \sqrt{s \cdot r}; b \leftarrow \sqrt{s/r}$ //被替换为掩码的图像块的高和宽
6: 　　$t \leftarrow \text{Rand}(0, h-a); l \leftarrow \text{Rand}(0, w-b)$ //被替换为掩码的图像块的左上角
7: 　　$\mathcal{M} \leftarrow \mathcal{M} \cup \{(i,j): i \in [t, t+a], j \in [l, l+b]\}$ //合并被替换为掩码的图像块
8: **end while**

通过上面的掩码策略，我们得到图像的掩码序列，表示为 $\mathcal{M} \in \{1, \cdots, N\}^{0.4N}$。然后我们通过一个全连接层将每个被替换为掩码的图像块转换为它对应的嵌入，表示为 $e_{[M]} \in \mathbb{R}^D$。随后我们将被替换为掩码的图像 $\boldsymbol{x}^{\mathcal{M}} = \{\boldsymbol{x}_i^p : i \notin \mathcal{M}\}_{i=1}^N \cup \{e_{[M]} : i \in \mathcal{M}\}_{i=1}^N$ 输入 Transformer 进行模型的训练。MIM 的损失函数表示为预测的视觉标志和 dVAE 计算的视觉标志的交叉熵损失，表示为式（13.4）：

$$\max \sum_{\boldsymbol{x} \in \mathcal{D}} \mathbb{E}_{\mathcal{M}} \left[\sum_{i \in \mathcal{M}} \log p_{\text{MIM}}(z_i \mid \boldsymbol{x}^{\mathcal{M}}) \right] \tag{13.4}$$

其中 $\mathcal{D}$ 是训练集，$p_{\text{MIM}}(z_i \mid \boldsymbol{x}^{\mathcal{M}}) = \text{softmax}\, z_i(\boldsymbol{W}_c \boldsymbol{h}_i^L + \boldsymbol{b}_c)$，$\boldsymbol{W}_c$ 和 $\boldsymbol{b}_c$ 是特征权值和偏置。

13.2.5 BEiT v1 的损失函数

在 BEiT v1 中，它的输入图像表示为 $\boldsymbol{x}$，掩码的图像表示为 $\tilde{\boldsymbol{x}}$，视觉标志表示为 z。BEiT v1 完整的 log 似然的证据下界可以表示为式（13.5）：

$$\sum_{(\boldsymbol{x}_i, \tilde{\boldsymbol{x}}_i) \in \mathcal{D}} \log p(\boldsymbol{x}_i \mid \tilde{\boldsymbol{x}}_i) \geqslant \sum_{(\boldsymbol{x}_i, \tilde{\boldsymbol{x}}_i) \in \mathcal{D}} (\underbrace{\mathbb{E}_{z_i \sim q_\phi(z \mid \boldsymbol{x}_i)}[\log p_\psi(\boldsymbol{x}_i \mid z_i)]}_{\text{视觉标志重建}} - D_{\text{KL}}[q_\phi(z \mid \boldsymbol{x}_i), p_\theta(z \mid \tilde{\boldsymbol{x}}_i)]) \tag{13.5}$$

其中，$q_\phi(z \mid \boldsymbol{x})$ 表示为根据图像得到视觉标志，即图 13.6 的分词器。$p_\psi(\boldsymbol{x} \mid z)$ 是根据视觉标志还原的被替换为掩码的图像，即图 13.6 中的解码器。$p_\theta(z \mid \tilde{\boldsymbol{x}})$ 是根据掩码图像预测视觉标志，也就是图

13.6 的 BEiT v1 编码器。

在训练 BEiT v1 时，我们分成两个阶段对 BEiT v1 进行训练。阶段 1 使用 dVAE 生成视觉标志。阶段 2 固定 dVAE 的 q_ϕ 和 p_ψ，然后对 Transformer 进行训练，即式（13.5）的视觉标志重建部分可以表示为式（13.6）：

$$\sum_{(x_i, \tilde{x}_i) \in \mathcal{D}} (\underbrace{\mathbb{E}_{z_i \sim q_\phi(z|x_i)}[\log p_\psi(x_i \mid z_i)]}_{\text{阶段1: 视觉标志重建}} + \underbrace{\log p_\theta(\tilde{z}_i \mid \tilde{x}_i)}_{\text{阶段2: 掩码图像模型}}) \quad (13.6)$$

其中，$\tilde{z}_i = \arg\max_z q_\phi(z \mid x_i)$，这是 Transformer 的预测值。

13.2.6 小结

本节我们介绍了 BEiT 系列的第一篇论文：BEiT v1。BEiT v1 是一个基于图像单模态的图像预训练算法。它最大的创新点是将 dVAE 和 BERT 结合，提出了一个基于视觉标志的 MIM 预训练方法，减少了模型在图像细节和临近像素关系上的过度训练。

BEiT v1 提出了一个基于视觉标志的预训练方法，这个视觉标志是基于 dVAE 生成的，相当于通过 dVAE 将图像压缩到一个低维的语义空间，但是 BEiT v1 并未对这个空间进行深入的探讨，每一个视觉标志的具体含义也并不清楚。因此，后续我们可以从这个角度入手，找到更高效或更可解释的视觉标志生成方法。

13.3 BEiT v2

> 在本节中，先验知识包括：
> ❏ BEiT v1（13.2 节）； ❏ CLIP（14.2 节）。

BEiT v1 提出的 MIM 展示了它在图像预训练上的优秀效果。BEiT v1 是一个两阶段的算法，它先通过一个 dVAE 将图像映射成离散的视觉标志，再通过 Transformer 学习带掩码的图像块到视觉标志的映射。BEiT v1 这么做的目的是将图像映射到一个离散的语义空间，然后通过学习每个掩码的图像块到这个离散空间的映射来完成模型预训练。但是 BEiT v1 并未对 dVAE 学到的语义空间进行深入的探讨和优化，这也大大限制了 BEiT v1 的可解释性和使用空间。

BEiT v2[①]正是为了解决这个问题而提出的，它的核心思想是通过一个训练好的模型，例如 CLIP[②]或 DINO[③]作为教师系统来指导视觉标志的学习，这个方法在 BEiT v2 中被叫作**矢量量化 - 知识蒸馏**（Vector-quantized Knowledge Distillation，VQ-KD）。BEiT v2 的另一个创新点是引入了 [CLS] 标志来学习图像的全局特征，从而使得 BEiT v2 在线性探测（linear probe）上也能拥有非常高的准确率。

13.3.1 背景介绍

视觉码本（visual codebook）又被叫作视觉字典（visual dictionary），是一个用于查找图像的视

---

① 参见 Zhiliang Peng、Li Dong、Hangbo Bao 等人的论文"BEiT v2: Masked Image Modeling with Vector-Quantized Visual Tokenizers"。
② 参见 Alec Radford、Jong Wook Kim、Chris Hallacy 等人的论文"Learning Transferable Visual Models From Natural Language Supervision"。
③ 参见 Mathilde Caron、Hugo Touvron、Ishan Misra 等人的论文"Emerging Properties in Self-Supervised Vision Transformers"。

觉特征的计算机视觉概念。例如，在传统的目标识别中，我们一般会通过 SIFT、Blob、图像梯度等算法来提取图像的高阶特征，这些特征一般被叫作视觉单词（visual word），因此每个图像都可以表示为由视觉单词组成的集合。对于一批视觉标志，我们可以使用 K- 均值聚类算法将它们聚类成几个主要类别，这个类别数便是视觉码本的大小。每个类别的中心便是字典中视觉单词的内容。给定一张输入图像，我们可以使用传统方法将它编码成视觉特征的集合，然后通过查找特征在视觉码本的最近单词，便可以通过视觉码本得到这个图像的视觉标志。也就是说，通过这种方式，我们可以将任意一幅图像映射到视觉码本对应的表示空间中。

13.3.2　BEiT v2 概述

BEiT v2 依旧是一个两阶段的模型，第一阶段是 VQ-KD 的训练，第二阶段是预训练模型的训练。针对我们上面分析的问题，为了提升 BEiT v1 的效果，BEiT v2 做了如下改进。

- 仿照模型蒸馏，BEiT v2 提出了 VQ-KD 方法来对图像进行编码。它将原始图像作为输入，使用另一个模型作为教师系统来引导视觉标志模型的训练。VQ-KD 在这里重建的是教师系统编码的特征而非原始像素。
- 在通过 VQ-KD 得到图像的视觉标志之后，使用这个视觉标志作为预训练模型的训练目标。不同的是 BEiT v2 加入了 [CLS] 标志来建模图像的全局信息。

BEiT v2 采用 ViT 提出的图像块的表示方式，为了方便介绍后续其他算法，我们这里先给出图像表示的定义：给定一幅彩色图像 $x \in \mathbb{R}^{H \times W \times C}$，我们首先将它 reshape 成一个由图像块组成的序列 $\{x_i^p\}_{i=1}^N$，其中 $x^p \in \mathbb{R}^{N \times (P^2 C)}$，序列长度 $N = NW/P^2$，(P, P) 是图像的尺寸。这些图像块会被展开成一个序列，然后输入 Transformer 并编码成 N 个特征向量：$\{h_i\}_{i=1}^N$。

13.3.3　矢量量化 – 知识蒸馏

正如我们在前文中介绍的，矢量量化 - 知识蒸馏（VQ-KD）的作用是将输入图像 x 转化为视觉标志 $z = [z_1, \cdots, z_N] \in \mathcal{V}^{(H/P) \times (W/P)}$，其中 $\mathcal{V}$ 指的是视觉码本。VQ-KD 由分词器和解码器两部分组成，它的计算流程如图 13.7 所示。

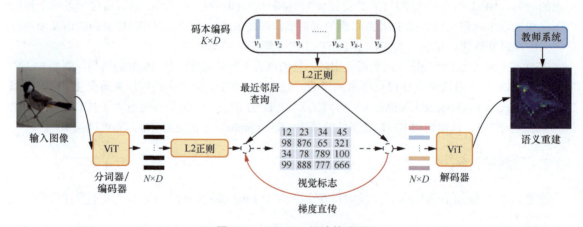

图 13.7　VQ-KD 的计算流程

分词器的计算分成两步：先使用 ViT 将输入图像编码成特征向量，然后从视觉码本中查找

最近的邻居。具体地讲，假设图像序列 $\{x_i^p\}_{i=1}^N$ 编码成的序列表示为 $\{h_i^p\}_{i=1}^N$，码本的嵌入表示为 $\{e_1,\cdots e_{|\mathcal{V}|}\}$，那么第 i 个图像块的特征 h_i 对应的视觉标志可以通过它和视觉码本中所有视觉单词的最小余弦距离来确定，表示为式（13.7）：

$$z_i = \underset{j}{\mathrm{argmin}} \| \ell_2(h_i) - \ell_2(e_j) \|_2 \tag{13.7}$$

其中 ℓ_2 是特征的 L2 归一化。

对于一个由 N 个图像块组成的序列，通过分词器，我们可以得到由 N 个视觉单词组成的序列，表示为 $\{z_i\}_{i=1}^N$。通过将这些视觉单词进行正则化（L2 正则），我们可以将它输入解码器（ViT），并得到 N 个输出 $\{o_i\}_{i=1}^N$。

为了对分词器和解码器进行训练，VQ-KD 使用了模型蒸馏中提出的特征学习的策略。VQ-KD 采用 CLIP 或 DINO 作为教师系统，然后以教师系统生成的特征作为输出的优化目标来进行模型的训练。具体地讲，我们用 t_i 表示教师系统在第 i 个图像块上生成的特征，我们的目标是最大化 o_i 和 t_i 的相似度（余弦距离）。

注意，式（13.7）的 argmin 操作是不可导的，因此无法用传统的反向传播策略进行优化。为了将梯度传回编码器，VQ-KD 采用 VQ-VAE[①] 中提出的方法，即直接将梯度从解码器的输入复制到编码器的输出中（图 13.7 的红色箭头）。可以理解为，因为我们通过比较编码器编码的特征和视觉码本中视觉单词的相似度的方式得到了输入图像的编码，所以对视觉单词的优化也可以近似看作对编码器编码的特征的优化。至少，它们的优化方向是一致的，因此可以用这种直接复制梯度的方式。

最终，VQ-KD 的损失函数可以表示为，最大化模型输出以及教师系统生成的特征相似度，并最小化生成特征和视觉单词的距离。因为存在不可导操作，所以损失函数表示为式（13.8）：

$$\max \sum_{x \in \mathcal{D}} \sum_{i=1}^N \cos(o_i, t_i) - \left\| \mathrm{sg}[\ell_2(h_i)] - \ell_2(e_{z_i}) \right\|_2^2 - \left\| \ell_2(h_i) - \mathrm{sg}[\ell_2(e_{z_i})] \right\|_2^2 \tag{13.8}$$

其中，$\mathcal{D}$ 表示训练集，$\mathrm{sg}[\cdot]$ 表示停止梯度（stop-gradient）操作。

VQ-KD 训练的一个常见问题叫作码本衰减（Codebook Collapse），指的是码本中只有少部分视觉单词被频繁使用，这会大大降低码本的使用效率。为了提高码本的使用效率，VQ-KD 使用了如下几个策略：

- 使用余弦距离相似性进行码本查找，如式（13.7）；
- 将查找空间降低到 32 维，在特征被输入解码器之前再映射回高维空间；
- 使用滑动平均来进行码本更新。

13.3.4　BEiT v2 预训练

在通过 VQ-KD 得到图像的视觉标志之后，我们便可以以它为目标进行视觉 Transformer 的预训练了。为了学习图像的全局信息，BEiT v2 在输入编码中拼接了 [CLS] 标志，然后通过对 [CLS] 标志预训练来得到图像的全局信息。因此，BEiT v2 的预训练分成两个部分：MIM 的训练和 [CLS] 标志的训练。MIM 的计算流程如图 13.8 所示。

1．MIM

BEiT v2 的预训练遵循和 BEiT v1 类似的方式，不同的是它在输入数据中拼接了 [CLS] 标志，这里会简单梳理 MIM 的基本流程和 BEiT v2 的调整，关于 MIM 的详细内容请参考 13.2 节。

[①] 参见 Aaron van den Oord、Oriol Vinyals 等人的论文 "Neural Discrete Representation Learning"。

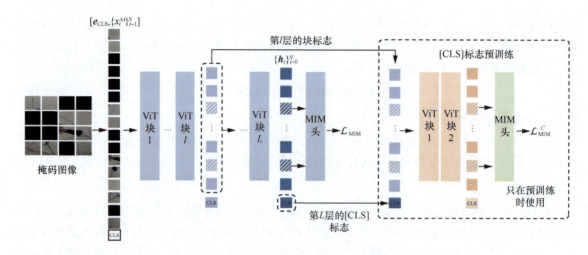

图 13.8　MIM 的计算流程

对于一张输入图像，我们先使用块级别的掩码策略对输入图像的 40% 的图像块进行掩码，其中掩码的位置表示为 $\mathcal{M}$。接下来，我们使用共享的图像块嵌入 $e_{[M]}$ 替换被掩码的图像块，得到 $x_i^{\mathcal{M}}$，它的计算方式可以表示为式（13.9），其中 δ 是指示函数。

$$x_i^{\mathcal{M}} = \delta(i \in \mathcal{M}) \odot e_{[M]} + (1 - \delta(i \in \mathcal{M})) \odot x_i^p \tag{13.9}$$

在 BEiT v2 中，我们会向 $x_i^{\mathcal{M}}$ 中加入一个 [CLS] 标志并共同输入视觉 Transformer，因此 BEiT v2 的 MIM 的输入可以表示为 $[e_{[CLS]}, \{x_i^{\mathcal{M}}\}_{i=1}^N]$。通过视觉 Transformer 的计算，我们可以得到模型的输出 $\{h_i\}_{i=0}^N$，其中 h_0 是 [CLS] 标志对应的特征。

最后，我们会在视觉 Transformer 之后添加一个 MIM 的输出头，用于预测图像块对应的视觉标志，即对于每个 $\{h_i : i \in \mathcal{M}\}_{i=1}^N$，使用 softmax 预测每个图像块的输出概率，表示为式（13.10）：

$$p(z'|x^{\mathcal{M}}) = \text{softmax}_{z'}(W_c h_i + b_c) \tag{13.10}$$

其中，z' 是模型预测的视觉标志。W 和 b 分别是权值矩阵和偏置向量。所以，最终 MIM 的损失函数可以表示为式（13.11）。其中 z_i 是我们在前面介绍的通过 VQ-KD 得到的视觉标志。

$$\mathcal{L}_{\text{MIM}} = \text{softmax}_{z'} = -\sum_{x \in D} \sum_{i \in \mathcal{M}} \log p(z_i | x^{\mathcal{M}}) \tag{13.11}$$

2. [CLS] 标志预训练

为了捕获图像的全局信息，我们需要对 [CLS] 标志进行训练。[CLS] 标志的预训练如图 13.8 右半部分的虚线框中所示，它的输入由第 l 层视觉 Transformer 的特征向量和第 L 层的 [CLS] 标志的特征向量拼接而成，表示为 $S = [h_{\text{CLS}}^L, h_1^l, \cdots, h_N^l]$。接下来，我们将特征 S 输入一个两层的 Transformer 来预测掩码图像的视觉标志。注意，[CLS] 标志预训练的输出头和原始 MIM 的输出头的参数是共享的。

13.3.5　小结

BEiT v2 最大的贡献是使用 VQ-KD 作为视觉标志的生成结构，对比 BEiT v1 的 dVAE，BEiT v2 使用教师系统来引导视觉标志的生成，教师系统携带的信息要比原始像素携带的信息多很多，因此生成的视觉标志也具有更多的语义特征。同时，我们可以从教师系统的结构和效果出发，给出视觉标志的更合理的语义解释。

第 14 章　多模态预训练

人类通过多种感官感知世界，如视觉、听觉、触觉等。信息通常也以多种模态出现。例如，包含了图像和文本的内容能够更清楚地表达思想，图像中也经常存在大量的文字，识别这些文字可以加深我们对图像的理解。不同的模态往往具有不同的统计特征，例如图像通常可以表示为像素的强度和分布，而文本则可以表示为离散文字组成的向量。借助不同模态的统计特征来发现不同模态之间的关系成为我们提升人工智能水平的至关重要的能力。多模态学习一般是指不同模态的模型之间的联合表示，它能够实现不同模态的模型之间优点的互补，提升模型整体的表现能力。

在人工智能领域，图像和文本是非常重要的两个模态。通过前面的章节你应该已经发现，视觉模型和语言模型的交集越来越多。首先，从模型角度，Transformer 已经成为目前无论在视觉模型中还是在语言模型中都不得不考虑的基础架构。其次，对于模型预训练任务，BEiT 的 MIM 和 BERT 的 MLM 的核心思想高度相似，它们都通过上下文来预测缺失的内容。最后，视觉模型和语言模型都在朝着海量训练数据和超大参数模型的方向发展。这也就是董力团队在 BEiT v3 的论文中指出的视觉模型和语言模型的"大融合"。

本书之前的章节介绍了 OCR 和 Image Caption 两种技术，它们也可以归类为多模态任务中的图像转文字的任务。其他的任务还包括图文匹配、视觉问答等。本章的内容将衔接第 13 章的图像预训练，介绍近年来图文多模态预训练方向的里程碑算法。我们首先要介绍的是 FAIR（Facebook AI Research）早期提出的 ViLBERT，ViLBERT 论文中提出了可以融合不同模态信息的互注意力 Transformer 结构。另一个重要的多模态预训练算法是 OpenAI 提出的 CLIP，它是一个双编码器结构，一个编码器编码文本，另一个编码器编码图像，然后将图像编码后的特征和文本编码后的特征映射到同一特征空间。OpenAI 的另一个算法 DALL-E 则实现了惊艳的文本转图像的效果，它通过 dVAE 生成视觉标志，然后将文本编码和视觉标志拼接后的内容进行自回归的训练。之后要介绍的可同时计算不同模态的混合模态专家模型 VLMo，它的核心结构是将 Transformer 改造成由多个专家组成的 MoME Transformer，它还可高效地计算多种多模态任务。我们最后要介绍的 BEiT v3 则在 VLMo 的基础上设计了更合理的模型结构，以适配更多的单模态以及多模态任务，实现了在大量多模态任务中对其他算法的全面超越。

14.1　ViLBERT

在本节中，先验知识包括：
- Faster R-CNN（1.4 节）。

第 14 章 多模态预训练

计算机视觉和自然语言处理是深度学习近年来最为火热的两个领域，而且两个领域之间的鸿沟也越来越小。尤其是 Transformer 提出之后，出现了两个领域都被 Transformer 统一的趋势。因此，视觉和语言学的多模态也成为一个火热的研究方向，这里为大家带来的是一篇比较早期的多模态的论文：由 FAIR 提出的 ViLBERT[①]。ViLBERT 是一个多模态的预训练模型，其结构如图 14.1 所示。首先，它将图像数据和文本数据分别输入两个独立的流，图 14.1 中上面是图像流，下面是文本流。接着，使用该模型提出的互注意力 Transformer（Co-Attention Transformer，Co-TRM）层将两种不同模态的特征进行融合。最后，得出两种不同模态的数据各自的特征编码。这些特征可以被应用到不同的多模态任务中，如视觉问答、图像描述生成等。

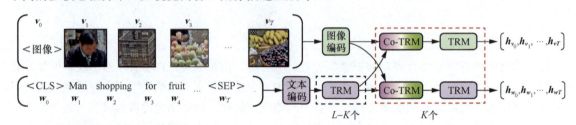

图 14.1　ViLBERT 的双流结构

14.1.1　模型结构

从图 14.1 可以看到，ViLBERT 由两个并行的 BERT 组成，分别用于处理图像数据和文本数据。ViLBERT 的每个流均由 Transformer 和 Co-TRM 层组成，Co-TRM 层的作用是将图像特征和文本特征进行信息交互。Co-TRM 层位于红色虚线框所示的位置，它和普通的 Transformer 共同构成一个基础的网络块，可以通过控制它们的个数 K 来调整模型的容量。注意，在 Co-TRM 之前的文本流还多加了 $L-K$ 个 Transformer 来对文本进行更深层次的编码。

1．输入数据

图像的特征是使用 Faster R-CNN 计算得到的。先将 Faster R-CNN 在 Visual Genome 上进行预训练，然后将图像输入训练好的 Faster R-CNN 中，输出若干个 ROI。接着，我们根据 ROI 的分类置信度选择 10～36 个大于阈值的区域。最后，使用平均池化得到这些选择区域的特征向量，它们将共同作为该输入图像的典型特征向量输入后面的 Transformer 中。论文作者在输入数据中加入了一个 5 维的特征向量，用于编码 ROI 的位置信息，它们分别是 ROI 的左上角和右下角的位置，以及 ROI 的面积相对于图像面积的比例。而文本的嵌入向量则与 BERT 保持一致，即由 Word2Vec、位置编码和分割编码组成。

2．互注意力 Transformer

ViLBERT 最大的创新点是提出了互注意力 Transformer（Co-TRM），它的网络结构如图 14.2 所示。它的输入是图像流特征 $H_V^{(i)}$ 和文本流特征 $H_W^{(j)}$，它们先经过权值矩阵得到各自的 Q、K 和 V 特征，如式（14.1）。在计算图像特征的输出值 $Z_V^{(i)}$ 时，Co-TRM 使用的是来自自身的 Q_V 特征和来自文本的 K_W、V_W 特征。同理，在计算文本特征的输出值 $Z_W^{(i)}$ 时，Co-TRM 使用的是来自自身的 Q_W 特征和来自图像的 K_V、V_V 特征，如式（14.2）。Co-TRM 最大的改进点在于将两个流的键（key）

[①] 参见 Jiasen Lu、Dhruv Batra、Devi Parikh 等人的论文 "ViLBERT: Pretraining Task-Agnostic Visiolinguistic Representations for Vision-and-Language Tasks"。

和值（value）进行了互换，从而实现了两个不同流的信息融合，而剩下的结构就和 Transformer 完全一样了，包括全连接和残差结构。

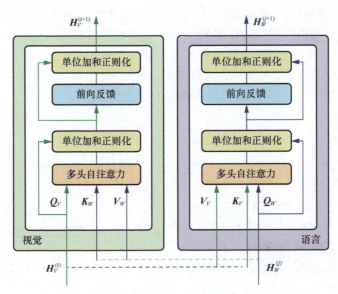

图 14.2　互注意力 Transformer 的网络结构

$$\begin{aligned} Q_V &= H_V^{(i)} \times W_V^Q, & Q_W &= H_W^{(i)} \times W_W^Q \\ K_V &= H_V^{(i)} \times W_V^K, & K_W &= H_W^{(i)} \times W_W^K \\ V_V &= H_V^{(i)} \times W_V^V, & V_W &= H_W^{(i)} \times W_W^V \end{aligned} \quad (14.1)$$

$$Z_V^{(i)} = \mathrm{softmax}\left(\frac{Q_V K_W^\top}{\sqrt{d_k}} V_W\right), Z_W^{(i)} = \mathrm{softmax}\left(\frac{Q_W K_V^\top}{\sqrt{d_k}} V_V\right) \quad (14.2)$$

那么为什么 Co-TRM 会互相交换 K 和 V 呢？我们可以从信息检测的角度去理解。在自注意力中，Q 扮演的是查询（query）的角色，它通过点乘运算来计算查询特征与每个键的特征的相似性，然后为每个特征值计算一个权值。在 Co-TRM 中，我们根据流 A 的查询和流 B 的键为流 B 的每个特征值计算一个权值，以此作为流 A 的输出特征。它的物理意义是流 A 根据自身来从流 B 中选择一部分特征，这一部分特征是更适合融合到流 A 中的。从实验结果来看，在控制相同预训练参数的情况下，双流注意力机制比单流注意力机制的效果更好。

14.1.2　预训练任务

ViLBERT 有两个预训练任务，分别是掩码多模态模型（Masked Multi-Model Modeling）和多模态对齐预测（Multi-Model Alignment Prediction）。它的两个任务均是通过 Conceptual Captions 数据集[①]构建的。Conceptual Captions 数据集有 300 万幅带有描述文本的图像，其中描述文本是根据 HTML 的 alt-text 属性获得的。

---

① 参见 Piyush Sharma、Nan Ding、Sebastian Goodman 等人的论文 "Conceptual Captions: A Cleaned, Hypernymed, Image Alt-text Dataset For Automatic Image Captioning"。

1. 掩码多模态模型

掩码多模态模型参考了 BERT 的掩码语言模型（MLM）。对于文本流，掩码多模态模型保持与 MLM 相同的策略，即使用 15% 的掩码比例，其中 80% 被替换成 [MASK]，10% 被随机替换，10% 保持不变。但是对于图像流，ViLBERT 的输入是 ROI 的特征图的特征编码，直接还原这个值难度太大，模型很难收敛。因为特征图上的特征本质上是一个分布，它的值是否精确并不重要，所以 ViLBERT 将两个分布之间的 KL 散度作为优化目标，即图像流的目标是最小化模型预测的被掩码的图像区域的特征和原始特征的 KL 散度，结构如图 14.3 所示。

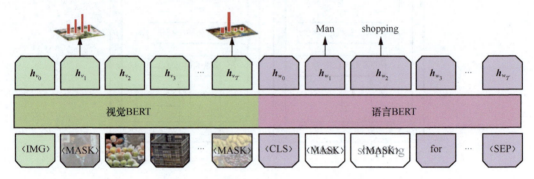

图 14.3　ViLBERT 的掩码多模态模型结构

2. 多模态对齐预测

多模态对齐预测任务是预测输入模型的图像和文本是否对齐的，流程如图 14.4 所示。它的输入是没有掩码的图像流和文本流，输出是两个流编码的特征向量。它通过点乘将两个特征向量合成一个向量。最后输出层是一个二分类模型，用来判断输入的图像和文本是否对齐。

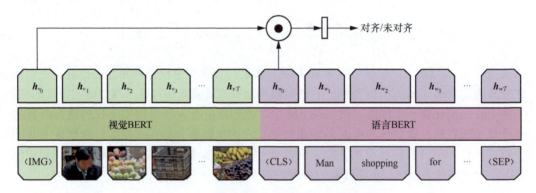

图 14.4　ViLBERT 的多模态对齐预测流程

14.1.3　模型微调

ViLBERT 共有 4 个微调任务，依次是视觉问答、视觉常识推理、指示表达定位和基于描述的图像检索。

1. 视觉问答

视觉问答（Visual Question Answering，VQA）任务使用数据集 VQA 2.0[①]，该数据集包含

[①] 参见 Aishwarya Agrawal、Jiasen Lu、Stanislaw Antol 等人的论文 "VQA: Visual Question Answering"。

110 个基于 COCO 数据集中图像的问题，每个问题有 10 个答案。在这个任务中，我们先将图像和问题分别编码成 h_{IMG} 和 h_{CLS}，然后通过点乘将它们合并成一个特征向量。在这里，VQA 任务被视作一个多标签的分类任务，即对候选答案中的每个答案的得分进行预测，所以最后接了一个双层的 MLP 用于输出分类结果，得到 3192 个可能的答案。对于每个候选答案，根据它们与标签答案的相似性来计算一个软目标得分（soft target score），这个软目标得分将作为回归的目标。

2. 视觉常识推理

视觉常识推理（Visual Commonsense Reasoning，VCR）任务使用 VCR 数据集[①]，该数据集包含来自 11 万个电影场景的 29 万个问题和回答。视觉问答和答案证明（answer justification），这两类问题都可以统一为多分类问题。具体的实现是将问题和答案连接起来，形成 4 组不同的文本输入，然后将图像和文本一起输入 ViLBERT，最后再加一个分类层，为每组图像和文本打分。

3. 指示表达定位

指示表达定位（Grounding Referring Expressions，GRE）的目标是根据文字在图像中标注出对应的物品，该任务使用 RefCOCO+ 数据集[②]。ViLBERT 先通过 Mask R-CNN 识别出 ROI 区域，然后计算各个区域和文字匹配的得分，将得分最高的区域作为最终的预测结果。

4. 基于描述的图像检索

基于描述的图像检索（Caption-Based Image Retrieval，CBIR）根据文字描述在图像池中搜索图像。该任务使用 Flickr30k 数据集[③]，数据集中共有 31 000 幅图像，每幅图像有 5 个标题。检索任务被构建成四选一的问题，对于每个任务，我们随机选择一对标题和图像，以及随机抽取的 3 个干扰项（一幅随机图像、一个随机文本和一个难分样本），然后计算每一项的对齐分数，最后使用 softmax 得到最终的预测结果。

零样本的基于描述的图像检索是我们直接将预训练的多模态对齐预测机制应用到 Flickr30k 数据集，而不进行微调。这个任务旨在验证多模态预训练模型是否学到了有实际语义的特征。

14.1.4 小结

ViLBERT 将 Transformer 扩展到了视觉和语言这两个多模态方向。该模型包括两个并行的信息流，其中图像流和文本流的底层模型仍是 BERT。ViLBERT 在结构上的最大创新点是引入了互注意力 Transformer 来使两个流的特征交互。

在提取图像特征时，ViLBERT 使用的是基于 Faster R-CNN 提取的 ROI，因此可以看出 ViLBERT 并不是一个端到端的模型。在之后的视觉 Transformer 中，基于图像块的方法被更多地采用。因为图像流的输入是特征分布，所以 ViLBERT 使用 KL 散度作为损失函数，而不是对特征进行像素的重建，这也是提升模型效果的一个重要策略。

[①] 参见 Rowan Zellers、Yonatan Bisk、Ali Farhadi 等人的论文 "From Recognition to Cognition: Visual Commonsense Reasoning"。
[②] 参见 Sahar Kazemzadeh、Vicente Ordonez、Mark Matten 等人的论文 "ReferItGame: Referring to Objects in Photographs of Natural Scenes"。
[③] 参见 Peter Young、Alice Lai、Micah Hodosh 等人的论文 "From image descriptions to visual denotations: New similarity metrics for semantic inference over event descriptions"。

14.2 CLIP

CLIP（Contrastive Language–Image Pre-training，语言 - 图像对比预训练）出自 OpenAI 的第一篇多模态预训练论文，它延续了 OpenAI 的"大力出奇迹"的传统。CLIP 是一个基于图像和文本双编码器的多模态预训练模型，它通过两个分支的特征向量的相似度计算来构建训练目标。为了训练这个模型，OpenAI 采集了超过 4 亿个图像 - 文本对。CLIP 在诸多多模态任务上取得了非常好的效果，如图像检索、地理定位、视频动作识别等，而且在很多任务上 CLIP 仅仅通过无监督学习就可以得到和主流的有监督算法类似的效果。CLIP 的思想非常简单，但它通过如此简单的算法就达到了非常好的效果，足以证明多模态模型巨大的发展潜力。

14.2.1 数据收集

对比开放的计算机视觉应用，目前所有的视觉公开数据集（如 ImageNet 等）的应用场景都是非常有限的。为了学到图像 - 文本的多模态通用特征，我们首先要做的便是采集足够覆盖开放计算机视觉领域任务的数据集。这里 OpenAI 采集了一个总量超过 4 亿个图像 - 文本对的数据集——WIT（WebImage Text）。为了尽可能地提高数据集在不同场景下的覆盖度，WIT 先使用在英文维基百科中出现了超过 100 次的单词构建了 50 万个查询，并且使用 WordNet 进行了近义词的替换。为了实现数据集的平衡，每个查询最多取 2 万个查询结果。

14.2.2 学习目标：对比学习（Contrastive Learning）预训练

CLIP 的核心思想是将图像和文本映射到同一个特征空间。这个特征空间是一个抽象的概念，例如当我们看到一幅狗的图像的时候我们心中想的是狗，当我们读到"狗"的时候我们心中想的也是狗，那么我们心中想的狗，便是"特征空间"。所以 CLIP 是一个双编码器的模型，CLIP 的对比学习预训练如图 14.5 所示，它由图像编码器和文本编码器组成。其中，图像编码器用于将图像映射到特征空间，文本编码器用于将文本映射到同一特征空间。

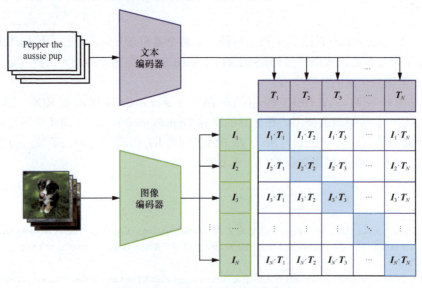

图 14.5　CLIP 的对比学习预训练

在模型训练时，每个批次由 N 个图像 - 文本对组成。这 N 个图像送入图像编码器会得到 N 个图像特征向量 $(I_1, I_2, \cdots, I_N)$，同理将这 N 个文本送入文本编码器我们可以得到 N 个文本特征向量 $(T_1, T_2, \cdots, T_N)$。因为只有在对角线上的图像和文本是一对，所以 CLIP 的训练目标是让每个图像 - 文本对的特征向量相似度尽可能高。通过这个方式，CLIP 构建了一个由 N 个正样本和 N^2-N 个负样本组成的训练样本对。此外，因为不同编码器输出的特征向量长度不一样，CLIP 使用了一个线性映射将两个编码器生成的特征向量映射到统一长度。CLIP 使用了点乘计算两个特征的相似度，它的损失函数的代码如下。

```
# image_encoder - 残差网络或者ViT
# text_encoder - CBOW或者文本Transformer
# I[n, h, w, c] - 训练图像
# T[n, l] - 训练文本
# W_i[d_i, d_e] - 训练图像生成的特征向量
# W_t[d_t, d_e] - 训练文本生成的特征向量
# t - softmax的温度（temperature）参数
# 提取多模态的特征
I_f = image_encoder(I) #[n, d_i]
T_f = text_encoder(T) #[n, d_t]
# 多模态特征向特征空间的映射
I_e = l2_normalize(np.dot(I_f, W_i), axis=1)
T_e = l2_normalize(np.dot(T_f, W_t), axis=1)
# 计算余弦距离相似度
logits = np.dot(I_e, T_e.T) * np.exp(t)
# 构建损失函数
labels = np.arange(n)
loss_i = cross_entropy_loss(logits, labels, axis=0)
loss_t = cross_entropy_loss(logits, labels, axis=1)
loss = (loss_i + loss_t)/2
```

14.2.3 图像编码器

CLIP 的图像编码器选择了 5 个不同尺寸的残差网络以及 3 个不同尺寸的 ViT，并对模型细节做了调整，具体介绍如下。

1. 残差网络

CLIP 采用了 ResNet-50 作为基础模型，并在其基础上做了若干个调整，主要调整如下。

- 引入了模糊池化[①]。模糊池化的核心点是在降采样之前加一个高斯低通滤波。
- 将全局平均池化替换为注意力池化。这里的注意力是使用的 Transformer 中介绍的自注意力。

CLIP 采用的编码器结构共有 5 组，它们依次是 ResNet-50、ResNet-100，以及按照 EfficientNet 的思想对 ResNet-50 分别作 4 倍、16 倍和 64 倍的缩放得到的模型，表示为 ResNet-50x4、ResNet-50x16、ResNet-50x64。

---

① 参见 Richard Zhang 的论文 "Making Convolutional Networks Shift-Invariant Again"。

2. ViT

CLIP 的图像编码器的另一个选择是 ViT，这里的改进主要有两点：
- 在图像块嵌入和位置编码后添加一个层归一化；
- 换了初始化方法。

ViT 训练了 ViT-B/32、ViT-B/16 和 ViT-L/14 共 3 个模型。

14.2.4 文本编码器

CLIP 的文本编码器使用的是 Transformer，它共有 12 层，包含 512 个隐层节点和 8 个头。

14.2.5 CLIP 用于图像识别

在训练完模型之后，CLIP 实现了图像和文本向同一个特征空间映射的能力。当进行图像识别时，我们将待识别的图像映射成一个特征向量。同时，我们以"A photo of a {object}"为提示模板，将所有的类别文本转换成一个句子，然后将这个句子映射成另一组特征向量。图像特征向量和文本特征向量最相近的那一个类别文本便是我们要识别的目标图像的类，如图 14.6 所示。

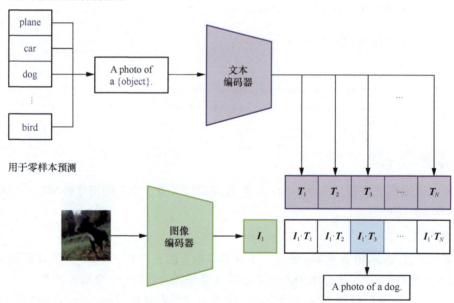

图 14.6 CLIP 用于图像识别

14.2.6 模型效果

在论文中，作者对 CLIP 的效果进行了大篇幅的讨论，这里对其重要点进行汇总。CLIP 的主要优点如下。

- 训练高效：CLIP 采用了对比学习的训练方式，可以在一个大小为 N 的批次中同时构建 N^2 个优化目标，实现简单、高效的计算。此外，CLIP 的对比学习的训练方式比基于图像描述任务构建的预训练任务简单很多，模型的收敛速度也快了很多。
- 应用范围更广：CLIP 图像对应的标签不再是一个值，而是一个句子。这就为让模型映射到足够细粒度的类别提供了可操作空间。由此，我们可以对这个细粒度的映射进行人为控制，进而规避一些敏感话题。
- 全局学习：CLIP 学习的不再是图像中的一个目标，而是整个图像中的所有信息，不仅包含图像中的目标，还包含这些目标之间的位置、语义等逻辑关系。这便于将 CLIP 迁移到任何计算机视觉模型上。这也是为什么 CLIP 可以在很多看似不相关的下游任务（如 OCR 等）中取得令人意外的效果。

CLIP 的主要缺点如下。

- 数据集：虽然 CLIP 采用了 4 亿个图像 - 文本对的数据集，但这 4 亿个图像 - 文本对并未对外开源。另外，构建这 4 亿条数据的 5 万条查询语句介绍得也不详细，从它介绍的数据集构建方式来看，它的构建数据集的方式略显单薄，而整个计算机视觉领域任务是非常庞大且复杂的，如何构建一个分布更合理且全面的数据集是一个非常值得探讨的问题。
- 通用效果：CLIP 的论文中和 CLIP 的官方网站上介绍了一些 CLIP 的缺点，例如对于更细粒度的分类任务，数据集未覆盖到的任务上。从本质上来看，这些说明了 CLIP 是一个有偏的模型。目前看来，仅通过它的 4 亿条数据和对比学习预训练不足以让模型学习到自然语言处理领域的通用能力，这一方面也亟待提升。
- 夸大零样本：CLIP 的论文中以及一些宣传上，有些过分夸大它零样本学习（zero-shot learning）的能力。从它的模型效果来看，CLIP 还是通过庞大的数据集来尽可能地覆盖下游任务，而它在未学习过的数据上表现非常不理想。这种通过庞大的数据集覆盖尽可能多的任务的训练方式，并不能证明模型的零样本学习的能力。因为在更传统的计算机视觉模型中，零样本学习应该是深度玻尔兹曼机（Deep Boltzmann Machines，DBM）这类无监督模型才有的效果。

14.2.7 小结

CLIP 的论文非常具有 OpenAI 的特色，论文涉及大量的数据采集和大量的训练资源使用的情况，并不是非常侧重算法上的创新。这充分体现了目前预训练正逐步成为企业垄断的方向，因为无论是数据，还是计算资源，都是个人和小型企业无法承担的。CLIP 的技术突破不大，但是效果非常惊艳，CLIP 作为多模态预训练的算法之一，充分证明了这个方向巨大的科研潜力，起到了抛砖引玉的作用。

14.3 DALL-E

在本节中，先验知识包括：
- CLIP（14.2 节）。

DALL-E[1]是 OpenAI 的另一个多模态预训练模型，它在根据文本生成图像的任务上得到了最显著的效果。图 14.7 是 DALL-E 根据输入"牛油果形状的扶手椅"生成的图像，看效果它足以以假

---
[1] 参见 Aditya Ramesh、Mikhail Pavlov、Gabriel Goh 等人的论文 "Zero-Shot Text-to-Image Generation"。

乱真，生成的内容不仅逼真合理，甚至可以在一定程度上启发人类设计师。DALL-E 通过包含 120 亿个参数的模型，在 2.5 亿个图像 - 文本对上训练完成。它是一个两阶段的模型：阶段一是离散变分自编码器（discrete Variance Auto-Encoder，dVAE），用于生成图像的标志；阶段二是混合了图像特征和文本特征的，以 Transformer 为基础的生成模型。DALL-E 使用了非常多提高模型准确率的技巧和提升训练效率的策略，下面我们逐一介绍。

图 14.7　DALL-E 根据输入"牛油果形状的扶手椅"生成的图像

14.3.1　背景知识：变分自编码器

我们知道，图像特征因其密集性和冗余性，是不能直接提供给 Transformer 进行训练的。目前主流的方式，如 ViT、Swin-Transformer 等，都是将图像块作为模型的输入，然后通过一个步长等于图像块大小的大卷积核得到每个图像块的特征向量。DALL-E 提供的方案是使用一个 dVAE 将大小为 256×256 的 RGB 图像压缩成大小为 32×32 的、通道数为 8192 的 one-hot 形式的分布[①]，如图 14.8 所示。换句话说，阶段一的作用是将图像映射到一个大小为 8192 的特征空间。这里通道数为 8192 的 one-hot 编码可以看作一个词表，它的思想是通过 **dVAE 实现图像特征空间向文本特征空间的映射**。

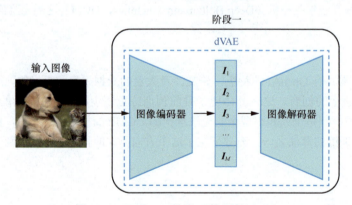

图 14.8　DALL-E 阶段一使用的 dVAE

在深度学习中，变分自编码器（VAE）[②]和生成对抗网络（GAN）是较为常见的两个生成模型。提到 VAE，则不得不提自编码器（Auto-Encoder，AE）。AE 是一个常见的降维算法，它由编码器和解码器组成，编码器用于将输入 x 压缩成信号 y，表示为 $y = f(x)$；解码器用于将信号 y 重构成内容 r，表示为 $r = h(y)$。AE 的误差定义为输入 x 和重构内容 r 的差值，它可以表示为式（14.3）。

---

① 注意这个 one-hot 的形式，它很重要。
② 参见 Diederik P.Kingma、Max Welling 的论文 "Auto-Encoding Variational Bayes"。

$$e = \boldsymbol{x} - \boldsymbol{r} = \boldsymbol{x} - h(f(\boldsymbol{x})) \tag{14.3}$$

VAE 是 AE 的一种特殊情况，它通过引入正则化来避免模型过拟合，并且保证隐层空间有较好的进行数据生成的能力。不同于 AE，VAE 的预测不再是一个值，而是一个分布，通过在分布上随机采样可以将编码的特征向量解码出不同的生成内容。给定一个输入 $\boldsymbol{x}$，VAE 的编码器的输出应该是特征 z 的后验分布 $p(z|\boldsymbol{x})$。但是这个分布是非常难计算的，一个解决方案是使用另一个可伸缩的概率分布函数 $q(z|\boldsymbol{x})$ 来替代 $p(z|\boldsymbol{x})$，然后通过网络学习 $q(z|\boldsymbol{x})$ 的参数，让其分布逼近 $p(z|\boldsymbol{x})$。在计算分布的相似度时，一个常见的指标是 KL 散度，所以 VAE 的目标可以表示为最小化 $p(z|\boldsymbol{x})$ 和 $q(z|\boldsymbol{x})$ 的 KL 散度。因为 $q(z|\boldsymbol{x})$ 是一个概率分布函数，所以我们有 $\sum_x q(z|\boldsymbol{x}) = 1$。

根据上面的介绍，我们可以给出 VAE 的证据下界的推导过程，如式（14.4）。其中证明不等式使用了贝叶斯定理和琴生不等式（Jensen's inequality），因为使用了贝叶斯定理，所以推导中存在 $\boldsymbol{x}$、z 换位置的情况。

$$\begin{aligned}\mathcal{L} &= \log(p(\boldsymbol{x})) \\ &= \log \int p_\theta(\boldsymbol{x}|z) \cdot p(z) \mathrm{d}z \\ &= \log \int \frac{q_\phi(z|\boldsymbol{x})}{q_\phi(z|\boldsymbol{x})} \cdot p_\theta(\boldsymbol{x}|z) \cdot p(z) \mathrm{d}z \\ &\geqslant \int q_\phi(z|\boldsymbol{x}) \cdot \log \frac{p_\theta(\boldsymbol{x}|z) \cdot p(z)}{q_\phi(z|\boldsymbol{x})} \mathrm{d}z \\ &= \int q_\phi(z|\boldsymbol{x}) \cdot \left[\log p_\theta(\boldsymbol{x}|z) + \log \frac{p(z)}{q_\phi(z|\boldsymbol{x})}\right] \mathrm{d}z \\ &= \int q_\phi(z|\boldsymbol{x}) \cdot \log p_\theta(\boldsymbol{x}|z) \mathrm{d}z + \int q_\phi(z|\boldsymbol{x}) \cdot \log \frac{p(z)}{q_\phi(z|\boldsymbol{x})} \mathrm{d}z \\ &= \mathbb{E}_{q_\phi(z|x)}(\log p_\theta(\boldsymbol{x}|z) - D_{\mathrm{KL}}(q_\phi(z|\boldsymbol{x}), p(z)))\end{aligned} \tag{14.4}$$

式（14.4）是普通的 VAE 的证明过程。在 DALL-E 的阶段一，这个证据下界可以写为式（14.5）。我们可以通过最大化式（14.5）来进行阶段一的优化：

$$\mathcal{L} = \mathbb{E}_{q_\phi(z|x)}(\log p_\theta(\boldsymbol{x}|z) - \beta D_{\mathrm{KL}}(q_\phi(z|z), p_\psi(z))) \tag{14.5}$$

其中，$\boldsymbol{x}$ 是输入图像，z 是图像编码的特征向量，q_ϕ 是输入图像编码后得到的大小为 32×32、通道数为 8192 的特征的分布，p_θ 是解码器根据特征生成的 RGB 图像的分布，p_ψ 是位于码本（codebook）向量之上初始化的一个均匀分布，并不参与阶段一的训练。

14.3.2 阶段一：离散变分自编码器

1. 模型优化

因为我们得到的 q_ϕ 是一个 one-hot 编码，计算 one-hot 编码时我们一般使用 argmax 取特征向量的最大值，但是这个 argmax 是不可导的，因此无法用来更新模型。DALL-E 解决这个问题的策略是引入 Gumbel-Softmax[①] 的操作。Gumbel-Softmax 在 DALL-E 中可以理解为通过向 softmax 中引入超参数 τ 来使 argmax 可导。超参数 τ 在深度学习中有一个专业术语叫作温度（temperature），它可以通过调整 softmax 曲线的平滑程度来实现不同的功能。加入超参 τ 的 softmax 可以表示为式（14.6）。

---

① 参见 Eric Jang、Shixiang Gu、Ben Poole 的论文 "Categorical Reparameterization with Gumbel-Softmax"。

$$\sigma_\tau(p_j) = \frac{\exp(p_j/\tau)}{\sum_{i=1}^N p_i/\tau} \tag{14.6}$$

当 τ 的值大于 1 时，可以得到更加平滑的 softmax 曲线，这种方式可以得到更加平滑的置信度分布；当 τ 的值小于 1 时，可以得到更加陡峭的 softmax 曲线；当 τ 的值趋近 0 时，可以得到近似 argmax 的效果，但是这时 softmax 还是可导的。在 DALL-E 中，τ 的值被设置为 1/16。

在构建生成图像时，图像的像素是有值域的，而 VAE 中通过拉普拉斯分布或者高斯分布得到的值域是整个实数集，这就造成了模型目标和实际生成内容不匹配的问题。为了解决这个问题，DALL-E 提出了拉普拉斯分布的变体：**log-拉普拉斯分布**。它的核心思想是将 sigmoid 作用到拉普拉斯分布的随机变量上，从而得到一个值域是 (0, 1) 的随机变量，如式（14.7）。

$$f(x|\mu,b) = \frac{1}{2bx(1-x)}\exp\left(-\frac{|\text{logit}(x)-\mu|}{b}\right) \tag{14.7}$$

2．模型结构

DALL-E 的 dVAE 的编码器和解码器都是基于残差网络构建的，DALL-E 保持了残差网络的基础结构，但也有其针对性的调整，它的主要修改如下：

- 编码器输入层的卷积核大小是 7×7；
- 编码器最后一个卷积的卷积核的大小是 1×1，用于将通道数调整为 8192；
- 使用最大池化而非平均池化进行降采样；
- 解码器的第一个卷积和最后一个卷积的卷积核大小均为 1×1；
- 解码器的上采样方式是最近邻上采样；
- 为了提升训练速度，DALL-E 使用了混合精度训练。

3．输入归一化和输出还原

图像像素的范围是 0 到 255，在 DALL-E 中，输入像素的范围先被映射到 $(\epsilon, 1-\epsilon)$ 的范围，计算方式如式（14.8），其中 x 为图像上某像素的值，ϵ 是一个超参数，论文中给出的 ϵ 的值是 0.1。

$$\varphi: x \mapsto \frac{1-2\epsilon}{255}x + \epsilon \tag{14.8}$$

在解码器中，通过 log-拉普拉斯分布得到的预测结果的范围是 (0, 1)，这里我们可以通过 φ 的逆运算得到解码器的生成内容，如式（14.9）。

$$\hat{x} = \varphi^{-1}(\text{sigmoid}(x)) \tag{14.9}$$

14.3.3　阶段二：先验分布学习

在阶段二，我们固定式（14.5）中的 ϕ 和 θ，只通过最大化证据下界来优化参数 ψ，这里 p_ψ 是一个由 120 亿个参数的稀疏 Transformer 构成的模型。如图 14.9 所示，我们先使用 BPE（byte pair encoding，字节对编码）编码器将文本编码成长度为 256、特征数为 16 384 的特征向量，然后将其与阶段一得到的图像特征进行拼接，最后使用由稀疏 Transformer 构成的模型自回归地训练这个图像和文本的序列。

1．模型输入

阶段二的输入是拼接的文本特征和图像特征以及各自的位置编码等信息。图 14.10 是一个模型输入示例,在这个示例中,文本编码的长度是 6,图像编码的长度是 3。文本的输入是文本编码和文本位置编码,图像的输入是图像编码、行位置编码以及列位置编码。这些编码的长度均是 3968。

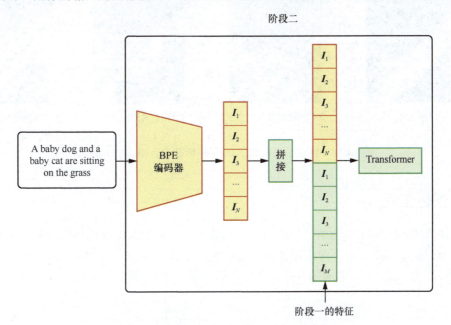

图 14.9　DALL-E 阶段二的先验分布学习

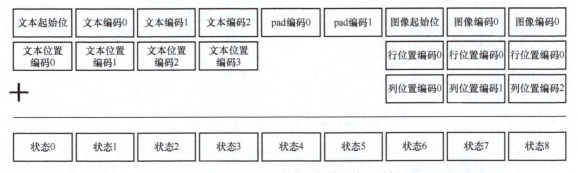

图 14.10　DALL-E 阶段二的模型输入示例

2. 模型结构

DALL-E 使用的 Transformer 是稀疏 Transformer[①],它的特点是只关注贡献最大的 K 个特征的状态,因此比普通的 Transformer 更关注重要的特征,而且更加高效。DALL-E 的 Transformer 有 64 个自注意力层,每层的注意力头数是 62,每个注意力头的维度是 64。DALL-E 共使用了 3 种不同形式的稀疏自注意力掩码,如图 14.11 所示。给定注意力层的索引 $i(i \in [1,63])$,如果 $(i-2) \bmod 4 = 0$,我们使用图 14.11(c)的转置图像的列注意力,否则我们使用图 14.11(a)的行注意力。另外,对于最后一层稀疏 Transformer,我们使用图 14.11(d)的卷积自注意力。

在图 14.11 中,文本编码的长度是 6,图像编码的长度是 16。图 14.11(a)是行注意力,每个标志只关注最相关的 5 个标志,图 14.11(b)是列注意力,图 14.11(c)是转置图像的列注意力,它能够更好地利用 GPU,图 14.11(d)是卷积自注意力。

---

① 参见 Rewon Child、Scott Gray、Alec Radford 等人的论文 "Generating Long Sequences with Sparse Transformers"。

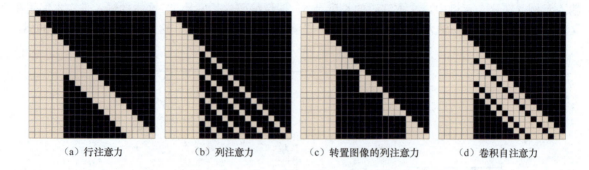

(a)行注意力　　　(b)列注意力　　　(c)转置图像的列注意力　　　(d)卷积自注意力

图 14.11　DALL-E 阶段二的 3 种稀疏自注意力掩码示意

14.3.4　图像生成

DALL-E 的图像生成过程如图 14.12 所示，先输入文本并将其编码成特征向量，然后将特征向量送入自回归的 Transformer 中生成图像的标志，再将图像的标志送入 dVAE 的解码器中得到生成图像（样本），最后通过 CLIP 对生成样本进行评估（重排序），得到最终的生成结果。

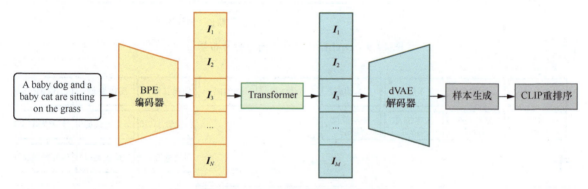

图 14.12　DALL-E 的图像生成过程

14.3.5　混合精度训练

为了提升计算效率，DALL-E 的大量参数以及激活函数都使用了 16 位的低精度存储。这种低精度模型的最大挑战是梯度下溢的问题，也就是计算的梯度值超出了 16 位浮点数能表示的最低值。DALL-E 使用了大量的技术来解决这一问题（读者请参阅论文的附录 D），这里重点介绍其中最重要的一个技术：每个残差块的梯度缩放（per-resblock gradient scaling）。

传统的低精度训练通过将梯度值限制在一个模型能表示的范围内来避免梯度下溢。但是这种粗暴地限制每一个梯度的范围的方法并不适合 DALL-E 这种根据文本生成图像的更复杂的任务，它需要更高的精度表示。DALL-E 的策略是对每个残差块使用单独的梯度缩放比例，因此它被命名为混合精度训练。它的核心点如下：

- 对每个残差块进行缩放替代传统的对损失函数进行缩放；
- 只在有必要使用低精度浮点数来提速的地方才使用 16 位精度表示；
- 除以梯度的时候避免下溢。

DALL-E 的混合精度训练如图 14.13 所示，其中实线表示前向传播的计算顺序，虚线表示反向传播的计算流程，f 表示正向计算的函数，Df 表示反向计算的函数的梯度。在前向计算时，对于单位映射我们先将其缩小到 16 位精度，当完成卷积运算时，我们再将其放大到 32 位精度。在进行反向计算时，我们先对梯度进行放大和过滤，其中过滤操作会将所有 NaN 和 Inf 的值置 0，经过卷积操作权值的更新后再将梯度放大到 32 位精度。

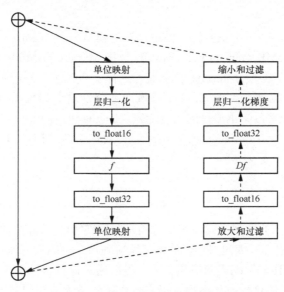

图 14.13　DALL-E 的混合精度训练

14.3.6　分布式运算

DALL-E 的模型即使用 16 位的精度来存储，也要占用大约 24GB 的显存，这超过了论文作者训练环境的单卡（NVIDIA V100 16G）的硬件显存，这里他们使用了参数分片（Parameter Sharding）[1]来解决显存不足的问题。在进行模型的参数分片训练时，一个问题是不同机器的通信问题，它们之间的带宽是远小于同一台机器的不同显卡之间的带宽的，这成为多机多卡训练的一个瓶颈。这里 DALL-E 使用了 PowerSGD[2]压缩梯度来大幅降低带宽成本。

14.3.7　小结

从上面的分析中我们可以看出 DALL-E 又是一个 OpenAI 风格的作品，模型创新不多，但是靠着庞大的数据量和参数数量取得了令人惊叹的效果。论文中涉及的一些创新更多的是针对研发过程中遇到的问题的对症下药。但技术上的创新匮乏并不能掩盖它对于深度学习领域的巨大贡献，最起码它证实了深度学习在使用大量参数和数据的方向上的无限可能性。此外，关于 DALL-E 的混合梯度和分布式运算，它们的作用更多是实现了训练效率的提升，这里不过多介绍，感兴趣的读者可以阅读 DALL-E 的论文以及它涉及的相关参考文献。

---

[1] 参见 Samyam Rajbhandari、Jeff Rasley、Olatunji Ruwase 等人的论文"ZeRO: Memory Optimizations Towards Training Trillion Parameter Models"。
[2] 参见 Thijs Vogels、Sai Praneeth Karimireddy、Martin Jaggi 的论文"PowerSGD: Practical Low-Rank Gradient Compression for Distributed Optimization"。

14.4 VLMo

在本节中，先验知识包括：
- BEiT v1（13.2 节）；
- ViLBERT（14.1 节）。
- CLIP（14.2 节）；

本节我们介绍董力团队的一个重要的多模态预训练模型——VLMo[1]。VLMo 的核心创新点是提出了一个多路模型：MoME Transformer（MoME 是指 Mixture-of-Modality-Experts，即混合模态专家）。MoME Transformer 在 Transformer 的基础上进行了多模态的适配和改进，它由 1 个共享的自注意力层和 3 个独立的领域专家构成，3 个领域专家分别是专门用于学习图像信息的视觉专家（vision expert），专门用于学习文本信息的语言专家（language expert）以及用于学习图像 - 文本多模态信息的视觉语言专家（vision-language expert）。针对这个新结构，VLMo 具有专属的分阶段训练策略，下面我们将详细介绍 VLMo。

14.4.1 算法动机

多模态模型有两个不同的发展方向，一个方向是我们在 14.2 节介绍的 CLIP，它假设存在一个特征空间，图像 - 文本对将不同编码器生成的特征映射到这个空间后可以得到相同的特征向量，因此它使用两个独立的编码器分别编码图像和文本，然后通过计算特征的相似度来进行模型的训练。但是实验结果表明，CLIP 的这种方法在视觉语言推理类任务上的表现并不理想。一个可能的原因是双编码器的结构在编码阶段缺乏模态之间的交互，模型在编码阶段并不能充分利用另一个模态的信息。

多模态模型的另一个方向是以 ViLBERT 为代表的融合类模型，它通过一个融合模块来融合文本模态和图像模态的特征。这类算法在进行视觉语言推理时速度非常慢，因为虽然在非融合层我们可以独立地计算每个图像和文本，但是在融合层我们需要计算的是所有的图像 - 文本对。对比其他线性级的计算复杂度，融合类方法的平方级的计算复杂度的计算速度要慢很多。

考虑到上面两个方向各自的缺点，作者借鉴 Switch Transformer[2]的思想，提出了一个结合双编码器和融合编码器优点的模型——MoME Transformer。VLMo 和融合模型都是单编码器的结构，这种统一的架构使得模态之间的交互成为可能。另外，VLMo 在计算特征时独立地预测每个样本的特征，不存在图像和文本的特征交叉，具有线性级的复杂度。所以 VLMo 的核心创新点有两个，一个是 MoME Transformer，另一个是多模态数据的预训练策略。

14.4.2 MoME Transformer

VLMo 仅仅使用一个编码器，便可以输入图像、文本和图像 - 文本 3 种模态的数据。该功能的实现正是依赖图 14.14 所示的 MoME Transformer 的结构。

我们从下向上分析 MoME Transformer 的结构。首先，它的输入是一个多模态的输入。接着是

---

[1] 参见 Hangbo Bao、Wenhui Wang、Li Dong 等人的论文 "VLMo: Unified Vision-Language Pre-Training with Mixture-of-Modality-Experts"。

[2] 参见 William Fedus、Barret Zoph、Noam Shazeer 的论文 "Switch Transformers: Scaling to Trillion Parameter Models with Simple and Efficient Sparsity"。

一个共享的多头自注意力层，这一部分主要的作用是让不同模态的输入特征进行交互。再往上是一个模态切换专家（Switching Modality Expert，SME），SME 的作用是根据输入数据的类型选择训练不同的前馈神经网络（Feed Forward Network，FFN）。根据输入数据的 3 种类型，SME 也由 3 个不同的专家组成，分别是视觉专家（V-FFN）、语言专家（L-FFN）和视觉语言专家（VL-FFN）。

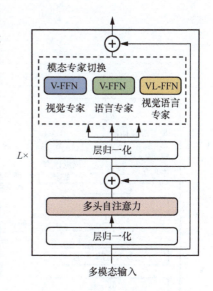

图 14.14　VLMo 中的 MoME Transformer 的结构

1. MoME Transformer 的输入

图像输入：VLMo 采用了 ViT 中的图像块的输入方式。对于一幅图像 $v \in \mathbb{R}^{H \times W \times C}$，我们把它 reshape 成一个由 N 个图像块 v 组成的序列，其中 $N = HW/P^2$，$v^p \in \mathbb{R}^{N \times (P^2 C)}$。在上面的定义中，$(H, W, C)$ 是彩色图像的宽、高和通道数，(P, P) 是每个图像块的分辨率。此外，在 VLMo 中，它的每个输入会添加一个 [I_CLS] 标志来学习图像的全局信息。最后，在图像输入中，我们还需要添加一个位置编码 V_{pos} 和类型编码 V_{type}。综上，VLMo 的图像输入表示为 $H_0^v = [v_{[\text{I\_CLS}]}, Vv_i^p, \cdots, Vv_N^p] + V_{\text{pos}} + V_{\text{type}}$，其中 $V \in \mathbb{R}^{P^2 C \times D}$ 是线性映射。

文本输入：VLMo 处理文本数据的方式和 BERT 的策略类似，它们都是采用 BPE 进行词编码，然后在分词结果中添加 [T_CLS] 做全句信息的学习以及 [T_SEP] 做不同句子的区分。最终，VLMo 的文本输入 $H_0^w \in \mathbb{R}^{(M+2) \times D}$ 表示为词编码、位置编码和类型编码的单位和，即 $H_0^w = [w_{[\text{T\_CLS}]}, w_i, \ldots, w_M, w_{[\text{T\_SEP}]}] + T_{\text{pos}} + T_{\text{type}}$。

图像 - 文本输入：VLMo 的图文编码是由图像编码和文本编码拼接而成，即 $H_0^{vl} = [H_0^w; H_0^v]$。

2. MoME Transformer 公式化描述

如图 14.14 所示，MoME Transformer 的两个组成分别是共享的多头自注意力（Multi-Head Self-Attention, MSA）和适配不同任务的专家层。给定输入数据 H_{l-1}，我们先将它输入共享的多头自注意力层，然后 MoME Transformer 根据不同的输入数据类型，选择切换不同的专家进行训练。MoME Transformer 的计算方式为：

$$H_l' = \text{MSA}(\text{LN}(H_{l-1})) + H_{l-1}$$
$$H_l = \text{MoME} - \text{FFN}(\text{LN}(H_l')) + H_l' \quad (14.10)$$

14.4.3　VLMo 预训练

因为涉及多模态的数据和专家，VLMo 的预训练任务也分成了几种不同的类型：对图像或者文本的单模态数据的训练，对混合图文数据的多模态数据的训练。VLMo 有对比学习、图像 - 文本对匹配、MLM 这 3 个任务，预训练细节如图 14.15 所示。

1. 单模态数据训练

对于纯文本数据，VLMo 采用了 BERT 的 MLM 进行模型的预训练。对于纯图像数据，VLMo 采用了 BEiT 的 MIM 进行预训练。

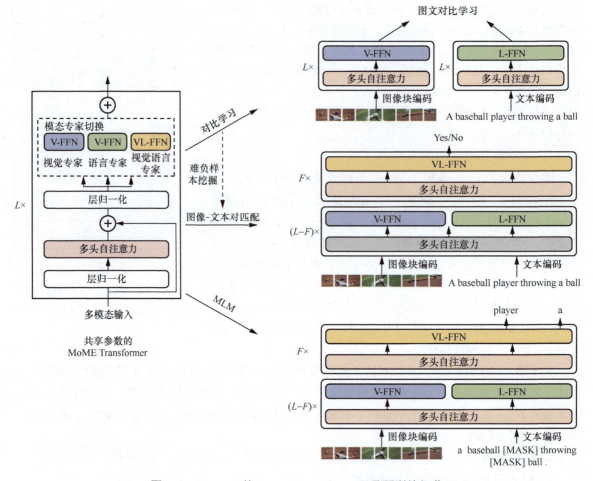

图 14.15 VLMo 的 MoME Transfomer 以及预训练细节

2. 多模态数据训练

对比学习：类似于 CLIP，对于一个批次中的 N 个图像-文本对，我们可以构建 N^2 个不同的样本，其中 N 个正样本、N^2-N 个负样本。根据 [I_CLS] 和 [T_CLS] 两个标志的输出，我们分别可以得到图像和文本的聚合信息，然后经过一层线性映射和归一化，我们得到图像的特征向量 $\{\hat{\boldsymbol{h}}_i^v\}_{i=1}^N$ 以及文本的特征向量 $\{\hat{\boldsymbol{h}}_i^w\}_{i=1}^N$。接下来，通过向量的点乘，我们可以得到图像到文本（v → w）以及文本到图像（w → v）的相似性，如式（14.11）。

$$\begin{aligned} s_{i,j}^{\text{v2w}} &= \hat{\boldsymbol{h}}_i^{v\top} \hat{\boldsymbol{h}}_j^w \\ s_{i,j}^{\text{w2v}} &= \hat{\boldsymbol{h}}_i^{w\top} \hat{\boldsymbol{h}}_j^v \end{aligned} \tag{14.11}$$

最后通过 softmax 操作，我们可以得到图像-文本对的匹配概率：

$$\begin{aligned} p_i^{\text{v2w}} &= \frac{\exp(s_{i,j}^{\text{v2w}}/\sigma)}{\sum_{j=1}^N \exp(s_{i,j}^{\text{v2w}}/\sigma)} \\ p_i^{\text{w2v}} &= \frac{\exp(s_{i,i}^{\text{w2v}}/\sigma)}{\sum_{j=1}^N \exp(s_{i,j}^{\text{w2v}}/\sigma)} \end{aligned} \tag{14.12}$$

其中，σ 是 softmax 中可学习的温度参数。

图文匹配：VLMo 将 softmax 作用在 [T_CLS] 对应的特征向量上以得到是否匹配的概率。受到 ALBEF[①] 的启发，VLMo 采用了根据对比学习采样图文匹配的难样本的策略。不同的是，VLMo 的难样本挖掘是跨 GPU 的，而 ALBEF 是不跨 GPU 的。

MLM：VLMo 在 MLM 中引入了视觉线索。也就是说，VLMo 会将句子中的 15% 的单词替换为掩码，然后将匹配图像和被替换为掩码的句子共同输入模型进行训练。

3．阶段预训练

因为 MoME Transformer 中使用了参数共享的 MSA 以及参数独立的 3 个专家，并且 VLMo 中引入了 3 种不同输入数据的预训练任务，因此我们需要一个合适的调度算法来训练模型，即阶段预训练（stagewise pre-training）。

在进行模型预训练时，一个常见的策略是先使用易获得的海量数据进行训练，使模型优化到一个比较好的参数值后，再在比较难获得的数据上进行微调，使得模型在样本数较少的下游任务上也能获得不错的泛化能力。基于这个思想，VLMo 的阶段预训练如图 14.16 所示。它先冻结语言专家和视觉语言专家的参数，通过 MIM 预训练任务在纯图像数据上训练视觉专家。然后冻结共享的 MSA 以及视觉专家和视觉语言专家的参数，通过 MLM 预训练任务在纯文本数据上训练语言专家。最后它解冻所有参数，通过样本数较少的图文数据集的 3 个任务训练所有的参数。

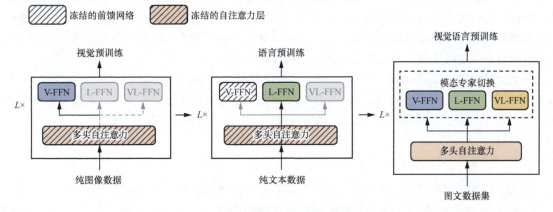

图 14.16　VLMo 的阶段预训练

那么为什么要采用这种训练方式呢？首先，ViLT 的论文[②]中表明，使用图像预训练的 ViT 作为初始化模型要比使用纯文本训练的 BERT 作为初始化模型效果好，因此 VLMo 最先训练的是视觉专家，这里其实是训练出了一个 BEiT。在进行第二步训练时，作者冻结了共享层和视觉专家而只训练语言专家。这样就保证了在 BEiT 的所有参数不变的情况下也能得到一个不错的语言专家模型。不冻结共享层的话，语言专家的训练会破坏 BEiT 的部分参数，那么第一步的训练也就没有意义了。最后一步类似于根据少量图文样本微调，因为样本数较少，并不会过分影响已经训练好的 MIM 任务和 MLM 任务得到的参数。因此通过这个策略，我们可以得到一个在所有任务上均有一定效果的模型。

4．下游任务微调

上文提到以 CLIP 为代表的双编码器结构模型和以 ViLBERT 为代表的融合类模型在进行视觉语言推理任务上存在各自的问题，而 VLMo 可以解决这个问题，那么 VLMo 是如何进行下游任务

[①] 参见 Junnan Li、Ramprasaath R. Selvaraju、Akhilesh D.Gotmare 等人的论文 "Align before Fuse: Vision and Language Representation Learning with Momentum Distillation"。

[②] 参见 Wonjae Kim, Bokyung Son, Ildoo Kim 的论文 "ViLT: Vision-and-Language Transformer Without Convolution or Region Supervision"。

的微调的呢？这里我们介绍两类任务，图文匹配任务（Image-Text Matching Task，ITM）和图文分类任务（Image-Text Classification Task，ITC），它们的核心内容如图 14.17 所示。

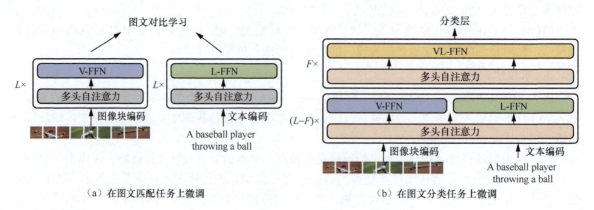

图 14.17　VLMo 的下游任务微调

图文匹配任务：VLMo 的论文中为视觉语言检索任务（vision language retrieval task）。对于图文匹配任务，VLMo 可以被看作一个双编码器模型，它可以独立地计算图像数据和文本数据的特征向量。在微调的时候，我们可以通过对比学习来调整模型参数。在推理的时候，我们可以独立地计算所有图像数据和文本数据的特征向量，然后通过矩阵乘法得到图文匹配的相似度矩阵。VLMo 在这里的时间复杂度是线性的，因此速度要比融合类模型快很多。

图文分类任务：VLMo 的论文中为视觉语言分类任务（vision language classification task）。对于像 VQA 这样的图文分类任务，VLMo 可以作为一个融合类模型同时处理图像 - 文本对，然后通过 [T_CLS] 得到图像 - 文本对的特征向量，最后通过一个分类层得到分类结果。

14.4.4　小结

VLMo 是在多模态预训练方向上一个非常重要且有意思的模型，它提出了一个可切换不同专家的 MoME Transformer 结构，解决了双编码器结构模型和融合类模型的问题，并在 VQA、NLVR2 达到了主流的效果。VLMo 的这个结构也被应用到下一节将介绍的 BEiT v3 中。

14.5　BEiT v3

在本节中，先验知识包括：
- BEiT v1（13.2 节）；
- BEiT v2（13.3 节）。
- VLMo（14.4 节）；

在之前我们介绍了 BEiT v1、BEiT v2 和 VLMo，都是为介绍 BEiT v3[1]做铺垫。BEiT v3 的论文中指出，自然语言处理和计算机视觉的统一已在模型结构、预训练任务、更大规模的模型和训练数据 3 个方向上逐渐显现。BEiT v3 可以说是一个在预训练任务上的全能展示，它几乎在所有的图像 -

---

[1] 参见 Wenhui Wang、Hangbo Bao、Li Dong 等人的论文"Image as a Foreign Language: BEiT Pretraining for All Vision and Vision-Language Tasks"。

文本对多模态任务上都达到了匹敌 Coca[1]、Flamingo[2]、Florence v1[3] 以及之前主流模型的效果，如图 14.18 所示。BEiT v3 从模型结构、预训练任务、更大规模的模型和训练数据 3 个角度进行了探索和优化，它引用了 VLMo 提出的 MoME Transformer 作骨干网络，引用了 BEiT v1 提出的 MIM 作预训练任务，并借鉴了 ViT-Giant[4] 的思想将模型参数数量增加到了 19 亿。

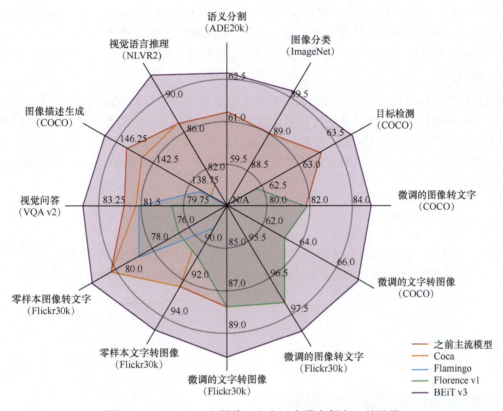

图 14.18　BEiT v3 在图像 - 文本对多模态任务上的效果

14.5.1　背景：大融合

在 BEiT v3 的论文中以及论文作者的多次演讲中都提到了近年来计算机视觉和自然语言处理呈现了逐步融合的趋势。通过本书前面的章节，我们可以看出它们从模型结构、预训练任务和更大规模的模型和训练数据上来看都呈现了高度的一致性，这就是所谓的大融合。

1．模型结构的融合

NLP 模型的基本组成是 RNN、Attention 等，直到 2017 年 Transformer 横空出世，立马刷新了自然语言处理的各种榜单。而在 Transformer 之前，计算机视觉模型的基本组成模块是卷积、池化等。随着 2020 年 ViT 的出现，Transformer 取代卷积是越来越明显的趋势。本节介绍的 BEiT v3 正是采用了由 Transformer 改进的 MoME Transformer 作为基础结构。由此可见，图像预训练和文本预

---

[1] 参见 Jiahui Yu、Zirui Wang、Vijay Vasudevan 等人的论文"CoCa: Contrastive Captioners are Image-Text Foundation Models"。
[2] 参见 Jean-Baptiste Alayrac、Jeff Donahue、Pauline Luc 等人的论文"Flamingo: a Visual Language Model for Few-Shot Learning"。
[3] 参见 Lu Yuan、Dongdong Chen、Yi-Ling Chen 等人的论文"Florence: A New Foundation Model for Computer Vision"。
[4] 参见 Xiaohua Zhai、Alexander Kolesnikov、Neil Houlsby 等人的论文"Scaling Vision Transformers"。

训练在模型结构上通过 Transformer 实现了融合。

2．预训练任务的融合

预训练的本质是通过海量数据和自监督任务来学习文本的通用语义特征。BERT 提出了 MLM 任务和 NSP 任务，之后又有对比学习、句子顺序预测等任务。但最被业内认可的预训练任务还是 BERT 最先提出的 MLM 任务。在图像预训练算法中，初始的策略是预测被替换为掩码的像素。之后的优化方法，如预测掩码区域对应的视觉标志、预测高维特征等的本质都是 MLM，不过它在视觉任务中被叫作 MIM。由此可见，图像预训练和文本预训练在训练方式上通过 MLM 实现了融合。

3．模型放大

预训练任务一经提出，使用更大的模型和更多的数据便成了主流的研究方向。从最开始使用 1 亿条数据的 BERT 到现在使用几千几万亿条数据的 GPT 等模型，它们都表明了使用更多数据训练的更大模型拥有更强的泛化能力。在我们以往的认知中，训练大模型往往需要海量数据以及超强算力的支持，但是 BEiT v3 在没有采集任何私域数据的情况下达到了图 14.18 所示的效果，它是怎么做到的呢？

14.5.2 BEiT v3 详解

BEiT v3 的核心内容如图 14.19 所示，它的输入是多模态的数据，包含图像、文本以及图像-文本对，并使用了多路（multiway）Transformer（VLMo 的 MoME Transformer）作为主要结构。

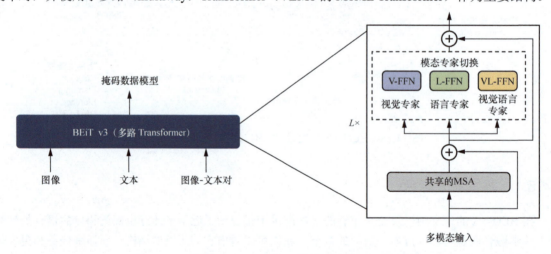

图 14.19 BEiT v3 的核心内容

1．多路 Transformer

多路 Transformer 的结构如图 14.19 右侧所示，接着输入层的是一个共享的 MSA，之上是根据输入数据的不同模态，参数独立的 3 个前馈网络。不同于 VLMo 的是，BEiT v3 共有 40 层，但它只在模型的最后 3 层使用这个由 3 个专家组成的结构，而在其他层均使用了由视觉专家和语言专家两个系统组成的结构，如图 14.20 所示。

BEiT v3 的结构使其可以被广泛地应用到不

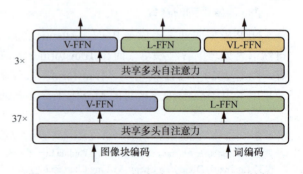

图 14.20 BEiT v3 的多路 Transformer 的结构

同的下游任务中，如图 14.21 所示。图 14.21（a）针对图像单模态任务（MIM、图像分类、图像分割、目标检测等），我们可以将视觉专家作为骨干网络；图 14.21（b）针对文本单模态任务（MLM 等），我们只使用语言专家进行计算；图 14.21（c）针对图文任务（VQA、NLVR2 等），我们可以使用融合类模型联合编码图像 - 文本对；图 14.21（d）针对图文匹配这种需要计算所有图像 - 文本对的任务，我们可以将多路 Transformer 作为两个独立的编码器分别得到图像和文本的特征向量；图 14.21（e）针对图文生成任务，我们可以将图像专家作为编码器，将语言专家作为解码器。

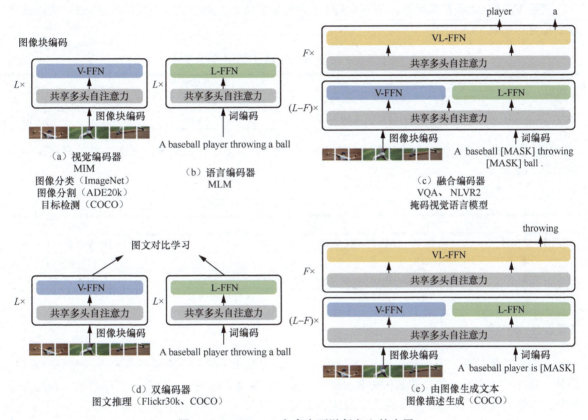

图 14.21　BEiT v3 在多个下游任务上的应用

2．预训练任务

在 BEiT v3 中，它将 MLM 和 MIM 统一命名化为掩码数据模型（Masked Data Model，MDM），因为它们的共同点是在输入的时候将输入数据的一部分内容替换为掩码，然后根据其他部分预测被替换为掩码的部分。正如论文中所说的，图像也可以看作另一种形式的语言。但是因为输入数据的模态不同，文本和图像的预训练任务在细节上有些许差异，具体如下。

- 文本数据是通过 SentencePiece[①]对其进行分词（tokenization），图像数据是通过 BEiT v2 提出的 VQ-KD 进行标志化。
- 当输入数据是纯文本时，掩码的比例是 10%；当输入数据是纯图像时，使用 BEiT v1 中提出的块级别掩码策略，掩码的比例是 40%；当输入数据是图像 - 文本对时，会对文本的 50% 进行掩码。

---

① 参见 Taku Kudo、John Richardson 的论文"SentencePiece: A simple and language independent subword tokenizer and detokenizer for Neural Text Processing"。

BEiT v3 并没有使用对比学习，论文中给出的理由是对比学习只有当批次大小比较大的时候才能取得比较好的效果，但是当批次大小比较大的时候我们往往需要比较大的显存，而当硬件资源固定的时候，我们只能通过压缩模型的体积来达到比较好的对比学习的效果。也就是说，当硬件资源固定的时候，对比学习往往会限制模型的大小。但更多的研究表明，模型的参数数量往往比对比学习更加重要。

3. 大模型，大数据

借鉴 ViT-Giant 的参数配置，BEiT v3 将它的参数数量扩大到 19 亿，它具体的网络结构以及参数数量分布如表 14.1 所示。

表 14.1 BEiT v3 的网络结构以及参数数量分布

模型	层数	隐层节点数	MLP 大小	参数数量				
				V-FFN	L-FFN	VL-FFN	共享注意力	总计
BEiT v3	40	1408	6144	6.92×10^8	6.92×10^8	5.2×10^7	3.17×10^8	1.9×10^9

BEiT v3 的训练数据取自主流的开源数据，包括图像 - 文本对、图像、文本 3 类，它具体的内容如表 14.2 所示。

表 14.2 BEiT v3 的训练数据具体来源

数据	来源	大小
图像 - 文本对	CC12M, CC3M, SBU, COCO, VG	2.1×10^7 个图像 - 文本对
图像	ImageNet-21K	1.4×10^7 幅图像
文本	English Wikipedia, BookCorpus, OpenWebText, CC-News, Stories	160 GB 文本

14.5.3 小结

人类对数据的感知天生是多模态的，因此多模态也是未来的一个重要的研究方向和应用方向。此外，正如论文中所说的，图像和文本的算法在多个角度越来越统一。将不同领域的知识和能力互相复用，共同提升，将进一步促进人工智能的发展。

附录 A 双线性插值

线性插值：线性插值指的是已知直线上两点 (x_0, y_0)、(x_1, y_1)，则在 $[x_0, x_1]$ 区间内任意一点 $[x, y]$ 满足式（A.1）。

$$\frac{y - y_0}{x - x_0} = \frac{y_1 - y_0}{x_1 - x_0} \tag{A.1}$$

双线性插值：双线性插值即在二维空间的每个维度分别进行线性插值，如图 A.1 所示。

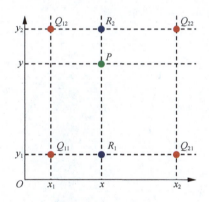

图 A.1 双线性插值

已知二维空间中 4 个点 $Q_{11}=(x_1, y_1)$，$Q_{12}=(x_1, y_2)$，$Q_{21}=(x_2, y_1)$，$Q_{22}=(x_2, y_2)$，我们要求的是空间中 4 个点的中点 $P = (x, y)$ 的值 $f(P)$。

首先在 y 轴上进行线性插值得到 R_1 和 R_2：

$$f(R_1) = f(x, y_1) = \frac{x_2 - x}{x_2 - x_1} f(Q_{11}) + \frac{x - x_1}{x_2 - x_1} f(Q_{21}) \tag{A.2}$$

$$f(R_2) = f(x, y_2) = \frac{x_2 - x}{x_2 - x_1} f(Q_{12}) + \frac{x - x_1}{x_2 - x_1} f(Q_{22}) \tag{A.3}$$

再根据 R_1 和 R_2 在 x 轴上进行线性插值：

$$f(P) = \frac{y_2 - y}{y_2 - y_1} f(x, y_1) + \frac{y - y_1}{y_2 - y_1} f(x, y_2) \tag{A.4}$$

附录 B 匈牙利算法

匈牙利算法是指用来解决二部图匹配相关问题的算法。二部图（bipartite graph）是一种特殊的图，它分成两个部分，单个部分内部没有连接，它的连接只存在不同的两个部分的节点之间，如图 B.1 所示。

举个例子，二部图的一部分代表男孩，另一部分代表女孩，它们之间有连线代表两个异性之间有好感，如图 B.2 所示，Boys 集合有 4 个男孩，Girls 集合有 4 个女孩，连线代表他们有可能凑成一对情侣，那么怎么组合才能凑成最多对的情侣呢？

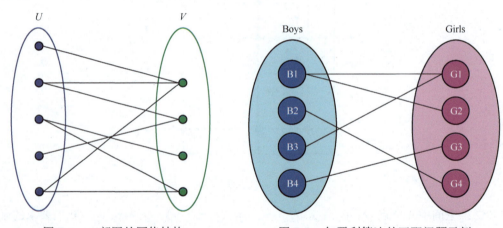

图 B.1　二部图的网络结构　　　　图 B.2　匈牙利算法的匹配问题示例

首先 B1 和 G1 之间有连线，我们将他们凑成一对，表示为 (B1, G1)，然后是 (B2, G4)，遍历到 B3 时我们发现他只和 G1 有可能，但是 G1 已经名花有主了。我们发现 G1 的对象 B1 和 G2 还有连线，那么我们就将 B1 和 G2 凑成一对，B3 和 G1 凑成一对，最后 B4 和 G3 凑成一对，最终得到的匹配方式为 (B1, G2)、(B2, G4)、(B3, G1)、(B4, G3)。上述匹配便是匈牙利算法的流程。

附录 C Shift-and-Stitch

当使用 CNN 搭建语义分割网络时，CNN 通常需要通过步长大于 2 的卷积或者池化来扩大感受野。通常，输出层的特征图的尺寸都要比输入图像小很多倍，那么通过这个缩小的特征图得到的掩码则会拥有非常严重的区块感，这种预测方式通常叫作稀疏预测。如果我们想要得到区块感不那么严重的掩码，就必须进行密集预测。Shift-and-Stitch 便是进行密集预测常见的策略，它通过对输入图像进行移位（shift），得到若干个小尺寸的输入图像，然后单独对每个小尺寸的图像进行分割掩码的计算，最后将这些掩码缝合（stitch）起来，得到一个高分辨率的掩码图。

Shift-and-Stitch 的计算方法是由 MUST-CNN（multilayer Shift-and-Stitch）[1] 提出的，不同于论文中只进行了向右移位，这里要介绍的是进行向左移位和向上移位，其他移动方式得到的效果类似。简单来说，假设网络是一个步长为 2 的平均池化，我们看一下通过 Shift-and-Stitch 会得到什么样的结果。

Shift-and-Stitch 的第一步便是进行移位，论文中又被叫作 Shift-and-Pad，在这里我们对图像进行 4 组移位操作：不动，左移，上移，左上移。移位是补 0 移位，移位之后便可以得到 4 幅新的输入图像，如图 C.1 所示，其中灰色部分的值是 0。

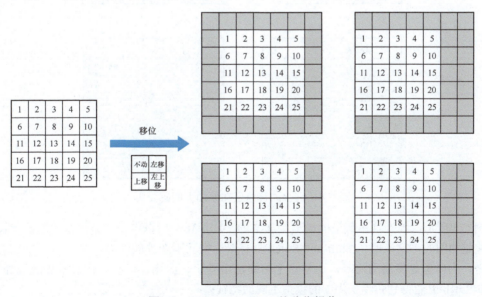

图 C.1 Shift-and-Stitch 的移位操作

---

[1] 参见 Lin, Zeming、Jack Lanchantin、Yanjun Qi 等人的论文"MUST-CNN: a multilayer shift-and-stitch deep convolutional architecture for sequence-based protein structure prediction"。

对这 4 个输入分别进行步长为 2 的平均池化，得到图 C.2 所示的 4 个输出。

最后，将这 4 个输出缝合到一起，得到最终的输出，如图 C.3 所示。

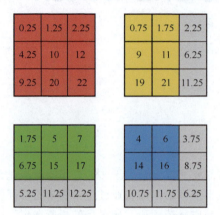

图 C.2　4 个输入经过平均池化之后的 4 个输出 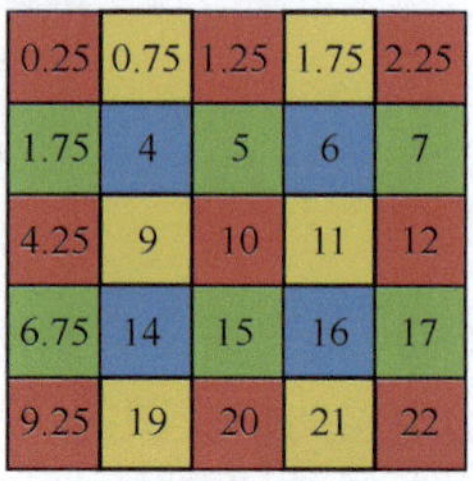　　图 C.3　4 个输出缝合之后的结果

它的缝合顺序依据的是计算当前输出的感受野的位置，图 C.3 中每像素的感受野如图 C.4 所示。

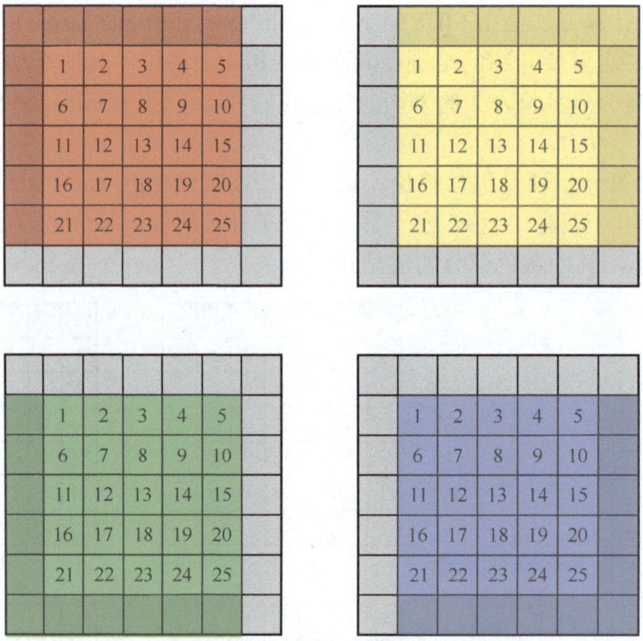

图 C.4　缝合的每像素在原图上的感受野

如图 C.4 所示，因为这里假设的模型是 2×2 的平均池化，所以得到的结果和普通的步长为 1 的平均池化是相同的，这证明了 Shift-and-Stitch 具有保证空间不变性的能力。

但是，当模型是多层网络时，通常这个网络是由卷积、池化、批归一化、激活函数等组成的，Shift-and-Stitch 更能得到和步长为 1 的模型不同的特征。

那么，怎样操作才能保证结果的一致性呢？那就是使用空洞卷积。正如论文中所说：Shift-and-Stitch 相当于空洞卷积。假设操作仅包含一个池化层和一个卷积层，我们对比一下它们的异同：

- Shift-and-Stitch 首先将输入移位成 s^2 个输入，然后经过降采样得到 s^2 个输出，输出经过若干卷积层后依旧是 s^2 个输出，最后将它们缝合成一个 $w \times h$ 的输出；
- 将降采样的步长设置为 1，然后使用式（C.1）中膨胀系数为 s 的空洞卷积核进行计算，最终得到输出的大小也是 $w \times h$。

$$f_{i,j}' = \begin{cases} f_{i/s, j/s} & i/s, j/s \in \mathbb{I} \\ 0 & 其他 \end{cases} \tag{C.1}$$

很明显，Shift-and-Stitch 方法的计算量要大于空洞卷积，但是它们有相同的计算结果。如图 C.5 所示，如果 Shift-and-Stitch 的卷积核和空洞卷积的非 0 部分的值相同，那么特征图被卷积之后的值是相同的。例如和红色特征图的像素的卷积计算均可以表达为式（C.2）。其他颜色的输入以此类推，也可以得到相同的计算结果。

$$0.25 \times w_5 + 1.25 \times w_6 + 10 \times w_8 + 12 \times w_9 \tag{C.2}$$

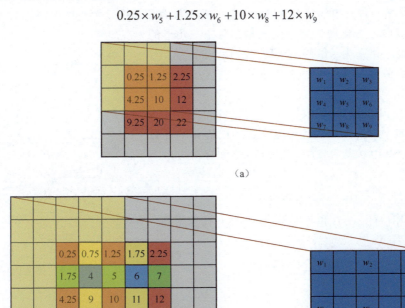

（a）

（b）

图 C.5　Shift-and-Stitch 和空洞卷积拥有相同的效果

当降采样之后跟着不止一个卷积操作时，为了保证结果的一致性，后面的卷积核也要使用膨胀系数为 s 的卷积核。

附录 D 德劳内三角化

德劳内三角化是一种三角剖分 DT(P)，使得在 P 中没有点严格处于 DT(P) 中任意一个三角形外接圆的内部。德劳内三角化最大化了此三角剖分中三角形的最小角，换句话说，此算法尽量避免出现"极瘦"的三角形，如图 D.1 所示。德劳内三角化能够有效去除字符区域之间不必要的连接。

在图 $G=\{U, E\}$ 中，U 表示图的顶点，即字符的位置。E 表示图的边，即两个字符之间的相似度，边的权值 w 的计算方式为式（D.1），其中 e 表示节点 i 和节点 j 之间存在边。

$$w = \begin{cases} s(i,j) & e \in T \\ 0 & 其他 \end{cases} \quad (D.1)$$

$s(i,j)$ 由空间相似性 $a(i,j)$ 和角度相似性 $o(i,j)$ 计算得到：

$$s(i,j) = \frac{2a(i,j)o(i,j)}{a(i,j)+o(i,j)} \quad (D.2)$$

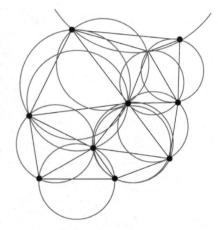

图 D.1 德劳内三角化

空间相似性定义为：

$$a(i,j) = \exp\left(-\frac{d^2(i,j)}{2D^2}\right) \quad (D.3)$$

其中，$d(i,j)$ 是 (u_i, u_j) 之间的欧氏距离，D 是整个三角形的边长均值。角度相似性 $o(i,j)$ 定义为：

$$o(i,j) = \cos(\Lambda(\phi(i,j) - \psi(i,j))) \quad (D.4)$$

其中，$\phi(i,j)$ 表示 (u_i, u_j) 形成的直线与水平方向的夹角，$\psi(i,j)$ 表示两个节点之间的区域的所有像素的夹角的平均值，Λ 表示两个角度的夹角。

综上可以看出，$s(i,j)$ 和 $d(i,j)$ 成反比，也就是两个字符的距离越近，这两个字符的相似度越高；$s(i,j)$ 和 $\phi(i,j)$ 也成反比，即两个字符的角度越小（越接近水平文本行），这两个字符的相似度越高。

附录 E 图像梯度

一幅清晰的图像往往拥有强烈的灰度变化和层次感，一幅模糊的图像则灰度变化不明显。而图像梯度往往就是用来衡量图像灰度的变化率的。图像可以看作二维离散函数，图像梯度便是这个二维离散函数的导数。

离散函数的导数往往使用差商的方式进行计算，例如中心差商，如式（E.1）。

$$f'(x) = \lim_{h \to 0} \frac{f(x+h) - f(x-h)}{2} \tag{E.1}$$

在图像中，$h=1$，中心差商简化为式（E.2）。

$$f'(x) = \frac{f(x+1) - f(x-1)}{2} \tag{E.2}$$

上述操作对应的一维卷积核为 [-1,0,1]。如果考虑到上下两行和当前行（当前行拥有更高的权值），我们便可以得到 Sobel 卷积核，如式（E.3）。

$$\text{Sobel}_x = \begin{bmatrix} 1, & 0, & -1 \\ 2, & 0, & -2 \\ 1, & 0, & -1 \end{bmatrix} \tag{E.3}$$

上面的卷积核计算的是图像在 x 方向的梯度。同理，我们也可以得到计算图像在 y 方向的梯度的卷积核 Sobel_y，如式（E.4）。

$$\text{Sobel}_y = \begin{bmatrix} 1, & 2, & 1 \\ 0, & 0, & 0 \\ -1, & -2, & -1 \end{bmatrix} \tag{E.4}$$

那么，图像在两个方向的梯度便可以通过两个卷积操作来完成，如式（E.5）。

$$\begin{aligned} \frac{\partial f}{\partial x} &= \text{Sobel}_x \otimes f \\ \frac{\partial f}{\partial y} &= \text{Sobel}_y \otimes f \end{aligned} \tag{E.5}$$

如果图像的梯度向量为 $\nabla f = \left[\frac{\partial f}{\partial x}, \frac{\partial f}{\partial y} \right]$，那么图像的梯度值可以表示为式（E.6）：

$$\|\nabla f\| = \sqrt{\left(\frac{\partial f}{\partial x}\right)^2 + \left(\frac{\partial f}{\partial y}\right)^2} \tag{E.6}$$

附录 F　仿射变换矩阵

仿射变换（affline transformation）是一种二维坐标到二维坐标的线性变化，其保持了二维图形的平直性（straightness，即变换后直线依旧是直线，不会变成曲线）和平行性（parallelness，即平行线依旧平行，不会相交）。仿射变换可以由一系列原子变换构成，其中包括平移（translation）、缩放（scale）、翻转（flip）、旋转（rotation）和剪切（crop）。仿射变换可以用式（F.1）表示。

$$\begin{bmatrix} x' \\ y' \\ 1 \end{bmatrix} = \begin{bmatrix} \theta_{11} & \theta_{12} & \theta_{13} \\ \theta_{21} & \theta_{22} & \theta_{23} \\ 0 & 0 & 1 \end{bmatrix} \begin{bmatrix} x \\ y \\ 1 \end{bmatrix} \tag{F.1}$$

图 F.1 所示是常见的仿射变换的形式及其对应的仿射变换矩阵。

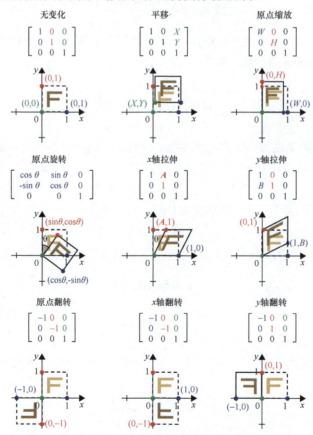

图 F.1　常见的仿射变换形式及其对应的仿射变换矩阵